国家中等职业教育改革发展示范校建设系列教材

兽医临床诊疗

兰罗勋 主编

科学出版社
北京

内 容 简 介

本书共七个项目，包括动物的接近与保定、临床检查的基本方法与程序、一般检查、系统检查、给药疗法、外科手术、兽医临床常用外科手术等内容。每个项目附有学习目标，并分有若干个任务。本书图文并茂，文字精练，适用于“理论-实践一体化”的教学模式。

本书供中等职业学校畜牧兽医、畜禽生产、兽医以及其他相关专业使用，也可作为基层畜牧兽医技术人员及广大养殖户必备的专业参考书。

图书在版编目（CIP）数据

兽医临床诊疗 / 兰罗勋主编. —北京：科学出版社，2015
（国家中等职业教育改革发展示范校建设系列教材）
ISBN 978-7-03-044208-6

Ⅰ.①兽… Ⅱ.①兰… Ⅲ.①兽医学-临床医学-中等专业学校-教材
Ⅳ.①S854

中国版本图书馆 CIP 数据核字（2015）第 090530 号

责任编辑：张 斌 袁星星/责任校对：王万红
责任印制：吕春珉/封面设计：一克米工作室

科学出版社 出版
北京东黄城根北街 16 号
邮政编码：100717
http://www.sciencep.com

北京虎彩文化传播有限公司 印刷

科学出版社发行 各地新华书店经销

*

2015 年 8 月第 一 版 开本：787×1092 1/16
2021 年 7 月第五次印刷 印张：14 3/4
字数:344 000

定价: 81.00 元

（如有印装质量问题，我社负责调换〈虎彩〉）

销售部电话 010-62134988 编辑部电话 010-62135120-2047

版权所有，侵权必究

举报电话：010-64030229；010-64034315；13501151303

本书编写人员

主　编　兰罗勋（广西柳州畜牧兽医学校）

参　编　蓝建宽（广西柳州畜牧兽医学校）

　　　　韦宏干（广西柳州畜牧兽医学校）

　　　　常姗姗（广西柳州畜牧兽医学校）

　　　　梁世光（广西柳州三元天爱乳业有限公司）

审　稿　刘佑东（广西柳州畜牧兽医学校）

前 言

PREFACE

本书是应中等职业教育改革和兽医临床实际需要并根据《兽医临床诊疗技术教学大纲》进行编写的。它的任务是使学生具备基层动物疾病防治员、动物防疫检疫员和饲养管理人员所必需的动物疾病诊断与治疗基本知识和基本技能。为学生学习专业知识和职业技能、全面提高素质、增强适应职业变化的能力和继续学习的能力奠定基础。

本书本着“够用、实用”的原则来处理知识与能力、理论与实践的关系，优化理论与实训内容，突出应用性和实践性。主要以基本知识、基本理论和基本技能为轴线，重点阐述当前临床实践中所需的理论知识和实践操作技术，力求做中教、教中学、做中会，以具备胜任应职岗位所需的技术与素质。

本书按照动物的接近与保定、临床检查的基本方法与程序、一般检查、系统检查、给药疗法、外科手术、兽医临床常用外科手术七个项目进行编写，每个项目又分为若干个任务，其中包括理论学习目标和实训教学任务，内容准确、文字精练、图文并茂，适用于“理论—实践一体化”教学模式。

由于时间仓促，加之水平有限，书中难免存在不足，殷切希望广大读者批评指正。

编　者

二○一四年九月

目 录

CONTENTS

项目 1 动物的接近与保定

学习目标

- 能准确说出接近与保定动物的方法、注意事项及临床意义。
- 按操作规程和要求独立准确进行接近和保定。
- 树立爱岗敬业精神，勤学苦练，确保人、畜安全，养成良好的职业道德。

任务 动物的接近与保定

一、动物的接近

临床诊治病畜时，兽医人员向病畜靠近，称为接近；以人力、器械或药物控制病畜，限制其防卫活动，以保证人畜安全，便于诊治工作的正常进行，则称为保定。接近与保定，应根据病畜的种类、个体特性和诊治目的，采取不同的方法，但所用的方法一定要安全可靠、简便易行。

1）接近病畜前，应向饲养员或畜主了解病畜的性情，有无咬、踢、抵等恶癖，然后以温和的称声，向病畜打招呼，再从其侧方慢慢接近。

2）接近后，可用手抚摸病畜的颈侧待其安静后，再行检查；对猪则可用手在腹下或股内侧皮肤等处搔痒，使其安静或卧下，然后进行检查。

3）检查时，应将一手放于病畜的适当部位（如肩部、髋结节），一旦病畜剧烈骚动抵抗时，即可作为支点向对侧推动并迅速离开。

二、动物的保定

（一）动物保定的注意事项

1）要了解动物的习性，动物有无恶癖，并应在畜主的协助下完成。

2）对待动物应有爱心，不要粗暴对待动物。

3）保定动物时所选用具如绳索等应结实，粗细适宜，而且所有绳结应为活结，以便在危急时刻可迅速解开。

4）保定动物时应根据动物大小选择适宜场地，地面平整，没有碎石、瓦砾等，以防动物损伤。

5）保定时应根据实际情况选择适宜的保定方法，做到迅速、简便和牢靠。

6）无论是接近单个动物或畜群，都应适当限制参与人数，切忌一哄而上，以防惊吓动物。

7）保定时应注意个人安全防护。

（二）牛的保定

图 1-1-1　牛徒手保定

有些牛特别是公牛有用牛角抵人的习性，在前方接近牛时应首先询问畜主，牛有无抵人习惯。牛的后肢有向后外侧方踢人的本性。因此，在接近牛时不能从后外方接近，可从侧方或前方接近牛。牛的鼻镜及鼻孔是敏感部位，控制牛的头部常用鼻钳钳夹。公牛十分强悍，多数公牛都比母牛性烈，对公牛保定时更应十分小心。

1. 徒手保定法

保定者面向牛的头部，站于牛的一侧，用一手握住内侧牛角根，另一手提鼻绳、鼻环或用拇、食、中三指捏住鼻中隔略向上提即可保定（图 1-1-1）。此法可用于一般检查、灌药、肌肉及静脉注射。

2. 鼻钳保定法

用鼻钳（图 1-1-2）夹紧鼻中隔略向上提举，用手握持钳柄加以固定（图 1-1-3）。此法可用于一般检查、灌药、肌肉及静脉注射。

3. 角桩保定法

将牛头前方或侧方对准木桩或树干，将打好“8”字结（图 1-1-4）的牛绳套住牛角根，并按照“8”字形反复捆缚，最后将牛嘴端缚于木桩上（图 1-1-5）。此法可用于临床检查、各种注射以及头部疾病的检查治疗。

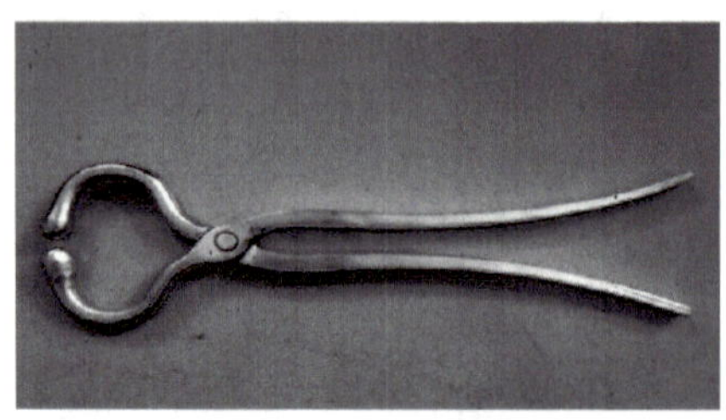

图 1-1-2　牛鼻钳

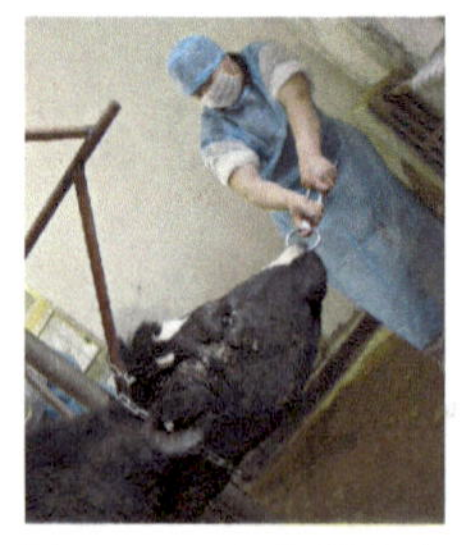

图 1-1-3　牛鼻钳保定

图 1-1-4　“8”字结

图 1-1-5　牛角桩保定

4. 柱栏保定法

将牛头绳系于前横梁或某一前柱上，于牛的颈背部、颈腹部、两后肢后部穿过横杆，用以防止牛跳跃、前进与后退，最后吊挂胸、腹绳（图 1-1-6 和图 1-1-7）。此法可用于临床检查、各种注射以及颈、腹、蹄等部位疾病的治疗。

5. 倒卧保定法

此法主要用于去势和其他外科手术。

（1）拉提前肢倒牛法（图 1-1-8）

将 10m 长的圆绳折成一长一短的双叠，在折叠部做一个猪蹄扣，套在牛的倒卧侧前肢球节的上方。先将短绳端穿过胸下，从对侧经背部返回，由 1 人固定。再将长绳端引向后方，在髋结节之前绕腰腹部做一环套，并继续引向后方，交另 1 人固定。倒牛时，前方固定短绳者拉紧短绳，使倒卧侧前肢提举；后方固定长绳者将腰腹绳环经臀部移至跗关节上方，用力向后拉紧绳端，使绳紧缚两后肢，牛即先坐下而后卧倒，最后捆绑四肢固定（图 1-1-9）。

图 1-1-6　牛二柱栏保定

图 1-1-7　牛四柱栏保定

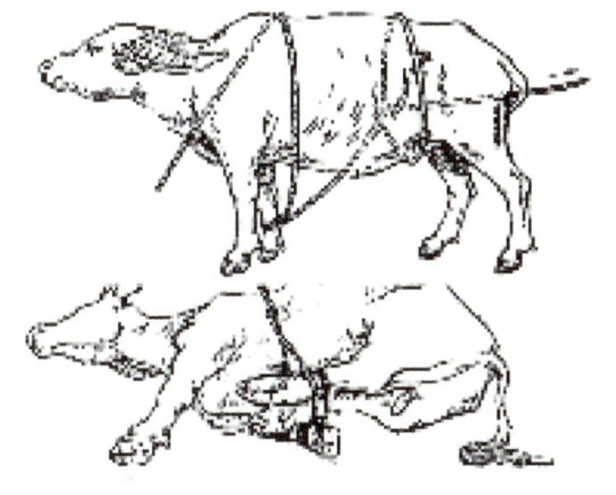

图 1-1-8　提肢倒牛法

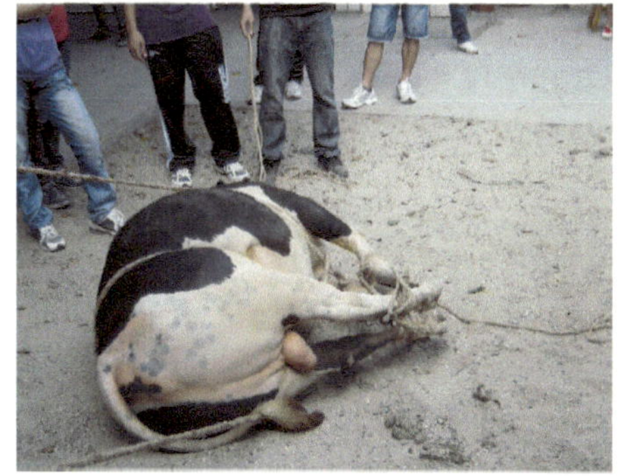

图 1-1-9　固定四肢

（2）背腰缠绕倒牛法

用一条长 10m 的粗圆绳，一端拴在牛的两角根部，另一端沿非倒卧侧向后牵引，经过胸部和腹部时各缠绕躯干做一环套，两人用力向后拉绳，1 人抓住牛鼻环绳（或握鼻中隔）和角，将头向倒卧侧压迫，1 人握住尾巴向倒卧侧牵引，4 人同时用力，牛即倒下，将头固定好，绑住四肢（图 1-1-10）。

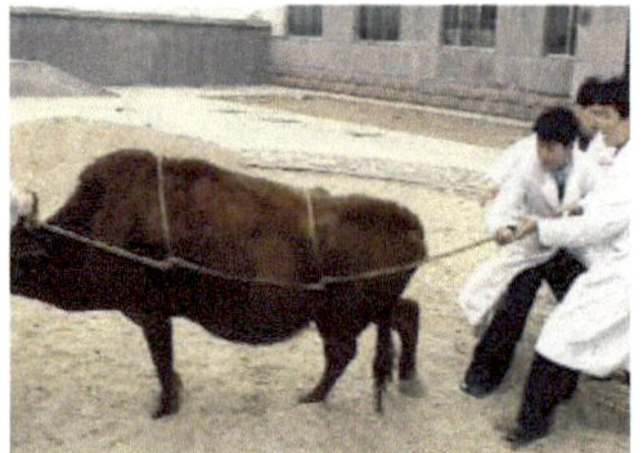

图 1-1-10 背腰缠绕倒牛法

6. 两后肢保定法

用 2m 长的粗绳一条，折成等长两段，于跗关节上方将两后肢胫部围住，然后将绳的一端穿过折转处向一侧拉紧（图 1-1-11）。或用一条长而柔软的小绳在两后肢跗关节上方胫部作“8”字形缠绕，将两肢胫部固定在一起，拉紧绳子后打一活结固定（图 1-1-12 和图 1-1-13）。此法可用于恶癖牛的一般检查、静脉注射及乳房、子宫、阴道疾病的治疗。

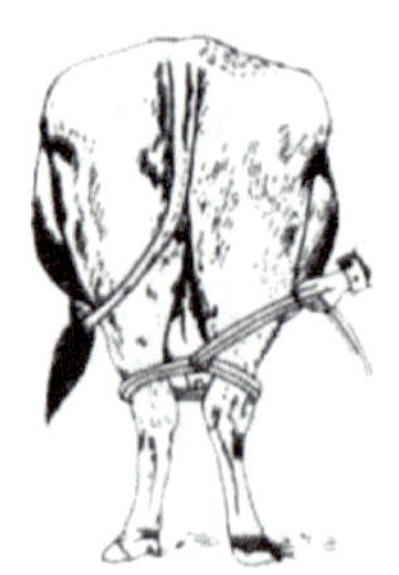

图 1-1-11 牛两后肢保定

图 1-1-12 牛两后肢绳套固定

图 1-1-13 牛两后肢“8”字形缠绕绳固定

7. 牛肢体转位保定法

在柱栏内保定的基础上进行前、后肢转位保定（图 1-1-14 和图 1-1-15）。此法用于蹄底、系部及腕、跗关节手术。

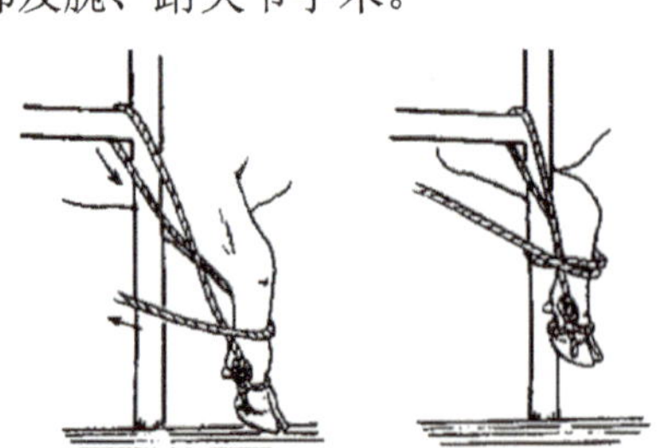

图 1-1-14 牛前肢体转位保定法

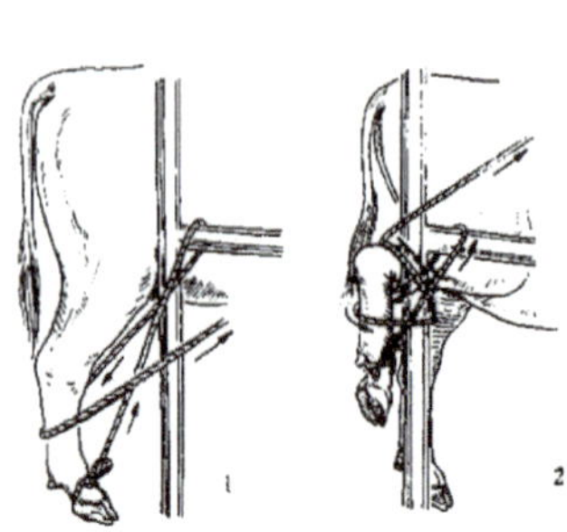

图 1-1-15 牛后肢体转位保定法

（三）猪的保定

1. 站立保定

抓住猪尾、猪耳或后肢，根据需要做进一步站立保定。也可在绳的一端做一活套，套入上颌犬齿后面并勒紧，然后由一人拉紧或拴在木桩上（图 1-1-16）。此法适用于一般的临床检查、灌药及注射等。

2. 鼻捻棒保定法

用鼻捻棒绳套，从鼻部下方套入上颌犬齿并勒紧或向一侧捻紧即可固定（图 1-1-17）。此法适用于一般的临床检查、灌药及注射等。

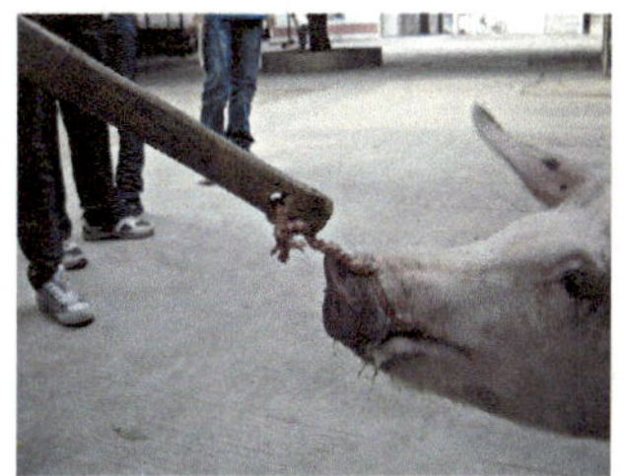

图 1-1-16　猪绳套保定

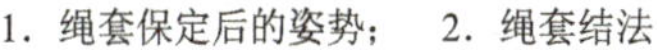
1．绳套保定后的姿势；　2．绳套结法

图 1-1-17　猪鼻捻棒保定

3. 提举保定法

抓住猪两耳提举，使猪腹部朝前，用膝部夹住猪的胸颈部（图 1-1-18）。此法适用于胃管投药及肌肉注射。

4. 后肢提举保定法

抓住猪两后肢提举，猪头朝下，用膝部夹住猪的背部（图 1-1-19）。此法适用于腹腔注射、直肠脱落整复及腹股沟阴囊疝的手术治疗。

图 1-1-18　猪提举保定

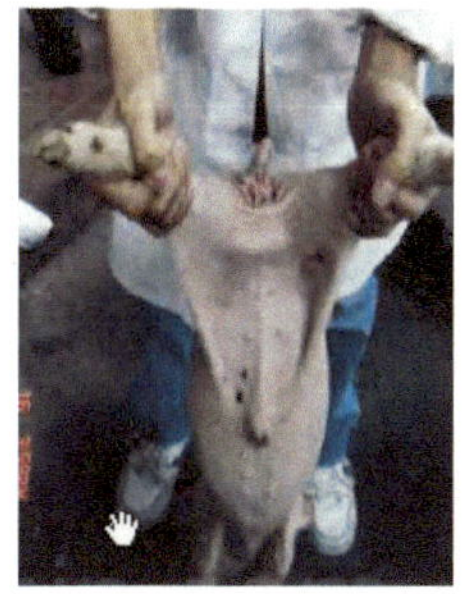

图 1-1-19　猪后肢提举保定

5. 侧卧保定法

左手抓猪右耳，右手抓猪的右侧膝部前皱褶，背向术者怀内提起放倒，然后使前后肢交叉，固定（图 1-1-20 和图 1-1-21）。此法适用于耳静脉、腹腔注射，大公、母猪去势及腹腔手术治疗。

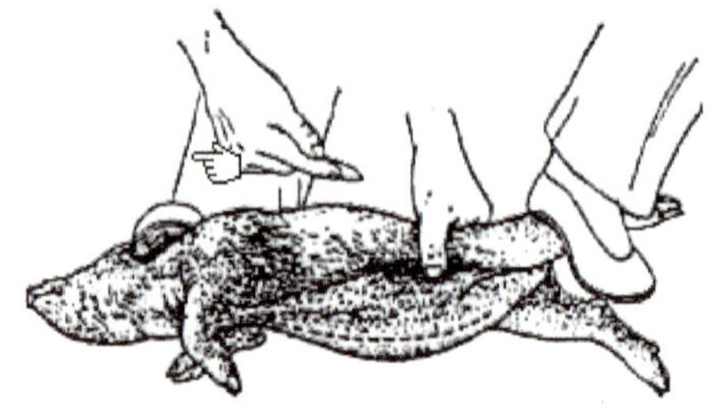

图 1-1-20　猪右侧卧保定

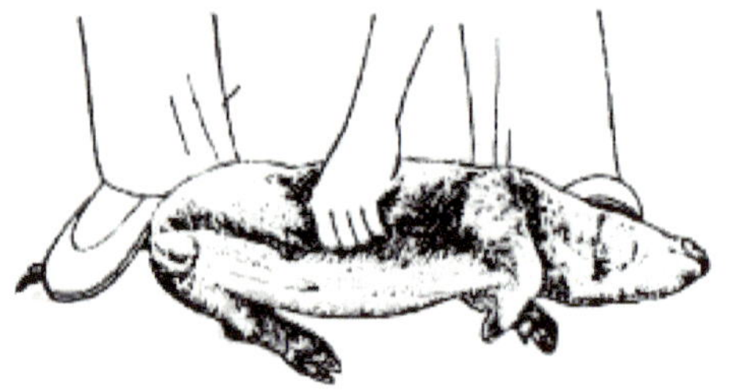

图 1-1-21　猪左侧卧保定

6. 保定架保定法

将猪放于特制的活动保定架或较适宜的木槽内，使其成仰卧姿势，背位保定（图 1-1-22）。此法用于前腔静脉注射及腹腔手术等。

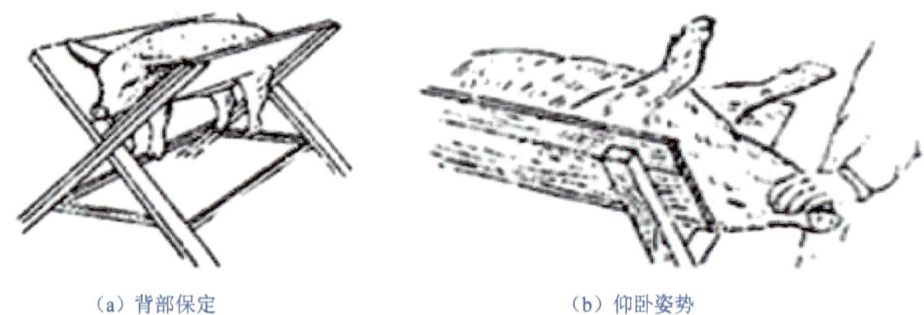

（a）背部保定　（b）仰卧姿势

图 1-1-22　猪保定架保定

7. 倒挂保定法

正确安装保定架、将保定绳穿挂于保定架上方的两个铁圈内（保定绳从右铁圈穿至左铁圈），将左铁圈的保定绳一端作一套结备用（图 1-1-23）。此法适用于小母猪去势及腹腔手术治疗。

（a）保定架

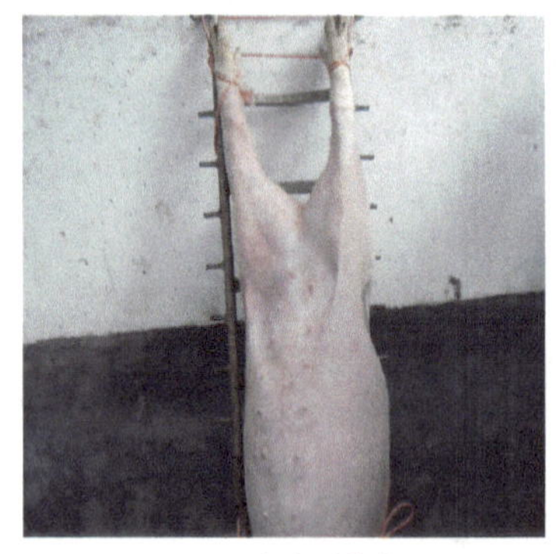

（b）保定后姿势

图 1-1-23　猪倒挂保定

（四）羊的保定

1. 站立保定法

保定者用手握住双耳或双角，骑在羊背上，用两腿夹住其躯干部即可站立保定（图 1-1-24）。此法可用于临床检查或治疗。

2. 倒卧保定法

保定者俯身从对侧一手抓住羊的两前肢系部或抓一前肢臂部，另一手抓住腹肋部膝襞处扳倒羊体，然后改抓两后肢系部，前后一起按住（图 1-1-25）。此法可用于治疗或简单手术。

图 1-1-24 羊站立保定

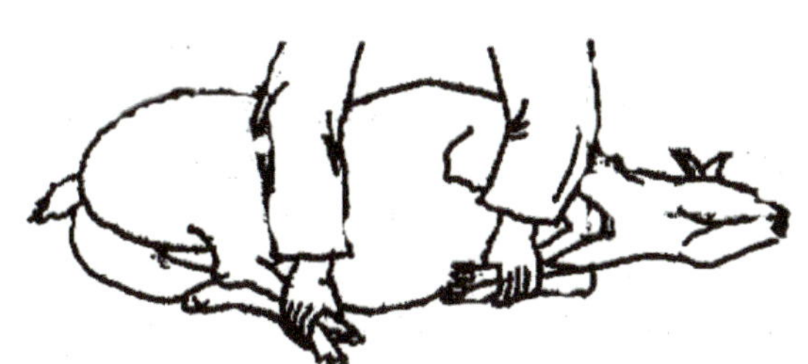

图 1-1-25 羊侧卧保定

（五）犬的保定

1. 扎口保定法

用绷带在犬的上下颌缠绕两圈收紧，交叉绕于颈部打结，以固定犬嘴不得张开（图 1-1-26）。此法可用于一般检查。

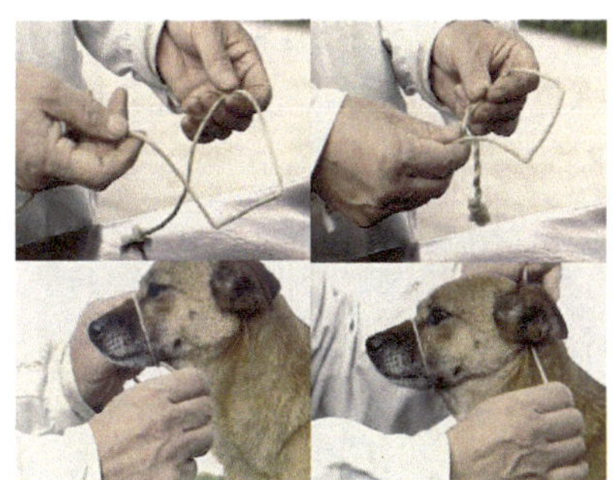

图 1-1-26 犬扎口保定

2. 横卧保定法

先将犬作扎口保定，然后两手分别握住犬两前肢的腕部或两后肢的蹄部，将犬提起使其横卧在平台上，以右臂压住犬的颈部（图 1-1-27）。此法可用于临床检查和治疗。

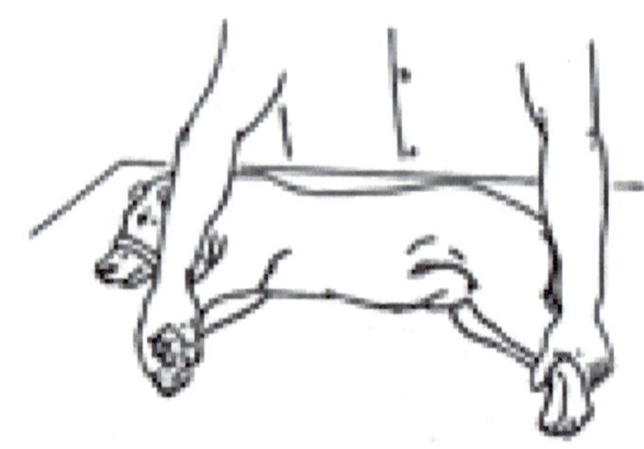
图 1-1-27　犬横卧保定

3. 颈圈保定法

颈圈是一种防止自身损伤的保定装置，在小动物临床应用很普遍，有圆锥形、圆盘形两种。多用硬质塑料制成，可根据需要选购不同型号（图 1-1-28）。也可根据犬头型及颈粗细，用硬纸壳、塑料板、X 射线胶片、塑料筒自行制作。颈圈保定法既可使头不能回转舔咬躯干、四肢受伤部位，也可防止后爪搔抓头部。

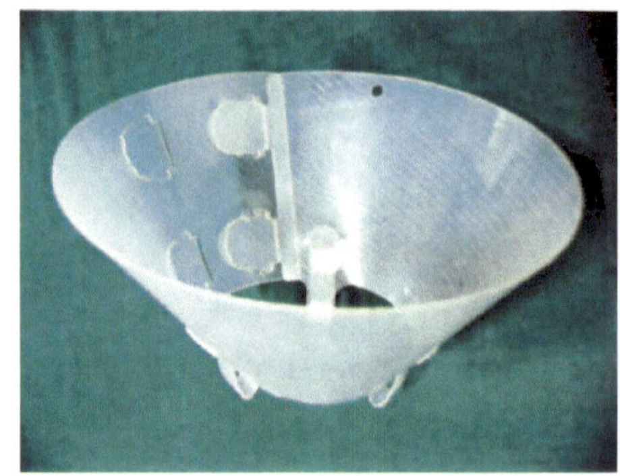
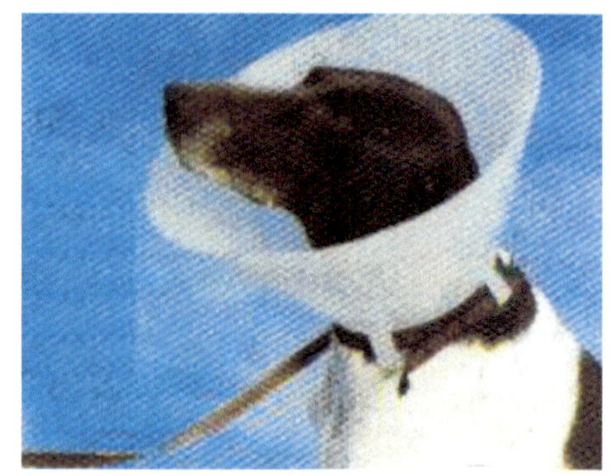
图 1-1-28　犬颈圈保定

4. 口笼保定法

此法主要用于大型犬。犬口笼多用皮革制成。可根据个体大小选用适宜的口笼给犬套上（图 1-1-29）。

5. 站立保定法

地面站立保定，此法适用于大型犬的保定。犬站立于地面时，保定者蹲于犬右侧，左手抓住犬脖圈，右手用牵引带套住犬嘴。再将脖圈及牵引带移交右手，左手托住犬腹部（图 1-1-30）。

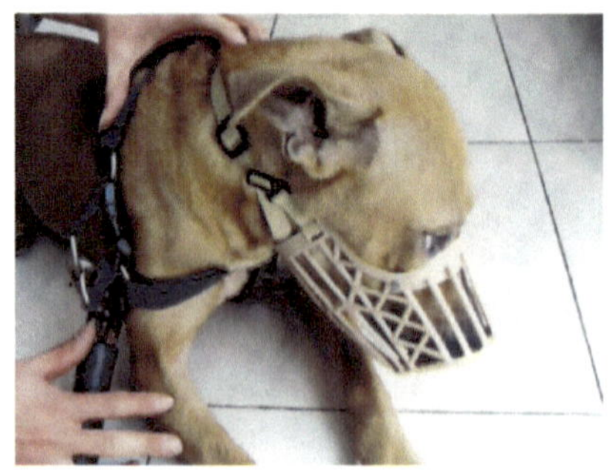
图 1-1-29　犬口笼保定

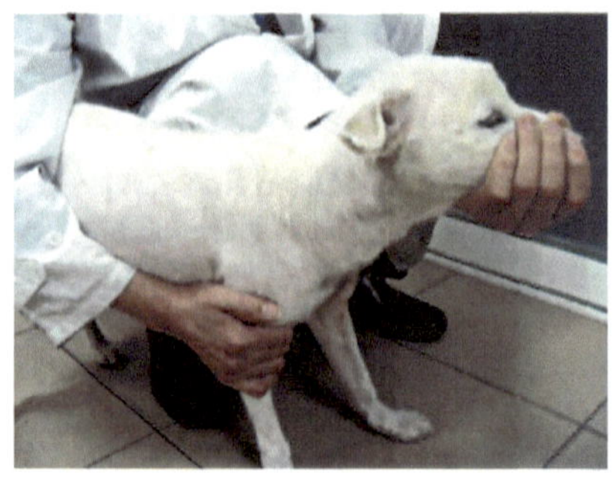
图 1-1-30　犬站立保定

（六）猫的保定

1. 抓猫法

抓猫前轻摸猫的脑门或抚摸猫的背部以消除敌意，然后用右手抓起猫颈部或背部皮肤，迅速用左手或左小臂抱猫，同时用右手抚摸其头部，这样既方便又安全；如果捕捉小猫，只需用一只手轻抓颈部或腹部即可（图1-1-31）。

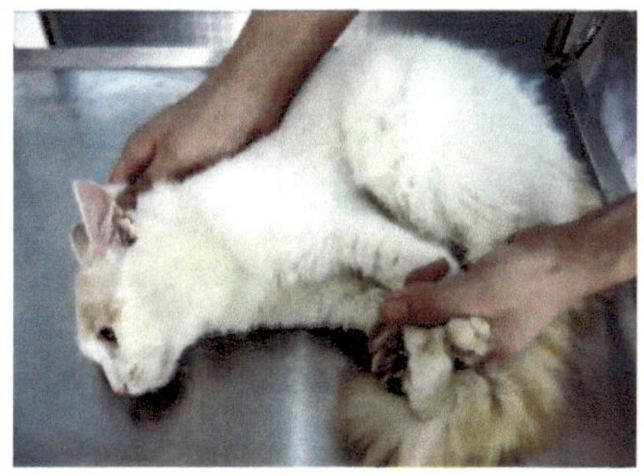

图1-1-31 抓猫法

2. 颈圈保定法

猫和犬一样有自身损伤的不良习惯，用颈圈保定也是防止猫自身损伤的最好办法。猫个体小，自行制作颈圈更为方便，多用X射线胶片制成圆锥形颈圈（图1-1-32）。

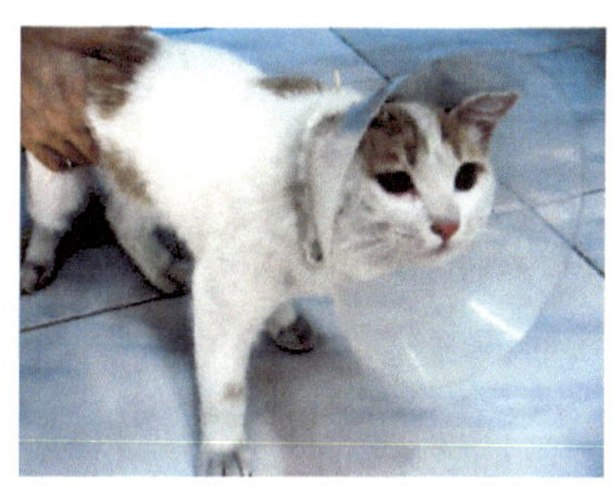

图1-1-32 猫颈圈保定

3. 猫袋保定法

猫袋可用人造革或粗帆布缝制而成。布的两侧缝上拉锁，将猫装进去后，拉上拉锁，变成筒状；布的前端装一根能抽紧及放松的带子，把猫装入猫袋后先拉上拉锁、再抽紧袋口的颈部，此时拉住猫露出的后肢可测量猫的体温，也可进行灌肠、注射等治疗措施（图1-1-33）。

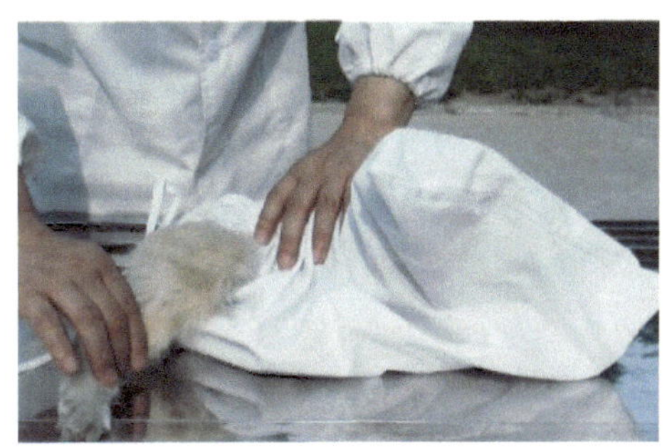
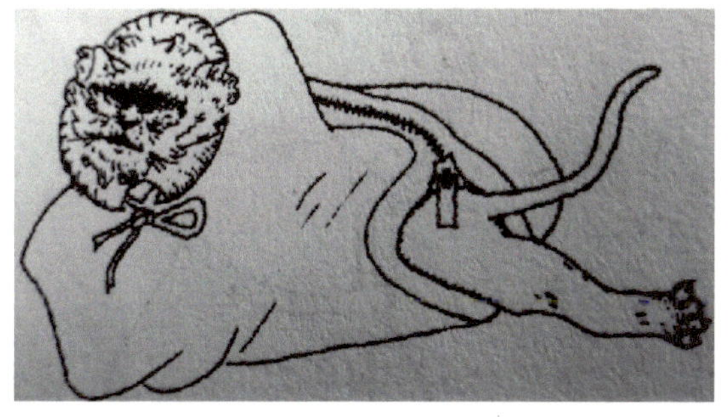

图1-1-33 猫袋保定

项目 2

临床检查的基本方法与程序

学习目标

- 能按检查规程独立正确进行问诊、视诊、触诊、叩诊、听诊及嗅诊。
- 根据提供的动物、视频、挂图等资料，能鉴别基本检查法中正常与病理变化，能明确其诊断意义。
- 培养观察问题、发现问题、分析问题、解决问题的能力。

任务　临床检查的基本方法与程序

临床检查的基本方法，是指兽医人员用眼、手、耳、鼻等感觉器官对病畜（禽）进行视诊、触诊、叩诊、听诊和嗅诊。这些方法简单、方便、实用性较强，在临床上广泛应用。

一、临床检查的基本方法

（一）问诊

问诊就是向饲养、管理人员调查了解畜群或病畜有关发病的各种情况。问诊是建立诊断的重要环节之一，一般是在病畜登记以后和现症检查之前进行。

1. 问诊目的

了解病畜平时的饲养管理、使役情况以及发病前后的经过，主要是帮助我们分析病因，为进一步检查提供线索和重点。

2. 问诊内容

（1）既往史

既往史即病畜或畜群过去的病史。调查了解动物以前患病经过，如以前是否发生过与此次相类似的疾病，附近地区有无类似疾病发生，畜（禽）引进或变动情况，畜（禽）发病的数量、时间等，借此了解过去患病与现症有无必然联系，可以作为这次疾病诊疗工作的参考。

（2）现病史

现病史即这次发病的详细情况和经过。主要了解以下内容。

① 发病的时间与地点。如发病在饲喂前或饲喂后、使役中或在休息时、放牧中或

舍饲时、产前或产后等，借此可以了解病因，推断病性及病程。

② 病畜的主要表现。如有关病畜的精神状态、采食和饮水、排泄、出汗、呼吸、咳嗽发病行为表现等，借以推断疾病的性质和发病部位，为确定器官系统检查的重点提供依据。

③ 疾病经过。与发病初期比较，病势是减轻还是加重；主要症状的变化；已采用过的治疗方法（药物及疗效）等，借以推断预后，确定诊断，采取更合理的治疗措施。

④ 病因的初步估计。根据主诉人提供的线索，如饲喂不当、过度使役、受凉、曝晒、损伤等，以进一步判断病因。

（3）饲养、管理概况

对病畜与畜群的有关饲养、管理、使役及生产性能进行全面了解，从而分析饲养、管理与发病的关系，为采取合理的诊疗手段提供依据。

① 饲料日粮与饲养制度。由于饲料品质不良与日粮配合不当，常常是消化紊乱、营养不良、代谢疾病的主要原因。而饲料与饲养制度的改变，也往往是马骡疝痛疾病、牛的前胃疾病的重要原因。由于饲料霉变、饲料品质不良，以及饲料加工调制不当而形成有毒物质，可引起畜（禽）的饲料中毒性疾病。在放牧条件下，应着重询问牧场与牧草的组成情况等。

② 畜舍卫生和环境条件。如畜舍的光照、通风、保暖与降温、废物排除等设备；畜床与垫草、畜栏设置，牧场运动场的自然环境特点（地理位置、地形、土壤特性、供水系统、气候条件）；附近厂矿的废水、废气及污物的排放处理等。

③ 生产性能与管理制度。管理粗放及制度混乱，如役用动物的过度使役、种畜的运动不足、盲目引进畜种、不合理的品种组合及繁育方法等，都可能是致病的重要条件。

（4）流行病学调查

对卫生防疫制度的贯彻实施，如厩舍定期消毒、粪便处理、预防接种、驱虫及病畜（禽）的处理方法等，都应进行充分了解。特别是在一个大型养禽场或养猪场中，如果没有健全的防疫卫生制度，或有制度而不能认真执行，稍有漏洞就可能为传染病的发生与流行提供条件。

3. 问诊的注意事项

1）态度要热情诚恳，语言要通俗易懂。

2）一般可采用启发的方式进行询问，提问要明确而重点突出。

3）对问诊取得的材料，应结合现症检查结果，进行综合分析。

（二）视诊

视诊是用肉眼或借助器械观察病畜的整体和局部的异常表现的方法。视诊方法简便可靠、应用范围广。视诊是从畜群里及早发现病畜的一种行之有效的方法（图2-1-1）。

1. 视诊的内容

1）观察全身状态。如体格大小，发育程度，营养状况，体质强弱，躯体结构；判断病畜的精神状态及姿势。

图 2-1-1 猪群视诊

2）检查体表各部和天然孔的病变。如被毛（羽毛）状态，皮肤和黏膜的特性，体表有无创伤、溃疡、疱疹、肿物等；天然孔（口腔、鼻腔、肛门、阴道等）的分泌物及排泄物性状。

3）注意体内器官生理功能的异常，如呼吸运动、采食、咀嚼、吞咽、反刍等消化活动的异常表现；排粪及排尿动作的异常等。

2. 视诊的方法

1）视诊的程序是先检查群体，后检查个体；先检查整体，后检查局部。

2）直接视诊时，一般先不要接近病畜，也不宜进行保定，应尽量使动物保持自然的姿势。检查者在动物左前方 1～1.5m 处开始，首先观察其全貌；然后由前向后、从左到右、边走边看，有顺序地观察头部、颈部、胸部、腹部和四肢。走到正后方时，稍停留一下，观察尾部、会阴部。同时对照观察两侧胸腹部及臀部的状态和对称性．再由右侧走到正前方。如果发现异常，可接近病畜。按相反的方向再转一圈，对呈现异常变化的部位作进一步细致的观察。最后对病畜进行牵遛运动，以观察其运动状态。

3）间接视诊时，根据需要应做适当的保定，其检查方法见各系统的有关检查方法。

3. 视诊的注意事项

1）新来病畜，需稍经休息，等呼吸平稳后再进行检查。

2）最好在天然光照的自然场所进行。

3）收集症状要客观全面，不要单纯根据视诊症状就确定诊断，要结合其他方法检查的结果，进行综合分析与判断。

（三）触诊

触诊是利用手触觉或借助器械检查病畜的一种方法。直接触诊是用检查者的手（手指、手掌、手背，必要时用拳头）去触摸（或触压）某一部位，以判定病变的位置、形状、温度、湿度、硬度与敏感性等性状（图 2-1-2 和图 2-1-3），通常用于脉搏、体表淋

巴结及直肠检查等。间接触诊是借助器械进行的触诊，如使用胃导管进行食管探诊。

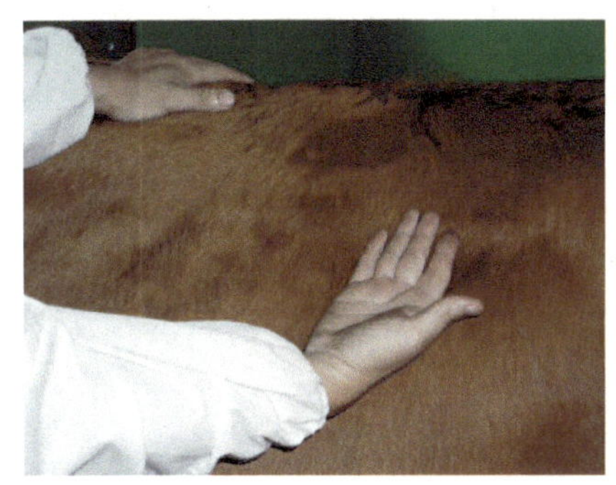

图 2-1-2 手背触诊皮肤温度

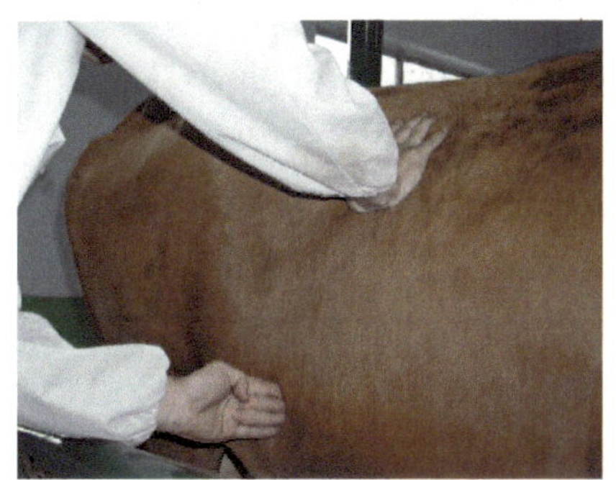

图 2-1-3 手指触诊皱胃

1. 触诊的内容与范围

1）检查动物的体表状态。如判断皮肤表面的温度，皮肤及被毛的湿度，皮肤及皮下组织的坚实度、弹性等；体表淋巴结及局部肿物的位置、大小、形状、温度、硬度、移动性及敏感性等。

2）感触某些器官的活动状态。如在心区检查心搏动的强度和频率；检查反刍兽瘤胃的蠕动次数及强度。另外，通过触诊对动物机体某一部位施予机械刺激后，根据动物所表现的反应，可以判断其感受力与敏感性。

3）检查腹壁及腹腔器官，如触摸腹壁的紧张度及敏感性；用深部触诊检查中小动物的腹壁，以感知腹腔内状态（如有无腹腔积液）及胃、肠内容物的性状。

2. 触诊的方法

1）检查体表的温度、湿度或感知某些器官的活动情况（如心搏动、脉搏、瘤胃蠕动等）时，一般用手指、手掌或手背接触皮肤进行感知。

2）检查局部与肿物的硬度，应以手指进行加压或揉捏，根据感觉及压后的现象去判断。

3）以刺激为目的而判断动物局部的敏感性时，在触诊时应注意观察动物的反应，头部和肢体的动作，如动物表现为躲闪、回视或反抗，常是敏感或疼痛的表现。

4）对内脏器官的深部触诊，须依被检动物的个体特点及器官的部位和病变情况的不同而选用手指、手掌或拳进行压迫、插入、揉捏、滑动或冲击等手法进行。对中、小动物可通过腹壁深部触诊；对大动物还可以通过直肠内部触诊。

3. 触诊的注意事项

检查者在进行触诊时，应保持注意力高度集中，采取正确的体位，操作要方便灵活。被检动物应尽量保持自然状态，大家畜宜站立，小家畜以横卧姿势为宜。触诊时用力的大小，应根据病变部位的性质、深度而定，病变浅在或疼痛重剧的，用力要小一些；反之，用力可大一些。触诊时，先健区后病部，先远后近，先轻后重，并注意与对应部位或健区加以比较。

4. 对触感的具体描述

1）捏粉状：稍柔软，指压时呈凹陷形成压痕，除去压力后慢慢平复，是组织间浆液蓄积造成的，见于皮下水肿等。

2）波动状：柔软稍有弹性，指压波及周围，有移动感，是组织间液体潴留及周围组织弹力减退所致，见于血肿、脓肿等。

3）坚实感：坚实致密，硬度如肝，是组织间细胞浸润（如蜂窝织炎）或结缔组织增生所致。

4）硬固：类似骨的硬度，如直肠检查时发现膀胱结石的感觉。

5）捻发音：柔软而有弹性，压迫时气体向邻近组织逸散而发出捻发音，是组织中有空气或气体蓄积所致，见于皮下气肿、气肿疽等。

6）疼痛感：触诊时动物表现敏感抗拒，常见于局部炎症。

（四）叩诊

叩诊是对动物体表的某一部位进行叩击，根据所产生的音响性质，以推断被检查的器官、组织有无病理变化的一种方法。叩诊后发出的音响是叩诊检查的基础和根据，动物体的器官、组织具有不同程度的弹性，当叩击时就产生不同性质的音响。应用叩诊和听诊方法相结合，对家畜某些器官，特别是呼吸器官疾病的诊断具有重要意义。

1. 应用范围

1）检查动物体腔（如胸腔、腹腔、头窦）等，以判断其内容物性状（气体、液体或固体）。

2）根据叩击体壁而引起相应的内部器官振动的原理，检查含气器官（如肺、胃、肠等）的含气量及所提示的病理变化。

3）根据叩击音响的性质推断某一器官（含气的或实质的）的位置、大小、形状及其与周围组织的相互关系。

2. 叩诊音

1）清音：音延长、宏大、音调低、清朗，正常肺组织的叩诊音为清音。

2）鼓音：音强、持续时间长、音调低或高，健康马盲肠基部（右肷部）所产生的声音，或叩诊健康牛瘤胃上部 1/3 所产生的声音。

3）浊音：音弱、短、音调高，主要为实质脏器发出的，如心、肝、脾、厚层的肌肉。

4）半浊音：介于清音与浊音之间的一种过渡响，叩击肺边缘时出现该音。

3. 叩诊方法

叩诊分直接叩诊和间接即诊两种方法。

（1）直接叩诊法

用手指或器械直接向动物体表的某一部位进行叩打（图 2-1-4 和图 2-1-5）。由于动物体表软组织（皮肤、皮下脂肪、肌肉）振动不良，便不能顺利地向深部传导，产生的音量小而不易辨别。所以此法应用有限，仅用于检查副鼻窦、喉囊等。

图 2-1-4 用叩诊锤直接叩诊牛鼻窦

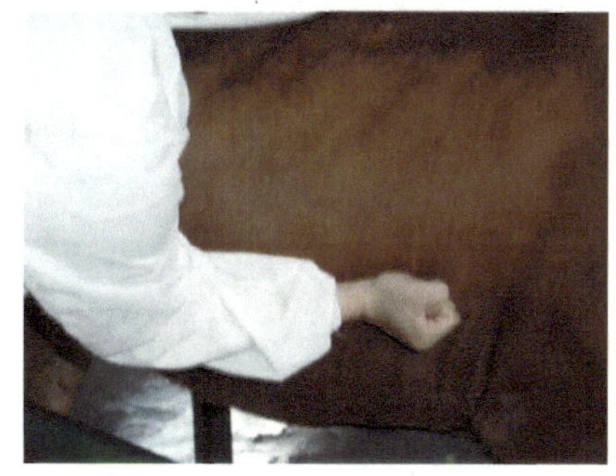

图 2-1-5 用拳头直接叩诊牛瓣胃

（2）间接叩诊法

用手指或器械（如叩诊锤，见图 2-1-6）叩击垫有附加物（手指或叩诊板，见图 2-1-6）的动物体表。此法能使叩诊音响亮、清晰、易于听取和辨认，且叩击引起的振动传导可达深部组织。所以间接叩诊法应用较广。间接叩诊又分为指指叩诊法及锤板叩诊法两种。

① 指指叩诊法：用左手中指接触体表，其余指头抬起，用右手中指叩左手中指第二指骨（图 2-1-7），多用于中、小动物。此法简单易行，但因其振动与传导的范围有限，只适用于中小动物的检查。

② 锤板叩诊法：使用专用的叩锤、叩诊板。操作时，以左手持叩诊板，将其紧密地放于欲检查的部位上；以右手持叩诊锤，用腕关节做轴而上下摆动，使之垂直地向叩诊板上连续叩击 2～3 次，以分辨其产生的音响（图 2-1-8）。

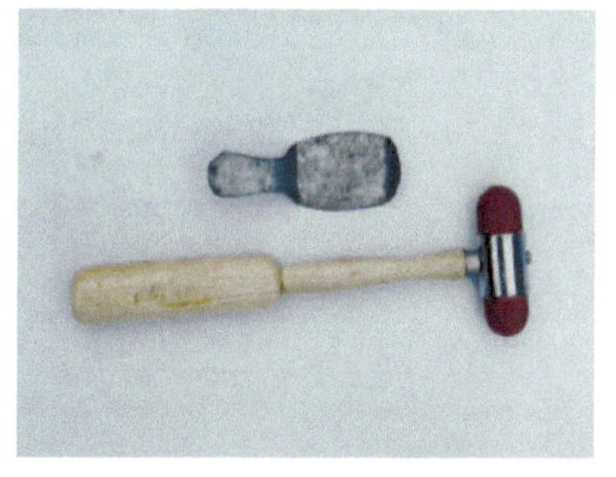

图 2-1-6 叩诊锤及叩诊板

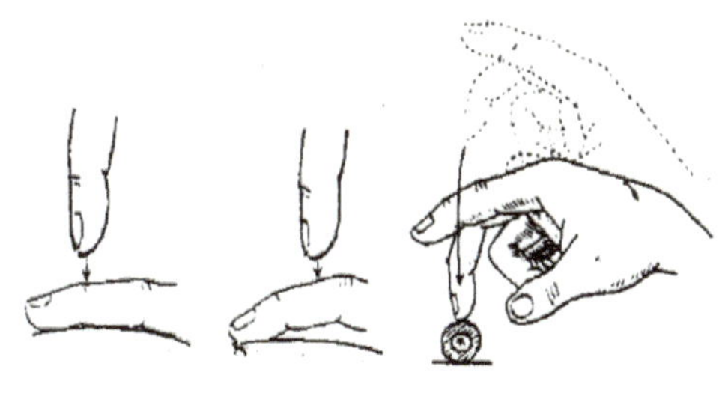

图 2-1-7 指指叩诊法

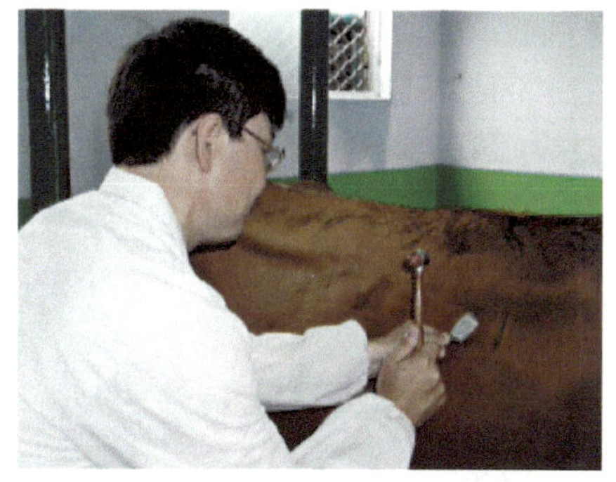

图 2-1-8 锤板叩诊法叩诊牛胸肺

4. 叩诊注意事项

1）叩诊板需紧密地贴于体表，其间不能留有空隙，对于被毛较长的动物，宜将被毛分开，以使叩诊板与体表有良好的接触，但也应注意，叩诊板不应过于用力压迫。

2）叩诊锤应垂直叩击叩诊板，叩打时应该快速、断续、短促而富有弹性，叩击的力量应均等。

3）对病灶或被检部位小或位置浅表，宜采取轻叩诊，如对位置较深或病变范围较大，叩诊力量应稍重。当叩诊音不清时，可逐渐加重叩诊力量，与较弱的叩诊进行比较。

4）为了对比解剖学上相同部位的病理变化，应使用比较叩诊法。注意在比较叩诊时，条件要保持一致。

5）叩诊检查法宜在室内进行，若在室外进行，叩诊音响效果不佳。

（五）听诊

听诊是借助听诊器（图 2-1-9）或直接用耳听取动物内脏器官在活动过程中所发生的声音，借以判定其异常变化的一种检查方法。

1. 应用范围

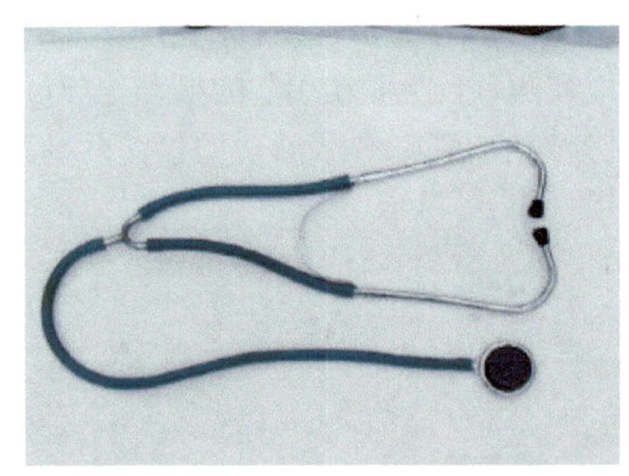

图 2-1-9 听诊器

1）心血管系统的听诊，听取心脏和大血管的声音，特别是心音，主要是判断心音的强度、节律、性质、频率以及是否有附加音，心包的摩擦音和击水音也是应注意检查的内容。

2）呼吸系统的听诊听取气管、肺脏的呼吸音、附加音和胸膜的病理性声音，如摩擦音和振荡音。

3）消化系统的听诊听取胃肠的蠕动音，判断其的频率、强度、性质和腹腔的病理性音响。

2. 听诊方法

1）直接听诊法：用耳朵来听取动物体内脏器运动时发出的声音进行检查的一种方法（图 2-1-10）。

2）间接听诊法：借助听诊器来听取动物体内脏器运动时发出的声音进行检查的一种方法（图 2-1-11）。

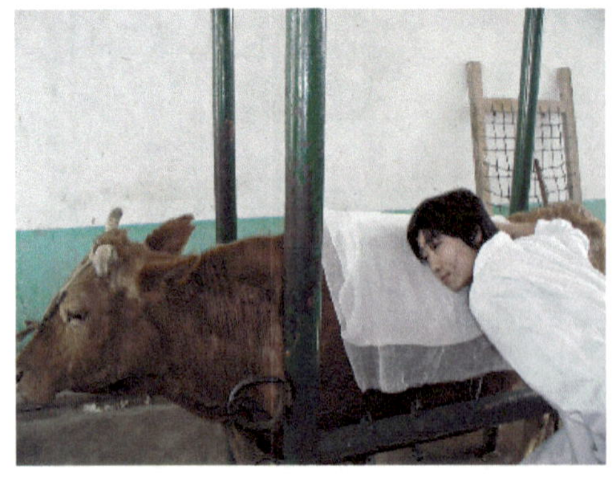

图 2-1-10 直接听诊牛呼吸音

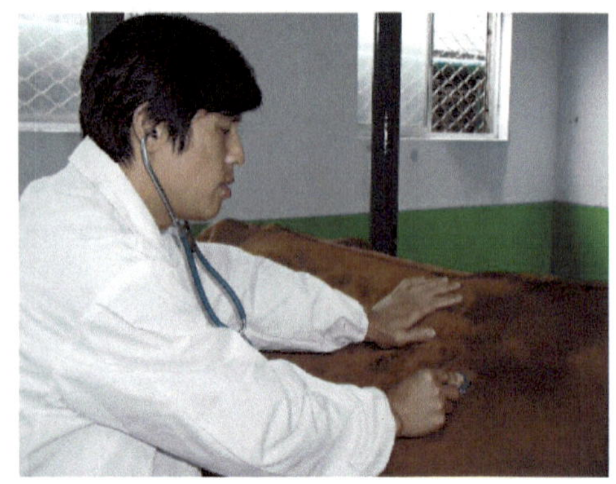

图 2-1-11 间接听诊牛呼吸音

3. 听诊注意事项

1）一般应选择在安静的室内进行。

2）听诊器的接耳端，要适宜地放入检查者的外耳道，接体端要紧密地放在被检部位，但不应过于用力压迫。

3）检查者要集中注意力，注意听取和观察动物的动作。

4）注意防止一切杂音的产生，如被毛的摩擦，胶管与手臂、衣服等的摩擦。

（六）嗅诊

嗅诊是用嗅觉发现、辨别动物的砰出气、口腔臭味、排泄物及病理性分泌物的气味的一种检查方法。实际上，在接近病畜时对气味变化已有所察觉，一旦发现异常，必须深入检查。嗅诊只对某些疾病具有诊断意义，如呼出气体和尿液带有酮味，常常提示牛和羊的酮血症；呼出气体和鼻液有腐败气味，提示呼吸道或肺脏有坏疽性病变；呼出的气体和消化道内容物中有大蒜气味，提示有机磷中毒；粪便带有腐败臭味，多提示消化不良或胰腺功能不足引起；阴道分泌物化脓、有腐败臭味，提示子宫蓄脓或胎衣停滞。皮肤及汗液发尿臭味时，常有尿毒症的可能。

临床兽医工作者必须掌握基本检查方法，达到熟练的程度。视诊、触诊、叩诊、听诊及嗅诊都是利用检查者的视觉（眼）、触觉（手）、听觉（耳）、嗅觉（鼻）器官去感知外界现象的。在临床实践中，视诊能获得关于动物整体及表在病变部位所在的初步印象，为进一步重点检查提供线索；触诊可深入判断病变部位的物理性状；叩诊在确定内脏器官的物理状态，特别对肺脏与胸腔病变的诊断上具有重要作用，通过听诊内脏器官活动的特有音响性质，可以判定其形态及机能变化。总之，各种检查方法均有其独特的地位，也有其不足之处。在实践中要全面运用（如检查胸、肺病变宜将叩诊与听诊结合进行；检查胃肠疾病时宜将触诊与听诊并用），重点突出，密切配合，才能起到扬长避短、互相补充的作用，使诊断结论得以完善。

二、临床检查的程序

在临床工作中，按照一定顺序，有目的、有系统地对病畜进行全面检查，可避免遗漏主要症状，防止产生误诊，从而获得完整的病史及症状资料，这对于综合判断疾病是十分必要而关系全局的大事。也就是说，要拟定总体方案，有条不紊地进行临床检查。对就诊病畜一般应按下列顺序进行检查，即病畜登记、病史调查、现症检查（包括一般检查、系统检查和特殊检查）、建立诊断、病历记录。当然，临床检查的程序并不是固定不变的，可以根据现场条件和病畜的具体情况而灵活运用。对于危重病畜，首先刻不容缓地采取抢救措施，待病情缓解后再做详细检查。对有并发症或继发症的病畜，则应针对原发病，并结合其他病势发展，全面考虑进行反复检查，绝不能疏忽大意。应该强调的是，临床检查必须井然有序，做到全面而系统，在初步检查的基础上，对发生病变的主要器官和系统再进行细致而深入的检查，这样才能获得建立诊断的充分依据与可靠资料。

（一）病畜登记

病畜登记就是把病畜的个体特征，逐项登记在病历表上，便于识别家畜，并为诊断、预后及治疗提供参考。病畜登记的主要项目包括以下几方面。

1）畜主。即牲畜的所属单位或管理人员的姓名及住址。

2）畜种。畜（禽）的种类不同，所发生的疾病类型，病程和转归都不一样。例如只有猪感染猪瘟而其他家畜并不受感染，鼻疽、腺疫只侵害马属动物而不侵害牛；某种动物对某些毒物有特异的敏感性（如牛对汞制剂，猫对石炭酸等）。

3）品种。畜、禽品种不同，对疾病的感受性和抵抗力也不一样。一般情况下，本地畜、禽的抗病力比引进的新品种强得多，例如，鸡白喉在外国品种鸡中较多见，本地鸡较少发生，水牛对瘤胃臌气的耐受性比黄牛强；高产奶牛易患代谢障碍性疾病（如酮血症）。

4）性别。由于公母畜的解剖生理特点不同，在某些疾病的发生上具有一定的意义，如公马的腹股沟环较大，易发生嵌闭性腹股沟疝，公牛尿道细长，并呈 S 状弯曲，易发生尿结石而阻塞尿道；母畜在妊娠期及分娩前后的特定阶段，常会出现一些相关疾病（如奶牛的产后瘫痪、乳房炎等）。

5）年龄。动物的年龄不同，对疾病的抵抗力和感受性存在差异，在不同年龄阶段发生特定的多发病，如幼龄动物易患某些疾病（雏鸡白痢、幼兔球虫病、驹的腺疫等）；老龄马常患肺气肿及慢性心脏病。

6）用途。家畜的用途不同，显然具有不同的发病倾向性，如骑乘的马易患四肢疾病；奶牛多发乳房炎。

（二）病史调查（问诊）

问诊在病畜登记后与临床检查前，通常应进行必要的问诊。问诊的主要内容包括：既往史，现病历，平时的饲养、管理、使役和利用情况。当疾病表现有群发，传染与流行现象时，详细调查发病情况、既往史、检疫结果、预防措施等有关流行病学资料，在综合分析、建立诊断上具有十分重要的意义。

（三）现症检查

1. 一般检查

1）整体状态的检查。

2）表被状态的检查。

3）可视结膜的检查。

4）浅在淋巴结和淋巴管的检查。

5）体温、脉搏和呼吸数的测定。

2. 系统检查

1）心血管系统检查。

2）呼吸系统检查。

3）消化系统检查。

4）泌尿生殖系统检查。

5）神经系统检查等。

3. 特殊检查

经一般检查及系统检查以后，从病畜的实际情况出发，根据已获得的资料和症状，还不足以做出明确的诊断时，就需要拟定必要的特殊检查方案，进一步选择并实施某些辅助或特殊的检查项目和内容。特殊检查的范围和项目涉及实验室检查（包括血、尿，粪的常规检验及生化分析；脑脊液，胸、腹腔液检验，肝、肾功能试验等）、X线检查、超声波检查、心电描记、放射性同位素的应用、微生物学和免疫学诊断、寄生虫学检查、毒物分析、病理解剖学和病理组织学诊断等。

4. 不同种属动物临床检查的要点

不同种属动物各具有其固有的解剖生理特点，又有其种属特定的传染病及多发病，临床诊查中除通用的方法原则外，可依其种属不同确定其特定的方法程序和内容、重点。

（1）猪的临床检查要点

① 问诊及流行病学调查。问现病及其经过，问病史及疫情，问防疫及其效果，了解病猪日龄，详细了解有关饲养、管理、卫生情况。

② 体温测定。

③ 对可视黏膜、皮肤、鼻盘的观察和检查。

④ 剖检：大群猪发病，诊断时可用此法。

（2）牛羊临床检查要点

① 问诊时了解饲料供应及生产性能。

② 对反刍、嗳气、鼻镜进行观察。

③ 前胃（瘤胃、网胃、瓣胃）的情况检查。

④ 对乳房检查。

⑤ 注意代谢病的发生。

（3）禽的检查要点

① 问诊时要注意流行病学调查。

② 注意对头部、体表、嗉囊、咽部、腹部及排粪情况进行检查。

③ 剖检。

④ 进行免疫学、细菌学检查。

（四）建立诊断

认识疾病和认识其他事物一样，必须遵循“实践—认识—再实践—再认识”这一辩证唯物主义认识论的原则。通过病史调查、分系统临床检查和特殊检查等，系统全面地收集症状和有关发病经过的资料。然后对所收集到的症状、资料，进行综合分析、推理、

判断，初步确定病变部位、疾病性质、致病的原因及发病的机理，建立初步诊断。依据初步诊断，实施防治，根据防治效果来验证诊断，并对诊断给予补充和修正，最后对疾病做出确切的诊断。

（五）病历记录

病历是对病畜登记、病史调查及现症检查全部资料的客观书面记载。病历记录既是诊疗部门的法定文件，又是宝贵的原始技术资料。病历对总结经验，积累科学资料，指导生产、教学与科研都具有重要意义。同时，病历对于兽医来说也是处理案件的重要依据之一。因此，必须认真填写，妥善保管。

1. 填写病历的原则

1）资料完整性。将问诊及现症检查（包括实验室检查及特殊检查）的结果，详细记入病历表中。

2）科学系统性。按器官系统有条理地记载，对各种症状表现，应用专业术语加以客观的描述。

3）取材准确性。使用通俗的语言，对病理变化如实记录，并用数字标明或用实物恰当地比喻，做到形容和描述确切。

2. 病历的内容

1）畜（禽）的登记事项。

2）主诉及问诊资料，有关病史、饲养管理、环境条件等。

3）临床检查的全部内容，应详细按检查顺序和系统填写。

4）病程日志。逐日记录病畜（禽）的体温、脉搏及呼吸次数，主要的病情变化及治疗方法及护理等。

5）总结。概括全部诊断和治疗的结果，对饲养和管理方面提出要求或建议，归纳经验和教训。

病历记录表格式如下：

病 历 记 录 表

<table>
<tr><td rowspan="2">诊断号</td><td rowspan="2"></td><td rowspan="2" colspan="3">初诊日期：　年　月　日</td><td rowspan="2">住院号</td><td rowspan="2"></td><td colspan="4">入院日期：　年　月　日</td></tr>
<tr><td colspan="4">出院日期：　年　月　日</td></tr>
<tr><td>单位</td><td colspan="4"></td><td>住址</td><td colspan="5"></td></tr>
<tr><td>畜别</td><td></td><td>性别</td><td></td><td>年龄</td><td></td><td>毛色</td><td></td><td>品种</td><td></td><td>特征 </td></tr>
<tr><td>体重</td><td></td><td>其他标志</td><td></td><td>初诊</td><td></td><td>确诊</td><td></td><td>转归</td><td colspan="2"></td></tr>
<tr><td colspan="11">病史：</td></tr>
<tr><td colspan="11">临床检查：　体温　呼吸　脉搏　营养　其他</td></tr>
<tr><td colspan="11">兽医师（签名）</td></tr>
</table>

项目 3 一般检查

学习目标

• 根据操作程序，准确进行被检动物整体状态、皮肤与被毛、眼结膜、浅表淋巴结的检查，能识别正常与病理变化，明确其诊断意义。

• 熟记牛、羊、猪、犬等动物的正常体温、呼吸、脉搏的生理正常数，按操作程序，准确测定出被检动物的体温、呼吸、脉搏。会分析被检动物的三大生理常数是否正常，及常见的病理变化和临床诊断意义。

• 树立严肃认真、实事求是、精益求精的精神。

任务　一 般 检 查

一、整体状态的观察

接触病畜进行检查的第一步，就是观察病畜的整体状态。应着重判定其体格、发育，营养程度，精神状态，姿势、体态，运动与行为的变化和异常表现。

（一）体格、发育

1. 检查方法

体格大小、发育状况一般可根据骨骼和肌肉的发育程度来确定。为了确切的判断，可应用测量器械测定其体高、体长、体重、胸围及管围的数值。一般以视诊观察的结果，可将体格区分为大、中、小或发育良好与发育不良。体格的大小，主要可作为发育程度的参考；此外，在决定给药量尤其是剧毒药物的用量时，也宜注意。

2. 正常状态

在正常状态下，一般可根据视诊结果将动物区分为大、中、小或发育良好与发育不良。体格发育良好的动物，其体躯高大，结构匀称，肌肉结实，胸廓深广，强壮有力。强壮的体格，不仅说明其生产性能良好，同时对疾病的抵抗力也强。

3. 病理变化

表现躯体矮小、体长而扁、肢长而细、肌肉无力、生长停滞。多见于营养不良或慢性消耗性疾病（主要为慢性传染病、寄生虫病，长期的消化扰乱或代谢障碍等）。

（二）营养状态

1. 检查方法

通常根据肌肉的丰满度，特别是皮下脂肪的蓄积量而判定，被毛的状态和光泽也可作为参考。

2. 正常状态

健康动物表现肌肉丰满，骨骼棱角不显露，皮肤富有弹性，被毛有光泽。

3. 病理变化

1）营养不良：表现为消瘦，骨骼棱角显露，皮肤没有弹性，被毛粗乱、无光泽。短期内急剧消瘦，主要见于急性热性病或由于急性胃肠炎、频繁下痢而致大量失水所引起。消瘦的病程发展缓慢，则多提示为慢性消耗性疾病。

2）营养过肥：一般役畜较少见，而种畜和宠物则较多见，主要原因是运动不足和营养过剩而引起。

（三）精神状态

1. 检查方法

动物的精神状态是其中枢神经机能的标志，可根据其对外界刺激的反应能力及其行为表现进行判定。

2. 正常状态

正常时中枢神经系统的兴奋与抑制两个过程保持着动态平衡。健康动物表现为头、耳灵活，眼光明亮，反应迅速，行为敏捷，幼畜则灵活好动。

3. 病理变化

当中枢神经机能发生障碍时，兴奋与抑制过程的平衡遭破坏，临床上常表现为过度的兴奋与抑制。

1）神经兴奋，是中枢机能亢进的结果，依据其病变程度不同可表现为以下两方面：

① 轻度兴奋：病畜对外界的轻微刺激即表现为强烈反应，经常左顾右盼、竖耳、刨地、不安乃至挣扎脱缰。可见于脑及脑膜充血，颅内压增高及某些毒物中毒时，如脑与脑膜的炎症，日射病与热射病的初期等。

② 精神狂躁：病畜表现为不顾一切障碍向前直冲或后退不止，反复挣扎脱缰，甚至攻击人畜（图 3-1-1）。多提示为中枢神经系统的重度病例，如马的流行性脑脊髓炎的狂躁性或狂犬病，及有机磷中毒等。

2）精神抑制（图 3-1-2），是中枢神经系统机能紊乱的另一种形式，根据其程度不同可分为以下三种：

① 沉郁：是中枢轻度抑制的现象。病畜表现离群呆立，萎靡不振，耳搭头低，对外界事物冷淡，对刺激反应迟钝，见于一切热性病及慢性消耗性疾病的体力衰竭时。

图 3-1-1 病牛精神狂躁的姿势

图 3-1-2 鸡发病后精神抑制现象

② 嗜睡：是中枢中度抑制的现象。病畜表现重度萎靡，闭眼似睡，或站立不动，或卧地不起，给以强烈刺激才引起轻微反应。见于中度的脑病或中毒，典型病例如马的慢性脑室积水，表现为呆迟似睡，行动笨拙，常将前肢交叉站立，口衔草而忘记咀嚼的特有姿势。

③ 昏迷：是中枢高度抑制的现象。病畜表现意识不清，卧地不动，呼唤不应，对刺激几乎无反应，或保有部分反射功能，多见于脑及脑膜疾病的后期。重度昏迷，常是预后不良的征兆。

（四）姿势与步态

姿势，是指动物在相对静止或运动过程中的空间位置及其体态的表现。

1. 检查方法

主要观察病表现的姿势特征。

2. 正常状态

正常时，各种动物均有其特有的生理姿势。马多站立，常交换歇其后蹄，偶尔卧下，但听到吆喝声时会站起。牛站立时常低头，采食后喜欢四肢集于腹下而卧，起立时先起后肢，动作缓慢。猪、羊于采食后喜欢躺卧，生人接近时迅速起立，逃避。犬、猫主要有立、蹲、卧三种姿势，正常时姿势自然，动作灵活而协调，生人接近时迅速起立，或主动接近，或逃避。

3. 病理状态

病理状态时的异常姿势主要有：站立间的异常姿势（强迫站立）、伏卧间的异常姿势（强迫卧位）及运动间的异常姿势（强迫运动）。

（1）强迫站立姿势

1）典型的木马样姿势：头颈平伸，肢体僵硬，四肢关节不能屈曲，尾根挺起，鼻孔开张，瞬膜露出，牙关紧闭，此乃破伤风的特征，是全身性骨骼肌强直性痉挛的结果（图 3-1-3 和图 3-1-4）。

图 3-1-3　马破风的姿势

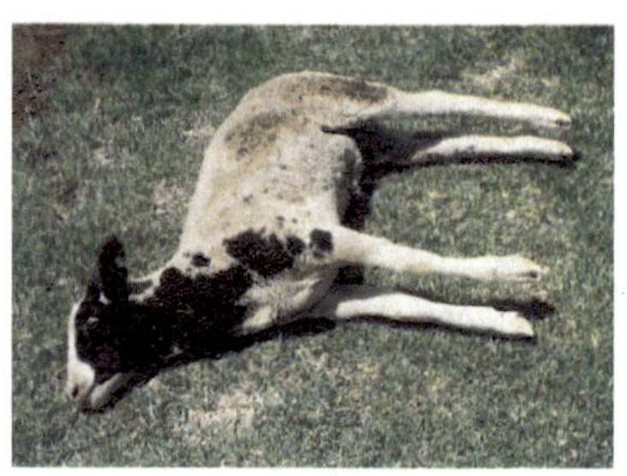

图 3-1-4　奶牛破风的姿势

2）牛创伤性网胃心包炎：表现前高后低站立姿势，不愿走下坡路，不愿急转弯（图 3-1-5）。

3）马脑室积水异常站立姿势：病马两前肢交叉站立而长时间不交换（图 3-1-6）。

图 3-1-5　牛创伤性网胃心包炎的姿势

图 3-1-6　马脑室积水的姿势

4）四肢疼痛性疾病时的站立姿势可有以下表现：

① 单肢疼痛则患肢表现为免于负重或自行提起。

② 多肢蹄部疼痛性疾病，如蹄叶炎时，则常将四肢集于腹下而站立；两前肢疼痛时，则两后肢极力前伸，两后肢疼痛时，两前肢极力后送，以减轻病肢的负重。

③ 肢体骨骼、关节或肌肉疼痛性疾病，如骨软症、风湿病时，表现为四肢频频交替负重而形成站立困难。

（2）强迫伏卧姿势

① 四肢骨骼、关节、肌肉疼痛性疾病：如骨软症、风湿病时，如当驱赶或由人抬

起可勉强站立，但站立后可因四肢疼痛出现站立困难，或伴有全身肌肉震颤。

② 机体高度消瘦、衰竭时，如长期慢性消耗性疾病、鼻疽、传贫等，多呈强迫伏卧姿势。

③ 四肢的轻瘫或瘫痪，常见的有两后肢的截瘫，此时多因两前肢保有运动功能而病畜反复挣扎企图站立屡呈犬坐姿势，常提示脊髓横断疾病，此时多伴有后驱感觉、反射功能障碍及排尿、排粪失禁症状。

④ 马肌红蛋白尿症的强迫伏卧姿势：类似后肢轻瘫或截瘫而呈犬坐姿势。多见于长期休闲后，通常在重度使役过程中或之后发生，此应注意观察排尿呈红棕色的特征，且同时伴有肌肉僵硬的表现。

⑤ 奶牛生产瘫痪：由于血钙大量流入乳腺，血钙突然下降，中枢神经机能受到抑制，引起头颅侧卧的特异性躺卧姿势，同时伴有昏睡或昏迷症状（图3-1-7和图3-1-8）。

图3-1-7　轻度生产瘫痪，颈部“S”状弯曲的姿势

图3-1-8　牛生产瘫痪典型卧势

⑥ 仔猪低血糖：由于血糖降低，影响大脑皮层，继而波及间脑、中脑、脑桥和延髓，动物临床表现出一系列神经症状，后期瘫痪卧地不起。

⑦ 鸡马立克病；可呈现两腿前后叉开姿势（图3-1-9）。

⑧ 鸡新城疫或维生素B_1缺乏症：站立不稳，头向后仰，呈“观星症”（图3-1-10）。

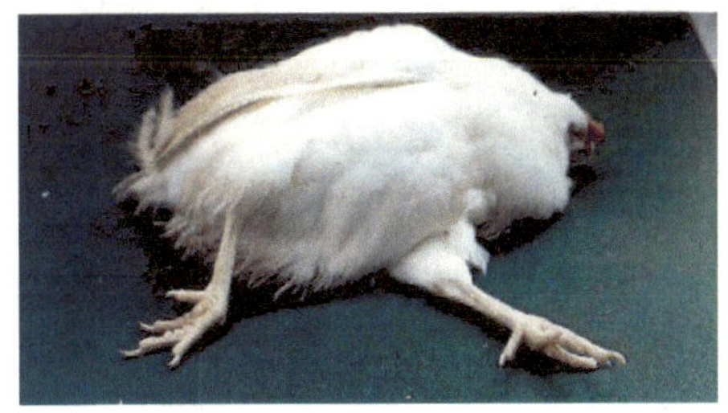

图3-1-9　鸡马立克病的姿势

图3-1-10　鸡呈“观星症”姿势

（3）强迫运动姿势

① 共济失调：表现为运动中四肢配合不协调，呈醉酒状，走路摇摆或肢蹄抬高、用力着地，步态似涉水样，可见于脑脊髓的炎症，多为病原侵害小脑的标志。

② 盲目运动：表现为无目的的徘徊，或直向前冲，或后退不止，绕桩打转或呈圆周运动，有时以一肢为轴呈时针样动作。提示为脑、脑膜的充、出血，炎症，或中毒及内中毒等，如常见的疾病有马流脑、乙型脑炎、霉玉米中毒，也见于脑内的站位性病变（如肿瘤、脑包虫病等）。

③ 马属动物腹痛的姿势：前肢刨地，后肢踢腹，伸腰，摇摆，回视腹部，碎步急行，时时欲卧，起卧滚转，仰足朝天，犬坐姿势，屡呈排便姿势等。提示肠闭结、痉挛疝、肠鼓气和胃扩张等多种疾病。应仔细观察加以鉴别。此外，也应注意因腹膜、肝脏、肾脏、膀胱等的疾病，而引起的伪性腹痛，在妊娠母畜，注意是否难产或流产。

④ 肢体跛行的异常运动姿势：因某个肢蹄或多肢患有疼痛性疾病或运动机能障碍而致运动失常时，称为跛行。如患肢着地、负重表现疼痛称为肢跛，当患肢提举时有运动障碍时，称为悬跛，两者间而有之，称为混合跛行。

跛行，多因四肢、关节、肌腱、蹄部或外周神经的疾病引起，应进一步详细观察跛行的特点，并检查患肢，确定患部及病性。多肢转移性跛行常提示为风湿症。

二、被毛及皮肤的检查

检查表被状态，主要应注意其被毛、皮肤、皮下组织的变化，以及表在的外科病变的有无及特点。

图 3-1-11 健康鸡被毛平整、光亮

（一）被毛与羽毛

1. 检查方法

主要通过视诊观察被毛的清洁、光泽、脱落情况。

2. 正常状态

健康动物的被毛平整，光泽而美观，柔软致密不易脱落，这是判定动物营养状态的参考条件（图 3-1-11）。

3. 病理变化

1）被毛粗乱、蓬乱而无光泽，脆弱而易脱落（图 3-1-12 和图 3-1-13），常为营养不良的标志，可见于一些慢性消耗性疾病，如鼻疽、传染性贫血和寄生虫性疾病等。长期消化紊乱，营养物质不足，过劳及某些代谢性疾病时也可见之。

2）局部被毛脱落，常见于一些外寄生虫病，如头颈或躯干部的脱毛，落屑病变，同时伴有剧烈的痒感（图 3-1-14），应提示为螨虫病，为进一步确诊，应刮取皮屑进行显微镜检查。

图 3-1-12　发病鸡被毛松乱

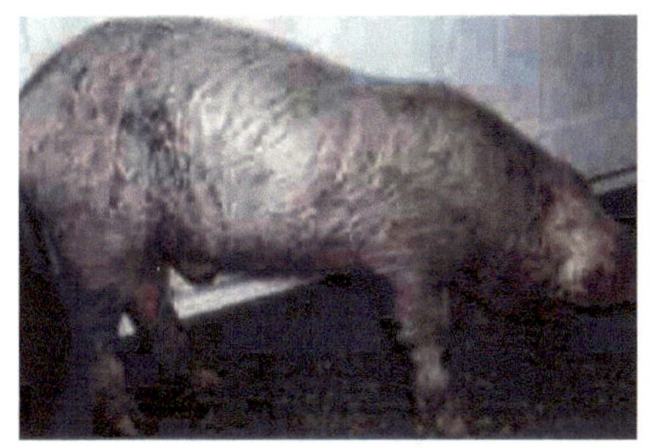

图 3-1-13　发病猪被毛粗乱

（二）鼻盘、鼻镜及鸡冠的检查

1. 检查方法

通过视诊、触诊检查做出判定。

2. 正常状态

健康牛、羊、猪、犬鼻镜或鼻盘均湿润，并附有少量水珠，触诊有凉感。健康鸡冠和肉髯为鲜红色。

病理变化　猪鼻盘干燥，常见于发热性疾病；牛鼻镜干燥甚至龟裂，多见于发热性疾病、前胃弛缓、瓣胃阻塞。鸡冠和肉髯呈蓝紫色，常见于鸡新城疫；颜色变淡多为营养不良和贫血的表现；出现疱疹（图 3-1-15），见于鸡痘。

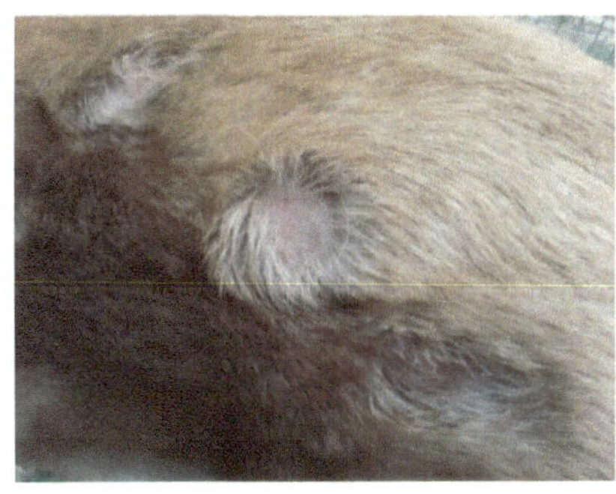

图 3-1-14　犬皮肤病脱毛、痒

图 3-1-15　鸡痘的鸡冠出现疱疹

（三）皮肤

皮肤检查内容应包括：颜色、湿度、温度、弹性、疱疹、创伤、溃烂性病变。

1. 皮肤的颜色

白色动物的皮肤，颜色变化易辨识；颜色改变可表现为苍白、黄染、发绀及潮红与出血斑点。

（1）检查方法

通过视诊的方法检查。

（2）正常状态

健康畜禽，如白猪、白兔、绵羊及禽类，皮肤没有色素，呈淡蔷薇色（即粉红色），易检查出皮肤颜色发生的细微变化。马、牛及山羊等家畜（除白色的除外），皮肤具有色素，辨认颜色的变化较为困难，一般通过检查可视黏膜的颜色足以说明问题。

（3）病理变化

① 皮肤苍白：可见于各型贫血。

② 皮肤黄染：可见于肝病、胆道阻塞、溶血性疾病等。

③ 皮肤发绀（蓝紫）：可见于严重的呼吸器官疾病（如猪肺疫、气喘病、流行性感冒等）、重度的心力衰竭、中毒病，尤以亚硝酸盐中毒为最明显。

④ 红色斑点及疹块。红色斑点常由皮肤出血引起，指压不褪色，小点状出血，好发于腹侧、股内、颈侧等部位，常为猪瘟的特征。红色疹块常由皮肤充血引起，指压褪色，可呈丘疹状，见于猪丹毒。

2. 皮肤温度

（1）检查方法

皮肤检查，通常以手背或手掌触诊向左躯干、股内等部进行判定。马触诊耳根、鼻端、颈侧、腹侧、四肢的系部；牛、羊触诊鼻镜、角根、胸侧、四肢下部；猪触诊鼻盘、耳、四肢；家离触诊冠、肉髯、爪等。

（2）正常状态

正常皮肤温度随动物种类、季节、部位和气温变化不同而异，健康动物的皮温以股内侧最高，头颈躯干部次之，尾及四肢部最低。

（3）病理状态

皮温增高是皮肤血管扩张、血流加快的结果。全身性皮肤温度增高，见于一切热性病，局部温度升高，是局部炎症的反应。

皮肤温度降低，是体温降低的标志。见于衰竭症、营养不良、大出血、重度贫血或中毒性疾病。

皮肤温度不均，末梢冷厥，是重度循环障碍的结果，表现为耳鼻发凉，四肢末梢发冷，见于虚脱、休克之际。

中兽医认为，马属动物患有腹痛病时，若伴有鼻寒耳冷症候，为胃痉挛的特征（痉挛疝）。

3. 皮肤湿度

（1）检查方法

通过视诊和触诊进行检查。

（2）正常状态

皮肤湿度标志着汗腺分泌状态。健康动物的皮肤，一般保持着不干不湿的黏腻感。除因外界温度升高或使役、运动之后，偶于惊恐、紧张之际，见有生理性汗腺分泌增多外，多为病态。

（3）病理变化

全身多汗：全身被毛潮湿，汗出如注，大汗淋漓，常见于热性病、中暑、中风以及某些中毒（如有机磷中毒）时，腹痛，特别是内脏器官破裂时，常见冷汗淋漓。

局部多汗：多为局部病变或神经机能失调的结果。临床上见有一侧头颈出汗的病例，可能与一侧交感神经机能紊乱有关。

发汗较少：表现皮肤干燥，多见于严重脱水。

4. 皮肤弹性

（1）检查方法

在颈侧或肩前后等皮下组织丰富的部位，将皮肤捏成皱褶，然后放开，观察皱褶恢复原状的快慢（图 3-1-16）。

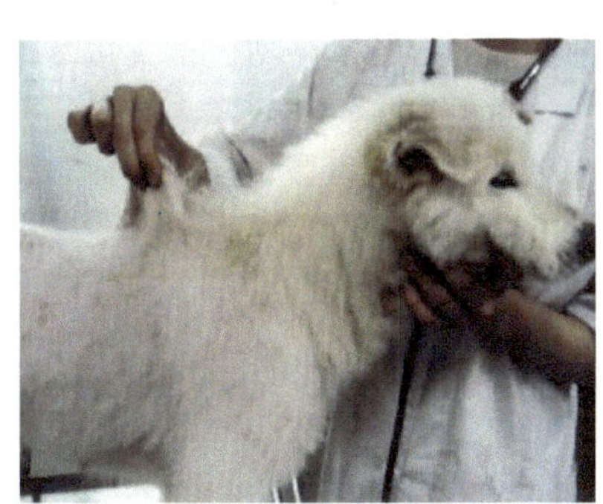
图 3-1-16　犬的皮肤弹性检查

（2）正常状态

健康动物放手后皱褶迅速恢复原状。

（3）病理变化

皮肤弹性降低见于严重脱水、慢性皮肤病、重病、老年畜禽。临床上常把皮肤弹力减退程度作为判定机体脱水的指标之一。

5. 皮肤疱疹

皮肤疱疹，是许多传染病和中毒病的早期症状，多由于毒素刺激或发生变态反应所致。按期发生原因和形态不同主要有以下几种。

1）斑疹：是弥散性皮肤充血和出血的结果。用手指按压红色即退的斑疹，称为红斑，见于猪丹毒、荞麦中毒；小而呈粒状的红斑，称为蔷薇疹，见于羊痘。用手按压，红色不退的，见于猪瘟及其他有出血性素质的疾病。

2）丘疹：多为圆形的皮肤隆起，由豌豆大至核桃大，是皮肤乳头层发生浸润所致。如出现在唇、颊部、鼻孔周围时，可见于马传染性口炎和滤泡性鼻炎。

3）水疱：大小不等的内含浆液性液体的小疱，因内容物性质不同，可呈淡黄、淡红色或暗褐色，主要见于口蹄疫、痘病、流行性水疱病等。

4）脓疱：为内含脓汁的小疱，呈淡黄色或淡绿色，见于痘病或犬瘟热。

5）荨麻疹：是皮肤表面的鞭痕样隆起，大小不等，表面平坦，有剧烈痒感，常急发急散，不留痕迹，曾由于接触荨麻而发生，故称为荨麻疹。荨麻疹的产生主要是由于动物受到毒素、内毒素或异物刺激发生变态反应，引起皮肤毛细血管扩张、损伤而发生真皮或表皮水肿所致。见于动物受到昆虫刺蛰、突然喂给高蛋白饲料、消化不良以及上呼吸道感染等。

6. 皮下组织

皮下组织检查，主要注意皮肤和皮下组织的肿胀，临床上常见的有水肿、气肿和其

他性质的肿胀。

（1）皮下气肿

气肿是由于空气或腐败产生的气体积聚于皮下组织而引起。其特征是肿胀界限不明显，触诊时，由于气泡破裂和移动而产生捻发音。按气体的来源临床上分为串入性和腐败性气肿两种。

① 串入性气肿：是在体表移动性较大的部位发生创伤时，由于动物的运动，创口一张合，空气即被吸入皮下，并逐渐向四周扩散，严重者可达全身皮下；或者因含气器官破裂，气体沿破裂口串入皮下组织引起。

串入性气肿的特征是缺乏炎性变化，局部无热痛，除全身性气肿影响呼吸、循环外，一般无机能障碍。

② 腐败性气肿：是由于感染了腐败细菌，使局部组织腐败、分解并产生气体而蓄积于组织内所致。其特征是肿胀部温度增高、敏感、界限不清、逐渐扩大，有的出现皮肤坏死，其中部皮肤发冷，切开时流出暗红色恶臭样带有气泡的液体，镜检可见大量细菌。肿胀多发生在肌肉丰满的部位，见于气肿疽和恶性水肿等。

（2）皮下水肿

皮下水肿又称浮肿，是由于血液循环障碍、血液稀薄、水盐代谢紊乱等原因，使皮下组织的细胞内以及组织间隙液体潴留过多所致。其特征是皮肤紧张，弹性降低，有指压痕，呈捏粉样硬度。临床上以发生水肿的原因分为以下五种：

① 心性水肿：是由于心脏机能减弱，血液循环障碍，全身静脉淤血所引起。其特征是发生于远离心脏及血液回流困难的部位，如胸下、腹下、四肢末梢，肿胀无热痛，多呈对称性分布，有时伴发胸膜积水。役用家畜多于早晨出现，轻者运动后可消失。

② 营养性水肿：是由于营养不足、血液稀薄、血浆胶体渗透压降低引起。常见于各种慢性消耗性疾病、重度贫血等。其特征是皮下水肿的同时，伴有营养不良及贫血综合征。

③ 肾性水肿：是在肾功能障碍时，由于水钠潴留、血管通透性增大及大量血浆蛋白丢失引起。其特征是水肿出现迅速，水肿部位不受重力影响，以富有疏松结缔组织部位最明显，开始多发于眼睑，后期是四肢及其他部位。肾性水肿多见于犬等肉食性动物。

④ 激素性水肿：是由于体内激素代谢紊乱，引起水钠潴留而导致的一种浮肿，常见于甲状腺机能减退。

⑤ 肝性水肿：主要是由于肝脏发生硬化等疾病时，使静脉回流受阻，血液中的水和无机盐渗出，引起水肿。

（3）皮下炎性肿胀

皮下炎性肿胀，多伴有局部发热、疼痛及全身性反应。大面积的弥散性肿胀，应考虑蜂窝组织炎的可能，特别是发生于四肢部，多因创伤感染所引起。

躯干局限性肿胀，如触之有柔软，提示为血肿、脓肿、淋巴外渗和疝，宜检查其穿刺内容物而确诊。

三、眼结膜的检查

眼结膜是可视黏膜的一部分，结膜的颜色变化除可反映其局部的病变外，还可根据其推断全身的循环状态及血液某些成分的改变，在诊断和预后的判断上有一定的意义。

检查眼结膜时，应注意眼的分泌物、眼睑状态、结膜的颜色以及角膜、巩膜和瞳孔、眼球的状况。

（一）眼结膜的检查法

为检查眼及眼结膜，应将眼睑扒开。方法：一手握住笼头，另一手的拇指放于眼睑中央的边缘处，而食指则放于上眼睑的中央边缘处，分别将眼睑向上向下分别扒开，并向内眼角处稍加压，则瞬膜和结膜将充分露出（图 3-1-17 和图 3-1-18、图 3-1-20～图 3-1-22）。牛的结膜颜色，通常观察巩膜的颜色即可。为此，双手握住牛角，并将牛头扭向一侧，即可观察（图 3-1-19）。两眼应对照检查，特别注意眼结膜的颜色变化。判断颜色宜在自然光下进行。

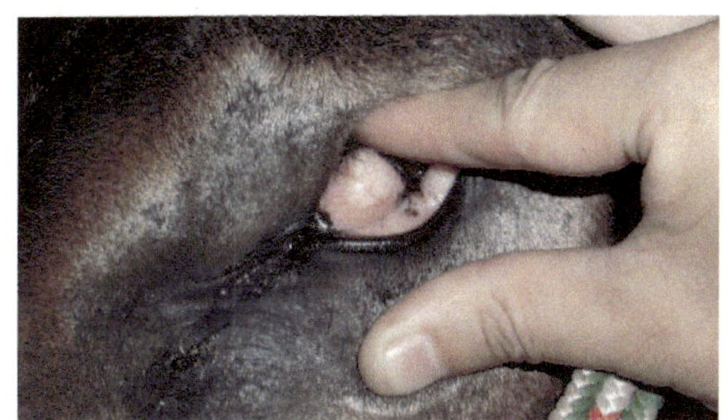

图 3-1-17　马眼结膜检查

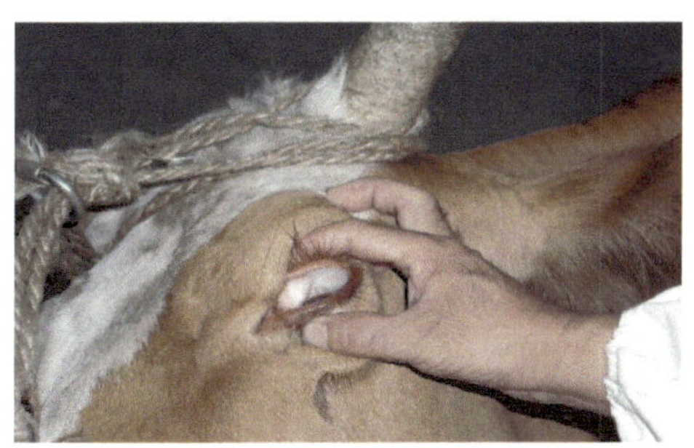

图 3-1-18　牛结膜检查

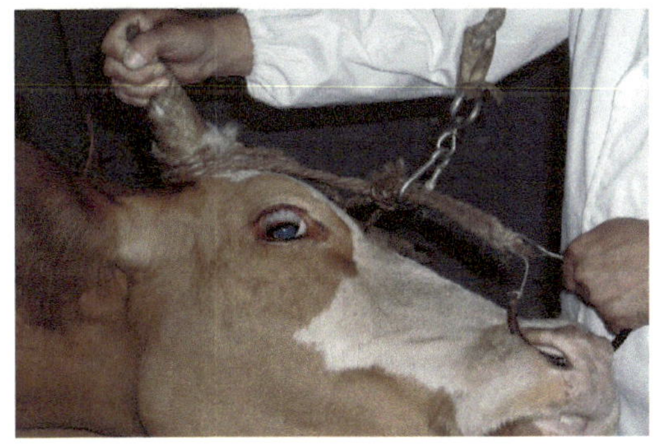

图 3-1-19　牛巩膜检查

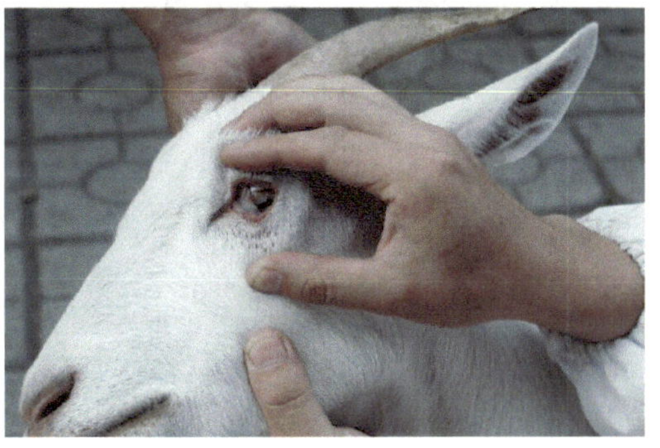

图 3-1-20　羊眼结膜检查

（二）健康家畜眼结膜的颜色

马、犬、猫的结膜呈淡红色，黄牛和乳牛的颜色较淡，水牛则呈鲜红色；猪结膜呈粉红色。

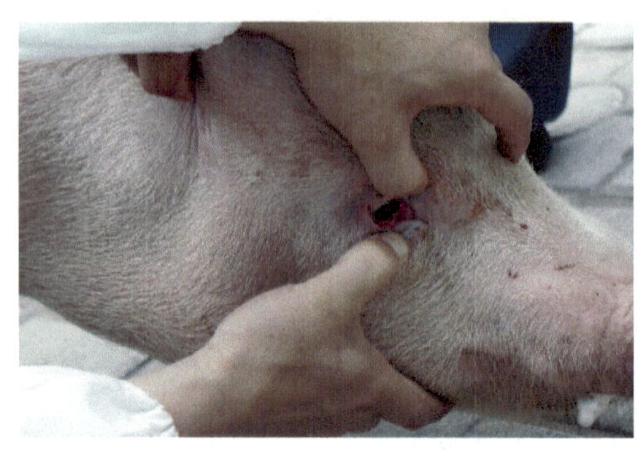

图 3-1-21 猪眼结膜检查

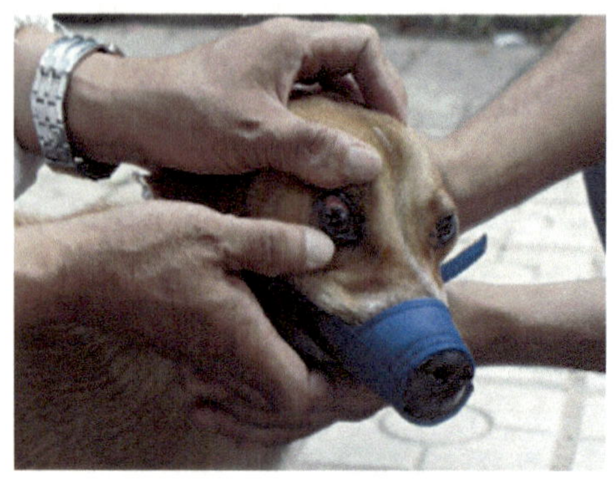

图 3-1-22 犬眼结膜检查

（三）病理变化

1. 眼睑及分泌物

眼睑肿胀并伴有羞明流泪，是眼炎或结膜炎的特征，如马有周期性反复发作的病史，则可提示为周期性眼炎，即夜盲症。

轻度的结膜炎，伴有大量的浆液性分泌物，可见于流行性感冒；脓性分泌物，常见于发热性疾病。

猪在眼窝下有泪痕，是传染性萎缩性鼻炎的特征。猪的化脓性结膜炎，常提示猪瘟。仔猪的眼睑水肿，见于水肿病。

2. 眼结膜的颜色

眼结膜的颜色取决于黏膜下毛细血管中的血液数量、性质及血液和淋巴管中胆色素的含量。眼结膜的颜色改变，可表现为：潮红、苍白、发绀、黄染、出血。

（1）潮红

潮红是结膜下毛细血管充血的征象。单眼的潮红，是局部的结膜炎所致。如双侧潮红，除可见于眼病外，多标志全身的循环障碍，主要表现为：

① 弥漫性潮红：表现为整个眼结膜均匀潮红，见于各种急性传染病及某些器官系统的广泛性炎症。

② 树枝状充血：表现为小血管明显扩张、显著充盈而呈树枝状，多为血液循环或心机能障碍的结果。

（2）苍白

苍白结膜色淡，甚至呈灰白色，是各型贫血的特征。如病程发展迅速，同时伴有急性失血的全身及系统的相应症状变化，可提示大出血或内出血（肝脏、脾脏的破裂）；如苍白呈慢性经过，并伴有全身营养衰竭的体征，可考虑慢性营养不良、慢性传染病（马传贫、慢性鼻疽等）、寄生虫病（钩虫病、焦虫病等）。

（3）发绀

结膜呈蓝紫色，发绀是血液中还原性血红蛋白增多或形成大量变性血红蛋白的结果。一般引起发绀的原因有以下几种：

① 吸入性呼吸困难、肺呼吸面积显著减少，引起氧气供应不足，造成肺部血液氧合作用不足而引起。

② 因血流过缓或过少，而使血液流经体循环的毛细血管时，过量的血红蛋白被还原而导致，这种发绀也称为外周性发绀。见于由心力衰竭或心脏衰弱引起的全身性淤血。

③ 血红蛋白的化学性质的改变，主要见于中毒，如亚硝酸盐中毒等。

（4）黄染

结膜呈不同程度的黄染，尤其是巩膜处较明显，易于发现。黏膜黄染是胆色素代谢障碍的结果，常常见于下列疾病：

① 肝实质的病变，肝细胞变性、发炎、坏死，伴有毛细胆管的淤滞与破坏，造成胆汁色素混入血液，而发生黏膜黄染，这也称为实质性黄疸，见于各种原因引起的肝炎。

② 因胆管被阻塞、压迫或破裂引起胆汁淤滞或胆管破裂，胆汁混入血液引起的黄疸，也称为阻塞性黄疸。主要见于胆结石、肝片吸虫病、胆道回虫病等；因小肠的炎症，造成的胆管开口被阻，可引起轻度的黄染。

③ 红细胞的大量破坏，使胆色素蓄积并增多而形成黄疸，称为溶血性黄疸。见于溶血性疾病，如焦虫病、血红蛋白尿症等。由于红细胞的大量破坏，造成机体贫血，所以在发生溶血性黄疸时，结膜表现为苍白黄染。

（5）出血

一般表现为点状或斑状，结膜的出血是出血性素质的特征。主要见于马的血斑病和焦虫病，尤其是急性或亚急性马传贫时更明显。

四、浅表淋巴结的检查

体表淋巴结的检查，在确定感染和传染病上有重要意义。临床上主要检查的淋巴结有：下颌淋巴结、耳下及咽喉周围淋巴结、颈部淋巴结、肩前及膝襞淋巴结、腹股沟淋巴结、乳房淋巴结等。

（一）检查的方法

检查方法可用视诊、触诊或结合穿刺，如图3-1-23～图3-1-26所示。视触诊的主要内容为：注意淋巴结的位置、大小、硬度、形状、表面状态、敏感性及移动性。

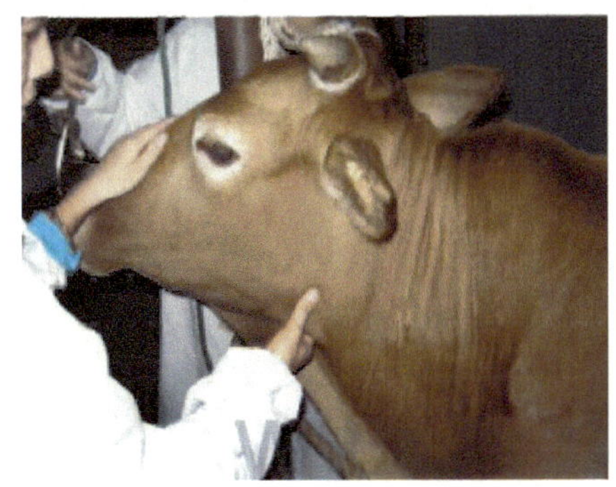

图3-1-23　牛下颌淋巴结检查

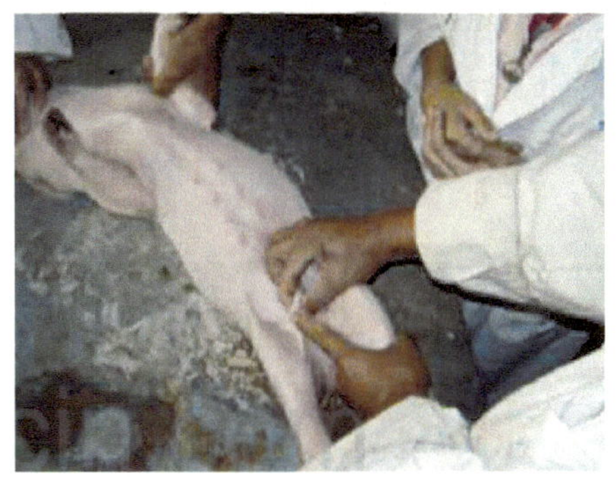

图3-1-24　猪腹股沟淋巴结检查

图 3-1-25 牛肩前淋巴结检查

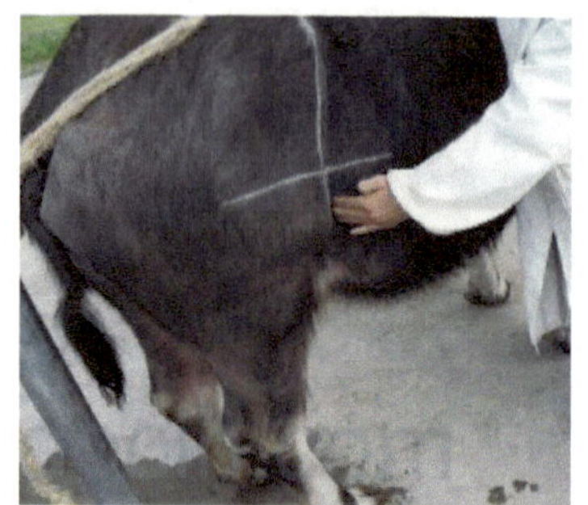
图 3-1-26 牛下颌淋巴结检查

（二）病理变化

1. 急性肿胀

通常呈明显肿大，表面光滑，伴有明显的热、痛（局部热、敏感）反应。提示周围组织、器官的急性感染。如马腺疫，常以下颌淋巴结的急性肿胀为特征，猪链球菌病也见下颌淋巴结肿胀（图 3-1-27）。

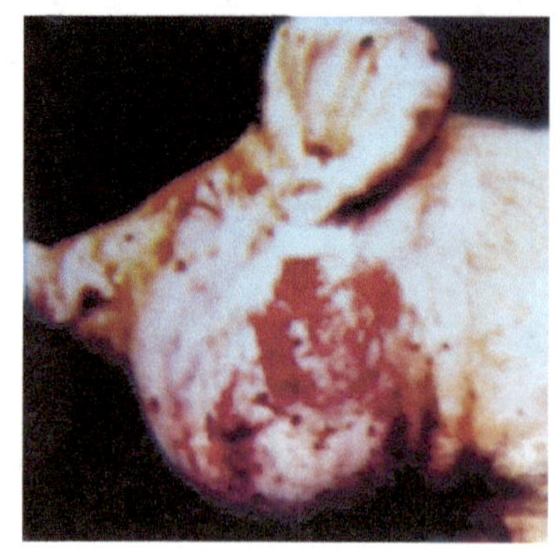
图 3-1-27 猪链球菌病下颌淋巴结肿胀

2. 慢性肿胀

淋巴结表面凸凹不平，无热痛反应。常提示慢性疾病，如马鼻疽、肺结核、乳牛焦虫病等。

五、体温、呼吸、脉搏的检查

（一）体温的测定

1. 测定方法

检查动物的体温一般是检查直肠内的温度，鸡体温检查可将体温计插在翼下进行测定。首先将体温计的水银柱甩到35℃以下，酒精棉球消毒后涂以润滑剂后再行使用。被检动物适当保定。测温时，检查者站于动物的正后方（牛），或左后方（马）；以左手提起其尾根部并稍推向对侧，右手将体温计经肛门缓缓插入直肠内，再将带线绳的夹子夹于尾毛上，停留 3～5min，取出后擦去粪便或黏液，读取水银柱数。用后再甩下水银柱并放入消毒瓶内备用（图 3-1-28～图 3-1-31）。

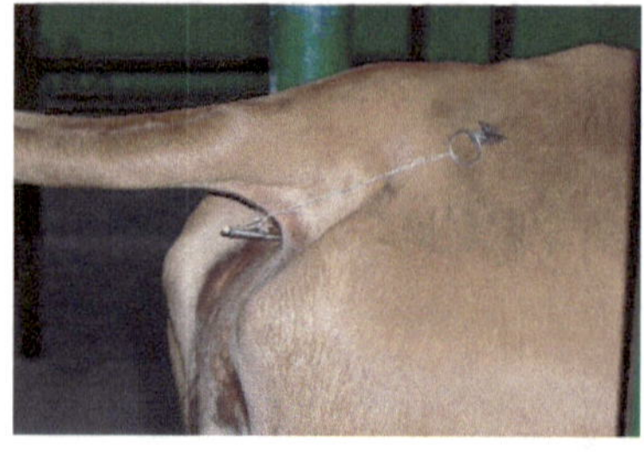
图 3-1-28 牛体温测定

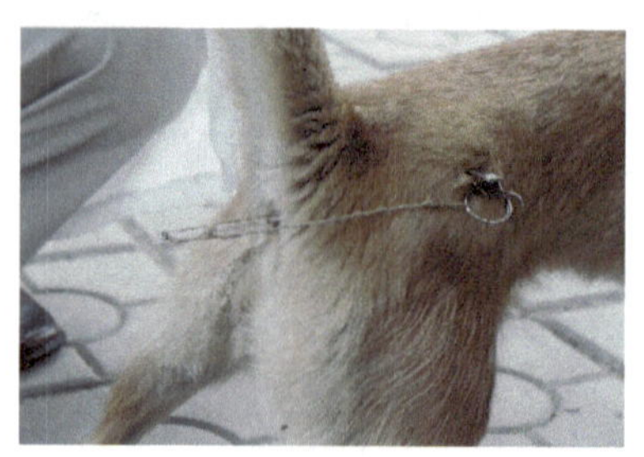
图 3-1-29 犬体温测定

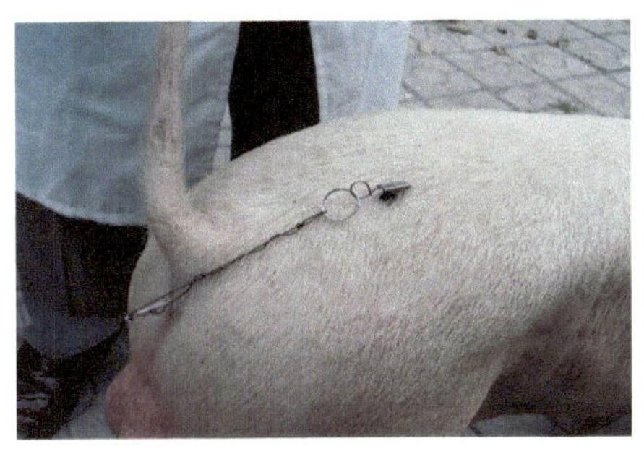

图 3-1-30　猪体温测定

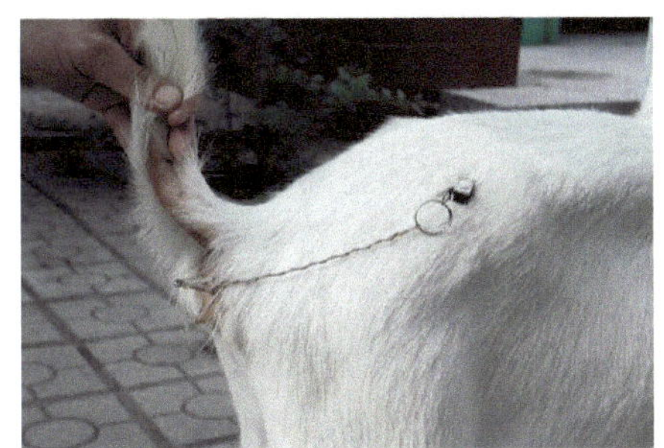

图 3-1-31　羊体温测定

2. 正常体温

所有恒温动物都有较发达的体温调节中枢和产热散热装置，所以，在外界温度不同的条件下，能保持体温的恒定，正常家畜的体温不是一成不变的，它保持在一定的变动范围之内。健康动物的正常体温及其变动范围见表 3-1-1。

表 3-1-1　健康动物的正常体温的变动范围

动物种类	变动范围/℃	动物种类	变动范围/℃
马	37.5～38.5	骆驼	36.0～38.5
骡	38.0～39.0	鹿	38.0～39.0
黄牛、乳牛	37.5～39.5	兔	38.0～39.5
水牛	36.5～38.5	狗	37.5～39.0
羊、山羊	38.0～40.0	猫	38.5～39.5
猪	38.0～39.5	禽类	40.0～42.0

3. 体温生理性波动

某些生理因素的影响可引起体温一定程度的生理性变动，主要表现在以下几个方面：

① 幼畜比成年家畜体温高 0.5～1.0℃；

② 孕畜在妊娠后期体温高 0.2～0.5℃；

③ 分娩前的一到两天体温高 0.5～1.0℃；

④ 高产牛比低产牛体温高 0.5～1.0℃；

⑤ 兴奋、运动、使役后体温可暂时性升高；

⑥ 夏天体温比冬天要高；

⑦ 早晨体温低，下午体温高，变化幅度在 1℃以内。若早晨高，下午反而低称为温差倒转，常见于传染性贫血、胃肠卡他等。

4. 病理变化

病理性的体温变化有体温升高和体温降低两种。

（1）体温升高

由病理因素引起的体温升高，也称发热，发热涉及发热的程度和热型等内容。

① 发热程度。发热的程度一般可反映疾病的程度、范围及性质，可分为微热、中热、高热和最高热四种：

微热：比正常体温高1℃。见于局部炎症，轻病或病初。

中热：比正常体温高2℃。见于消化道、呼吸道的一般炎症。

高热：比正常体温高3℃。见于急性传染病与广泛性炎症，如猪瘟、牛瘟、大叶性肺炎。

最高热：比正常体温升高3℃以上。见于某些严重的急性传染病（如猪丹毒、炭疽、脓毒败血症）以及日射病和热射病等。

② 热型。热型是根据发热经过的特点所划分的几种不同类型。

稽留热：高热持续数天或更长时间，且昼夜温差小于1℃，见于大叶性肺炎、胸膜肺炎、猪瘟、猪丹毒等。

弛张热：昼夜温差较大，一般超过1℃，但最低体温应高于正常水平，见于小叶性肺炎、败血症、化脓性疾病及某些非典型性传染病。

双相热：体温升高后持续几天，然后又恢复到正常水平，间隔3～7天，体温又升高，见于犬瘟热等。

间歇热：高热期与无热期交替出现，体温波动在数度之间，无热期持续一天或数天，反复发作，见于血孢子虫病和马传染性贫血。

不定型热：发热无一定规律，见于布鲁氏杆菌病、风湿热、结核病等。

③ 发热症候群皮温不整，精神沉郁，怕冷、颤栗，消化不良，尿量减少、尿液黏稠，体温升高，脉搏、呼吸数增多。

④ 根据发热病程的长短，可分为：急性发热（发热期持续一周至半月，超过一月称为亚急性发热，见于多种急性传染病），慢性发热（表现为发热缠绵，持续数月至一年，多提示为慢性传染病），一过性热或称为暂时热（仅见于体温暂时性升高）。

（2）体温下降

由于病理性因素引起体温低于正常体温的下界，称为体温过低或低体温。低体温主要见于：老龄、中毒、严重的营养不良、严重贫血、某些脑病（如脑积水和脑肿瘤）以及大失血等疾病的濒死期。有明显的低体温，同时伴有发绀、末梢冷厥、高度沉郁或昏迷、心脏微弱和脉搏不感手，多提示预后不良。

5. 测定体温的意义

（1）可以判定疾病的种类

如急性传染病、广泛性炎症等一般出现高热，慢性疾病一般微热或正常。

（2）可以判定疾病的性质

如胃肠卡他体温正常，胃肠炎体温升高；肺充血、肺水肿体温不变，肺炎时体温升高；急性传染病等急性疾病体温升高，慢性疾病、营养代谢病、中毒病初期体温不升高。

（3）判定疾病的预后

如果疾病过程中突然体温升高，提示有继发感染。例如，长期结症引起胃肠炎导致体温升高；疾病一开始温度很低或很高则预后不良；疾病过程中体温突然下降，则预后不良。

（二）脉搏的测定

检查脉搏可以获得关于心脏活动机能与血液循环状态的情况，则在疾病的诊断及预后的判定上都有很重要的实际意义。

1. 检查方法

测定每分钟脉搏的次数，以次/min 表示，大动物检查下颌动脉（马）或尾动脉（牛），中小动物可触诊股内动脉，如浅在动脉的波动不感于手时，可依心脏的波动或心率而代替（图 3-1-32～图 3-1-35）。

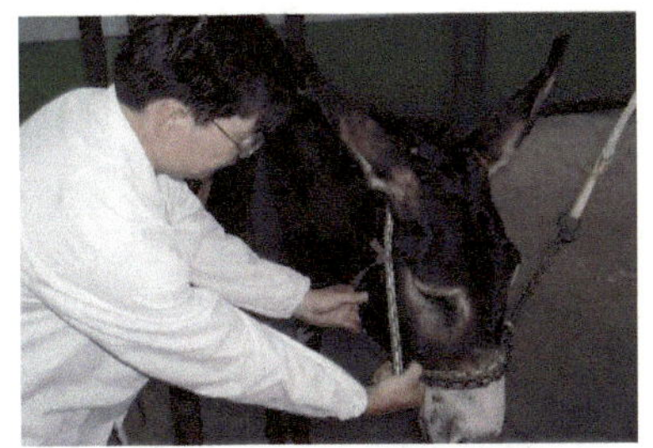
图 3-1-32　马脉搏数测定

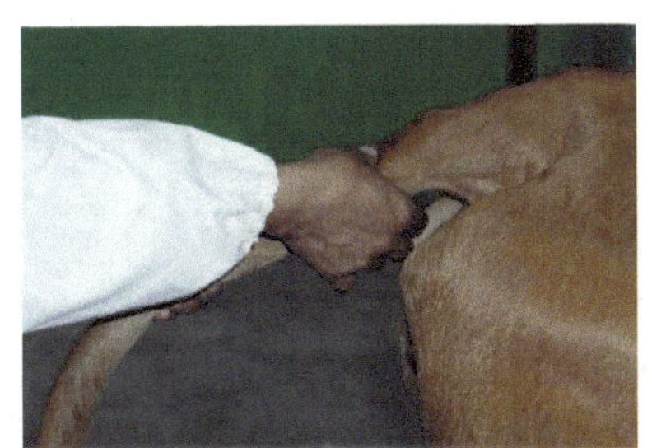
图 3-1-33　牛脉搏数测定

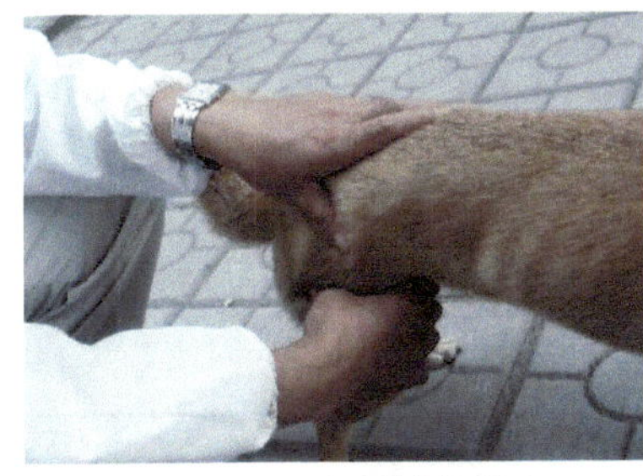
图 3-1-34　犬脉搏数测定

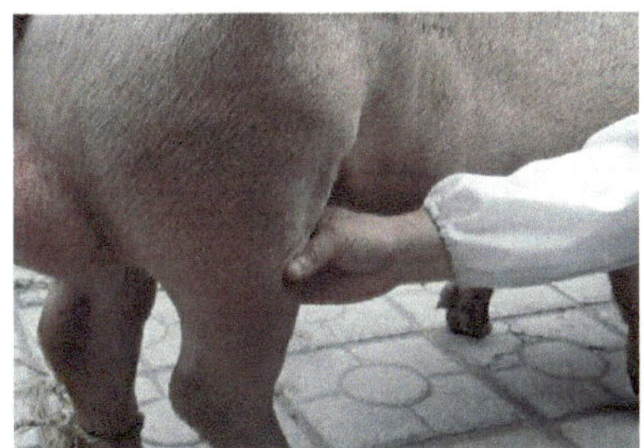
图 3-1-35　猪脉搏数测定

2. 正常脉搏数

健康动物的脉搏较为恒定，其正常的变动范围见表 3-1-2。

表 3-1-2　健康动物的脉搏正常的变动范围

动物种类	变动范围/（次/min）	动物种类	变动范围/（次/min）
马、骡	26～42	骆驼	30～60
驴	42～54	鹿	36～78
黄牛、乳牛	50～80	兔	80～140
水牛	30～50	狗	110～130
羊、山羊	70～80	猫	70～120
猪	60～80	禽类	120～200

正常的脉搏数受动物的品种、年龄、性别、生产性能、季节、地区及运动、使役、采食和精神状态等的影响。

3. 病理变化

1）脉搏增多：发热，心脏病，剧痛等过程中。
2）脉搏减少：某些脑病，中毒，重症病畜等。

（三）呼吸次数的测定

1. 检查方法

测定每分钟呼吸的次数，以次/min表示，一般观察胸、腹壁的起伏动作或鼻翼开张动作计算，寒冷季节，可按其呼出的气流计数（图3-1-36和图3-1-37），鸡可注意观察肛门部羽毛的收缩来计算。一般应计算2分钟的次数进行平均。

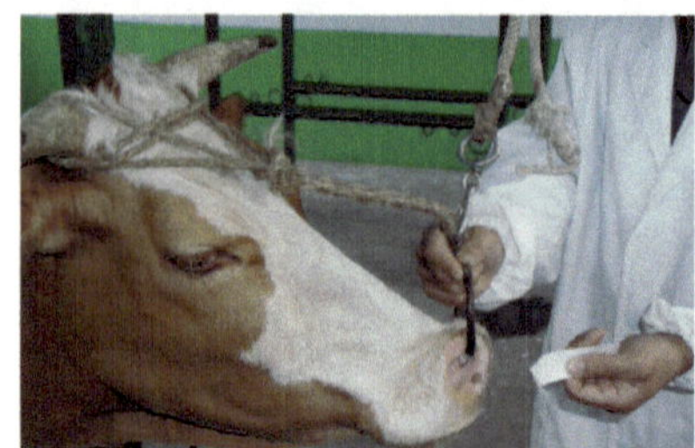

图3-1-36 牛呼吸数测定

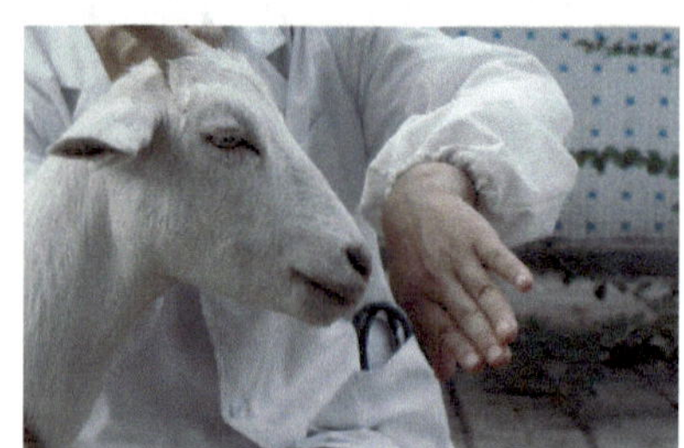

图3-1-37 羊呼吸数测定

2. 正常呼吸数

健康动物的呼吸数的正常变动范围见表3-1-3。

表3-1-3 健康动物的呼吸数的正常变动范围

动物种类	变动范围/(次/min)	动物种类	变动范围/(次/min)
马、骡	8～16	骆驼	6～15
鹿	15～25	兔	50～60
黄牛、乳牛	10～30	狗	10～30
水牛	10～50	猫	10～30
羊、山羊	12～30	禽类	15～30
猪	18～30		

呼吸次数的生理变动，受年龄、品种、生理状态、季节等的影响。

3. 病理变化

1）呼吸次数增多，引起呼吸次数增多的原因主要有：呼吸器官本身的疾病，多数发热性疾病，心脏病及贫血和失血性疾病，剧烈疼痛性疾病，某些中毒病，中枢神经的兴奋性增高，引起呼吸受阻的疾病，如膈肌麻痹、胃肠鼓胀等。

2）呼吸次数减少，呼吸次数减少主要见于：中毒病，重度的代谢紊乱，颅内压升高性疾病，严重的上呼吸道狭窄。

呼吸次数的显著减少，同时伴有呼吸形式与节律的改变，常提示预后不良。

（四）体温（T）、呼吸（P）、脉搏（R）的诊断意义

1）一般来说，T、P、R 的变化是并行一致的。升高时均高，降低时同时降低。如果三条曲线逐渐平行上升，表明病情加重。如果三条曲线逐渐平行地下降，以致接近正常，则表明病势好转。因此通过每天的 T、P、R 变化，绘制曲线进行分析即可判定病情的发展与预后。

2）若这三条曲线出现交叉或分离则表明衰竭、濒死或预后不良。

项目4 系统检查

学习目标

• 根据提供的模型、视频、幻灯片、挂图、实习动物，能正确确定被检动物心脏的检查部位及方法。明确区分正常心音及常见病理心音和临床诊断意义。

• 熟悉不同动物正常的呼吸类型，区分呼吸类型的病理改变，并明确其诊断意义。

• 能鉴别呼吸困难的类型，对鼻液、咳嗽做出正确判断。

• 能正确确定被检动物肺脏听诊、叩诊部位，进行听诊、叩诊检查，熟悉正常肺泡呼吸音和产生特点，了解常见病理性呼吸音的特点及临床诊断意义。

• 学会对饮食机能与动作的检查。按操作规程进行口腔、咽、食道、胃肠的检查，区分正常与病理变化并明确其诊断意义。

• 按操作程序和要求进行直肠检查，并明确直肠检查在临床上的应用和诊断意义。

• 按操作程序和要求进行泌尿生殖系统和神经系统检查，并明确其诊断意义。

• 树立良好的爱岗敬业精神和建立安全防护意识。

任务1 心脏血管系统检查

一、心搏动检查

心搏动是指在心室收缩过程中撞击左侧心区的胸壁而引起的振动。

（一）心搏动检查的方法

检查心搏动，一般在左侧进行。对各种动物来说，能觉察到心搏动的部位并不完全相同，马的心搏动，在左侧胸廓的下1/3处的第3～6肋间，而以第5肋间下1/3的中央处最为明显，牛的心搏动，在左侧肩关节水平线下1/2处的第3～5肋间，而以第4肋间最为明显，羊，猪的心搏动部位，基本上与牛相同，犬、猫的心搏动，在左侧第4～6肋间胸廓的下1/3处，而以第5肋间最为明显。

一般通过视诊和触诊的方法检查心搏动。视诊时，在健康的大动物只能看到相应心区的被毛发生轻微颤动，而在小动物（如犬），可见相应心区的胸壁发生有节律的跳动。触诊大动物时，检查者的右手放在被检动物的髫甲部作为支点，左手手掌平放在马肘头后方2～3cm处的胸壁上，感知心搏动的状态，在健康马，能感觉到的心搏动范围约为4～5cm。对牛进行检查，可将左手掌深深插入肘头与胸壁之间，用力触压，对小动物（犬、猫）进行检查，先由助手握住动物左前肢并向前方提举，然后检查者再将左手掌置于心

区进行触诊，必要时，检查者可用双手同时从两侧胸壁进行触诊。

检查心搏动时，应注意其强度、位置、频率各方面的变化，心搏动的强度主要受心脏的收缩力量、心脏大小与位置、胸壁厚度、心脏与心壁之间的介质状态等因素的影响。所以，在考虑是否存在异常的心搏动时，必须要排除正常条件下一些因素（如营养状况、年龄、神经类型，使役与运动、兴奋与恐惧等）对心搏动强度的影响。

（二）心搏动的异常变化

1）心搏动增强。触诊时感到心搏动强而有力，并且区域扩大。一般是由于心脏机能亢进的疾病引起的，主要见于热性病初期、心脏病（如心肌炎、心内膜炎、心包炎）的代偿期、贫血性疾病及伴有剧烈疼痛的疾病。此时，造成心搏动增强的原因涉及心肌收缩力加强，心脏的紧张源性扩张和肌源性扩张，心脏肥大，心包容积增大（如心包炎）。心搏动过度增强，并伴有整个体壁的震动，称为心悸。

2）心搏动减弱。触诊时感到心搏动力量减弱，并且区域缩小，甚至难以感知。一般是由于心肌收缩无力的疾病（见于心脏病的代偿机能降低时）、胸壁与心脏之间的介质状态改变（见于胸壁水肿，胸膜炎、胸腔积液、慢性肺泡气肿、心包炎等）所引起的。

3）心搏动移位。这是由于心脏受邻近器官，渗出液、肿瘤等的压迫，而造成心搏动位置的改变。表现形式有向前移位，见于胃扩张，腹水、膈疝等，向右移位，见于左侧胸腔积液等。

4）心区压痛。触诊心区胸壁的肋间部，可发现动物对触压呈敏感反应，强压时表现回顾、躲避，呻吟，反映出存在心包炎、胸膜炎等。但要排除敏感动物的反抗表现，以免混淆。

二、心脏叩诊

1. 部位

马在左胸下部第4～5肋间；牛在左胸下部第3～4肋间，胸廓下1/3的中间部。羊、山羊、犬、猫和牛的部位相似。

2. 方法

大家畜用锤板叩诊法；小动物用指指叩诊法。

3. 正常情况

1）马：绝对浊音区大如手掌。呈一锐角不等边三角形。浊音区中心约在左胸下部4～5肋间；浊音区顶点在第3肋间、肩关节水平线下3～4cm处；浊音区的后界是一条由顶点至第6肋骨末端的弧线；浊音区前界沿肘肌而下；浊音区的下界与胸骨浊音区融合。相对浊音区在绝对浊音区的后上方，呈带状，宽约3cm。马心区叩诊示意图如图4-1-1所示。

2）牛、羊、山羊：只有相对浊音区而无绝对浊音区（假如出现绝对浊音区应当视

为病态）。相对浊音区的中心在左胸下部第 3～4 肋间（图 4-1-2）。

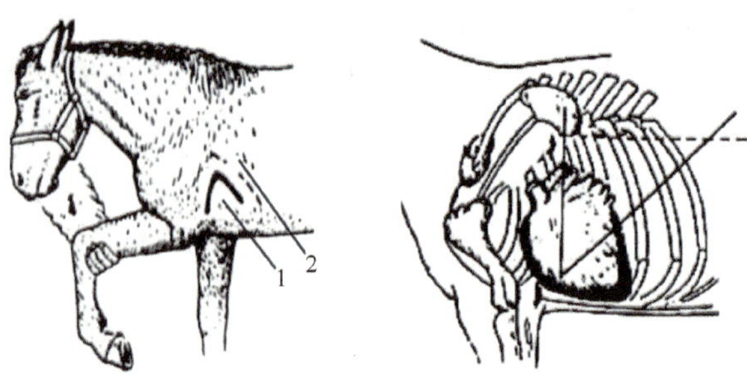

图 4-1-1　马心区叩诊示意图

1. 绝对浊音区；2. 相对浊音区

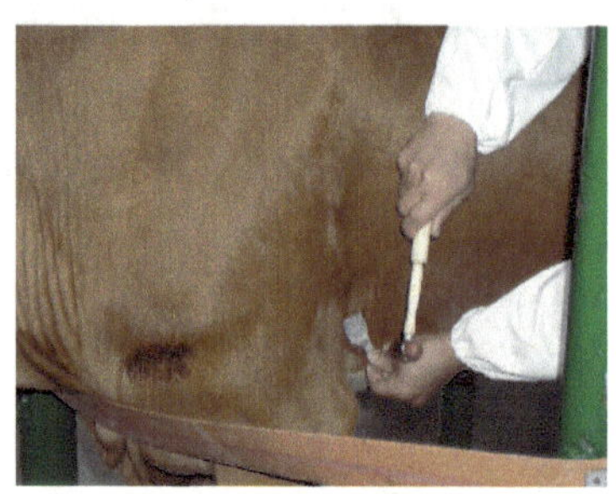

图 4-1-2　牛心脏叩诊

4. 诊断意义

1）心浊音区增大：见于创伤性心包炎；心扩大、心肥大等。

2）心浊音区缩小：见于马的慢性肺泡气肿；胸腔积气。

三、心脏听诊

（一）正常心音

心音是随同心室的收缩与舒张活动而产生的音响现象。听诊健康动物的心脏时，在每个心动周期内都可听到“通塔”两个有节律相互交替出现的不同性质的声音，称为心音，分别称第一心音和第二心音。第一心音产生于心室的收缩期，亦称心缩音，主要是由于心室收缩时，左右房室瓣（二尖瓣、三尖瓣）的同时关闭与振动所产生，其特点是“低、钝、长”。第二心音产生于心室舒张期，亦称心舒音，主要是由于心室舒张时，主动脉瓣和肺动脉瓣的同时关闭与振动所产生，其特点是“高、锐、短”。在心区的任何一点都能听到，但心音最为清楚的部位是心音最佳听诊点（最强听取点），见表 4-1-1。

表 4-1-1　各种动物的心音最佳听取点

动物的种类	第一心音		第二心音	
	二尖瓣口	三尖瓣口	主动脉口	肺动脉口
牛、羊	左侧第 4 肋间，主动脉口的远下方	右侧第 3 肋间，胸廓下 1/3 的中央水平线上	左侧第 4 肋间，肩关节线下一、二指处	左侧第 3 肋间，胸廓下 1/3 的中央水平线下方
马	左侧第 5 肋间，胸廓下 1/3 的中央水平线上	右侧第 4 肋间，胸廓下 1/3 的中央水平线上	左侧第 4 肋间，肩关节线下一、二指处	左侧第 3 肋间，胸廓下 1/3 的中央水平线下方
猪	左侧第 5 肋间，胸廓下 1/3 的中央水平线上	右侧第 4 肋间，肋骨和肋软骨结合部稍下方	左侧第 4 肋间，肩关节线下一、二指处	左侧第 3 肋间，接近胸骨处
犬	左侧第 4 肋间	右侧第 3 肋间	左侧第 3 肋间	左侧第 3 肋间

（二）听诊心音的方法

一般通过听诊器进行听诊。将动物的左前肢向前拉伸半步，暴露出心区，通常在左

侧肘头后上方心区部位听取，必要时于右侧心区听取。听诊时注意听诊器应与心区紧密接触（图 4-1-3）。

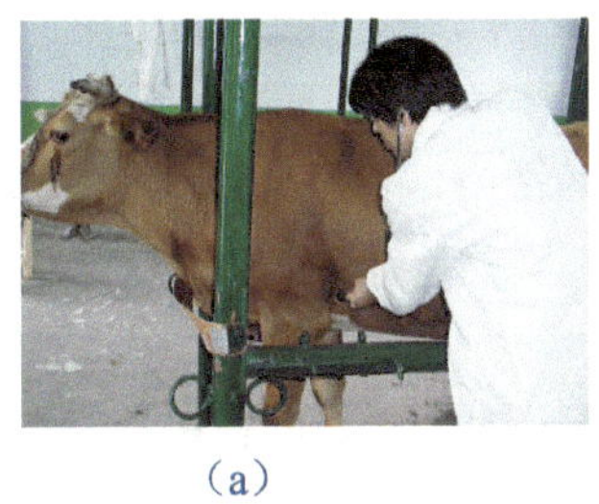
（a）

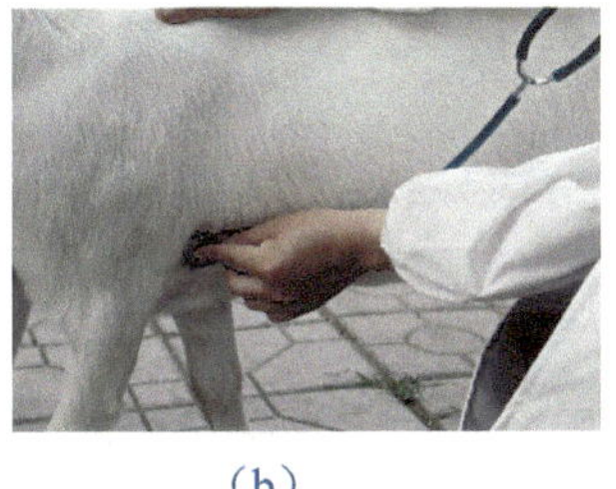
（b）

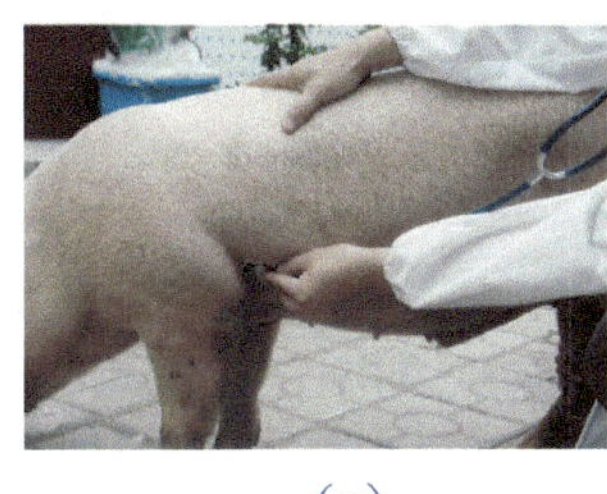
（c）

图 4-1-3 牛心脏听诊

（三）心音的异常变化

1. 心音的频率的改变

意义同脉搏检查。

2. 心音强度的改变

1）第一心音与第二心音同时增强，可见于心肥大或某些心脏病的初期而代偿机能亢进时，伴有剧烈的疼痛性的疾病，发热性疾病的初期阶段，轻度的贫血或失血，应用强心剂等。

2）第一心音增强，表明心室充盈不足和心肌收缩力增强，使血流的惯性增加，对二尖瓣三尖瓣的冲击力加大，常见于如大失血或频繁、剧烈的腹泻而引起的重度脱水，休克与虚脱。

3）第二心音增强，表明主动脉和肺动脉血压增高，常见于高血压、左心肥大、肾炎、肺充血等。

4）第一心音与第二心音同时减弱：见于一切引起心肌收缩力量减弱的病埋过程中，如心肌炎、心肌变性的后期，心肌代偿障碍期，渗出性心包炎，渗出性胸膜炎、胸腔积水、心包积水等，以及重度的胸壁肿胀和肺气肿等。

5）第二心音减弱：这是临床常见的症状，是动脉根部血压降低的标志，见于大失血、脱水、休克与虚脱、循环衰竭及心动过速等。第二心音显著减弱或消失的同时，伴有心率过速、明显的心率不齐，常提示预后不良。单独的第一心音减弱，在临床诊断的实践中，很少遇到。

3. 心音性质的改变

1）心音混浊：主要表现为音质低、浊，甚至含混不清。主要是由于心肌及其瓣膜变性，而使振动能力发生改变的结果。主要见于心肌炎的后期、重症的心肌营养不良与心肌变性、高热性疾病、严重的贫血，重度的衰竭症等时，因伴有心肌性质的变化，所以多出现心音混浊的现象。另外也见于某些能够引起心肌损害的传染病，如口蹄疫、猪瘟、猪肺疫、流行性感冒以及某些代谢病如白肌病或中毒性疾病等。

2）心音过于清脆而带有金属音，主要见于破伤风、心脏表面覆盖有带有含气空洞的组织器官，如肺出现空洞，膈疝等。

4. 心音的分裂

正常的缩期或舒期的某一声音，因病理原因而分裂为两个音响时，称为心音分裂。若分裂的程度明显，且分裂开的两个声音有明显的间隔时，则称为心音的重复。分裂与重复的意义相同，仅程度不同而已。

1）第一心音分裂：这是由于左右房室瓣关闭的时间不一致所致。可见于传导阻滞，提示心肌的重度变性。个别情况，当健康马兴奋时，也可出现第一心音分裂。安静后即可恢复，此时无病理意义。

2）第二心音分裂：主要反映主动脉与肺动脉根部血压有较悬殊的差别。依心脏收缩时驱出的血液量及承受血液的动脉管内的压力高低为转移，如左右心室某一方的血液量少或主动脉、肺动脉某一方的血压低，则其心室的收缩的持续时间短，而这方面的动脉根部的半月瓣提早关闭，遂造成第二心音分裂。第二心音分裂主要见于重度的肺炎或肾炎。

3）奔马调：除第一心音和第二心音外，又有第三个附加的心音连续而来，恰如远处传来的奔马蹄音。此第三心音，可发生于舒张期（第二心音之后），或发生于收缩期前（第一心音之前），但此附加音一般没有心音那样清晰。可见于心肌炎、心肌硬化或左房室口狭窄。

5. 心音节律的改变

正常情况下，每次心音的间隔时间均等而且每次心音的强度相似，此为正常的节律。如果每次心音的间隔时间不等并其强度不一，则称为节律不齐。心脏的节律不齐一般称为心律不齐。重度的、顽固性的心率不齐，多提示心肌的损害。常见于心肌的炎症，心肌营养不良或变性，心肌硬化之时。造成心肌这些变化，可由营养、代谢的紊乱、贫血、长期发热、中毒及内中毒所引起。某些传染病时，心肌受菌、毒的刺激而常有不同程度的损害，也表现有明显的心率不齐。病畜表现有心率不齐的同时，伴有心血管系统其他方面的明显改变与整体状态的变化，则在临床诊断上应该给予重视。

6. 心杂音

心杂音是伴随心脏舒缩活动而产生的正常心音以外的附加音响（图 4-1-4）。

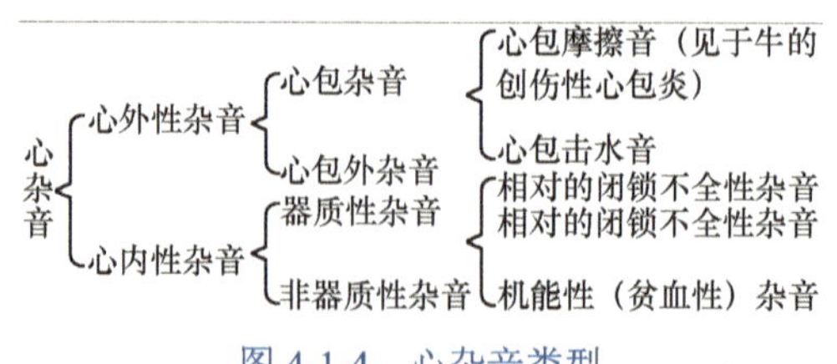

图 4-1-4　心杂音类型

（1）心外性杂音

心外性杂音是心包或靠近心区的胸膜发生病变的结果。心包杂音依杂音性质的不

同，可分为心包摩擦音与心包击水音。

① 心包击水音：呈液体振荡音，类似于振荡有半量液体的玻璃瓶时所产生的声音。心包击水音是渗出性心包炎与心包积水的特征。

② 心包摩擦音：类似于两个粗糙的膜面相互摩擦的声响，呈断续的、粗糙的、破裂的特性。心包摩擦音实际纤维素性心包炎的特征。心包摩擦音与心包击水音常见于创伤性网胃心包炎。杂音的强度及其是否出现，不仅取决于心包的病变和程度，还依据心脏收缩的力量的大小及其他条件。

③ 心包外杂音：主要为肺杂音和胸膜杂音。

（2）心内性杂音

心内性杂音是心内瓣膜及其相应的瓣膜口发生形态改变或血液性质发生变化时，伴随心脏活动而产生的杂音。依据有否心内膜的形态改变而区分为器质性杂音和非器质性杂音（又称机能性杂音）。

① 心内性器质性杂音：这是慢性心内膜炎的特征。慢性心内膜炎的后果，常引起某一瓣膜或其周围组织的增殖、肥厚及其粘连，瓣膜缺损或腱索的短缩，这些形态学的病变统称为慢性心脏瓣膜病。心脏瓣膜病的类型很多，一般可概括地分为瓣膜的闭锁不全及瓣膜口的狭窄。

② 非器质性杂音：由于心脏瓣膜上并无不可逆的形态学改变，多由机能变化而引起，一般称为机能性杂音。通常有两种情况可引起：一是当心肌高度弛缓或扩张时，房室瓣不能将扩大了的相应的房室口完全闭锁，形成相对的房室瓣闭锁不全；二是当血液性质发生改变时，即变为稀薄时，随心脏活动而流速加快，形成杂音，称为贫血性杂音。相对闭锁不全性杂音，可见于心肌迟缓与心扩张。贫血性杂音可见于重度的贫血。

四、脉管的检查

临床诊断时主要是检查动脉脉搏，判断其频率、节律及其性质的变化，检查较大的体表静脉，判断其充盈状态及有否病理性波动。

（一）动脉脉搏的检查

检查动脉脉搏首先要确定其频率，其次要注意脉搏的性质及节律。

脉搏的性质一般是指脉搏的大小、脉管的紧张度、脉管内血液的充盈度及脉搏的形状等而言。脉搏的性质受多种因素影响，主要取决于以下三个方面：

1）心脏的收缩力量。

2）脉管壁的弹性及其紧张度。

3）血液数量，包括总血量及其每搏输出量。

（二）浅在静脉的检查

1）颈静脉沟处的肿胀、硬结并伴有热痛反应，这是颈静脉及其周围炎症的特征。多有静脉注射时消毒不严或刺激性药物漏出血管外的病史。但牛颈静脉沟处肿胀，并伴有颈部垂皮肿胀，并且无热痛反应，一般是创伤性心包炎的特征（图 4-1-5），应注意进行鉴别诊断。

2）颈静脉充盈而隆起，这是静脉淤血的特征。见于各种原因引起的心力衰竭。此际，浅在的其他大静脉可同时充盈而显露。牛的颈静脉充盈而显露，呈绳索状，常提示创伤性心包炎（图 4-1-6）。

图 4-1-5　牛创伤心包炎颈静脉怒张、垂皮肿胀

图 4-1-6　牛创伤心包炎颈静脉显露，呈绳索状

3）颈静脉波动，检查颈静脉有时可看到随着心脏活动而由颈根部的逆行性波动，称为颈静脉波动。正常情况下，颈静脉波动的高度不超过颈部的下 1/3 处，这是生理现象。

病理性的颈静脉波动，有三种：

① 阴性搏动（心房性颈静脉波动）：当生理性颈静脉波动过强时，由颈根部想头部的逆行波超过颈中部以上时，即为病理现象，是心力衰竭、右心淤滞的结果。阴性波动的特点是手指压迫颈静脉中点，远心端和近心端的搏动均消失。

② 阳性搏动（心室性静脉波动）：颈静脉的阳性波动是三尖瓣闭锁不全的特征。此时，随心室的收缩使部分血液经闭锁不全的空隙而逆流入右心房，并进一步经前腔静脉而至颈静脉。其特点是手指压迫颈静脉中点，远心端搏动消失，近心端搏动增强，见于三尖瓣闭锁不全。

③ 伪性搏动：当颈动脉搏动过强时，可引起颈静脉沟处发生类似的搏动现象，一般称为颈静脉的伪性搏动。其特点是手指压迫颈静脉中点，远心端和近心端的搏动没有改变。

任务 2　呼吸系统检查

机体与外界环境之间进行气体交换的全部物理和化学过程，称为呼吸。机体借助呼吸运动，完成机体对氧气的需求和排出机体产生的二氧化碳，以维持正常生命活动。呼吸系统主要由上呼吸道（包括鼻、喉和气管）、支气管、肺、膈和胸廓及胸膜腔组成。呼吸系统疾病在内科非传染性疾病中最为常见，其发病率仅次于消化系统。家畜患有呼吸系统疾病，不仅影响使役能力和生产能力，而且严重的还会引起死亡。

呼吸系统的临床检查方法主要有问诊、叩诊、听诊、嗅诊和触诊，以及 X 线检查和内窥镜及血液学检查等。呼吸系统的临床检查内容主要包括：呼吸运动的检查，上呼吸道检查，胸廓和肺的检查等。

一、呼吸运动的检查

呼吸运动指的是在家畜呼吸时，呼吸器官及其他参与呼吸的器官所表现的一种有节律的协调运动。呼吸运动的检查具有重要的诊断意义，因为它不仅可以获得疾病的重要症状，而且还可以为进一步检查提供线索和方向。

呼吸运动检查的主要内容包括：呼吸的频率、类型、节律、对称性、呼吸困难和呃逆（膈肌痉挛）。

（一）呼吸类型

呼吸类型，即家畜的呼吸方式。检查时，应注意胸廓和腹壁起伏动作的协调性和强度。根据胸壁和腹壁起伏变化程度和呼吸肌收缩的强度，将其分为三种类型。

1）胸腹式呼吸：健康家畜一般为胸腹式呼吸，即在呼吸时，胸壁和腹壁的运动协调，强度也大致相等，因此亦可称为混合式呼吸。只有犬例外，正常时即以胸式呼吸占优势。

2）胸式呼吸：为一种病理性呼吸方式。表现为胸壁的起伏动作特别明显，而腹壁的运动特别轻微，提示病变在腹部。主要是由于腹部剧烈疼痛、腹内压急剧升高或膈肌麻痹而引起的。临床上常见于腹膜炎、瘤胃鼓气、肠鼓气、急性胃扩张腹腔积液和膈肌麻痹或膈肌破裂。

3）腹式呼吸：也是一种病理性呼吸方式。其特征为腹壁的起伏动作特别明显，而胸壁的活动极轻微，提示病变在胸部。主要见于急性胸膜炎/胸膜肺炎、胸腔大量积液、也见于慢性肺气肿和肋骨骨折等。病理原因是胸部的运动器官疼痛反射性抑制胸壁起伏动作引起的，或者是由于肺泡弹力降低、支气管狭窄，影响肺泡内气体的排出，患畜需要加强腹壁收缩，增强腹腔对膈肌的压力，以利于气体排出，这种情况下也会出现腹式呼吸。

（二）呼吸节律

所谓的呼吸节律是指每次呼吸之间间隔的距离相等，如此周而复始，很有规律。一般情况下，呼气的时间要比吸气的时间稍长，这是因为吸气是主动性的动作。健康家畜的呼吸节律，可因兴奋、惊恐、运动、尖叫及嗅闻等而发生暂时性改变。在病理情况下，正常的呼吸节律遭到破坏，称为异常节律。临床上常见的呼吸节律变化如下：

1）呼气延长：特征是呼气异常费力，呼气的时间显著延长，表示气流呼出不畅，从而出现呼气困难。发病原因是支气管狭窄、肺泡弹力不足所致，主要见于慢性支气管炎、慢性肺气肿等。

2）吸气延长：特征是吸气异常费力，吸气时间显著延长，表示气流进入肺部不畅，从而出现吸气困难。见于上呼吸道狭窄，如鼻、喉、气管的黏膜肿胀、肿瘤、假膜、黏液或异物阻塞及呼吸道外有病变压迫等。

3）间断性呼吸：其特征是吸气或呼气呈间断性，即在吸气或呼气时出现多次短促的吸气或呼气动作，这是由于病畜先抑制呼吸，然后进行补偿的结果。主要见于细支气管炎、慢性肺气肿、胸膜炎和伴有疼痛性的腹部疾病，也见于脑部疾病，如脑炎、中毒等。

4）陈-施二氏呼吸：此型呼吸是病理性呼吸的典型代表。其特征是呼吸逐渐加深、加强、加快，当达到高峰后，又逐渐变慢、变浅、变弱，而后呼吸中断。经数秒至10～15s短暂间歇后，又以同样的方式出现，这种波浪式的呼吸方式，又称潮氏呼吸（图4-2-1）。这是由于血液中二氧化碳增多，氧气减少，颈动脉窦、主动脉弓的化学感受器和呼吸中枢受刺激，使呼吸逐渐加深加快，待达到高峰后血液中二氧化碳减少，而氧气增多，呼吸又逐渐变浅变慢，既而出现呼吸暂停。这种周而复始的变化是呼吸中枢敏感性降低的特殊标志或指征。此时，病畜可能出现昏迷、意识障碍、瞳孔反射消失以及脉搏的显著变化。这种呼吸多是神经系统疾病导致脑循环障碍的结果，也是病危的表现。主要见于脑炎、心力衰竭以及某些中毒，如尿毒症、药物或有毒植物中毒等。

图 4-2-1　陈-施二氏呼吸

5）毕欧特氏呼吸：这也是一种病理性呼吸节律。其特征是数次连续的、深度大致相等的深呼吸和呼吸暂停交替出现（图4-2-2）。其表示呼吸中枢的敏感性极度降低，是病情危险的标志。常见于各种脑炎，也见于某些中毒，如蕨中毒、酸中毒和尿毒症等。

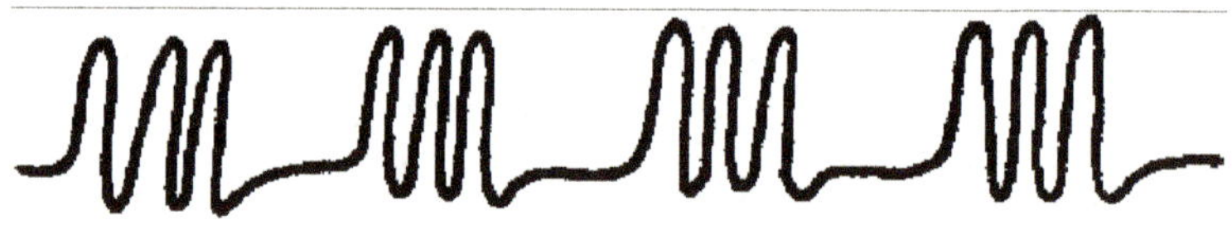

图 4-2-2　毕欧特氏呼吸

6）库斯茂尔氏呼吸：特征为呼吸不中断发生深而慢的大呼吸，呼吸次数减少，并带有明显的呼吸杂音，如啰音和鼾声（图4-2-3），故又称深大呼吸。见于酸中毒、尿毒症、濒死期，偶见于大失血、脑脊髓炎和脑积水等。

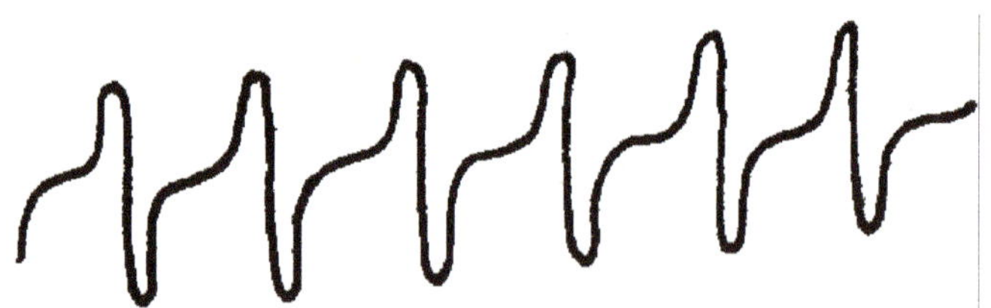

图 4-2-3　库斯茂尔氏呼吸

（三）呼吸的对称性

健康动物呼吸时，两侧胸壁的起伏完全一致，称为均称呼吸或对称性呼吸。呼吸不对称见于单侧性胸膜炎、胸腔积液、气胸和肋骨骨折等。

（四）呼吸困难

呼吸困难是一种复杂的病理性呼吸障碍。表现为呼吸费力，辅助呼吸肌参与呼吸运

动并可有呼吸频率、类型、深度和节律的改变。高度呼吸困难，称为气喘。呼吸困难是呼吸器官疾病的一个重要症状，但在其他器官患有严重疾病时，也可出现呼吸困难。根据引起呼吸困难的原因和其表现形式，可将呼吸困难分为以下三种类型。

1. 吸气性呼吸困难

特征为吸气时间显著延长辅助吸气肌参与活动，并伴有特异的吸入性狭窄音。病畜在吸气时，四肢广踏胸廓开张，呼吸深而大，某些动物可呈张口呼吸。此为上呼吸道狭窄的特征。可见于鼻腔狭窄、喉水肿、咽喉炎、喘鸣症、血斑病和猪的传染性萎缩性鼻炎，以及鸡的传染性喉气管炎（图4-2-4）等。

图 4-2-4 鸡传染性喉气管炎吸气性呼吸困难、张口呼吸

2. 呼气性呼吸困难

特征为呼气时间显著延长，辅助呼气肌参与活动，腹部有明显的起伏动作，可出现连续两次呼气动作，称为二重呼吸，高度呼气困难时，可沿肋弓出现较深的凹陷沟，称为“喘线”或“息劳沟”，同时可见背拱起，肷窝变平。由于腹部肌肉强直收缩，腹内压变化大，故伴随呼吸运动可见呼气时肛门突出，吸气时肛门反而陷入的现象，称为肛门抽缩运动。这是肺组织弹性减弱及细支气管狭窄，肺泡内空气排出困难的结果，可见于急性细支气管炎、慢性肺气肿、胸膜肺炎等。

3. 混合性呼吸困难

混合性呼吸困难是一种最常见的呼吸困难。特征为吸气和呼气时均发生困难，常伴有呼吸次数增加现象。临诊表现为混合性呼吸困难的疾病很多，根据其发生的原因和机理可分为以下六种类型：

1）肺源性呼吸困难：这是肺部广泛性病变，支气管也受到侵害，使肺的有效呼吸面积减少，肺活量降低，肺的通气不良，换气不全，使血液二氧化碳浓度升高和缺氧，导致呼吸中枢兴奋的结果。可见于各型肺炎、胸膜肺炎、急性肺水肿和主要侵害胸、肺器官的某些传染病，如鼻疽、结核、马传染性胸膜肺炎、牛出血性败病、牛肺疫、猪气喘病、猪肺疫、山羊传染性胸膜肺炎和犬瘟热等，也见于支气管炎、慢性支气管炎、肺气肿、渗出性胸膜炎和胸腔大量积液等。

2）心源性呼吸困难：呼吸困难也是心功能不全的主要症状之一。其产生的原因是小循环发生障碍，肺换气受到限制，导致缺氧和二氧化碳潴留。在表现为混合性呼吸困难的同时，病畜伴有明显的心血管系统症状，运动后心跳、气喘更为严重，肺部可听到湿罗音。主要见于心内膜炎、心肌炎、创伤性心包炎和心力衰竭等。

3）血源性呼吸困难：严重贫血时，因红细胞和血红蛋白减少，血氧供应不足，导致呼吸困难，尤其是运动后更为显著。可见于各种类型的贫血，如马的传染性贫血、梨形虫病、仔猪缺铁性贫血等。

4）中毒源性呼吸困难：因毒物来源不同，又可分为以下两种。

① 内源性中毒：各种原因引起的内中毒，如代谢性酸中毒、尿毒症、酮血症、严重的胃肠炎和高热性疾病等。代谢性酸中毒表现为深而大的呼吸，但无心、肺疾患。

② 外源性中毒：某些化学物质能够影响血红蛋白，使之失去携氧能力，或抑制细胞内酶的活性，破坏组织内氧化过程，从而造成组织内缺氧，出现呼吸困难。主要鉴于亚硝酸盐中毒、氢氰酸中毒、有机磷中毒。

另外，也见于某些药物中毒，如水合氯醛、巴比妥、吗啡等中毒，抑制呼吸中枢，使呼吸变慢。

5）神经性或中枢性呼吸困难：重症的脑部疾患，由于颅内压增高和炎症产物刺激呼吸中枢，可引起呼吸困难，见于脑膜炎、脑肿瘤等。某些疼痛性疾病可反射引起呼吸运动加深，重者也可引起呼吸困难。在破伤风时，由于毒素直接刺激神经系统，使中枢的兴奋性增高，并使呼吸肌发生强直性痉挛，导致呼吸困难。

6）腹压增高性呼吸困难：由于腹腔的压力升高，压迫膈肌，使其运动受到限制，并影响腹壁的收缩，从而导致呼吸困难。主要见于胃扩张、瘤胃臌气、肠臌气、肠变位和腹腔积液等。严重时，病畜出现窒息现象。

（五）呃逆

所谓呃逆，即病畜所发生一种短促的急跳性吸气，此乃膈神经直接或间接受到刺激使膈肌发生有节律的痉挛性收缩而引起。其特征为腹部和肷部发生有节律性的特殊跳动，称为腹部跳肷。常用见于胃扩张、肠阻塞和脑膜疾病等。

二、上呼吸道的检查

上呼吸道的检查主要包括：呼出气体的检查、鼻液的检查、副鼻窦的检查、喉囊的检查、喉和气管的检查以及上呼吸道杂音的检查。

（一）鼻的检查

1. 鼻面部及副鼻窦的检查

（1）检查方法

观察鼻面部及副鼻窦的外形有无改变及其表在病变；触诊和叩诊副鼻窦部有无敏感反应及叩诊音的改变。

（2）病理变化

① 鼻面部的肿胀、膨隆和变形：马的鼻面部、唇周围皮下浮肿，外观呈河马头状特征，可见于血斑病；鼻面部膨隆，常见于软骨症，而以幼驹更为典型；窦炎或蓄脓症时，可见局部隆突、肿胀，甚至骨质变软；猪的鼻面部短缩、歪曲、变形，是传染性萎缩性鼻炎的特征（图 4-2-5）。

② 马的副鼻窦敏感及叩诊呈浊音，提示副鼻窦炎或副鼻窦蓄脓，重者多伴有颜面、鼻窦部的肿胀、变形，且患侧鼻孔常流脓性分泌物，低头时流出量明显增多。

2. 鼻腔检查

（1）检查方法

借助自然光线或借助人工光源进行视诊。

用单手法时，一只手握笼头，另一只手（右手）的拇指和中指夹住其外鼻翼并向外拉开，食指将其内鼻翼挑起；用双手法时，由助手保定并抬起动物的头部，检查者分别用两手拉开动物的两侧鼻翼即可（图 4-2-6）。检查时，应注意鼻黏膜的颜色，有无肿胀、结节、溃疡或瘢痕。

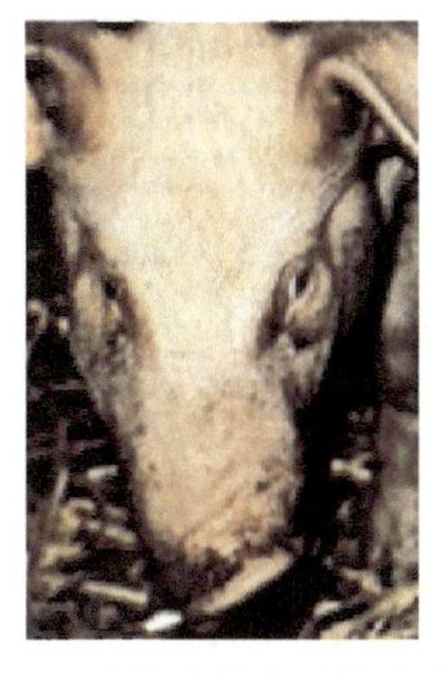

图 4-2-5 猪传染性萎缩性鼻炎

图 4-2-6 马鼻腔检查

（2）正常状态

健康动物的鼻黏膜为蔷薇红色或淡青红色，湿润，有光泽。

（3）病理变化

鼻黏膜潮红、肿胀，主要见于鼻卡他及流行性感冒；若有水疱，可见于水疱病、口蹄疫（图 4-2-7 和图 4-2-8）。马鼻黏膜出现的结节、溃疡或瘢痕（冰花样或星芒状），常提示鼻腔鼻疽。

图 4-2-7 牛口蹄疫

图 4-2-8 猪口蹄疫

3. 呼出气体的检查

检查呼出的气体，主要注意呼出气体的温度、是否有异味和两侧气体的强度是否一致。

（1）呼出气体的温度

健康家畜呼出的气体稍有温热感，当体温升高时，呼出的气体温度也升高，主要见

于热性病。呼出气体温度降低时，可见于严重的脑病、中毒或休脱。

（2）呼出气体的气味

健康家畜呼出的气体一般无特殊气味。当肺组织或呼吸道或其他部位有坏死性炎症变化时，不但鼻液恶臭，呼出的气体也带有强烈的腐败气味，当呼吸道和肺组织有化脓性病理变化时，如肺脓肿破溃，则鼻液和呼出的气体带有脓臭味，如果有呕吐物从鼻腔流出，则带有酸臭味。

此外，在尿毒症时，呼出气体带有尿臭味；在酮血病时，可能有丙酮气味。

当发现呼出气体有特殊臭味时，应注意气味是来自口腔，还是来自鼻腔。

（3）两侧气流的强度

健康家畜两侧鼻孔呼出的气流相等，当一侧鼻腔狭窄，一侧副鼻窦肿胀或大量积脓时，则患侧的呼出气流较小，并常伴有呼吸的狭窄音及不同程度的呼吸困难；若两侧鼻腔同时存在病变，则依病变的程度和范围不同，而两侧鼻孔气流的强度也可不一致。检查时，可用双手置于鼻孔前感知，或当寒冷季节直接观察呼出的气流而判断之。

4. 鼻液的检查

健康家畜一般无鼻液，冬天寒冷时，有些家畜可能有微量的浆液性鼻液，若有大量鼻液时，则为病理征象。如鼻腔、气管有分泌物，一般马分别以喷鼻和咳嗽排出，牛则用舌舔去和咳嗽出。

检查鼻液时，应注意其数量、性状，一侧性或两侧性，有无混杂物及其性质。

（1）鼻液的量

鼻液量的多少，取决于疾病的发展时期、程度、病变的性质和范围。

① 量多：主要见于呼吸道有广泛性炎症，如急性鼻炎、急性咽喉炎、肺脓肿破裂、肺坏疽、大叶性肺炎的溶解期、流感、肺结核、马腺疫、犬瘟热等。大量鼻液的产生，是呼吸道黏膜充血、水肿、黏液分泌增多，以及毛细血管通透性增高，浆液大量渗出所致。

② 量少：见于慢性或局限性呼吸道炎症。如慢性鼻炎、慢性支气管炎、慢性鼻疽、慢性肺结核等。

③ 量不定：鼻液量时多时少，主要见于副鼻窦炎和喉囊炎。其特征是：病畜低头或运动时，有大量鼻液流出，而当自然站立时，仅有少量鼻液。另外也见于肺脓肿、肺坏疽和肺结核时。

（2）鼻液的性状

鼻液形状的变化，主要根据病变的性质和炎症的种类而定，一般分为浆液性、黏液性、化脓性、腐败性和出血性鼻液。

① 浆液性鼻液：鼻液无色透明，稀薄如水。主要见于急性鼻卡他、马腺疫初期和流感等疾病。

② 黏液性鼻液：呈蛋清样或粥状，有腥臭味，呈灰白色（因混有大量白细胞和脱落的上皮细胞），是卡他性炎症的特征。主要见于急性上呼吸道感染和支气管炎等。

③ 脓性鼻液：黏稠浑浊，呈糊状、膏状或凝结成团状，具有脓臭味或恶臭味，是坏疽性炎症的表现。

④ 鼻液颜色及混杂物：灰白色、浆性、黏液性鼻液是卡他性炎症的产物；黄色、黏稠甚呈干酪样鼻液是化脓性炎症的特征，特别多见于马鼻疽、牛结核；铁锈色鼻液是大叶性肺炎的特征性症状；混有血液，多为呼吸器官的出血性病变，可见于鼻出血、肺出血、猪的传染性萎缩性鼻炎等。鼻液混有多量小气泡，反映病理产物来源于细支气管或肺泡，见于肺气肿、肺水肿、肺出血、支气管肺炎、支气管炎等；混有唾液及食物残渣提示伴有吞咽机能障碍、食道疾病（阻塞、麻痹等）；当小肠发生阻塞、变位时，鼻腔可能流出粪水或黄绿色（胆汁）胃肠内容物；混有寄生虫体，见于羊鼻蝇蚴病和肺丝虫病等；鼻液中弹力纤维的出现，表明肺组织溶解破坏，或出现空洞，见于肺坏疽、结核、脓肿。

（二）喉和气管检查

喉和气管的外部检查用视诊、触诊和听诊，而内部检查，在大家畜需借助喉气管镜，必要时采用气管切开术，由其切口中观察气管黏膜的变化。某些小动物，如羊、犬和家禽的喉部则可直接视诊。

1. 外部检查

外部检查包括以下方面。

1）视诊。注意有无肿胀，喉部肿胀，常由于喉部皮肤和皮下组织水肿或炎性浸润所致。马的喉部肿胀，见于咽喉炎、喉囊炎和马腺疫等。牛的喉部肿胀，见于炭疽、恶性水肿、化脓性腮腺炎、创伤性心包炎等。猪的喉部肿胀，见于急性猪肺疫、猪水肿病和炭疽。而气管周围及肉垂肿胀，多见于牛创伤性心包炎和炭疽。

2）触诊。注意有无肿胀、增温、疼痛反应和咳嗽等。喉部触诊有热感，病畜疼痛，拒绝触压，并发咳嗽，多为急性喉炎的表现，气管触诊敏感，并发咳嗽，多为气管炎的表现。

3）听诊。听诊主要是判断喉和气管呼吸音有无改变。听诊健康家畜喉部时，可以听到一种类似“赫”的声音，称为喉呼吸音，这是气流通过声门裂时冲击声带和喉腔壁形成涡流而产生的声音。由于呼气时声门裂较吸气时为狭窄，故喉呼吸音在呼气时比吸气时强。喉呼吸音沿着整个气管向下扩散，渐变柔和，在气管出现时，称为气管呼吸音；在胸廓支气管区出现时，称支气管呼吸音。喉、气管和支气管三种呼吸音的性质基本相同，都发“赫”的声音，并且呼气时都比吸气时强，仅由于传导条件不同而稍有变化。喉及气管呼吸音的病理变化，常见的有呼吸音增强、狭窄音和啰音。

① 呼吸音增强。听诊喉和气管时，可闻强大粗厉的“赫”音，见于各种出现呼吸困难的疾病。

② 狭窄音。导致喉和气管狭窄、变形的任何一种病变，在呼吸运动时都可产生异常的狭窄音。其性质类似口哨声、嘶嘶声或拉锯声，有时声音相当强大，以至距病畜数十步远都可听到，见于喉水肿，咽喉炎，喉和气管炎，喉肿瘤及马腺疫等。

返神经麻痹时所出现的狭窄音，称为喘鸣音，其特征是在吸气时可听到一种吹哨性、咆哮性或喘鸣性喉头狭窄音，这是由于返神经麻痹而引起喉头和声带麻痹的结果，主要见于马属动物的喘鸣症。

③ 啰音。当喉和气管内有液体存在时，出现啰音，如液体黏稠，可听到干啰音；

液体稀薄时，则出现湿啰音。

2. 内部检查

主要为直接视诊。检查时，可使动物头略为高举，用开口器打开口腔，将舌拉出口外，并用压舌板压下舌根，同时对着阳光或人工光源，即可视诊喉黏膜，注意喉黏膜有无肿胀、出血，溃疡，渗出物和异物等。

3. 咳嗽检查

咳嗽是呼吸道及胸膜受刺激的结果。检查时应注意咳嗽的性质、频度、强弱及有无疼痛等特点。

① 干咳。咳嗽声清脆，洪亮，干而短，有痛苦表现，表明呼吸道内没有或仅有少量黏稠分泌物。可见于喉及气管内有异物，呼吸器官的慢性炎症及急性炎症的早期。

② 湿咳。咳嗽声音钝浊而湿长。表明呼吸道内有大量稀薄分泌物。见于喉炎、气管炎及肺炎。

③ 痛咳。咳嗽的声音短弱低沉，并有呻吟、摇头、头颈伸直等痛苦表现。可见于急性喉炎、创伤性网胃心包炎、胸膜炎、肋骨骨折等。

④ 痉挛性咳嗽。表现为咳嗽剧烈，连续发作，并有痛苦。常是呼吸道内有异物强烈刺激所致。

⑤ 稀咳。每次仅咳嗽一两声，常发生在清晨、饲后或运动之后，多是呼吸器官慢性疾病的显示，应特别注意牛结核、马鼻疽、轻度的猪气喘病。

⑥ 频咳。咳嗽频频出现，连续不断，常为喉、气管炎的特征；马的传染性上呼吸道卡他更为典型；猪的频繁而剧烈甚至呈痉挛性咳嗽，多见于重症的气喘病、慢性猪肺疫，当肺丝虫病时常见阵发性咳嗽。

三、胸部和肺的检查

胸部和肺的检查是呼吸系统检查的重点，主要通过视诊、触诊、叩诊、听诊进行检查，必要时配合X线检查和穿刺检查。

（一）胸部的视诊和触诊

1. 检查方法

胸部视诊主要观察胸廓外形变化，两侧胸廓是否对称等。触诊胸部主要感触胸壁的温度、敏感性及有无震颤，并注意肋骨有无变形或骨折等。

2. 病理变化

1）桶状胸表现为两侧胸廓明显膨隆，左右横径显著增加，状如圆桶，常见于严重的肺气肿；扁平胸表现为两侧胸廓狭窄而扁平，左右横径显著狭小，可见于骨软症、营养不良，慢性消耗性疾病；单侧气胸时可见胸廓左右不对称。

2）鸡胸表现为胸骨柄明显向前突出，并伴有肋骨与肋软骨结合处的串珠状肿，并

见有脊柱凹凸、四肢弯曲、全身发育障碍，是佝偻病的特征；鸡的胸骨脊弯曲、变形，提示钙缺乏。肋骨变形，有折断痕迹或有骨折、骨瘤时，可提示骨软症及氟骨病。

3）触诊胸壁时，家畜回视、不安、呻吟、躲闪，是胸壁敏感反应，主要见于胸膜炎、肋骨骨折；纤维素性胸膜炎时，可感知胸壁震颤。

4）胸侧壁温度增高，见于胸膜炎。检查时应左右对照。

5）胸前、胸下，水肿，见于牛创伤性网胃心包炎、营养不良、贫血、心力衰竭等。

6）胸膜摩擦感：当触诊胸壁时，有时感觉出手下发生胸膜摩擦感，主要反映胸膜炎。

（二）胸、肺部的叩诊

叩诊是检查胸部的基本方法之一。叩诊的目的在于了解胸腔内各脏器的解剖关系和肺的正常体表投影，根据叩诊音和叩诊界的变化，来判断胸膜腔的物理状态，发现异常，借以诊断疾病，叩诊也可作为一种刺激，根据病畜的反应，来判断胸膜的敏感性或疼痛。

1. 叩诊方法

大动物宜用锤板叩诊法，中小动物可用指叩诊法。叩诊时一手持叩诊板将其顺着肋间隙密贴放置，另一手持叩诊锤以腕关节作为轴，垂直向叩诊板中央做短促叩击，一般每点叩击2～3次。叩诊应注意顺序，注意将整个肺区都检查到。

2. 正常状态

叩诊健康动物的肺区，叩诊呈清音。正常的肺部叩诊清音区多呈近似的直角三角形。

3. 肺叩诊区的确定

1）牛、羊肺叩诊区：牛、羊的肺叩诊区基本相同，近似三角形（图4-2-9和图4-2-10）。上界为一条距背中线约一手掌宽（10cm左右）、与脊柱平行的直线；前界起自肩胛骨后角并沿肘肌后缘向下所划的一条类似“S”形的曲线，终止于第4肋间下部；后界是一条由第12肋骨与脊柱交接处开始，向下、向前经过以下2点所划的弧线：髋结节水平线与第11肋间的交点和肩关节水平线与第8肋间的交点，终止于第4肋间下端。

图4-2-9 牛肺叩诊区

1．髋结节线；2．肩端线

5、7、9、11、13示肋骨数

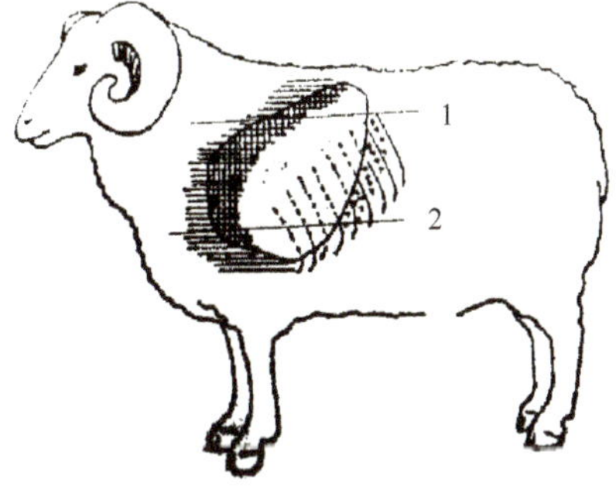

图4-2-10 羊肺叩诊区

1．髋结节线；2．肩端线

2）马肺叩诊区：近似直角三角形（图 4-2-11）。其上界与牛相同；前界起自肩胛骨后角并沿肘肌后缘向下所划的一条直线，终止于第 5 肋间下部；后界是一条由第 17 肋骨与脊柱交接处开始，向下、向前经过下述 3 点所划的弧线：髋结节水平线与第 16 肋间的交点，坐骨结节水平线与第 14 肋间的交点，肩关节水平线与第 10 肋间的交点，终止于第 5 肋间下端。

3）犬肺叩诊区：上界为一条自肩胛骨后角所划的距背中线 2～3 指宽的水平线；前界起自肩胛骨后角并沿其后缘向下所划的一条垂线，终止于第 6 肋间下部；后界为自第 12 肋骨与脊柱交接处开始，向下、向前经过以下 3 点所划的弧线：髋结节水平线与第 11 肋间的交点，坐骨结节水平线与第 10 肋间的交点，肩关节水平线与第 8 肋间的交点，终止于第 6 肋间下部（图 4-2-12）。

图 4-2-11　马肺叩诊区

1．髋结节线；2．坐骨线；3．肩端线；10、11、16 示肋骨数

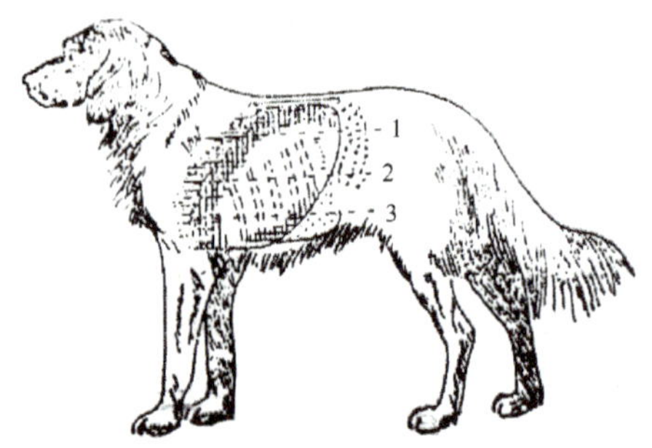

图 4-2-12　犬肺叩诊区

1．髋结节线；2．坐骨线；3．肩端线

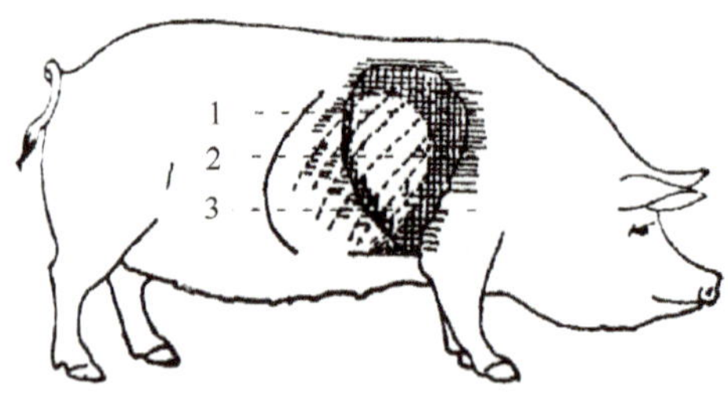

图 4-2-13　猪肺叩诊区

1．髋结节线；2．坐骨线；3．肩端线

4）猪肺叩诊区：上界距背中线 4～5 指宽（6～8cm）；前界由肩胛骨后角向下所划的一条垂线，终止于第 4 肋间下部；后界为自第 11 肋骨与脊柱交接处开始，向下、向前经过以下 3 点所划的弧线：髋结节水平线与第 11 肋间的交点、坐骨结节水平线与第 9 肋间的交点、肩关节水平线与第 7 肋间的交点，终止于第 4 肋间下端。而肥猪的肺叩诊区不明显，其上界往往下移，前界后移（图 4-2-13）。

4．肺叩诊区的病理变化

肺叩诊区的病理变化主要表现为扩大或缩小。其变动范围与正常肺叩诊区相差 2～3cm 以上时，才可认为是病理现象。

（1）肺叩诊区扩大

表现为肺的叩诊界后移或下移，心脏的绝对浊音区缩小或完全消失。提示的疾病主要为肺气肿、气胸。

（2）肺叩诊区缩小

主要表现为肺的叩诊界后缘前移。引起的原因主要有两点：一是由腹内压增高引起，

提示的疾病为急性胃扩张、瘤胃臌气、肠臌气、腹腔大量积液，另外，在正常的生理情况下，如怀孕后期，也可见肺的叩诊界缩小。二是由心脏疾患引起，提示的疾病主要有心肥大、心扩张、心包积液等。

5. 胸、肺的病理叩诊音

在病理情况下，胸肺叩诊音的性质可能发生显著变化，其性质和范围，取决于病变的范围、大小和深浅。

（1）浊音和半浊音

引起浊音与半浊音的原因主要有以下三点：一是肺组织的含气量减少或浸润、实变；二是肺内有实体组织形成；三是胸膜粘连与增厚，或是胸壁肿胀。提示的疾病为：肺炎、肺坏疽、肺结核、肺肿瘤、肺型鼻疽、肺棘球蚴、胸膜炎、胸膜结核、浮肿等。由于疾病的发展时期不同，病变的大小和深度不同，及肺泡内的含气量不同，叩诊时有时呈浊音，有时呈半浊音。

由于病变的大小和范围不同，叩诊时可能表现为大片状浊音区和局灶性浊音区。

① 大片状浊音区。多发生欲肺中或下部的1/3，主要见于大叶性肺炎、传染性胸膜肺炎、牛肺疫、猪肺疫、牛出血性败血症等。

② 局灶性浊音区又称点状浊音区，叩诊时表现为大小不等散在的浊音区或半浊音区。提示的疾病主要为各种原因引起的小叶性肺炎。

③ 水平浊音。叩诊时浊音的上界呈水平线，浊音区可由体位的变动而改变（图4-2-14）。主要是由胸腔积液达到一定量时形成的。提示的疾病为胸腔积水、胸膜炎和血胸。

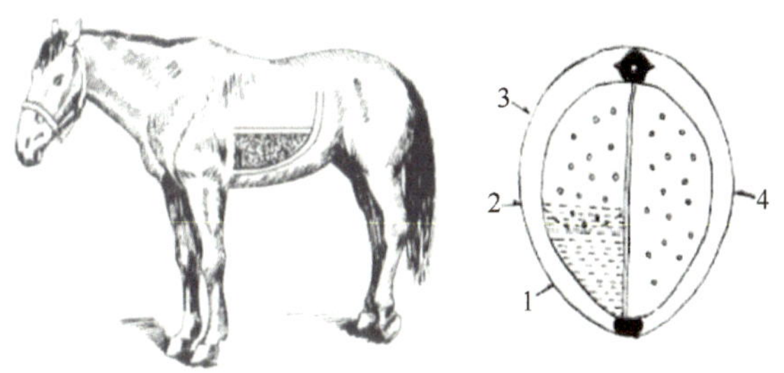

图4-2-14 马胸腔积液及水平浊音区

1. 浊音；2. 半浊音；3、4. 清音

（2）鼓音

引起鼓音的因素有以下4种：①浸润肺组织周围的健康组织及肺泡内同时有气体和液体；②肺内有空洞形成；③胸腔积气、积液；④膈破裂，充气的肠管进入胸腔。提示的疾病主要有各型肺炎浸润的周围，大叶性肺炎的充血期和消散期、肺坏疽、肺结核、肺脓肿等破溃后形成的空洞、气胸、渗出性胸膜炎和胸水、膈疝等。

（3）过清音

类似于叩打空盒的声音，因此又称为空盒音。是由于肺组织弹性降低，肺内气体过度充盈而引起。提示的疾病主要是肺气肿。

（4）破壶音

这是一种类似于叩击破瓷壶所产生的音响，是由于空气受到压力后突然急剧地经过狭窄空隙所致。见于与支气管相通的大空洞，提示的疾病有肺坏疽、肺结核、肺脓肿等破溃后形成的空洞。

（5）金属音

类似于敲打金属板所产生的音响或钟鸣音，音调较高朗。是由于肺内有较大的空洞，位置浅表，且四壁光滑时才能产生，另外也见于气胸或心包积液达到一定紧张程度时。提示的疾病主要有肺空洞、胸膜炎合并气胸、心包积气等。

（6）叩诊敏感反应

叩诊病畜主要表现为回顾、躲闪、抗拒、呻吟等，有时还可引起咳嗽。见于胸膜炎、肋骨骨折或胸部的其他疼痛性疾病。叩诊引起咳嗽也可见于支气管炎和支气管肺炎等。

（三）胸、肺的听诊

1. 胸、肺听诊法

肺部听诊区和叩诊区基本一致。听诊时，首先从肺叩诊区中 1/3 开始，由前向后逐渐听取，其次为上 1/3，最后听诊下 1/3，每个部位听 2～3 次呼吸音，并且两侧胸部应对照听诊。一般大动物的呼吸音比小动物要弱，小动物的呼吸音在整个肺区都很清楚。当呼吸音不清楚时，必要时可以人工方法增强呼吸，如向动物做短暂的驱赶运动，或短时间堵塞鼻孔，待引起深呼吸时，再行听诊。

2. 生理性呼吸音

在正常肺部可听到两种不同性质的呼吸音，即肺泡呼吸音和支气管呼吸音。

（1）肺泡呼吸音

肺泡呼吸音是由于空气在细支气管和肺泡内进出导致肺泡弹性的变化及气流的振动产生的声音。当动物吸气时，气流经细小支气管进入肺泡，产生气流旋涡运动，冲击肺泡壁使之由松弛变为紧张时发出的声音；当动物呼气时，肺泡内气体通过狭窄的肺泡口被挤出，使细支气管壁振动，同时肺泡壁由紧张变为迟缓时发出的声音，即构成了呼吸时的肺泡呼吸音。

肺泡呼吸音为柔和吹风样的“夫-夫”声。正常情况下，肺泡呼吸音的强弱和性质与家畜的种类、品种、年龄、营养状况、胸壁的薄厚等有关。犬和猫的肺泡呼吸音最强，其次是绵羊、山羊和牛，而马属动物的肺泡呼吸音最弱。

（2）支气管呼吸音

支气管呼吸音为喉呼吸音和气管呼吸音的延续，但较气管呼吸音弱，比肺泡呼吸音强。支气管呼吸音的性质类似舌尖顶住上颚呼气所发出的“赫赫”音。特征为吸气时弱而短，呼吸时强而长，声音粗糙而高。这是由于呼气时声门裂隙较吸气时更为狭窄的缘故。健康马由于解剖生理的特殊性，其肺部听不到支气管呼吸音，如果听到支气管呼吸音则为病理现象。其他健康动物的肺前部可以听到支气管呼吸音，但并非纯粹的支气管呼吸音，而是带有肺泡呼吸音的混合呼吸音，吸气时肺泡呼吸音较明显，呼气时支气管呼吸音较明显。

3. 病理性呼吸音

（1）肺泡呼吸音的变化

1）肺泡呼吸音增强。

① 普遍性增强：其特征为病畜的两侧整个肺区可听到粗犷的明显增强的肺泡呼吸音。临床上见于发热性疾病、贫血、代谢性酸中毒及支气管炎、肺炎或肺充血的初期。

② 局限性增强：亦称为代偿性增强。这是由于一侧肺或一部分肺组织有病变而使其呼吸机能减弱或消失，引起健侧或无病变部分的肺组织呼吸机能代偿性增强的结果。见于大叶性肺炎、小叶性肺炎、肺结核、渗出性胸膜炎等疾病时的健康肺区。

2）肺泡呼吸音减弱或消失。可见情况如下：

① 进入肺泡的空气量减少：上呼吸道狭窄性疾病（如喉水肿、慢性支气管炎、支气管狭窄）、细支气管炎、呼吸肌麻痹、胸部疼痛性疾病（如胸膜炎、肋骨骨折等）、全身极度衰弱（如脑炎后期、中毒性疾病的后期以及濒死期）。

② 肺组织浸润或炎症时：肺泡内有大量的渗出物而不能充分扩张，导致该区肺泡音减弱或消失，见于各型肺炎、肺结核及引起呼吸道分泌物增加的疾病等。

③ 肺泡壁弹性减低：当肺组织极度扩张而丧失弹性时，肺泡音亦减弱，见于肺气肿。

④ 空气完全不能进入肺泡：支气管堵塞、大叶性肺炎肝变期。

⑤ 呼吸音传导障碍：渗出性胸膜炎、胸腔积液、胸壁肿胀等，引起肺泡音的传导不良，听诊时肺泡音减弱或消失。

3）断续性呼吸音。又称齿轮呼吸音，特征是在吸气时呼吸音出现两个或两个以上的间断。是由于肺泡的炎症变化或部分支气管狭窄，空气不能均匀进入肺泡所致。提示的疾病主要有支气管炎、肺结核、肺硬变等。

4）病理性支气管呼吸音。产生的病理基础为肺组织实变的范围大，支气管畅通无阻，病变的位置浅表，或胸腔积液。支气管呼吸音的特征为呈较强的“赫-赫”声，吸气时短且弱，呼气时强而长，而且开始和结束均突然。提示的疾病为肺炎、广泛性肺结核、渗出性胸膜炎、胸水等。

5）病理性混合呼吸音。产生的病理基础是病变的肺组织较深，且周围被正常的肺组织所覆盖，或是正常的和实变的肺组织掺杂存在。特征是吸气时表现为肺泡呼吸音，呼气时表现为支气管呼吸音，近似“夫-赫”的声音。见于小叶性肺炎，大叶性肺炎的初期和散在性肺结核，胸腔积液的上方。

6）啰音。啰音是在气管或支气管内存在渗出物、分泌物血液等液体，当呼吸时液体受气体的振动，产生的一种附加音，临床上称为啰音。按啰音的性质分为干性啰音和湿性啰音。

① 干性啰音。当支气管黏膜上有黏稠的分泌物，支气管黏膜肿胀、发炎或支气管痉挛时，使其管径狭窄，空气通过狭窄的支气管腔或气流冲击管腔内壁上的黏稠分泌物时引起震动而产生的声音，称为干啰音。其特征为：音调强，长而高朗，类似哨音、笛音、飞箭音或咝咝声等，表明病变主要在细支气管；亦可为强大粗糙而音调低的“咕咕”声，嗡嗡声等，表明病变在大支气管中。干啰音在吸气和呼气时均能听到，一般在吸气时最为清楚。其具有移动性，可因咳嗽、深呼吸等有明显的移动、增多、减少或消失。提示的疾病

主要为支气管炎，广泛性干啰音主要见于弥散性支气管炎、支气管肺炎、慢性肺气肿和牛羊的肺丝虫病等。局限性干啰音常见于支气管炎、肺气肿、肺结核和间质性肺炎等。

② 湿啰音，又称水泡音，是气流通过带有稀薄分泌物的支气管时引起气体移动或水泡破裂而发生的声音。声音类似于用细管向水内吹气所产生的声音。按支气管口径的不同，可将其分为大、中、小三种，大水泡音产生于大支气管，中小水泡音产生于中小支气管。湿啰音在吸气和呼气时均能听到，但以吸气末最为清楚，有移动性，也可因咳嗽、深呼吸等有明显的移动、增多、减少或消失。湿啰音是支气管疾病的最常见的症状，也为肺部许多疾病的重要症状之一。支气管内的分泌物存在常为各种炎症的结果，提示的疾病主要有支气管炎、各型肺炎、肺结核等。

广泛性啰音，见于肺水肿；两侧肺下野的湿啰音，见于心力衰竭、肺淤血、肺出血和异物性肺炎。

7）捻发音。捻发音是由于肺泡内有少量渗出物（黏液），使肺泡壁或毛细支气管壁互相粘合在一起，当吸气时气流使粘合的肺泡壁或毛细支气管壁被突然冲开所发出的一种爆裂音。捻发音的性质类似在耳边用手指捻搓一束头发所发出的极细碎而均匀一致的“劈啪”声。特征是仅在吸气时可听到，在吸气之末最为清楚。捻发音表明肺实质（肺泡）发生了病变，常见于细支气管和肺泡的炎症或充血，如大叶性肺炎的充血期、溶解吸收期以及肺水肿的初期。

8）胸膜摩擦音。胸膜摩擦音由于纤维素沉着在胸膜上，胸膜变得粗糙，随着呼吸运动，脏层与壁层相互摩擦而出现的声音。吸气与呼气均能听到，见于胸膜炎，大叶性肺炎，牛和猪的肺疫等。

9）拍水音。拍水音是由于胸腔内有多量液体和气体同时存在，随呼吸运动或病畜突然改变体位或心搏动时，引起液体振荡所发出的声音。特征为类似心包拍水音，或半瓶子水振荡发出的声音，故又称振荡音或击水音。吸气和呼气时均能听到，见于渗出性胸膜炎、血胸、脓胸。

10）空瓮音。空瓮音是气流经过细小支气管进入内壁光滑的大的肺空洞时，空气在空洞内共鸣而发出的声音。类似吹狭口空瓶或空保温瓶所发出的声音，声音柔和而深长，常带有金属性质。常见于肺脓肿、肺坏疽、肺结核等。

任务3　消化系统检查

检查的内容主要有：饮食状态的观察，口、咽、食管和嗉囊的检查，腹部及胃肠的检查，排粪动作及粪便感官的检查，直肠检查，肝脏和脾脏的检查。

一、饮食状态的观察

（一）食欲与饮欲

在临床检查时，一般先进行问诊，可能的话，应亲自深入厩舍进行观察，主要根据采食量、时间的长短、咀嚼的力量及腹围的大小等判断饮食欲的状态。检查时应注意饲料的种类和质量、饲养制度、饲喂方式及环境是否有改变。

在病理情况下，饮食欲可能发生减少，废绝，亢进和异嗜等。

1. 食欲减退和废绝

主要见于热性病，消化道本身疾病、营养代谢病、剧烈疼痛性疾病、肝脏等其他器官的疾病，与饲料品质不良、饲养制度、饲喂方式及环境改变有关。

2. 食欲亢进

主要见于寄生虫病，某些营养代谢病，疾病的恢复期及长期饥饿、糖尿病、甲状腺机能亢进。

3. 食欲不定

主要见于慢性消化不良、真胃扭转、牛创伤性网胃心包炎等。

4. 异癖

异癖是食欲紊乱的另一种表现，特征是病畜喜食正常饲料以外的物质，如灰渣、泥土、粪水、被毛及污物等。主要见于幼畜，提示缺乏营养物质（蛋白质、矿物质、维生素）、营养代谢病，胃肠机能紊乱和寄生虫病等。

5. 饮欲增强

除环境和饲料因素等引起的外，主要见于发热性疾病、腹泻、大量出汗、渗出性病理过程（腹膜炎）及食盐中毒等。

6. 饮欲减退

主要见于意识障碍性疾病和严重性胃肠道疾病。

（二）采食和咀嚼

采食或咀嚼障碍，主要表现为采食不灵活，不能用唇或舌采食，咀嚼时费力、困难或疼痛。主要提示口腔疾病，如唇、舌、口腔黏膜的炎症、舌断裂、齿病（牙齿磨灭不整、牙齿松动）、下颌骨骨折及放线菌病等。神经系统疾病（面神经麻痹、破伤风和脑及脑室积水）。空嚼、磨牙或咬牙等，见于腹痛、胃肠卡他、前胃疾病等。

（三）吞咽

吞咽困难主要表现为动物摇头、伸颈、屡次企图吞咽，但半途而废或伴有咳嗽及大量流涎。提示的疾病主要有咽喉炎、食道阻塞、食管痉挛、食道狭窄、食道憩室、咽喉或食管麻痹、贲门痉挛等。

（四）反刍

反刍是反刍动物采食后，周期性地将瘤胃内的食物反排出来，重新咀嚼的过程，主

要包括将食团逆吐至口腔、再咀嚼、再吞咽三个阶段。

反刍动作，一般在饲喂后30min～1h开始，每次持续时间约为30min～1h（平均为40～50min），每个返回口腔中的食团咀嚼30～50次，每昼夜反刍约4～10次。绵羊、山羊和鹿的反刍动作比牛轻快而灵活（牛每天花在反刍的时间累计起来有6～8h之多），反刍活动常因外界环境而暂时中断。检查反刍时应注意，采食后反刍出现的时间、每次反刍持续的时间、每一个食团咀嚼的次数及一昼夜内反刍的周期性次数。

1）反刍功能障碍，可表现为开始出现反刍时间过迟，每昼夜出现的反刍次数稀少，每次的反刍时间过短以及再咀嚼的动作迟缓无力，严重时甚至完全停止。

反刍功能减弱：前胃弛缓、瘤胃积食、瘤胃膨气、创伤网胃炎、瓣胃及真胃阻塞或扭转以及引起前胃机能障碍的全身性疾病（如发热性疾病、代谢紊乱、中毒及多种传染性疾病）。

2）反刍完全停止。这是病情严重的标志之一。

（五）嗳气

嗳气是反刍动物的一种生理现象，在消化过程中，瘤胃发酵产生大量的气体，积聚一定量时压迫瘤胃感受器，通过反射定期经食道排出，反射中枢位于延髓。健康牛每小时平均20～30次，羊9～11次，一般采食后增多，空腹时减少。检查时注意观察颈部食道沟，当嗳气通过时，由下而上出现气体移动波，同时可听到嗳出时的特有音响。病理情况下，嗳气可发生不同程度的扰乱：

1）嗳气频繁和增多：主要是瘤胃内容物异常发酵，产生大量的游离气体，见于瘤胃臌气的初期。

2）嗳气减少或停止：前胃弛缓、瘤胃积食、瘤胃臌气（泡沫型）、食道阻塞等。如马未有嗳气现象，多提示急性胃扩张。

（六）呕吐

动物将胃内容物不自主地经口或鼻腔反排出来，称为呕吐。呕吐是一种重要的病理现象和保护性反应，动物借呕吐将进入消化道的有害物质排出。

各种动物由于胃和食管的解剖生理特点和呕吐中枢的感应能力不同，发生呕吐的情况各异。一般来说，犬和猫等肉食动物最易于发生呕吐，并有生理性呕吐；其次为猪和禽；而反刍动物略困难，且反刍动物的吐出物为瘤胃内容物；马极难发生呕吐，一般仅有作呕动作，当在疾病严重时才能有胃内容物经鼻孔返流现象。呕吐根据其发生的原因可分为以下两种类型：

1）反射性呕吐（末梢性呕吐）：由于消化道、腹腔、骨盆腔的刺激，刺激了交感神经和副交感神经，通过反射引起呕吐中枢兴奋而呕吐。提示的疾病主要有消化道疾病（咽喉异物、食道疾病、过食、肠管疾病）和腹膜疾病（腹膜炎）及其他器官疾病，如犬的子宫炎等。

2）中枢性呕吐：由于毒素、毒物直接刺激延脑中的呕吐中枢而引起，或脑中占位性疾病压迫了呕吐中枢使呕吐中枢兴奋起呕吐。提示的疾病主要有脑病（脑膜炎、脑肿瘤、脑震荡等）、中毒（内中毒和药物中毒等）、某些传染病（猪瘟、犬瘟热、猫瘟热、细小病毒病、传染性胃肠炎及猪丹毒等）。

呕吐物的检查，主要检查呕吐物的量、性状和呕吐的时间及频度。呕吐物呈黄色或绿色，为碱性反应，表明混有胆汁，十二指肠狭窄或阻塞。呕吐物呈黑色，棕黑色或红色，表明有血液里胃出血。呕吐物中有毛团、寄生虫、异物，为粪性呕吐物。

（七）呻吟

呻吟主要见于牛，常表示疼痛。见于创伤性网胃心包炎、急性瘤胃臌气、瓣胃及真胃阻塞或扭转、肠阻塞和肠变位等。

二、口、咽、食管及嗉囊的检查

（一）口腔的检查

1. 检查方法

检查口腔，一般多用视诊、触诊、嗅诊进行，必要时用开口器辅助。检查时主要应注意流涎，气味，口唇，口黏膜的温度、湿度、颜色及完整性（损伤和疹疱），舌和牙齿等有无变化。

2. 各种动物的开口法

动物的开口法，可根据临床的需要，采用徒手开法或借助一些特制的开口器械进行。

1）马的开口法：可分为徒手开口法和开口器开口法。徒手开口法是一手食指和中指从一侧口角伸入并横向对侧口角方向，手指下压并握住舌体，将舌拉出的同时用另一手的拇指从它侧口角伸入并顶住上腭，使口张开。开口器开口法是将马用开口器送入口腔，使门齿对准开口器的齿槽，旋转把柄即可打开口腔（图 4-3-1 和图 4-3-2）。

2）牛的开口法：可分为徒手开口法和开口器开口法。徒手开口法是检查者位于牛头侧方，一手握住牛鼻并强捏鼻中隔的同时向上提起，另一手从口角处伸入并握住舌体向侧方拉出，即可使口腔打开（图 4-3-3）。开口器开口法是牛用开口器从口角送入口腔，旋转把柄即可打开口腔。

图 4-3-1 马徒手开口法

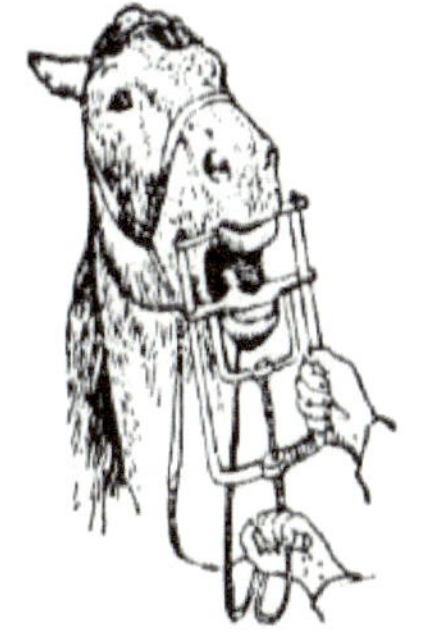

图 4-3-2 马开口器开口法

图 4-3-3 牛徒手开口法

3）羊的徒手开口法：是以一手拇指与中指由颊部捏握上颌，另手拇指及中指由左、右口角处握住下颌，同时用力上下拉之即可开口，但应注意防止被羊咬伤手指。

4）猪开口器开口法：由助手紧握猪的两耳，检查者将开口器平直伸入猪口内，待开口器前端达到口角时，将开口器的柄下压，口即张开（图 4-3-4）。

5）禽类的开口法较为简单。以一手拇指与食指于两侧口角处捏开或用两手分别将之上下拉开即可。

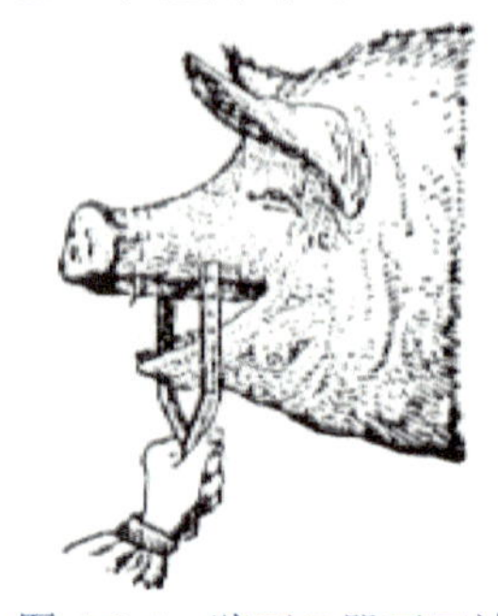
图 4-3-4 猪开口器开口法

6）肉食动物的开口法：常用布带开口法或开口器开口法。布带开口法用布带或绷带两段，各横置于上下犬齿之后，然后两手同时将口上下拉动。开口器开口法根据选用的开口器而不同，犬常用弹簧式或螺旋式开口器，前者用时先将弹簧压紧，置于上下臼齿之间，然后放开弹簧，口腔即被撑开；后者插入口腔之后逐渐扭开螺旋，直至开口至适当程度为止。

3. 正常状态

健康动物口腔稍湿润，黏膜淡红色。

4. 检查内容

（1）流涎

流涎是指口腔的分泌物流出口外（图 4-3-5 和图 4-3-6）。主要是由于吞咽障碍或唾液腺分泌增多引起。见于口炎、咽炎、唾液腺炎和食道阻塞、口蹄疫、中毒（如有机磷中毒、食盐中毒等）和神经系统疾病（如狂犬病、神经型犬瘟热）等。

图 4-3-5 牛食道阻塞流涎

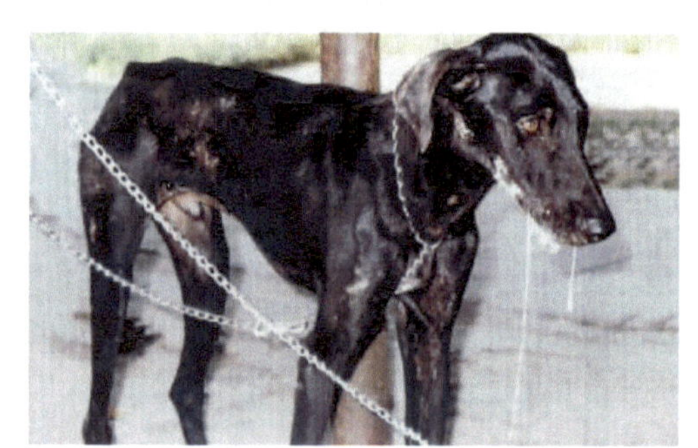
图 4-3-6 犬中毒流涎

（2）口腔气味

检查时，通常是嗅闻被唾液湿润的手指。健康动物健康家畜口内无臭味，但在卡他性口炎及胃卡他时口腔呈甘臭味。在齿槽炎、齿龈炎、骨坏疽时，呈腐败臭味。酮血病时，有烂苹果味。

（3）口腔黏膜

检查口腔黏膜用视诊和触诊，应注意黏膜的温度、湿度、敏感性、颜色及完整性（图 4-3-7）。动物患口膜炎、水泡病、口蹄疫、痘疮、维生素 C 缺乏症及念珠菌病等，口腔黏膜的完整性常遭到不同程度的损伤，表现为红肿、结节、水泡、脓疱、溃烂等。口腔黏膜上常附有伪膜状物，见于鸡和犊的白喉、牛坏死杆菌病及犬念珠菌病。雏禽口腔黏膜有炎症或白色针尖大小的结节，见于维生素 A 缺乏症和烟酸缺乏症。某些物理、化学及机械性因素，可引起口腔黏膜不同程度的损伤。

(4) 口腔温湿度

以手的知觉检查。口温增高干燥，见于热性病。口温增高湿润，见于口炎、咽喉炎、口蹄疫。口温正常干燥，见于全身性脱水，如腹泻、大出汗等。口温低下，见于虚脱继濒死期。

(5) 口腔颜色

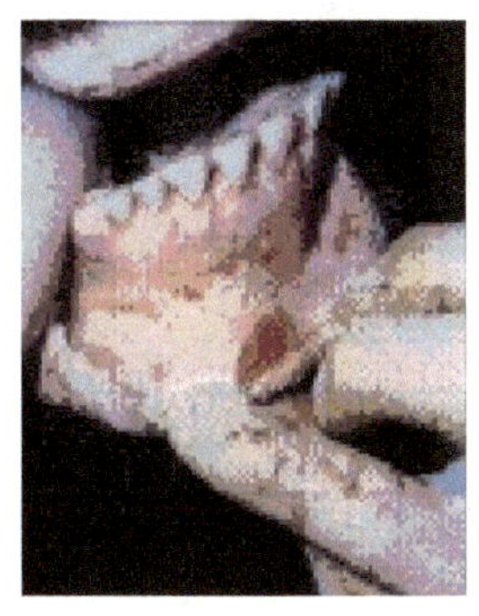
图 4-3-7 口蹄疫病牛口腔黏膜有水泡、溃疡

健康家畜口腔黏膜呈淡红色而有光泽。病理情况下，口腔黏膜颜色可表现为苍白、潮红、黄染、发绀等变化，其诊断意义除局部炎症可引起潮红外，其余与其他部位的可视黏膜（如眼结合膜、鼻黏膜、阴道黏膜）颜色变化的意义相同。口黏膜的极度苍白或发绀，提示预后不良。口腔黏膜出血斑点（出血点乃至出血斑），可见于出血性素质（如血斑病等）；舌下部的小出血点，常为马传染性贫血的启示。

(6) 舌

舌主要检查舌苔及舌的颜色、完整性、运动及形态等。

① 舌苔：根据疾病的性质、病程的长短分为薄苔和厚苔，颜色常呈灰白色或黄白色，见于胃肠疾病及发热性疾病。舌苔薄且色淡，表示病程短，病情较轻；舌苔厚而色深，则标志病程长、病情较重。

② 舌色：健康家畜舌的颜色与口腔黏膜相似，呈粉红色且有光泽、转动灵活。当循环高度障碍，或机体缺氧时，舌色绛红（深红）或呈紫色。如果舌色青紫、舌软如绵，则常提示疾病已到危期。

③ 舌硬化（木舌），可见于放线菌病。此际，舌硬如木，体积增大，甚至可使之垂于口外。

④ 猪囊尾病：严重时可在舌下和舌系带两侧见有高粱米粒大乃至豌豆大的结节。

⑤ 舌麻痹，表现舌垂于口角外并失去活动能力，可见于某些中枢神经系统疾病（如各种类型的脑炎）的后期或饲料中毒（如霉玉米中毒及肉毒梭菌中毒病）。此际，常伴有咀嚼及吞咽障碍。

⑥ 舌体的咬伤，可因中枢机能扰乱（狂犬病、脑炎）而引起。马舌体的横断性裂创，多因衔勒所致。

⑦ 舌面出现水泡、糜烂和溃疡，主要见于口蹄疫（图 4-3-8）。

(7) 牙齿

牙齿的检查，应注意齿列是否整齐，有无松动 、龋齿、过长齿、赘生齿及磨灭情况。

① 马的牙齿磨灭不整，常见于骨质疾病（如纤维性骨营养不良），并可成为口腔损伤、发炎的原因。

② 马臼齿过长或斜状齿，见于老龄的马匹，致使咀嚼功能发生紊乱，并常呈采食过程中口吐草团的原因之一。

③ 牛的切齿动摇，多为矿物质缺乏的症状。

④ 动物氟中毒时，切齿的釉质失去正常的光泽，出现黄褐色的条纹（氟斑牙），并形成凹痕，甚至与牙龈磨平。臼齿普遍有牙垢，并且过度磨损、破裂，可能导致髓腔的

暴露，有些动物齿冠破坏，形成两侧对称的波状齿和阶状齿，下前臼齿往往异常突起，甚至刺破上腭黏膜形成口黏膜溃烂，咀嚼困难，不愿采食。

（二）咽的检查

当动物表现有吞咽障碍，并伴有饲料或饮水从鼻孔返流时，应进行咽部的检查。但由于咽位置较深，检查时主要用外部视诊和触诊。视诊注意头颈的姿势及咽周围是否肿胀，小动物还可将口腔打开，进行内部视诊检查；触诊时，可用两手同时自咽喉部左右两侧加压并向周围滑动，以感知其温度、敏感性及肿胀（图 4-3-9）。

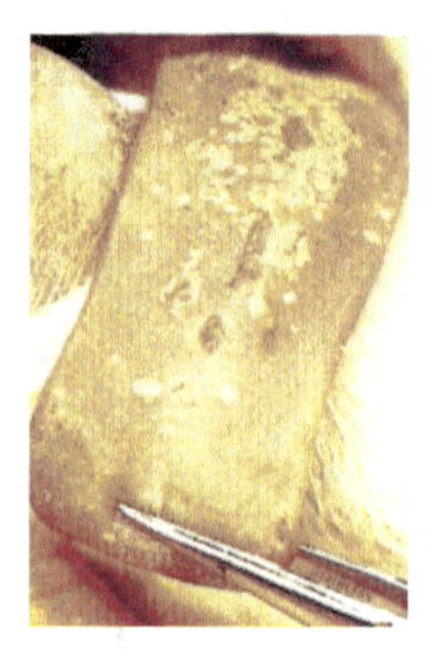

图 4-3-8 口蹄疫病牛舌黏膜有水泡、溃疡

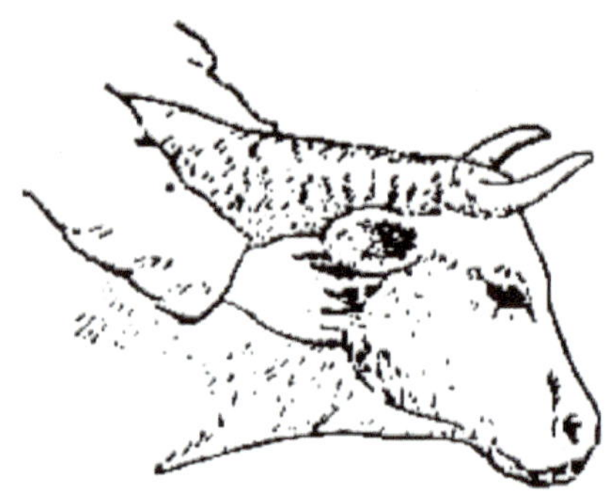

图 4-3-9 牛咽部触诊法

1）视诊：咽部发生炎症时，动物表现头颈伸直、咽区肿胀、吞咽障碍。

2）触诊：咽区组织肥厚，肿胀摇头、咳嗽、发热、敏感见于急性咽炎、马腺疫、放线菌病，猪的咽炭疽、肺疫、仔猪链球菌病等。

（三）食管检查

动物吞咽发生扰乱，怀疑食管阻塞或痉挛时，应进行食管检查。颈部食管可进行外部视诊、触诊及探诊，而胸部食管只能进行胃管探诊。

1）视诊：当食管憩室、扩张、阻塞时，在动物采食过程，可见颈沟部（颈部食管）出现界限明显的局限性膨隆。马患急性胃扩张时，有时可出现食管的逆蠕动现象。

图 4-3-10 牛食管触诊法

2）触诊：触诊食管时，检查者应站在动物的左颈侧，面向动物后方，左手放在右侧颈沟处固定颈部，用右手指端沿左侧颈沟直至胸腔入口，轻轻按压，以感知食管状态（图 4-3-10）。食管发炎时，可引起疼痛反应及痉挛性收缩。食管阻塞时，可感知阻塞物的大小、形状及其性质；阻塞物上部继发食管扩张且有大量液状物时，触摸局部有波动感。

3）食管（包括胃）的探诊：它不仅是临床上一种有效的诊断方法，也常是一种治疗手段，食管探针的目的在于根据探管深入的长度和动物的反应，可确定食管梗塞、狭窄、憩室及炎症的发生部位，并可提示胃扩张的可疑。

根据需要可借探管抽取胃内容物进行实验室检查。

（四）禽类嗉囊的检查

鸡的嗉囊明显，鸭和鹅没有真正的嗉囊，仅是食管的膨大部。嗉囊是积存、浸渍和软化（嗉囊黏膜的黏液腺分泌黏液）食入饲料的器官，并随时将食物送入胃内。

检查嗉囊主要用视诊和触诊，注意形状、内容物的多少、软硬度及温度等。嗉囊的病变可表现为软嗉和硬嗉。

1. 软嗉

软嗉的特征为视诊嗉囊膨大，凸出于颈下部；触诊呈气球感并有波动，如将头部倒垂同时压迫嗉囊时，可从口腔中排出少量液状或黏性黄色含有气泡、并带酸臭味的内容物，多伴有呼吸困难，主要见于摄入发霉、变质和容易发酵的饲料，尤以雏鸡多见，也见于鸡新城疫及嗉囊卡他。当鸡有机磷中毒时，嗉囊可明显膨大。

2. 硬嗉

硬嗉又叫嗉囊秘结或嗉囊食滞。其特征是视诊嗉囊显著膨大，触诊坚硬或呈捏粉状，压迫时可排出少量未经消化的饲料，多见于雏鸡采食多量粗纤维饲料。

三、腹部及胃肠检查

（一）腹部检查

1. 腹部的视诊

腹部视诊的目的，除观察被毛、皮肤及皮下组织的表在病变外，应着重判断腹围的大小及外形轮廓的改变。健康动物腹围生理性增大可见于：母畜妊娠后期（通常是右侧扩大显著）、长期放牧条件下自然形成的增大、饱食之后。

（1）病理性腹围增大

① 胃肠内容物长期停滞及过度充满：左侧腹围膨大多见于瘤胃积食；右侧腹围膨大多见于真胃积食及瓣胃阻塞，猪胃食滞。

② 胃肠内气体蓄积：当胃肠内容物腐败发酵并贮积大量气体时，腹围显著增大，见于马肠臌气（盲肠及大结肠）、反刍动物瘤胃臌气（图4-3-11）。

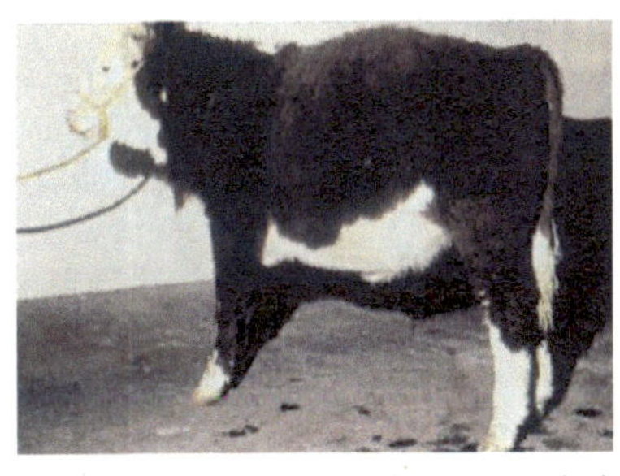
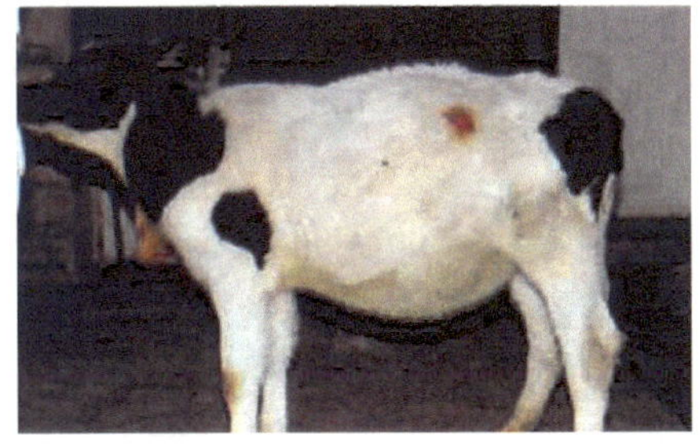

图4-3-11 牛瘤胃臌气左侧腹围显著增大

③ 腹腔积液：下腹部呈对称性下垂，肷部下陷，触诊有波动感，有拍水音，提示

腹水，伴有大量渗出液的腹膜炎（图 4-3-12）。

④ 局限性膨大：常见于腹壁疝（图 4-3-13）。腹壁疝时，由于腹膜炎症，腹肌破裂，肠管脱出皮下，视诊可发现圆形囊状肿物，触诊柔软或有波动感，可触到疝环（腹肌裂孔），局部听诊有肠蠕动音，经疝环可将部分内容物还纳。

图 4-3-12 牛腹腔积液对称性腹围显著增大

图 4-3-13 猪脐疝

（2）病理性腹围缩小

① 长期饲喂不足、食欲扰乱及顽固性腹泻。

② 慢性消耗性疾病：贫血、营养不良、内寄生虫病、结核、副结核等。

③ 伴有腹肌收缩的疾病：破伤风，腹膜炎的初期（后期往往腹围增大）。

2. 腹部的触诊

大动物腹部触诊，由于腹腔容积庞大，腹壁较厚和紧张，故难以判定腹腔深部器官的状态。主要是判定腹壁的敏感性和紧张度。

1）腹壁敏感。提示腹膜的炎症。

2）冲击触诊，有击水音或有回击波。提示腹腔积液。

3）腹壁紧张性增高。可见于破伤风。

（二）反刍动物的胃肠检查

牛内脏器官位置见图 4-3-14 和图 4-3-15。

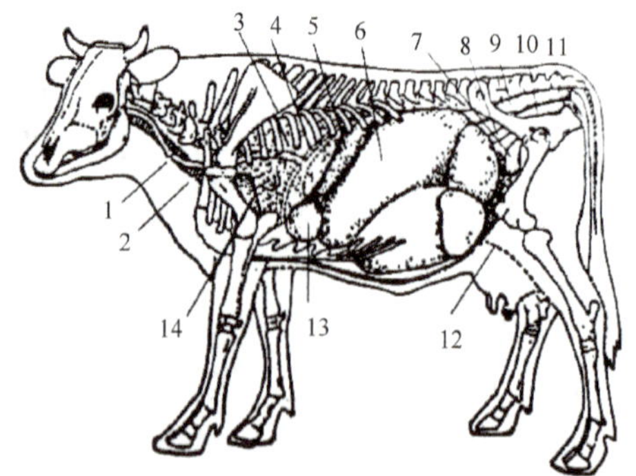

图 4-3-14 母牛内脏器官（左侧）

1. 食道；2. 气管；3. 肺；4. 横膈圆顶轮廓；5. 脾脏；6. 瘤胃；7. 膀胱；8. 左子宫角；9. 直肠；10. 阴道；11. 阴道前庭；12. 空肠；13. 网胃；14. 心脏

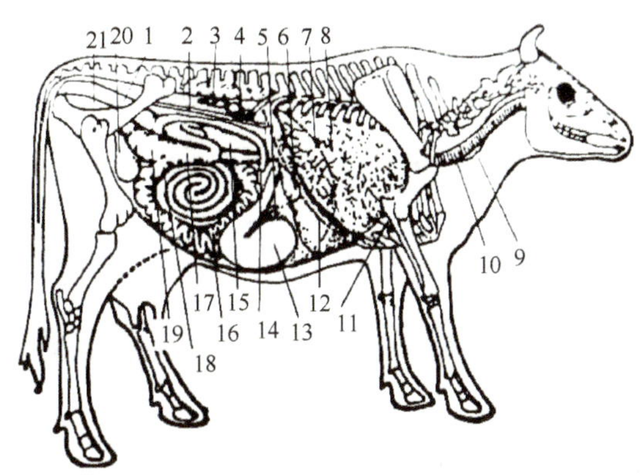

图 4-3-15 母牛内脏器官（右侧）

1. 直肠；2. 腹主动脉；3. 左肾；4. 右肾；5. 肝；6. 胆囊；7. 横隔圆顶轮；8. 肺；9. 食道；10. 气管；11、12. 横膈沿肋骨附着线；13. 真胃；14. 十二指肠；15. 胰脏；16. 空肠；17. 结肠；18. 回肠；19. 盲肠；20. 膀胱；21. 阴道

1. 前胃检查

反刍动物具有庞大的复胃。复胃的前三部分（瘤胃、网胃和瓣胃）合称前胃，前胃的黏膜没有分泌消化液的腺体，主要功能是贮存大量的粗纤维饲料，借节律性的蠕动将食物搅拌混合、浸软，瘤胃内微生物（纤毛虫和细菌）将食物粉碎、分解，使之发生变化。前胃的主要作用是食物的贮存和微生物消化。前胃的检查方法以视诊、触诊、叩诊和听诊为主，必要时进行某些特殊检查。

（1）瘤胃检查

瘤胃体积庞大（6 月龄的犊牛约 37L，1 岁时约 68L，成年牛达 100～200L），位于腹腔的左侧。瘤胃检查包括视诊、触诊、叩诊、听诊，还可用瘤胃描记、瘤胃手术探查及瘤胃液的实验室检查等辅助手段，其中临床以触诊和听诊为主。

① 视诊：视诊左肷窝或腹胁部可判断瘤胃的充满状态（图 4-3-16）。腹部增大是由于瘤胃臌气和积食所致，瘤胃臌气时左肷窝显著突出与髋结节等高，严重时甚至超过脊柱，由后方观察更为明显，瘤胃积食、积液时，左肷窝填平，有膨胀感。

② 触诊：瘤胃的外部触诊，可准确判断瘤胃的运动机能、内容物的数量和性质及瘤胃的敏感度（图 4-3-17）。健康动物瘤胃的充满度和内容物的形状在饲喂前后略有差异，饲喂前左肷窝松软而有弹性，上 1/3 部积薄层气体，中部和下部触诊坚实；饲喂后瘤胃充满，左肷窝平坦，触诊内容物呈面团样硬度，轻压后可留压痕，随胃壁缩动而将检手抬起，蠕动强而有力。瘤胃收缩时，其中食团沿胃表面呈波浪状散布，互相混合。食团在胃上囊中混合时，肷窝膨起，此时手可感知腹壁显著变紧张并隆起，将检手抬起，然后逐渐降下。

瘤胃膨气时，触诊腹壁上部紧张而有弹性，甚至用力强压亦不能感到胃中坚实的内容物。瘤胃积食时，触诊内容物坚硬，压之留有指痕，不易平复，蠕动减弱或消失。

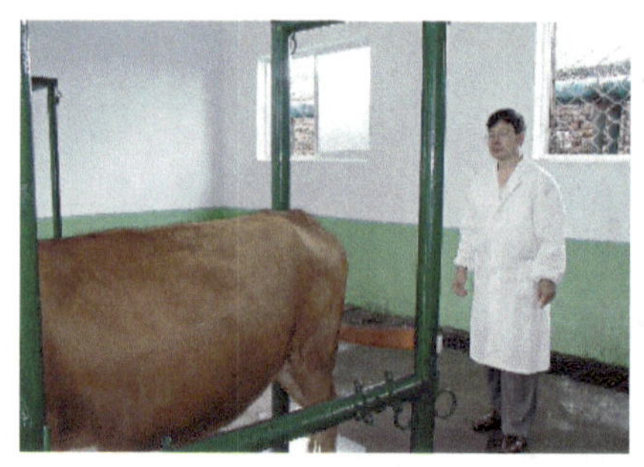

图 4-3-16　牛瘤胃视诊

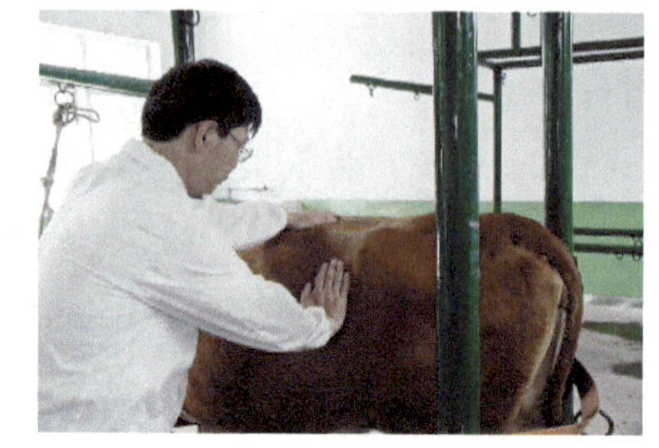

图 4-3-17　牛瘤胃触诊

③ 叩诊（图 4-3-18）：叩诊健康牛左肷窝上部为鼓音，其强度与内容物及气体的多少有关，向下则由鼓音逐渐变为半浊音，下部完全为浊音。瘤胃积食时，浊音范围扩大，甚至肷窝处亦为浊音；瘤胃臌气时，中上部呈鼓音，甚至带有金属响。

④ 听诊：听诊的目的是判断瘤胃蠕动的次数、力量和持续的时间，听诊和触诊联合并用，能正确判断瘤胃的运动机能（图 4-3-19）。瘤胃蠕动音呈粗大的“吹风声”或“沙沙”声，每次蠕动波出现，力量由弱变强，达到高峰，然后逐渐减弱以至消失，随蠕动左肷窝逐渐隆起、变硬，又逐渐平复。健康牛 1～3 次/min，羊为 2～4 次/min，强而有力，每次持续时间为 15～45s。其强度和次数以食后 2h 为最旺盛，食后 4～6h 后逐渐减弱，饥饿时收缩次数减少。放牧初期，突然喂给大量多汁、青贮饲料时，可引起瘤胃蠕动机能一时性的亢进，如无其他症状表现，常为生理现象。

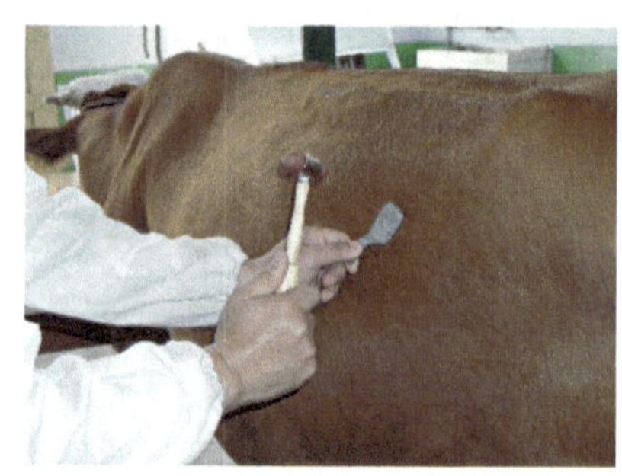

图 4-3-18　牛瘤胃叩诊

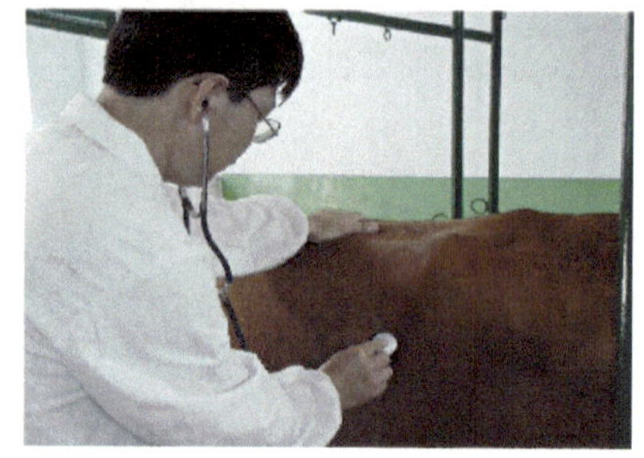

图 4-3-19　牛瘤胃听诊

在病理状态下，瘤胃蠕动次数少，力量减弱，持续的时间缩短，则标志瘤胃机能衰弱。常见于前胃弛缓、瘤胃积食、瓣胃阻塞、皱胃阻塞及发热性疾病等。

瘤胃蠕动音完全消失，为运动机能高度扰乱的表现，见于瘤胃臌气和积食的末期以及其他严重的全身性疾病。

在瘤胃臌气的初期，由于内容物异常发酵或毒物刺激，瘤胃蠕动次数增加，并伴有嗳气频繁，也见于某些毒物中毒或给予瘤胃兴奋药物。

（2）网胃检查

网胃位于胸骨后缘、腹腔的左前下方剑状软骨突起的后方，相当于第 6～8 肋间，前缘紧接膈肌而靠近心脏（图 4-3-20）。网胃向后上方通过瘤网孔与瘤胃相通，网胃内容物是液状体，网胃的蠕动次数与瘤胃相同，但发生在瘤胃蠕动之前。网胃检查，主要包括视诊、触诊、叩诊、X 线检查、超声波检查及金属异物探测仪检查等，临床以触诊

最为重要，主要在于诊断创伤性网胃炎。

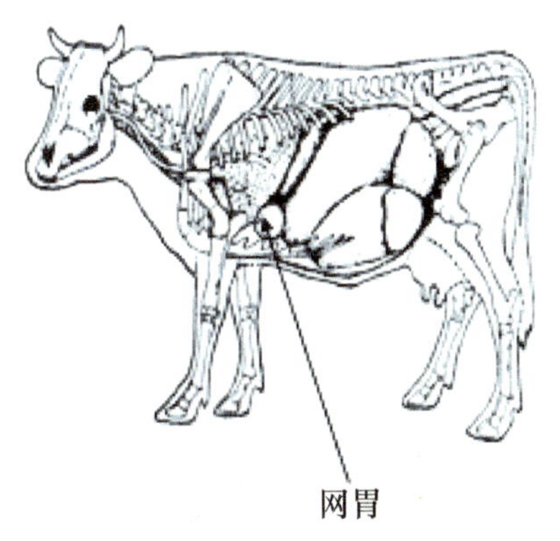

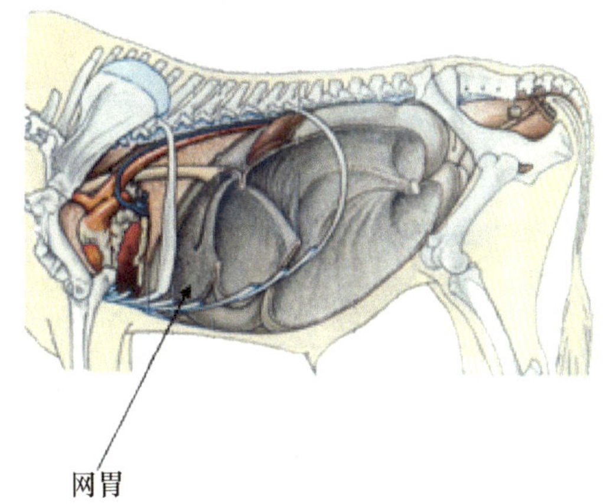

图 4-3-20 牛网胃的位置

① 视诊：当患创伤性网胃炎（图 4-3-21）时，病毒行动迟缓，运动小心，特别是病牛在较陡的坡路由上向下行走时，表现步态紧张，四肢缩于腹下，不敢前进（下坡），甚至呻吟、磨牙等。这是由于下坡时，腹腔器官向前推压引起疼痛反应的结果。站立时两前肢外展，严重者发生心性水肿。

图 4-3-21 牛创伤性网胃心包炎的站立姿势

② 触诊：检查者位于动物左侧，在左侧心区后方网胃区进行强力叩诊或用拳轻击；或采取蹲位姿势，用一手握拳，自胸下剑状突起部向上强压触诊（图 4-3-22）；或两人分别站于牛体两侧，各伸一手于胸下剑状突起部相互握紧，另一手同时放于鬐甲部，将紧握的手用力向上抬起的同时，放在鬐甲部的手用力下压；或以一木棒横放于牛体胸下剑状突起部，同样由两人分别自两侧同时向上抬起，以压迫网胃区（抬杠法）（图 4-3-23）；或由一人握住病牛的鼻中隔并向上提举使牛头的额线与背线形成水平，同时检查者用手强捏病牛鬐甲部等方法检查，而同时观察其反应。如病牛表现呻吟、疼痛不安、躲闪、反抗或企图卧下等行为时，则为网胃敏感反应的标志，常为创伤性网胃炎的特征。

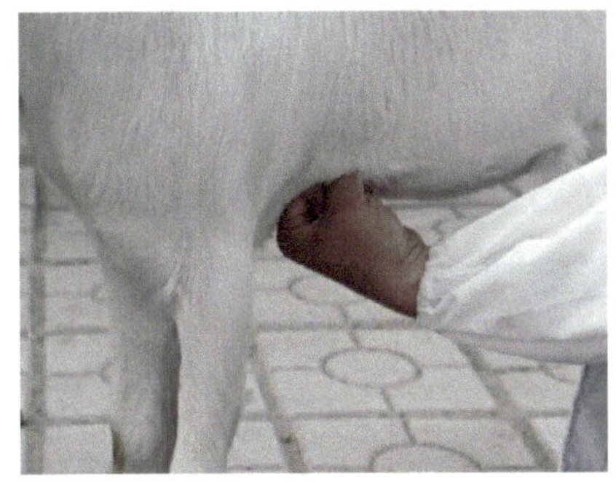

图 4-3-22 拳头触诊羊网胃

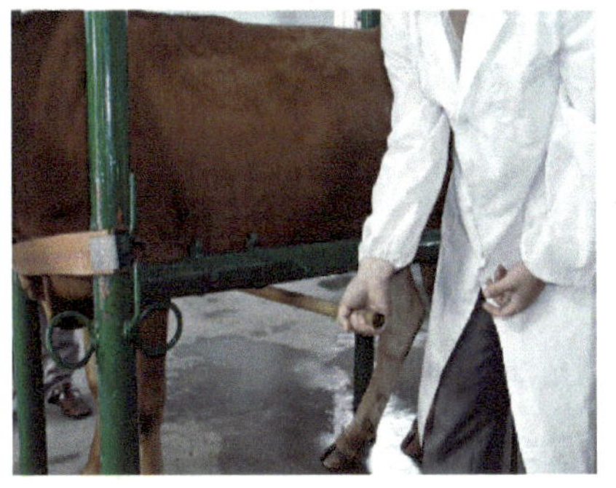

图 4-3-23 “抬杠法”触诊牛网胃

③ 叩诊：可在网胃区进行强叩诊，观察病畜有无疼痛反应。

（3）瓣胃检查

瓣胃位于腹腔右侧，体表投影在第 7～10 肋间，肩端线上下附近（约 3cm），中点在第 9 肋间（图 4-3-24）。临床上主要用触诊和听诊检查，必要时可用瓣胃穿刺检查。

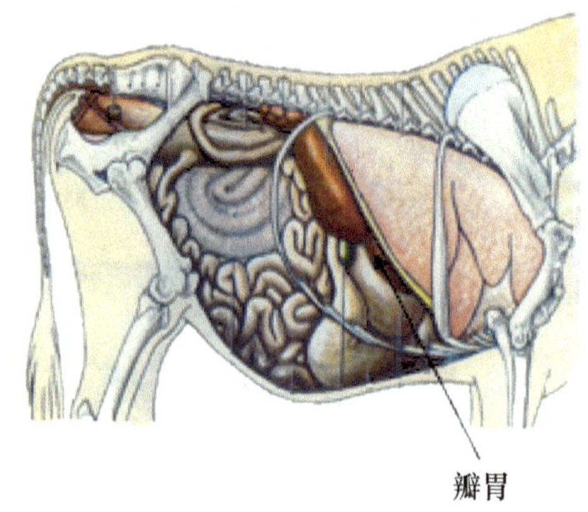

图 4-3-24　牛瓣胃的位置

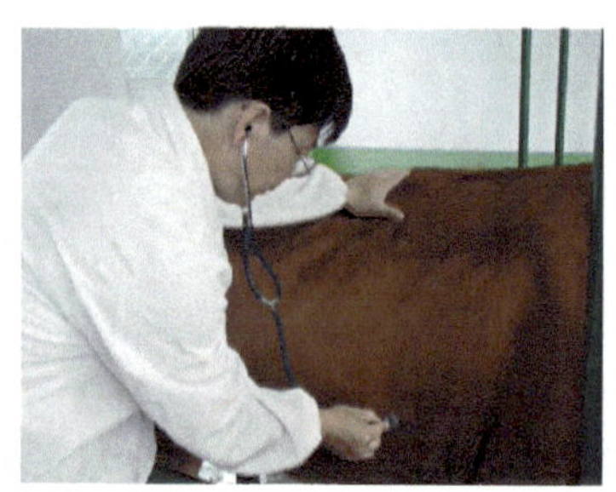

图 4-3-25　牛瓣胃听诊

① 听诊：一般在牛右侧第 7～10 肋间沿肩关节水平线上、下 3cm 的范围内进行听诊（图 4-3-25）。正常时可听到微弱的蠕动音，类似细小的捻发音，常在瘤胃蠕动之后出现，于采食后更为明显。瓣胃蠕动音显著减弱或消失，见于瓣胃阻塞或发热性疾病。

② 触诊：在瓣胃区用手指重压触诊（图 4-4-26）时，如动物表现疼痛不安、呻吟、张口伸舌、抗拒等敏感反应，可提示瓣胃阻塞或创伤性炎症。若因瓣胃阻塞而体积显著增大时，视诊可见瓣胃区膨隆，在靠近瓣胃区的肋弓下部，做冲击式深触诊，可触及坚硬的瓣胃后壁。

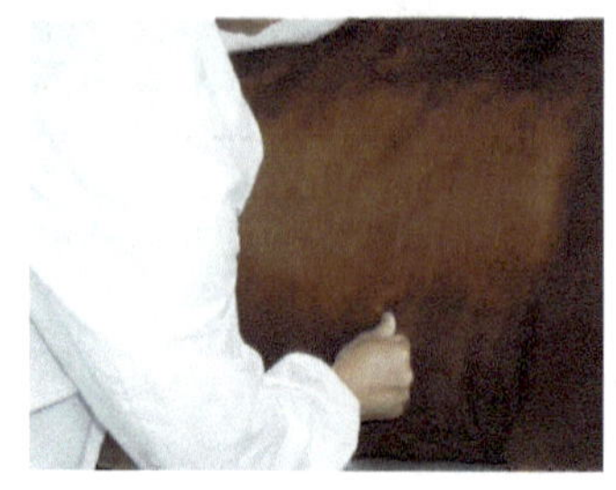
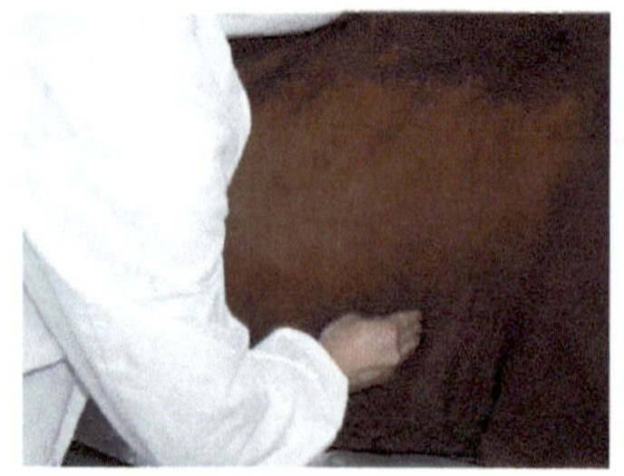
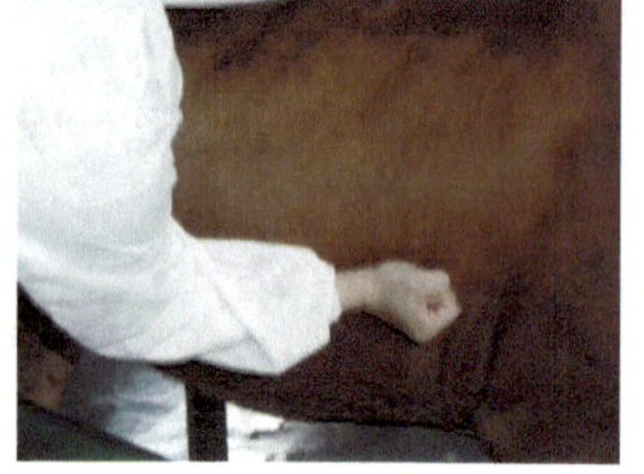

图 4-3-26　牛瓣胃触诊

2. 皱胃检查

皱胃位于右下腹部第 9～11 肋间，沿肋弓区直接与腹壁接触（图 4-3-27）。真胃黏

膜有腺体，能分泌胃液。瘤胃内大量繁殖的微生物随食糜进入皱胃，被消化液分解，为反刍动物提供大量优质的单细胞蛋白营养成分。皱胃的检查方法包括视诊、触诊、叩诊和听诊，其中以触诊和听诊最为重要。

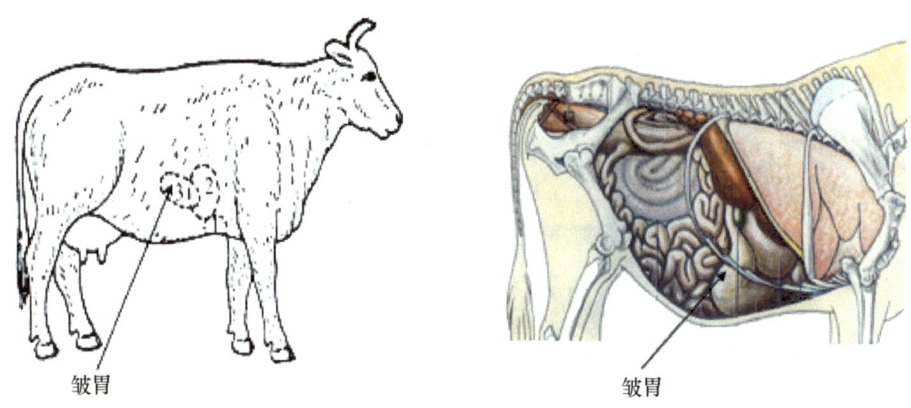

图 4-3-27 牛皱胃的位置

① 视诊：皱胃严重阻塞、扩张时，可以看到右侧腹壁皱胃区向外侧突出，左右腹壁呈现很不对称（图 4-3-28）。

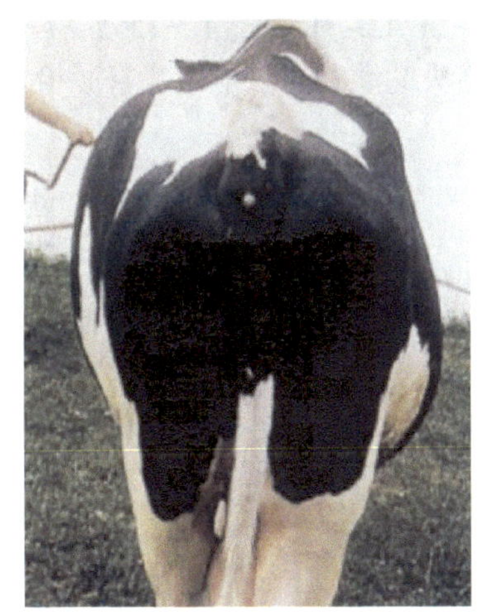

图 4-3-28 牛皱胃阻塞

② 触诊：沿肋骨弓后下方或与膝关节水平位仔细触诊（图 4-3-29），除保护性反应外，如动物表现回顾、躲闪、呻吟、后肢踢腹，乃皱胃区敏感的标志，见于皱胃炎、皱胃溃疡和皱胃扭转等。触诊时，皱胃区有明显的坚实感或坚硬，呈长圆形面袋状，伴有疼痛反应，则为皱胃阻塞的特征。冲击触诊有波动感，并能听到击水音，提示皱胃扭转或幽门阻塞、十二指肠阻塞。此时应与瘤胃积液和腹腔积液相区别。

③ 叩诊：在正常状态时，皱胃叩诊呈浊音。叩诊呈鼓音，见于皱胃扩张。有时也可在左侧沿左髋结节与同侧肘突假设连线上进行叩诊，如左侧肋骨区叩诊出现鼓音，多为皱胃左侧移位，必要时通过穿刺术采集内容物检查。瘤胃、网胃内容物 pH 为碱性，镜检有纤毛虫存在，而皱胃内容物为酸性，无纤毛虫。

④ 听诊（图 4-3-30）：皱胃蠕动音类似肠蠕动音，呈流水声或含漱音。皱胃蠕动音增强，见于皱胃炎。皱胃蠕动音稀少、微弱，则表示胃内容物干固或机能减弱，见于皱胃阻塞。当听到带金属音调的蠕动音时，见于皱胃变位。

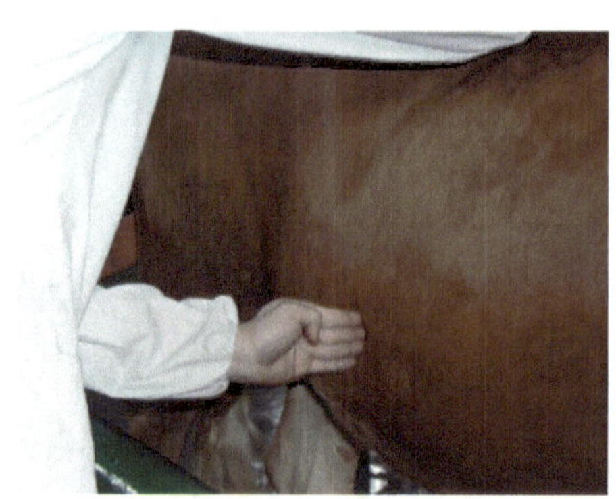
图 4-3-29 牛皱胃触诊

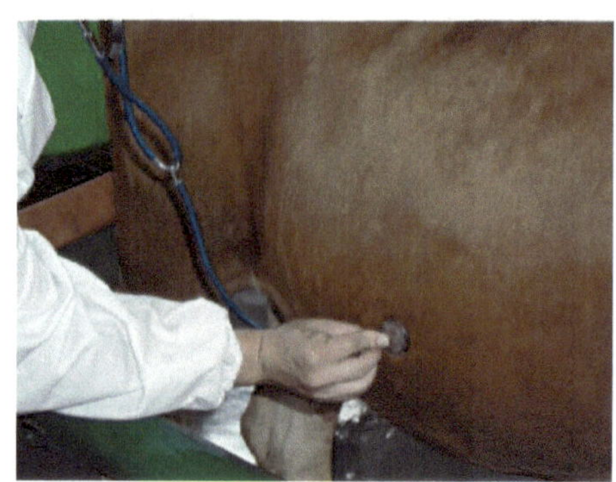
图 4-3-30 牛皱胃听诊

3. 肠管检查

反刍动物的肠管，位于腹腔右侧的后半部，紧靠瘤胃壁。肠管的检查主要用触诊、叩诊和听诊（图 4-3-31～图 4-3-35）。犊牛和羊因右侧腹壁松弛，腹围小，可以进行外部触诊。体格大的动物，只能进行直肠检查。

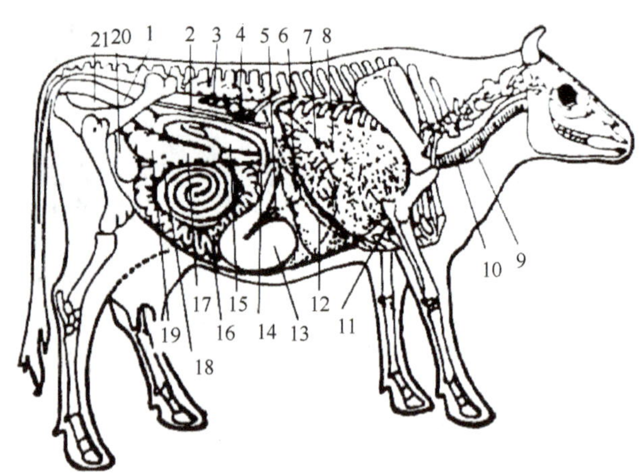

图 4-3-31 母牛内脏器官（右侧）

1. 直肠；2. 腹主动脉；3. 左肾；4. 右肾；5. 肝脏；6. 胆囊；7、12. 横膈膜圆顶轮廓线；8. 肺；9. 食道；10. 气管；11. 心脏；13. 真胃；14. 十二指肠；15. 胰脏；16. 空肠；17. 结肠；18. 回肠；19. 盲肠；20. 膀胱；21. 阴道

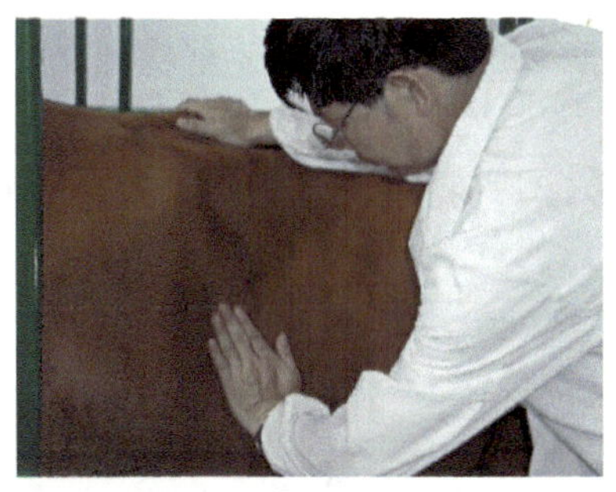

图 4-3-32　牛肠管触诊

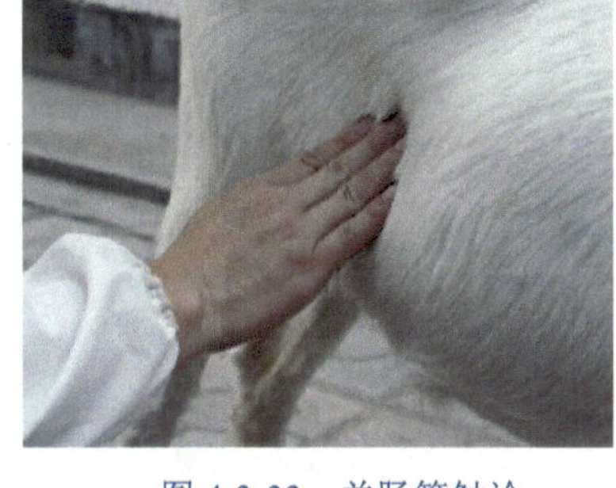

图 4-3-33　羊肠管触诊

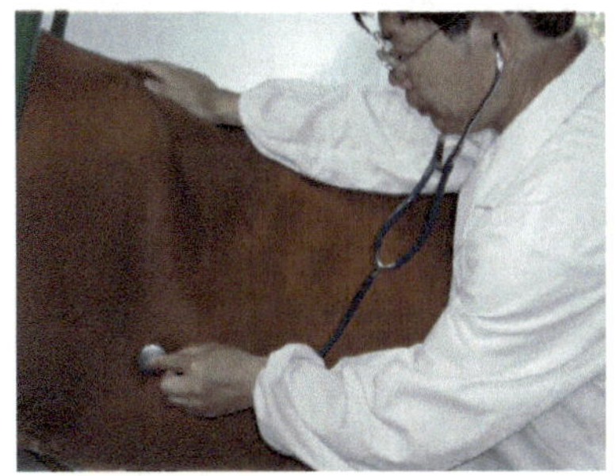

图 4-3-34　牛肠管听诊

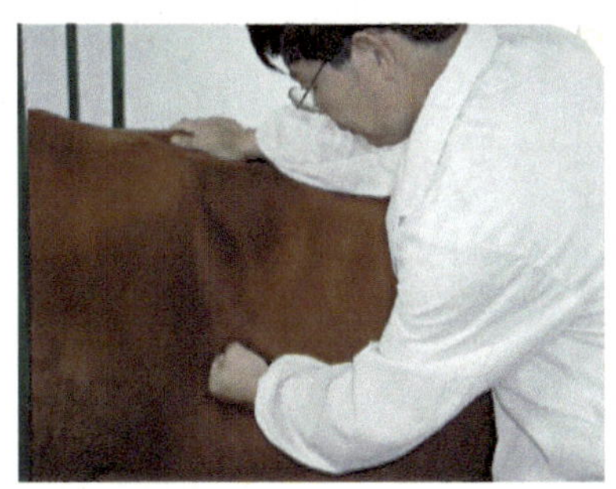

图 4-3-35　牛肠管叩诊

触诊时，正常为软而不实之感。若触之有充实感，多为肠便秘，如于右侧肷窝部触之有胀满感，或同时有击水音，而且叩之呈鼓音，可疑为小肠或盲肠变位，应结合直肠检查进行鉴别。若发现某段小肠变硬，形如香肠，触压时敏感疼痛，见于肠套叠。

在右侧肷窝部或腹胁部听诊，呈混合性肠音，短而稀少。肠音的频率和强度与肠管的运动机能及内容物的状态有关。肠蠕动迟缓、肠道不通时，肠音减弱甚至消失。肠音频繁似流水状，见于各类型肠炎及腹泻。

4. 直肠检查

直肠检查是将手伸入直肠内，隔着肠壁对腹腔器官进行内部触诊的一种检查方法（图 4-3-36）。其目的是感觉器官或病变的位置、形状、大小、硬度、敏感性等。直肠检查对于大家畜（马属动物和牛等）的妊娠诊断、发情鉴定、腹痛病的诊断是一种比较可靠的方法，同时还可用于肾脏、膀胱、腹股沟管及骨盆等的检查。此外，直肠检查还可作为一种治疗的手段，如用隔肠破结术来治疗马的小结肠阻塞、骨盆曲阻塞等疾病。

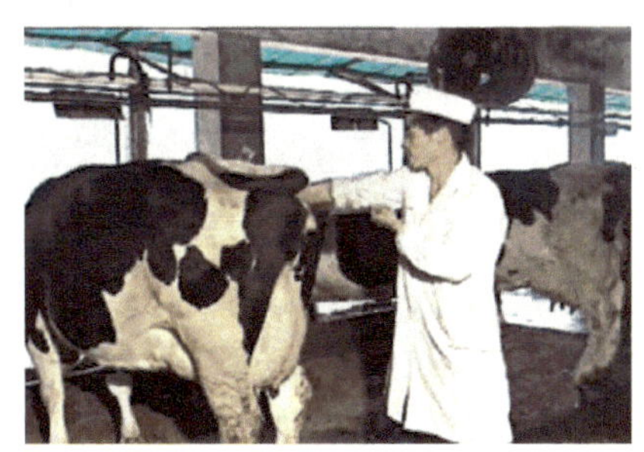

图 4-3-36　奶牛直肠检查

（1）准备工作

1）家畜准备。

① 保定以六柱栏较为方便，左右后肢应分别以足夹套固定于栏柱下端，以防后踢；为防止卧下及跳跃，要加腹带及压绳；尾部向上或向一侧吊起。如在野外，可借助在车

辕内（使病马倒向，即臀部向外）保定；根据情况和需要，也可采取横卧保定。牛的保定可钳住鼻中隔，或用绳系住两后肢。

② 对腹围膨大病畜应先行盲肠穿刺或瘤胃穿刺术排气，否则腹压过高，不宜检查，尤其是采取横卧保定时，更须注意防止造成窒息的危险。

③ 一般可先用温水 1000～2000mL 灌肠（图 4-3-37），以缓解直肠的紧张度并排出粪便，排完积粪后，清洗外阴部（图 4-3-38），等待便于直检。

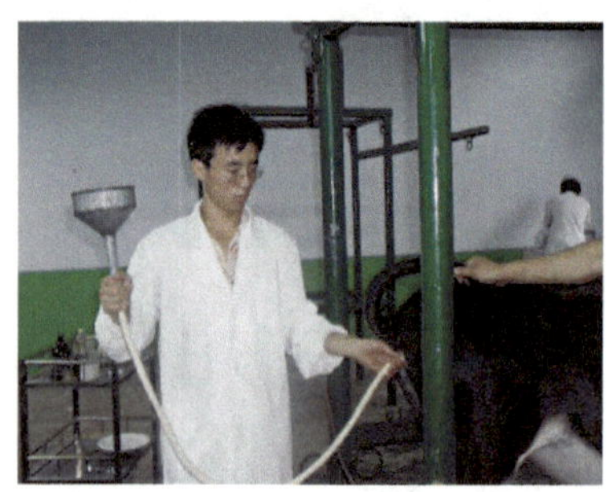

图 4-3-37 灌肠

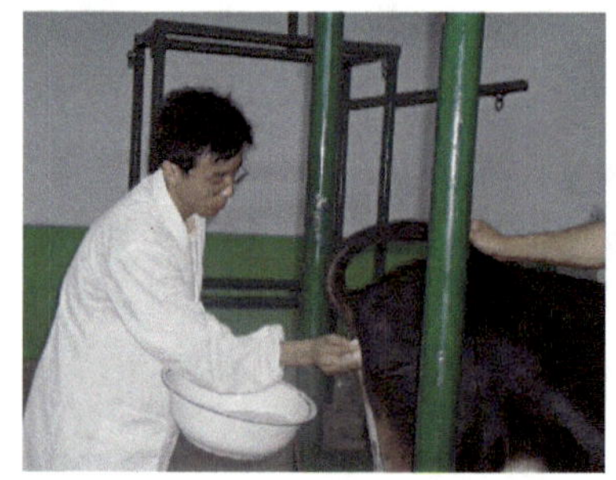

图 4-3-38 清洗外阴部

④ 对心脏衰弱的病畜，可先给予强心剂；对腹疼剧烈的动物应先行镇静（可静脉注射 2%水合氯醛酒精溶液 100～300mL 或 30%安乃近溶液 20mL），以便检查。

2）术者准备。做到“一穿、二戴、三要”。即穿胶靴；戴围裙、戴长臂胶手套；指甲要短、平；手臂要消毒、要润滑（图 4-3-39）。

（2）操作方法

① 术者站于牛的后方。

② 术者将拇指放于掌心，其余四指并拢集聚呈圆锥形（图 4-3-40），以旋转动作通过肛门进入直肠，当肠内蓄积粪便时应将其取出，再行入手；如膀胱内贮有大量尿液，应按摩、压迫以刺激其反射排空或行人工导尿术，以利于检查。

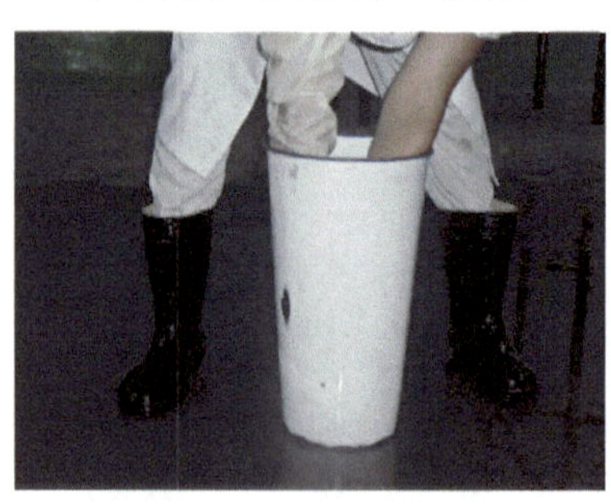

图 4-3-39 手臂消毒、润滑

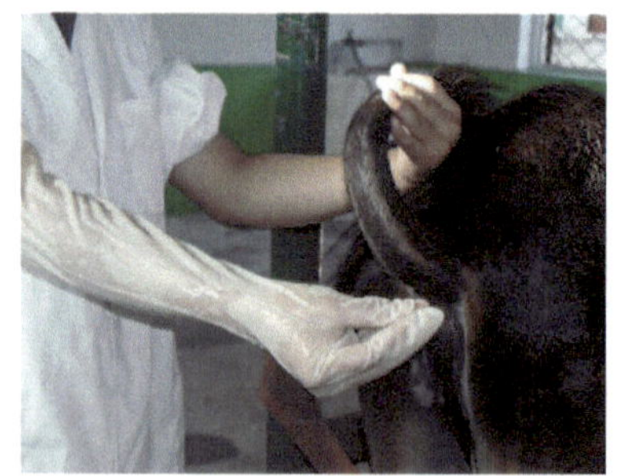

图 4-3-40 四指并拢集聚呈圆锥形

③ 检手沿肠腔方向徐徐伸入（图 4-3-41 和图 4-3-42），直至检手套有部分直肠狭窄部肠管为止方可进行检查，当被检动物频频努责时，入手可暂停前进或随之后退，即按照“努则退、缩则停、缓则进”的要领进行操作，比较安全。切忌检手未找到肠管方向就盲目前进，或未套入狭窄部就忙于检查。当狭窄部套手困难时，可以采用胳膊下压肛门的方法，诱导动物作排粪反应，使狭窄部套在手上，同时还可减少努责作用。如被检动物过度努责，必要时可用 10%普鲁卡因 10～30mL 作后海穴封闭（图 4-3-43

和图 4-3-44)，以使直肠及肛门括约肌弛缓而便于检查。

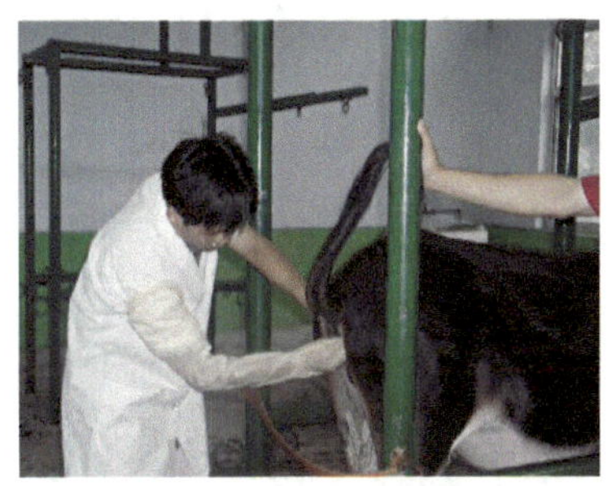
图 4-3-41 检手伸入直肠操作一

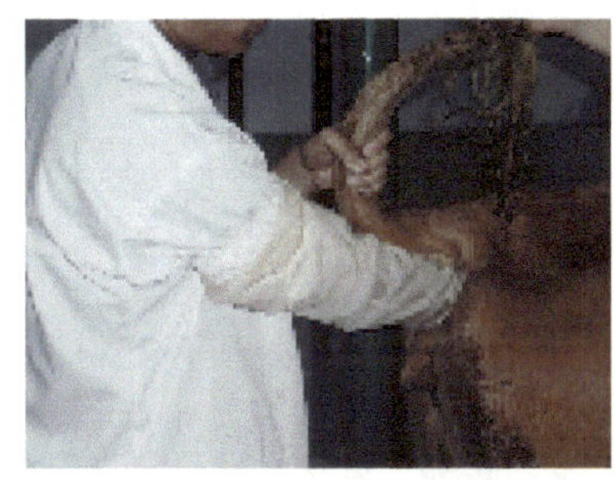
图 4-3-42 检手伸入直肠操作二

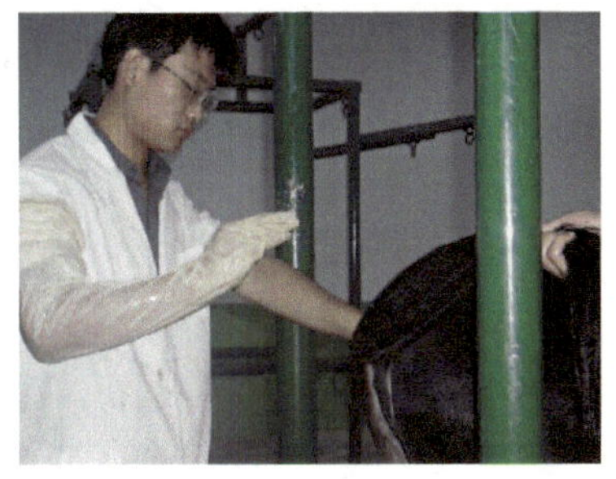
图 4-3-43 后海穴注射普鲁卡因操作一

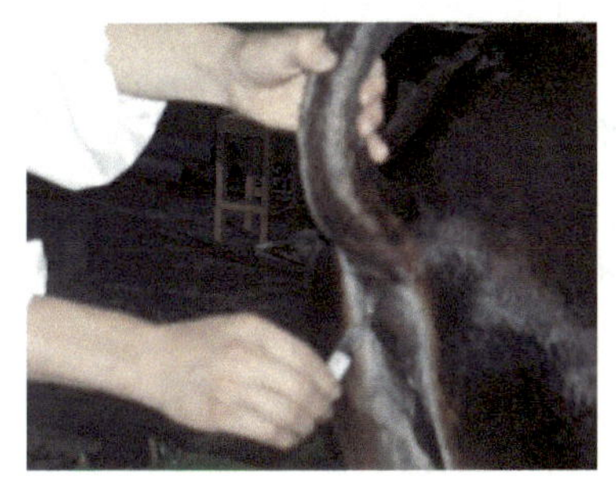
图 4-3-44 后海穴注射普鲁卡因操作二

④ 检手套入部分直肠狭窄部或全部套入（指大马）后，检手做适当地活动，用并拢的手指轻轻向周围触摸，根据脏器的位置、大小、形状、硬度、有无肠带，移动性及肠系膜状态等，判定病变的脏器、位置、病变的性质和程度。无论何时手指均应并拢，绝不允许叉开并随意抓搔、锥刺肠壁，切忌粗暴以免损伤肠管。并应按一定顺序进行检查。

（3）检查顺序

1）肛门及直肠注意检查肛门的紧张度及附近有无寄生虫、黏液、肿瘤等，并感知直肠内容物的数量及性状，以及黏膜的温度和状态等。

2）骨盆腔内部入手稍向前下方检查可摸到膀胱、子宫等。膀胱位于骨盆腔底部。无尿时可感触到如梨子状大的物体，当其内尿液过度充满时，感觉如一球形囊状物，有弹性波动感。触诊骨盆腔壁光滑，注意有无脏器充塞或粘连现象，如被检马、牛有后肢运动障碍时，应注意检查有无盆骨骨折。

3）腹腔内部检查。

① 马的腹腔内部检查。

小结肠：大部分位于骨盆口前方体中线左侧，小部分位于体中线右侧，游离性较大，内有成串的鸡蛋大小的粪球，便于寻找和检查。小结肠是马、骡易发生粪结的部位之一。

腹主动脉：位于椎体下方，腹腔顶部，稍偏左侧，触诊有明显的搏动感并呈紧张的管状物，可作为体中线的标志，并可作为寻找左肾的标志。

左侧结肠：位于腹腔的左侧，耻骨水平面的下方。左下大结肠较粗，具有肠纵带和肠袋，左上大结肠较细，肠壁光滑无肠袋，重叠于左下大结肠之上。左下大结肠移行为左上大结肠，在骨盆前口所形成的弯曲部称为骨盆曲，位于骨盆前口的直前方，比左上、

下大结肠都细，表面光滑，呈游离状。骨盆曲也是容易发生结粪的部位之一。

左肾：在脊柱下方，腹主动脉左侧，第 2、3 腰椎横突下方，可摸到其后缘，呈半圆形坚实的物体。急性肾炎时，触诊有痛感。

脾脏：在左肾前下方，紧贴左腹壁至最后肋骨部可摸到脾脏的后缘，呈镰刀状。正常马脾脏后缘一般不超过最后肋骨；但有些马，尤其是骡，有时可超过最后肋骨。脾脏位置后移，常作为胃扩张的标志。

胃：位于腹腔左前上方，其后缘可达第 16 肋骨。检手从左肾的前下方前伸，当体型较小的马患有急性胃扩张时，可触知膨大的胃后壁，并伴随呼吸而前后移动。

盲肠：在右肷部，触诊盲肠底及盲肠体，呈膨大的囊状，并可摸到由后上走向前方的盲肠后纵带。

胃状膨大部分：是右上大结肠移行为小结肠前的扩大部分，位于腹腔右侧上 1/3 处，盲肠底的前下方，健康马不易摸到。当胃状膨大部便秘时，可感知有坚实内容物的半球形物体，并伴随呼吸而前后移动。

前肠系膜根：沿腹主动脉向前探索，指尖可感到呈扇状下垂的柔软而有弹力的条索状物，并可感知搏动的脉管。

② 牛的腹腔内部触诊。牛的直肠检查，除主要用于母畜妊娠诊断外，对于肠阻塞、肠套迭、真胃扭转及膀胱、肾脏等疾病也均有一定意义。检手伸入直肠后，以水平方向渐次前进，当至结肠的后段“S”状弯曲部，即可按顺序检查。

瘤胃：在骨盆前口的左侧，可摸到瘤胃的背囊，其上部完全占据腹腔的左侧，触诊可感到有捏粉样硬度的内容物及瘤胃的蠕动波。

肠：几乎全部位于腹腔的右半部，盲肠在骨盆口的前方，其尖端的一部分达骨盆腔内；结肠圆盘位于右肷部上方；空肠及回肠位于结肠及盲肠下方；正常时各部分肠管不易区分。

肾脏：左肾的位置决定于瘤胃内容物的充满程度，可左可右，可由第 2～3 腰椎延伸到第 3～6 腰椎；右肾悬垂于腹腔内，可以使之移动，或用手托起，检查较为方便，主要注意其大小、形状、表面状态、硬度等。

（4）病理变化

主要用于判断卵泡发育状况、妊娠诊断、子宫疾病及胃肠道疾病等。

① 直肠：肠便秘时，直肠内空虚而干涩；当发生肠套叠或肠扭转时，直肠内可发现大量黏液或带血的黏液。

② 膀胱：膀胱积尿时，膀胱膨大，充满整个骨盆腔；膀胱破裂时，膀胱空虚无尿，有时还能触到破裂口；膀胱炎时，触压膀胱有疼痛。

③ 瘤胃：瘤胃积食时，可发现瘤胃扩张，容积增大，充满坚实或黏硬内容物。在皱胃左方变位时，可发现瘤胃背囊明显右移和左肾出现中度变位。

④ 皱胃：正常情况下，直肠检查不能触及皱胃。当皱胃发生阻塞时，直肠内有少量粪便和成团的黏液。对于体形较小的黄牛，在骨盆腔前缘右前方，瘤胃的右侧，于中下腹区，能摸到向后伸展扩张呈捏粉样硬度的部分皱胃体。皱胃扭转时，可在右腹部触摸到膨胀而紧张的皱胃。

⑤ 盲肠：盲肠扭转时，可发现一高度积气的肠段横于骨盆腔前口的前方。当盲肠

向前方折转时，在骨盆腔前口前方常不能触到盲肠。

⑥ 结肠：结肠便秘时，可感到结肠内容物坚实而有压痛。

⑦ 空肠和回肠：肠套叠时，可触到如同前臂粗的圆柱肉样肠段，触之病畜表现剧痛。肠扭转时，可触到螺旋状的扭转部，触及时病畜剧痛不安。在去势公牛，由于输精管尿生殖皱褶撕裂，骨盆区输精管游离形成套环状裂孔，引起空肠末端和回肠起始部肠管绞窄，通常在骨盆腔入口前缘入口的偏右侧（少数在左侧）可触摸到被环状索带缠绕的肠段，硬实而紧张，有的病例在绞窄邻近处还可摸到局限性膨胀的肠管（臌气或积液），牵引或压迫被绞窄的肠管时，病畜出现特别敏感的疼痛反应。

⑧ 左肾：牛肾盂肾炎时，可发现肾脏肿大，触压时病畜表现疼痛。肾脓肿时，可发现肾小叶大小不等，触压有局限性波动。

此外，直肠检查尚可发现母畜子宫、卵巢的病理变化，如卵巢囊肿、永久性黄体、子宫蓄脓等。在公牛还可发现副性腺的病理变化，如前列腺肿大等。

（三）猪的胃肠检查

猪胃的容积较大，位于剑状软骨上方的左季肋部，其大弯可达剑状软骨后方的腹底壁。小肠位于腹腔右侧及左侧的下部，结肠呈圆锥状位于腹腔左侧，盲肠大部分在右侧。猪常因皮下脂肪太厚、尖叫及抗拒检查，临床检查时往往不能获得满意的结果。临床以视诊、触诊和听诊为主（图 4-3-45～图 4-3-51）。

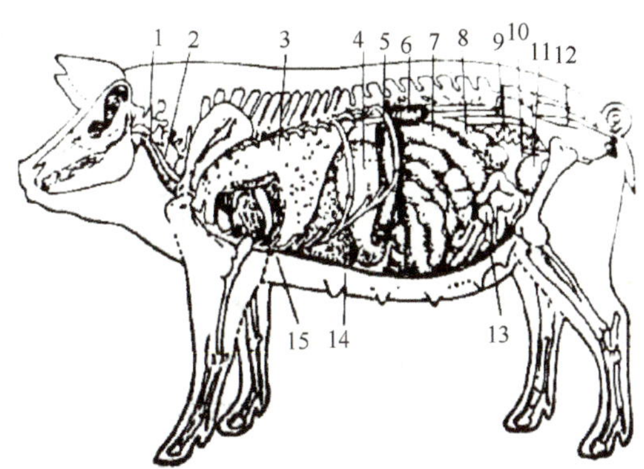

图 4-3-45 猪内脏器官（左侧）

1. 食道；2. 气管；3. 肺；4. 胃；5. 脾；6. 左肾；7. 结肠；8. 盲肠；9. 子宫角；10. 输尿管；11. 膀胱；12. 直肠；13. 空肠；14. 肝；15. 心

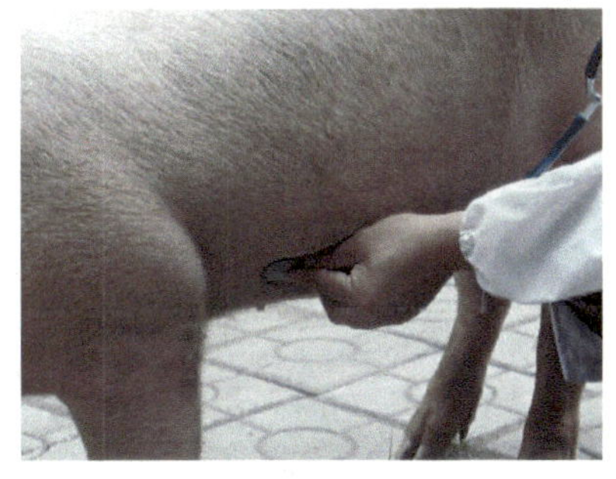

图 4-3-46 猪胃听诊①

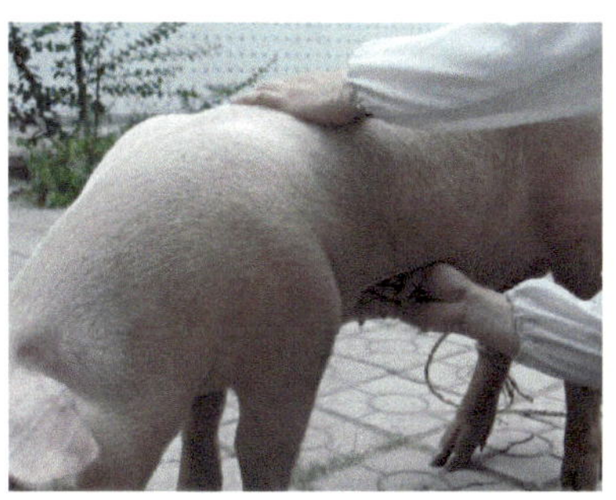

图 4-3-47 猪胃触诊②

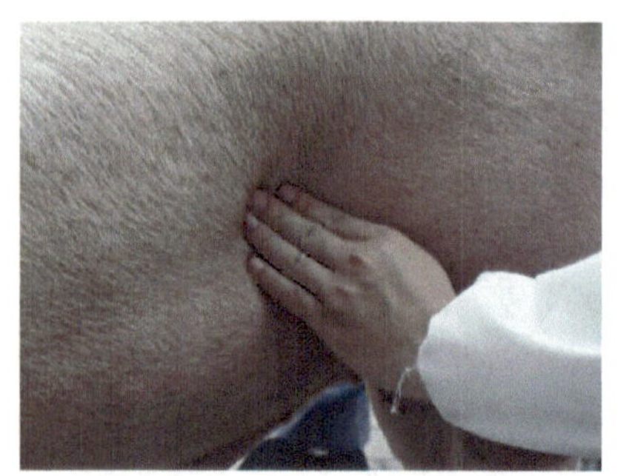
图 4-3-48　猪左侧肠管触诊

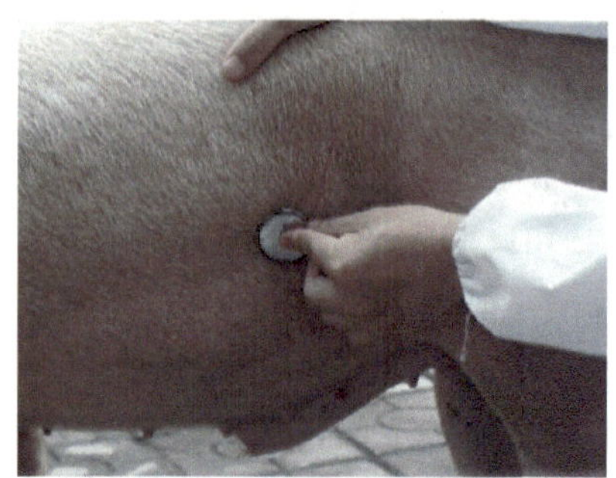
图 4-3-49　猪左侧肠管听诊

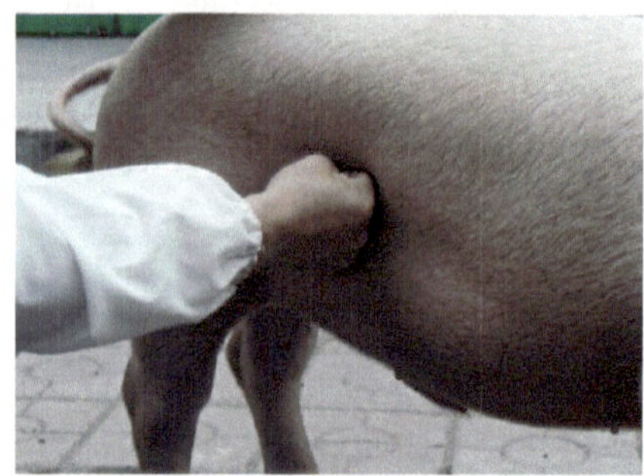
图 4-3-50　猪右侧肠管触诊

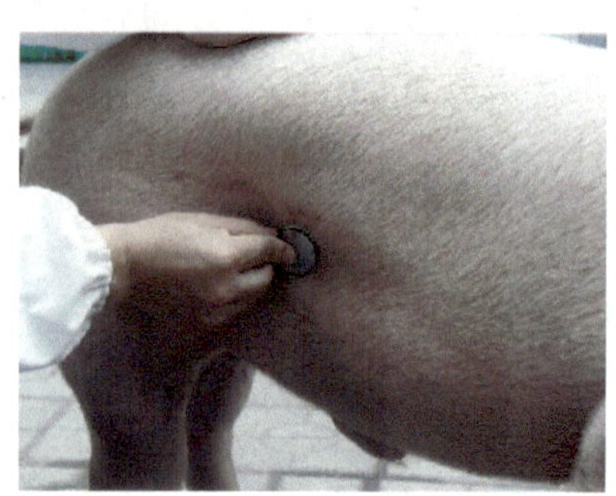
图 4-3-51　猪右侧肠管听诊

触诊胃区有疼痛反应（不安、呻吟），可见于胃炎、胃食滞；当胃扩张、胃食滞时行强压触诊可引起呕吐；当左肋下区紧张而抵抗明显，见于胃臌气或过食。腹部触诊可感知肠内容物形状，当结肠套叠或肠便秘时，可感知坚硬的粪串或呈块、盘状，同时伴有疼痛反应。

当过食或饲喂多汁饲料（三叶草等）时，易发生臌气。此时，视诊可发现右腹肋部膨大，病畜呈犬坐姿势，呼吸急促、呻吟，两前肢频频交换负重。

听诊肠音高朗、连绵，可见于各种类型肠炎及伴发肠炎的传染病（如副伤寒、大肠杆菌病、猪瘟、流行性腹泻及传染性胃肠炎等）。肠音低沉，微弱或消失，见于肠便秘。

（四）犬和猫的胃肠检查

1. 胃的检查

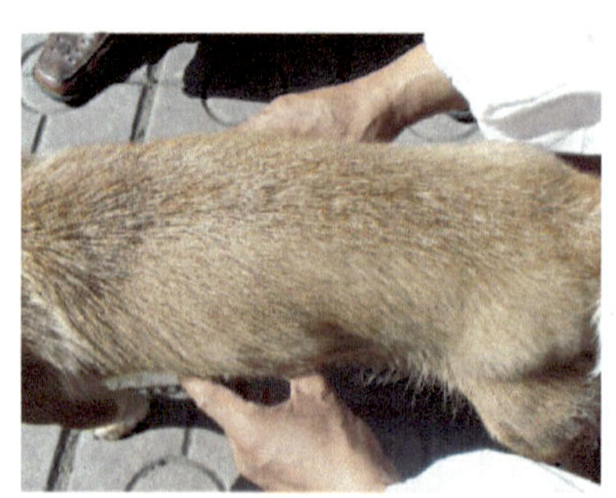
图 4-3-52　犬胃触诊

犬和猫的胃检查主要用视诊、触诊、叩诊、探诊等方法进行检查（图 4-3-52）。还可以根据需要进行胃镜检查、胃液检查、X 线检查等。

1）视诊：在胃扭转、胃扩张、胃肿瘤等疾病时，可见到腹围扩大。

2）触诊：当采食大量干燥的食物而不能呕吐引起的急性胃扩张，触诊时可在两侧肋下部摸到胀满、坚实的胃。当胃内有异物时，胃部触诊有疼痛反应，有时在肋下部可摸到胃内的异物。胃扭转时，腹部

触诊可摸到一个紧张的球状囊袋。此外，在急性胃卡他、胃炎、胃溃疡时，胃部触诊有疼痛反应。

3）叩诊：一般取仰卧姿势进行叩诊。当空腹叩诊时，从剑状软骨后直到脐部呈鼓音；采食后则呈浊音。在食滞性胃扩张时，浊音区扩大；气胀性胃扩张时，出现大面积鼓音区。胃扭转时，腹部鼓胀，叩诊呈鼓音或金属音。

4）探诊：经鼻腔或口腔将胃管（小犬和猫用人的导尿管）插入食管和胃进行探诊。当气胀性胃扩张时，从胃管内排出较多的酸臭气体。在胃扭转时，插入的胃管停顿于贲门附近，或者当用力而能推进于胃内时，则有带臭味的气体和带血的液体从管内逸出。

2. 肠管检查

犬和猫的肠管检查主要用视诊、触诊、叩诊和听诊等方法。此外，可根据情况进行结肠镜检查和 X 射线检查。

1）视诊：腹围增大见于肠臌气和腹腔积液。当较瘦的犬发生降结肠秘结时，在骨盆前口前方的左侧腹壁可看到由结粪引起的局限性隆起。腹围缩小见于急剧腹泻、慢性胃肠卡他、长期营养不良及慢性消耗性疾病等。

2）触诊：将两手置于两侧肋骨弓后方，逐渐向后上方移动，让肠管等内脏器官滑过各指端进行触诊。也可将两手拇指置于腰部，其余指头伸直放于腹壁两侧，逐渐用力压迫，直至两手指端互相接触为止，以感觉腹壁、肠管及可触及的内脏器官的状态（图 4-3-53）。如果将犬和猫的前后躯轮流抬高，几乎可以触知全部腹腔的脏器（图 4-3-54）。

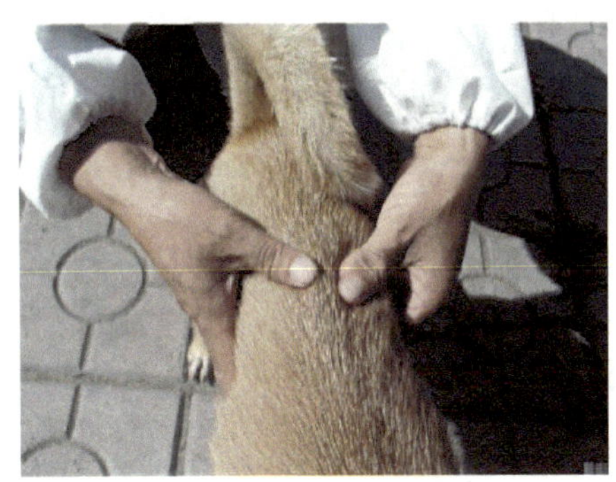

图 4-3-53 犬肠管触诊

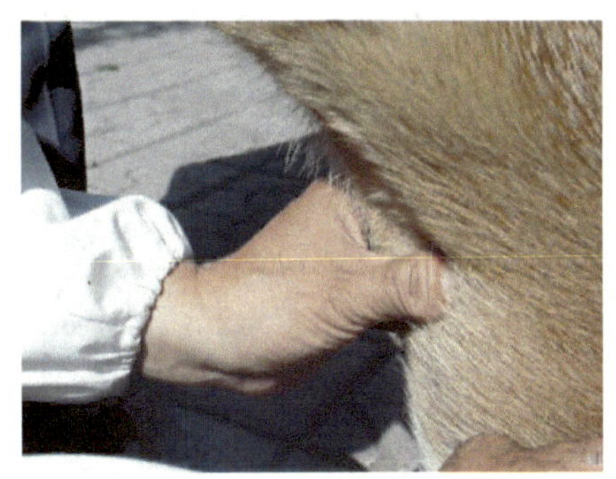

图 4-3-54 将犬后躯抬高触诊肠管

肠秘结时，可在相应的肠段触摸到一坚实或坚硬的腊肠状粪条或粪块。肠管内有异物时（特别是在轻度麻醉下触诊），可以摸到相应臌气的肠段，还常可摸到肠管内的异物。肠缠结时，可以发现局部的触痛和臌气的肠管，有时还可触摸到缠结处的肠管、肠系膜或韧带缠结成绳结状；若与腹腔肿瘤的根蒂缠结时，还可发现肿瘤及紧张的肿瘤蒂基部。肠扭转时，可以发现局部的触痛和臌气的肠管，有时可以摸到扭转的肠管或扭转的肠系膜。肠套叠时，可以触摸到一个坚实而有弹性、弯曲的圆柱形肠段，触压该部时，病畜表现剧痛，有时可以摸到套入部的圆形末端及鞘部的卷折之处。当盲肠套入结肠时，直肠指检可以触摸到套入部的末端。此外，当腹膜炎时，腹壁紧张度增高，触压腹壁有

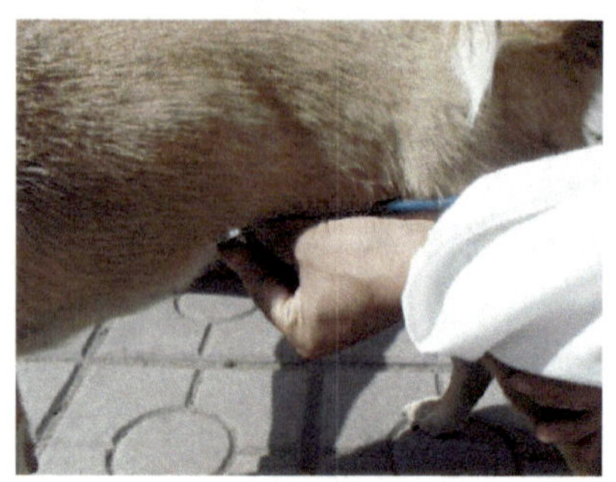

图 4-3-55 犬肠管听诊

疼痛反应；在腹腔积液时，进行冲击式触诊可感到回击波，而同时用听诊器置于对侧腹壁听诊，可听到振水音。

3）叩诊：肠臌气时，叩诊呈现鼓音。

4）听诊：肠蠕动时，肠管内气体和液体随之流动，产生一种断断续续的咕噜音（或气过水声）称肠鸣音（简称肠音）。犬正常的肠音每分钟 4～6 次，猫为 3～5 次，其声响和音调变异较大，如小型犬的音响比大、中型犬弱。肠音可在左右两侧腹壁进行听诊（图 4-3-55）。

病理性肠音主要有以下几种：

① 肠音增强：肠音响亮、高亢，次数增多。见于急性肠卡他、胃肠炎的初期，肠秘结初期，以及引起腹泻的各种传染病和寄生虫病，如传染性肝炎、细小病毒病，冠状病毒病、轮状病毒病、猫泛白细胞减少症、沙门氏菌病、大肠杆菌病、球孢子菌病、肝吸虫病等初期。

② 肠音减弱或消失：肠音短促而微弱，次数减少。见于胃肠炎和肠秘结的中后期，肠变位（肠扭转、肠缠结、肠嵌闭和肠套叠）以及发热性疾病而伴有消化机能紊乱时。

③ 肠音不整：肠音时强时弱，时快时慢，见于慢性胃肠卡他。

④ 金属音：如水滴滴落在金属薄板上产生的声音，见于肠臌气。

（五）马属动物胃肠检查

马属动物内脏器官位置见图 4-3-56 和图 4-3-57。

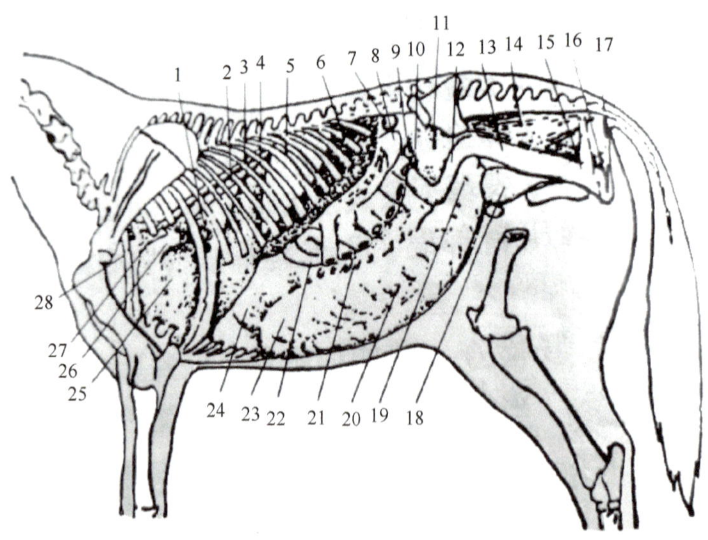

图 4-3-56 母马内脏器官位置

1. 气管；2. 食道；3. 横膈；4. 肝；5. 胃；6. 脾；7. 左肾；8. 小结肠；9. 卵巢；10. 输尿管；11. 子宫阔韧带；12. 子宫角；13. 阴道；14. 盲肠；15. 阴道前庭；16. 阴门；17. 肛门；18. 膀胱；19. 大结肠骨盆曲；20. 左下大结肠；21. 左上大结肠；22. 空肠；23. 大结肠胸；24. 大结肠膈曲；25. 心；26. 肺动脉；27. 胸主动脉；28. 前主动脉

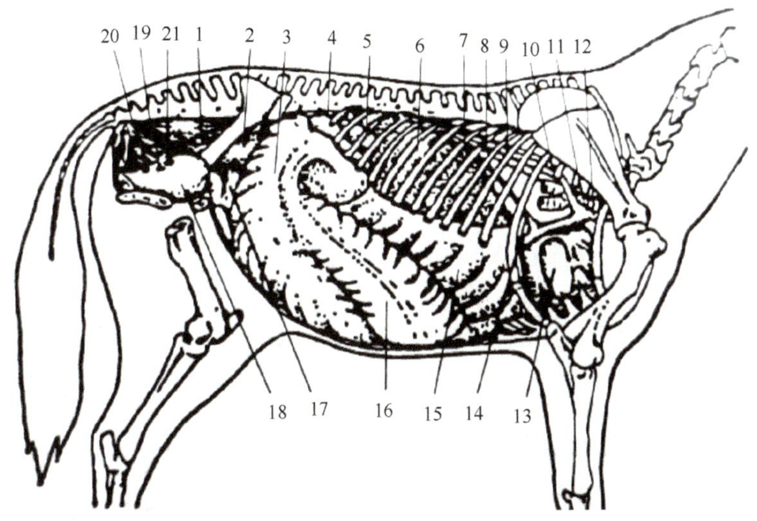

图 4-3-57 公马内脏器官位置

1. 直肠；2. 结肠骨盆曲；3. 盲肠；4. 十二指肠；5. 右肾；6. 肝；7. 横隔；8. 食道；
9. 胸主动脉；10. 奇静脉；11. 气管；12. 前腔静脉；13. 心；14. 后腔静脉；
15. 右上大结肠；16. 右下大结肠；17. 空肠；18. 膀胱；19. 输卵管末端；20. 摄护线；21. 贮精囊

1. 胃的检查

马属动物胃的体积小，位置较深，体表投影在腹腔中部偏左侧第 14～17 肋骨之间，相当于髋节结水平线附近，不与腹壁接触，悬空在腹腔。因此，用一般诊断方法检查有一定困难。临床上主要用视诊、导管探诊、直肠内部触诊或根据需要采取胃内容物进行实验室检查。

（1）视诊

幽门痉挛及急性胃扩张时，动物表现明显的腹痛（起卧、打滚或呈犬坐姿势）、呼吸困难、呕吐。有时在后方正中进行左、右侧对比观察，可见左侧胸廓中部第 14～17 肋骨间处稍显隆起。胃扩张时，腹痛突然减轻或消失，而全身症状迅速加剧，为胃破裂的征象。

胃管探诊具有诊断（或鉴别诊断）和治疗的双重意义。气胀性胃扩张时，胃管探诊排出大量酸臭的气体和少量的液体，腹痛症状随即减轻或消失。液胀性胃扩张时，胃管探诊可抽出大量酸臭的液状物，呈黄白色、黄色或黄绿色，腹痛随即减轻，但原发病因未除，不久又可复发。食滞性胃扩张时，胃管探诊抽不出胃内容物或仅抽出少量的胃内容物。

（2）触诊

对于体躯较小的马（或驹）站立或采取横卧保定，进行直肠内部触诊，当胃扩张时，可在左肾前下方摸到紧张而有弹性的胃后壁。体型大的马，只能触到脾后移的情况。

2. 肠管检查

马属动物肠管的检查方法有视诊、触诊、叩诊、听诊及直肠检查。其中以听诊和直肠检查最为重要。

（1）听诊

听诊可确定肠蠕动的频率、性质、强度、持续时间，从而判定肠管的运动机能及内容物的性状。听诊的位置主要有以下几种。

左肷部（图 4-3-58）：小肠音。右肷部（图 4-3-59）：盲肠音。左腹下 1/3 处（图 4-3-60）：左大结肠音。右侧肋弓沿线（图 4-3-61）：右大结肠音。

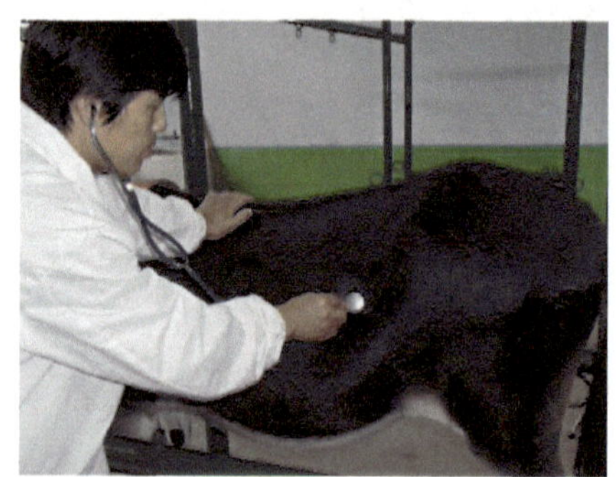
图 4-3-58 听小肠音

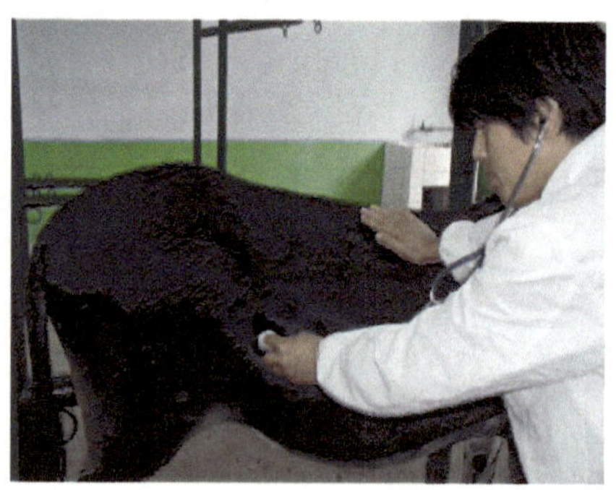
图 4-3-59 听盲肠音

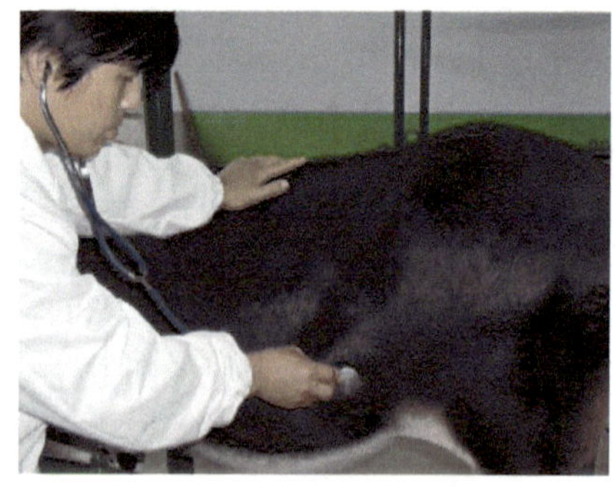
图 4-3-60 听左大结肠音

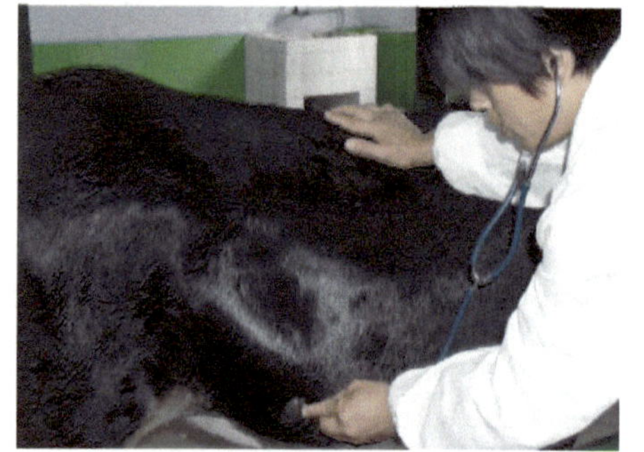
图 4-3-61 听右大结肠音

1）正常状态：健康马小肠蠕动音明显、清朗，类似含漱音或流水音，8～12 次/min。大肠音低沉、钝浊，类似雷鸣音或远炮音，4～6 次/min。

2）病理情况下，肠音的异常表现有以下几种：

① 肠音增强：特征为肠音高朗、连续不断，有时站在动物旁侧即可听到。主要是肠道受寒冷（冷水、冰冷的饲料）或化学物质（腐败发霉的饲料、污水）等刺激的结果，主要见于肠痉挛、消化不良、胃肠炎以及肠臌气的初期等。

② 肠音减弱：特征为肠音稀少、短促而微弱，见于肠弛缓、长期腹泻、慢性消化不良、便秘、肠阻塞等。

③ 肠音消失：肠音完全停止，见于肠便秘及肠变位后期。

④ 肠音不整：表现为时快时慢，时强时弱，主要见于慢性胃肠卡他及大肠便秘初期。

⑤ 金属音：当肠内充满大量气体时，多数肠音带有金属响，称为金属音，呈所谓典型的“铁盘滴水声”（即类似水滴落在金属薄板上的声音），为肠臌气的特征。

（2）叩诊

根据叩诊音的性质，推断靠近腹壁较大肠管（盲肠、左侧大结肠）的内容物性状。

鼓音，则为肠腔积气；浊音，为大肠阻塞等。

四、肝脏及脾脏的检查

（一）肝脏的检查

肝脏为体内最大的腺体、位于膈的后方。肝脏在机体内担负着重大的生理功能，如解毒、分泌胆汁、合成糖原、尿素和其他一些物质、分泌激素和酶类等，是动物机体重要的实质器官。当临床上发现动物长期消化障碍、粪便不正常、黄疸，甚至有腹腔积液时，应考虑肝脏疾病。进行肝脏的临床检查，通常使用触诊和叩诊法，必要时，可进行肝脏穿刺以进行活组织检查和肝功能检查。中、小动物还可进行超声波检查。

1. 马的肝脏检查

健康马的肝脏深藏于腹腔前部，右叶向后达第 15 肋间（右上端位置最高，与右肾前端相接触），左叶向后达第 8 肋骨的胸骨端，左右两叶都不超过肺叩诊界。因此在正常时，利用叩诊不能发现肝浊音区；只有肝脏显著重大时，才可能在肺叩诊界后缘出现肝浊音区。肝脏肿大见于急性实质性肝炎和肝硬变初期，此时用手掌平贴在右侧第 12～14 肋骨的中 1/3 部进行冲击式触诊，病畜有疼痛反应。

2. 牛羊的肝脏检查

健康牛的肝脏位于右季肋部、最前方达第 6 肋间；其长轴向后向上倾斜，达最后肋间或最后肋骨的背侧端。正常肝脏的浊音区在第 10～12 肋间的上部，浊音区呈近长方形（见图）。当肝脏肿大时，肝脏浊音区扩大，在坐骨结节水平线上可达第 12 肋间，向下可抵达肩关节水平线下方。肝脏浊音区扩大见于急性实质性肝炎、肝硬变初期、肝脏结核、棘球蚴病、肝片吸虫病、肝癌等。肝脏高度肿大时，外部触诊可感到硬固物，并随呼吸而前后移动。

健康羊的肝脏位于右季肋部，正常肝脏的浊音区在右侧第 8～12 肋间。肝脏浊音区扩大见于急性实质性肝炎、肝片吸虫病等。

3. 小动物的肝脏检查

犬、猫的肝脏位于左、右季肋部。因腹壁薄，利用外部触诊可以确定肝脏的大小、厚度、硬度及疼痛性。触诊时，首先可行站立位置触诊，从左右侧用两手的手指于肋弓下向前上方进行触压，可以触及肝脏，为了避免腹肌的收缩，应逐渐加压触诊；然后再以侧卧或背位进行触诊。当右侧卧时，由于肝脏贴靠腹壁，则容易在肋下感知肝脏的右缘。犬的正常肝脏叩诊浊音区为：右侧第 7～12 肋间、左侧第 7～10 肋间。被肺掩盖部分呈半浊音，未被肺掩盖部分呈浊音。但在生理情况下，由于存在动物的营养和胃肠内含气的情况，肝脏浊音区可以有变动。

在病理情况下（如急性实质性肝炎、肝硬变的初期、白血病等），触诊时可发现肝脏肿大、变厚、变硬，疼痛明显；叩诊则肝脏浊音区扩大。

（二）脾脏的检查

牛的脾脏位于瘤胃背囊的前部。马的脾脏位于腹腔左侧，紧靠左侧肺叩诊界后缘。后界与第 18 肋弓平行，上界接近左肾。当脾脏显著肿大（如炭疽、脾炎、脾脓肿、白血病等疾病）时，叩诊区呈浊音。

五、排粪动作及粪便的感观检查

（一）排粪动作的检查

排粪是一种复杂的反射动作。当粪便在直肠中聚积时，引起对直肠壁的机械刺激，产生的冲动由盆神经传入到荐部脊髓，再上升到大脑皮层，引起排粪动作。在正常状态下，各种动物均有固定的排粪姿势。马、牛、羊排粪时，背腰稍拱起，后肢稍开张并略向前伸；犬排粪采取近于坐下的下蹲姿势。马和山羊在行进中可以排粪。正常动物的排粪次数和排粪量与动物采食的量和饲料质量等有关。健康动物每天排粪次数和排粪量为：马、骡 8～12 次/d、10～25kg/d，牛 10～18 次/d、25～35kg/d，羊 3～8 次/d、1～3kg/d，猪 2～5 次/d、1～3kg/d，犬 1～3 次/d、0.3～0.8kg/d。

排粪动作障碍主要见于以下几种：

1）排粪带痛：动物排粪时，表现疼痛不安、惊恐、呻吟，拱腰努责。见于腹膜炎、直肠损伤、胃肠炎、创伤性网胃炎。

2）里急后重：动物表现为频取排粪姿势，并强力努责，但仅排出少量粪便或黏液，见于直肠炎及肛门括约肌疼痛性痉挛。

3）排粪失禁：动物未取粪便姿势而不自主地排出粪便，主要是由于肛门括约肌松弛或麻痹所致。见于荐部脊髓损伤和炎症，也见于大脑的疾病。在持续性腹泻时，稀粪常污染两后肢及尾部。也常见排粪失禁。

图 4-3-62　猪便秘

4）便秘：特征为动物排粪次数减少、排粪费力、排粪量少，粪便质地干硬而色暗，呈小球状，常被覆黏液，临床上称排粪迟缓或便秘（图 4-3-62）。见于严重的发热性疾病、腰脊髓损伤、肠弛缓、大肠秘结、反刍动物的前胃弛缓、瘤胃积食、犬前列腺炎等疾病。肠管完全阻塞时，排粪停止。当牛只排少量白色或黄白色的黏液，伴有腹痛不安，为肠绞窄的特征。

5）腹泻：特征为动物排粪次数增多，排粪量也增加，同时粪便不成形，质地改变，如不断排出粥样、液状或水样稀粪，并带有黏液，有时还带有脓液和血液，即为腹泻（图 4-3-63 和图 4-3-64）。见于急性肠卡他、肠炎、牛肠结核、牛副结核、猪瘟、猪副伤寒、猪大肠杆菌病、猪传染性胃肠炎、羔羊痢疾、羊沙门氏菌病、犬细小病毒病、鸡新城疫、牛隐孢子虫病等。在慢性胃肠卡他的病程中，经常出现便秘与腹泻交替发生。

图 4-3-63 牛腹泻

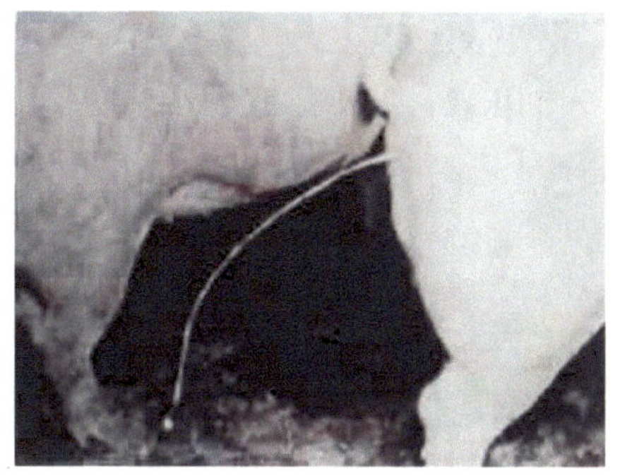

图 4-3-64 猪腹泻

（二）粪便的感观检查

1）粪便的形状和硬度：健康动物粪便的形状和硬度取决于饲料的种类、饲料含水量、脂肪和纤维素的量，而与饮水量无关。正常时，马粪呈圆块状，具有中等湿度，落地后一部分破碎，粪便含水量约 75%；牛粪呈叠饼状，含水量约 85%，放牧吃青草时呈稠粥状；羊粪呈球形，含水量约 55%，放牧吃青草时呈圆柱状或条状；猪粪为稠粥状，完全饲喂配合饲料的猪，其粪便呈圆柱状；犬和猫的粪便呈圆柱状，当喂给多量骨头时，则干而硬；禽类为圆柱状、细而弯曲，外被一薄层白色尿酸。当腹泻时，粪便稀薄，呈稀粥状，甚至呈水样。当便秘时，粪便干硬而色暗；病程较长的便秘，粪便可呈算盘珠状。

2）粪便的颜色：粪便的颜色因饲料种类及有无异常混合物而不同。放牧或喂青草时，粪呈暗绿色；舍饲喂稻草、谷草、小麦秆（糠）时，为黄褐色。常见的粪便颜色病理变化主要有：当前部肠管或胃出血时，粪便呈褐色或黑色（沥青样便）；后部肠管出血时，血液附着在粪便表面而呈红色；阻塞性黄疸时，粪呈淡黏土色（灰白色）；犊牛白痢及仔猪白痢时，粪呈白色浆糊状。此外，在治疗疾病时，内服药物对粪便的颜色也有影响，如内服铁剂、铋剂、木炭末时，粪便呈黑色；内服白陶土时，粪便呈白色。

3）气味：一般健康草食动物的粪便无恶臭气味，猪、犬和猫的粪便较臭。当肠内容物发酵过程占优势时，粪便呈现酸臭味，见于酸性肠卡他、幼畜单纯性消化不良等。当肠内容物腐败过程占优势时，粪便呈现腐败臭味，见于碱性肠卡他、幼畜中毒性消化不良等。在黏液膜性肠炎、急性结肠炎、犊牛白痢、仔猪白痢时粪便呈腥臭味。

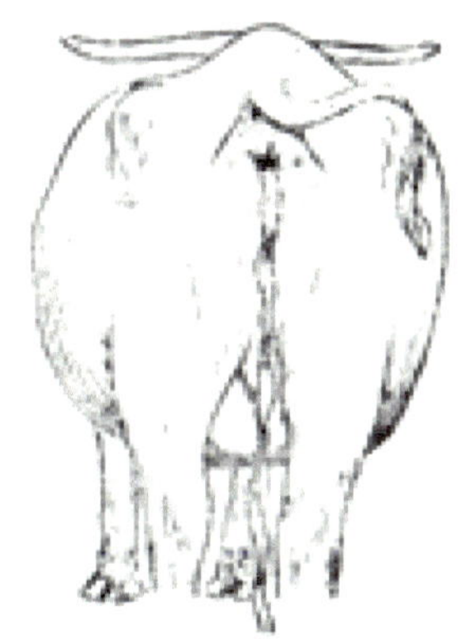

图 4-3-65 牛黏液膜性肠炎

4）粪便的异常混杂物：健康家畜的粪便表面有薄层的黏液，使粪便表面具有特别的光泽。病理情况下，粪便中常见的混杂物主要有：

① 黏液量增多：见于卡他性胃肠炎、肠阻塞、肠套叠等。

② 黏液膜：见于黏液膜性肠炎（图 4-3-65），病畜排灰白色或黄白色黏液膜片或排索状及管状黏液膜，在牛排出的黏液膜短的只有 20cm，长的可达 8m 以上。

③ 伪膜：伪膜为纤维蛋白及脱落的上皮细胞和死亡的白细胞组成，见于纤维素性坏死性肠炎。

④ 血液：见于胃肠道出血性疾病。

⑤ 脓液：见于直肠有化脓灶或肠脓肿破裂。

任务4　泌尿生殖系统检查

一、排尿动作的检查

（一）排尿姿势

由于动物种类和性别不同，其正常的排尿姿势也不尽相同。母牛和母羊排尿时，后肢展开、下蹲、举尾、背腰拱起。公牛和公羊排尿时，尿液呈股状一排一停地断续流出，故可在行走中或采食时排尿。公马排尿时，开张后肢，背腰下沉，母马排尿时后肢略向前踏，稍下蹲，尿呈股状射出。母猪排尿动作与母羊相同。公猪排尿时，尿流呈股状断续地射出。母犬和幼犬先蹲下，再排尿。公犬和公猫常将一后肢翘起排尿，有排尿于其他物体上的习惯。

（二）排尿次数和尿量

排尿次数和尿量的多少，与肾脏的泌尿机能、尿路状态、饲料中含水量和动物的饮水量，机体从其他途径（如粪便、呼吸、皮肤）所排水分的多少有密切关系。24h 内健康牛排尿 5～10 次，尿量 6～12L，最多达 25L；绵羊和山羊 2～5 次，尿量 0.5～2L；马 5～8 次，尿量 3～6L，最多达 10L；猪 2～3 次，尿量 2～5L；猫 3～4 次，0.1～0.2L；犬 3～4 次，尿量 0.25～1L，但公犬常随嗅闻物体而产生尿意，短时间内可排尿 10 多次。

（三）排尿障碍

在病理情况下，泌尿、贮尿和排尿的任何环节出现病理性改变时，都可表现出排尿障碍，临床检查时应注意下列情况：

1. 频尿

频尿是指排尿次数增多，而每次尿量不多甚至减少，或呈滴状排出，故 24h 内尿的总量并不多。多见于膀胱炎，膀胱受机械性刺激（如结石），尿液性质改变（如肾炎时尿液在膀胱内异常分解等）和尿路炎症。动物发情时也常见频尿。

2. 多尿

是指 24h 内尿的总量增多，其表现为排尿次数增多而每次尿量并不少，或表现为排尿次数虽不明显增加，但每次尿量增多。乃因肾小球滤过机能增强或肾小管重吸收能力减弱所致。见于慢性肾功能不全（如慢性肾小球肾炎、慢性肾盂肾炎等）、糖尿病、应用利尿剂、注射高渗液或大量饮水之后，以及渗出液的吸收期等。

3. 少尿或无尿

少尿或无尿指动物 24h 内排尿总量减少甚至接近没有尿液排出。临床上表现排尿次

数和每次尿量均减少或甚至很久不排尿。此时，尿色变浓，尿比重增高，有大量沉积物。按其病因可分为以下三种。

1）肾前性少尿或无尿：多发生于严重脱水或电解质紊乱（如剧烈呕吐、严重的发热性疾病、瘤胃酸中毒、严重腹泻、肠阻塞、肠变位、大量出汗、瓣胃阻塞、皱胃阻塞、渗出性胸膜或腹膜炎、胸腔或腹腔积液等），外周血管衰竭，充血性心力衰竭，休克，肾动脉栓塞或肿瘤压迫，肾淤血等。临床特点为尿量轻度或中度减少，尿比重增高，一般不出现无尿。

2）肾原性少尿或无尿：是肾脏泌尿机能高度障碍的结果，多由于肾小球和肾小管严重损害所引起。见于广泛性肾小球损伤（如急性肾小球性肾炎）、急性肾小管坏死（如重金属中毒、药物中毒、生物毒素中毒等）、各种慢性肾脏病（如慢性肾炎、慢性肾盂肾炎、肾结石、肾结核等）引起的肾功能不全。其临床特点多为少尿，少数严重者无尿，尿比重大多偏低（急性肾小球性肾炎的尿比重增高），尿中出现不同程度的蛋白质、红细胞、白细胞、肾上皮细胞和各种管型（尿圆柱）。严重时，可使体内代谢最终产物不能及时排出，引起自体中毒和尿毒症。

3）肾后性少尿或无尿：是因从肾盂到尿道的尿路梗阻所致，见于肾盂或输尿管结石或被血块、脓块、乳糜块等阻塞，输尿管炎性水肿、瘢痕、狭窄等梗阻，机械性尿路阻塞（尿道结石、狭窄），膀胱结石或肿瘤压迫两侧输尿管或梗阻膀胱颈，膀胱功能障碍所致的尿闭和膀胱破裂等。

4. 尿闭

尿闭指肾脏的泌尿机能正常，但尿液长期潴留在膀胱内而不能排出，又称尿潴留。可分为完全尿闭和不完全尿闭。多由于排尿通路受阻所致，见于结石、炎性渗出物或血块等导致尿路阻塞或狭窄。膀胱括约肌痉挛或膀胱麻痹时，脊髓腰荐段病变导致后躯不全瘫痪或完全瘫痪时，也可引起尿闭。

尿闭临床上也表现为排尿次数减少或长时间内不排尿，但与少尿或无尿有本质的不同。尿闭时肾脏生成尿液的功能仍存在，因尿不断输入膀胱，故膀胱不断充盈，患畜多有“尿意”，且伴发轻度或剧烈腹痛症状，起卧小心；直肠触诊膀胱胀满，有压痛，加压时尿呈细流状或滴沥状排出。尿潴留逐渐发展至膀胱内压超过磅胱内括约肌的收缩力或冲过阻塞的尿路时，尿液也可自行溢出。完全尿闭时会因膀胱过于胀大而导致其破裂，则直肠触诊时感到膀胱空虚。

5. 尿淋沥

尿淋沥是指排尿不畅，尿呈点滴状或细流状排出，见于急性膀胱炎、尿道和包皮的炎症、尿石症、牛的血尿症、犬的前列腺炎和急性腹膜炎等。有时也见于年老体弱、胆怯和神经质的动物。

6. 排尿困难和疼痛

某些泌尿器官疾病可使动物排尿时感到非常不适，排尿用力而经过的时间长，同时用很大的腹压，并伴有明显的腹痛症状，又称为痛尿。病畜表现弓腰或背腰下沉，呻吟，努责，后肢踏地回顾或蹴踢腹部，阴茎下垂，常引起排尿次数增加，频频试图排尿而无尿排出，或呈细流状或滴沥状排出（疼痛性尿淋漓），也常引起排粪困难而使粪便停滞。见于膀胱炎、膀胱结石、膀胱括约肌痉挛引起的膀胱过度充满、尿道炎、尿道阻塞、阴道炎、前列腺炎、包皮疾患等。

7. 尿失禁

尿失禁是动物未采取一定的准备动作和相应的排尿姿势，而尿液不自主地经常自行流出。通常是脊髓疾病而致交感神经调节机能丧失，因膀胱内括约肌麻痹所引起。见于脊髓损伤、某些中毒性疾病、昏迷或长期躺卧的病畜。

二、尿液的感观检查

（一）尿色

健康动物因畜种、饲料、饮水、出汗和使役条件等不同而尿色不同，新鲜尿液均呈深浅不一的黄色，马尿为较深的黄色，黄牛尿为淡黄色，水牛和猪尿呈水样外观。陈旧尿液则色泽变深。尿量增多，尿色较淡，尿量减少，则尿色较深。尿的黄色是因尿中含有尿黄素和尿胆原。

尿色病理变化主要表现在以下几个方面：

1. 尿色变深

1）热性病或尿量减少。

2）尿中含有多量的胆色素时，尿呈棕黄色或黄绿色，振荡后产生黄色泡沫，见于各种类型的黄疸。

2. 红色尿

临床上一般称为红尿，是临床上较常见的一个症状，主要包括血尿、血红蛋白尿、肌红蛋白尿、卟啉尿和红色药尿。

（1）血尿

主要是尿中混有血液，静置有红色沉淀，为肾脏或尿路部分出血。按产生的位置血尿分为肾性血尿、膀胱血尿和尿道血尿，鉴别的方法见表 4-4-1。

表 4-4-1　血尿鉴别方法

尿流观察	三杯试验	膀胱冲洗	尿渣检查	泌尿系症状	提示部位
全程血尿	三杯均红	红-淡-红	肾上皮细胞各种管型	肾躯触痛少尿	肾性血尿
终末血尿	末杯深红	红-红-红	膀胱上皮细胞磷酸胺镁结晶	膀胱触痛排尿异常	膀胱血尿
初始血尿	首杯深红	不红	脓细胞	尿频尿痛刺激症状	尿道血尿

（2）血红蛋白尿

尿中混有血红蛋白，静置无沉淀，但有严重的贫血症状，临床上见于血管内溶血性疾病，常见于新生仔畜溶血病、牛血红蛋白尿及血孢子虫病等。

（3）肌红蛋白尿

尿中混有肌红蛋白称肌红蛋白尿，尿呈暗红色，静置无沉淀，但有明显的肌肉病变及运动功能障碍，常见于幼畜硒缺乏症和马麻痹性肌红蛋白尿病等。

（4）卟啉尿

主要见于遗传病，临床特征包括贫血、腹痛、光敏性皮炎、神经症状和牙齿红褐斑等。

（5）药红尿

药红尿是由于服用某些药物后产生的代谢产物随尿排出引起。一般经醋酸酸化后消失。

（二）透明度

正常情况下，马属动物尿中因含有大量悬浮在黏蛋白中的碳酸钙和不溶性磷酸盐，混浊而不透明；正常反刍动物的新鲜尿液清亮透明，但放置不久即因磷酸盐沉淀而变混浊，肉食动物尿液正常时清亮透明。

马尿的混浊度增加或其他动物新鲜尿混浊不透明者，均为异常现象。可能因含有炎性细胞、血细胞、上皮细胞、管型（圆柱）、坏死组织碎片、细菌或混入大量黏液，见于肾脏、肾盂（盏）、输尿管、膀胱、尿道或生殖器官疾病，也可能因含有各种有机或无机盐类，见于泌尿系统或全身性疾病过程中。

马属动物尿变透明、色淡、清亮如水者，除因饲喂精料过多和过劳外，也是病理现象。见于纤维性骨营养不良、慢性胃肠卡他等使尿变酸性时。其他动物尿过于透明，常见于多尿。

（三）黏稠度

各种动物的尿液均呈水样，但马属动物尿中因含有肾脏、肾盂和输尿管内腺体分泌的黏蛋白而带有黏性，有时黏稠如糖浆样，可拉成丝缕。在各种原因引起的多尿或尿呈酸性反应时，黏稠度降低。当肾盂、肾脏、膀胱或尿道有炎症时，尿中混有炎性产物，如大量黏液、细胞成分或蛋白质时，尿黏稠度增高，甚至呈胶冻状。

（四）气味

不同动物新排出的尿液，因含有挥发性有机酸，而具有一定气味。尤其在某些动物，如公山羊、公猫和公猪的尿液具有难闻的臊臭味。一般尿液越浓，气味越烈。病理情况下，尿的气味可有不同改变。例如膀胱炎、长久尿潴留（膀胱麻痹、膀胱括约肌痉挛、尿道阻塞）等，由于尿素分解形成氨，使尿具有刺鼻的氨臭味。膀胱或尿道有溃疡、坏死、化脓或组织崩解时，由于蛋白质分解，尿带腐败臭味。尿中存在某些内源性物质或某些药物、食物成分时，可使尿有特殊气味，例如羊妊娠毒血症、牛酮病或消化系统某些疾病，由于尿含酮体而发出一种果香味；服用松节油后，尿带堇菜味；樟脑、乙醚、酚类等都使尿有该药物特有的气味。

三、泌尿器官检查

（一）肾脏检查

肾脏的检查方法：肾脏的检查一般用视诊和触诊的方法，必要时应配合尿液的实验

室检查。

1. 视诊

某些肾脏疾病（如急性肾炎、化脓性肾炎等）时，由于肾脏的敏感性增高，肾区疼痛明显，病畜常表现出腰背僵硬、拱起，运步小心，后肢向前移动迟缓。猪患肾虫病时，拱背、后躯摇摆。此外，应特别注意肾性水肿，通常多发生于眼睑、腹下、阴囊及四肢下部。

2. 触诊

触诊为检查肾脏的重要方法。大动物可行外部触诊、叩诊和直肠触诊；通过直肠进行触诊，体格较小的大动物可触得左肾的全部，右肾的后半部。直肠触诊时，马肾脏触之坚实，表面光滑，无疼痛反应；牛肾脏表面分叶结构明显。检查时应注意肾脏的大小、形状、硬度、敏感性、活动性、表面是否光滑等。小动物通常以站立姿势进行外部触诊，用两手拇指压于腰区，其余的手指向下压于髋结节之前、最后肋骨之后的腹壁上，然后两手手指由左右挤压并前后滑动，即可触得肾脏。猪因皮下脂肪沉积，难于进行触诊。外部触诊时，注意观察有无压痛反应。肾脏的敏感性增高时，动物会出现不安、拱背、摇尾和躲避压迫等反应。

病理情况下，常见的异常表现有以下几种：

1）肾脏压痛：见于急性肾炎、肾脏及其周围组织发生化脓性感染、肾脓肿等，在急性期压痛更为明显。

2）肾脏肿胀：触诊时体积增大、压之敏感，有时有波动感，见于肾盂肾炎、肾盂积水、化脓性肾炎等。

3）肾脏变硬：触诊时肾脏体积增大，表面粗糙不平，主要是肾间质增生引起，见于肾硬变、肾肿瘤、肾结核、肾结石及肾盂结石。肾脏肿瘤时，肾脏常呈菜花状。

4）肾萎缩：肾脏体积显著缩小，见于先天性肾发育不全、萎缩性肾盂肾炎及慢性间质性肾炎。

（二）输尿管的检查

输尿管是一细长的管道，起自肾盂，至于膀胱。健康动物的输尿管很细，经直肠难于触及。输尿管严重发炎时，在肾脏至膀胱的径路上可感到输尿管粗如手指，呈紧张而有压痛的索状物。严重的输尿管结石的病例，当直肠触诊时，有时还能在输尿管中触摸到坚硬的石块和感到结石间的摩擦，同时病畜呈疼痛反应。

（三）膀胱的检查

膀胱为贮尿器官，上接输尿管，下和尿道相连。大动物的膀胱位于盆腔的底部。膀胱空虚时触之柔软，如梨状；中度充满时，轮廓明显，其壁紧张，且有波动；高度充满时，可占据整个盆腔，甚至垂入腹腔，手伸入直肠即可触知。肉食动物的膀胱，位于耻骨联合前方的腹腔底部。在膀胱充满时，可能达到脐部，检查时可由腹壁外进行触诊，感觉如球形而有弹性的光滑物体。膀胱疾病除膀胱本身原发外，还可继发于肾脏、尿道

及前列腺疾病等。

大动物的膀胱检查，只能进行直肠触诊；小动物可通过腹壁触诊，或将食指伸入直肠，另一只手通过腹壁将膀胱向直肠方向压迫进行触诊。膀胱疾病的主要临床症状为尿频、尿痛、膀胱压痛、排尿困难，尿潴留和膀胱膨胀等。因此，检查膀胱时应注意其位置、大小、充满度、膀胱壁的厚度、压痛及膀胱内有无结石、肿瘤等。

常见的病理异常有以下几种：

1）膀胱增大：主要见于尿道结石、膀胱括约肌痉挛、膀胱麻痹、前列腺肥大、膀胱肿瘤以及尿道的瘢痕和狭窄等，有时也可由于直肠便秘压迫而引起，此时触诊膀胱高度膨胀。当膀胱麻痹时，在膀胱壁上施加压力，可有尿液被动地流出，随着压力停止，排尿也立即停止。

2）膀胱空虚：除肾源性无尿外，临床上常见于膀胱破裂。膀胱破裂多为外伤引起，或为膀胱壁坏死性炎症（如溃疡性破溃）所致。各种原因引起的尿潴留而使膀胱过度充满时，由于内压增高，受到直接或间接暴力的作用膀胱也可破裂。

膀胱破裂多发生于牛、羊、驹和猪，此时病畜长期停止排尿（问诊），腹围逐渐增大，两侧腹壁对称性的向外向下突出（视诊）。直肠检查时，膀胱空虚（触诊），膀胱呈浮动感，腹腔穿刺时，可排出大量淡黄、微混浊、有尿臭气味的液体，或为红色混浊的液体（穿刺）。镜检时，此液体中有血细胞和膀胱上皮。严重病例，在膀胱破裂之前，有明显的腹痛症状，有时持续而剧烈，破裂后因尿液流入腹腔而引起腹膜炎，腹腔内尿液被机体吸收后可导致尿毒症，有时皮肤可散发尿臭味（嗅诊）。

3）膀胱压痛：见于急性膀胱炎、尿潴留或膀胱结石等。当膀胱结石时，在膀胱过度充满的情况下触诊，可触摸到坚硬如石的硬块物或沉积于膀胱底部的砂石状尿石。急性膀胱炎，动物表现尿急、尿频和尿痛的症状，触压膀胱时有明显的疼痛反应。

（四）尿道检查

尿道可通过外部触诊、直肠内触诊和导尿管探诊进行检查。

母畜的尿道，开口于阴道前庭的下壁，特别是母牛的尿道，宽而短，检查最为方便。检查时可将手指伸入阴道，在其下壁可触摸到尿道外口。此外，可用金属制、橡皮制或塑料制导尿管进行探诊。

公畜的尿道，因解剖位置的不同，位于骨盆腔内的部分，连同贮精囊和前列腺可由直肠内触诊；位于骨盆及会阴以外的部分，可行外部触诊。雄性反刍动物和公猪的尿道，因有“S”弯曲，用导尿管探诊较为困难，而公马的尿道探诊则较为方便。

尿道的病理状态最常见的是尿道炎，尿道结石，尿道损伤，尿道狭窄，尿道被脓块、血块或渗出物阻塞，有时尚可见到尿道坏死。母畜很少发生尿道结石和狭窄，却多发生尿道外口和尿道的炎症。

尿道炎有急性和慢性。急性者表现为尿频和尿痛；同时尿道外口肿胀，且常有黏液或脓性分泌物，并可能出现血尿和脓尿。慢性者多无明显症状，仅有少量黏性分泌物。

尿道结石，多见于公牛、公羊、公猪，结石部位因畜种的不同而不同。牛多邻近于“S”状弯曲之上的部位，也有的在坐骨弓的下方，绵羊多在尿道突的范围内被阻塞，猪

多在龟头的尖端。触诊时感到膨大、坚硬、疼痛表现明显。此外，牛和猪尿道结石时，在其阴鞘周围的阴毛上有时可触摸到砂粒样硬固物；阴毛上有白色黏液或被黏着成块者多为尿道炎的特征。

尿道狭窄多因尿道损伤而形成瘢痕所致，也可能是结石不完全阻塞的结果。临床表现为排尿困难，尿流变细或呈滴沥状，严重狭窄可引起慢性尿潴留。应用导尿管探诊，如遇有梗阻，即可确定。

尿道探索诊及导尿法：

1）母牛和母马的导尿管插入法。取站立保定，用刺激性小的消毒液消毒术者的手、开腟器、导尿管及母畜外阴。术者右手伸入阴道，手指摸到尿道外口，左手持导尿管沿右手缓慢插入尿道外口；也可用开腟器打开阴门，借助光线看到阴道路下方的尿道口，将导尿管插入其中，继续送入约 10cm 即达膀胱，尿液从导尿管流出（图 4-4-1）。

2）公马的导尿管插入法。一般采用站立保定并固定后肢，术者左手伸入包皮内，握住阴茎龟头将阴茎拉出，用消毒液洗净污垢，消毒尿道口，右手持导尿管缓慢插入尿道内（图 4-4-2），当导尿管前端达坐骨弓处，遇有阻力，可由助手在该处稍加压迫，使导尿管前端弯向前方，术者再稍加用力插入，导尿管即可转向骨盆腔进入膀胱（图 4-4-3），尿液即可流出。

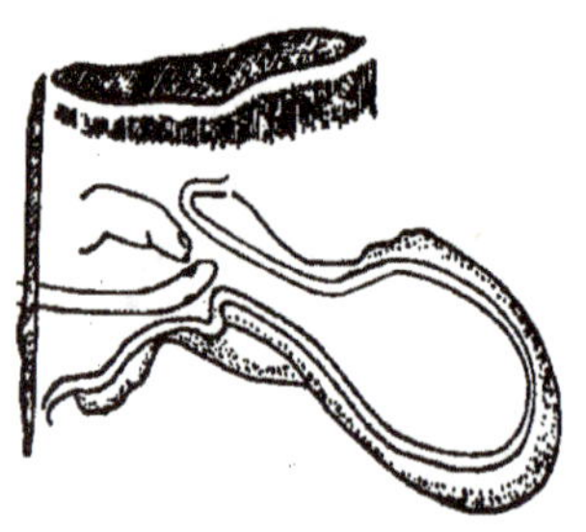

图 4-4-1　母牛尿管插入法

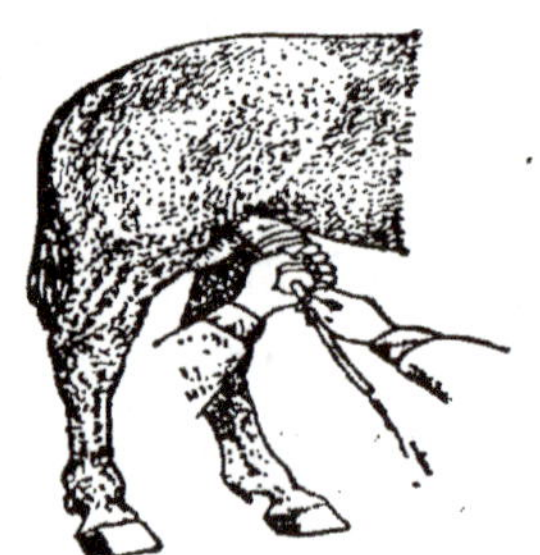

图 4-4-2　公马尿管插入法

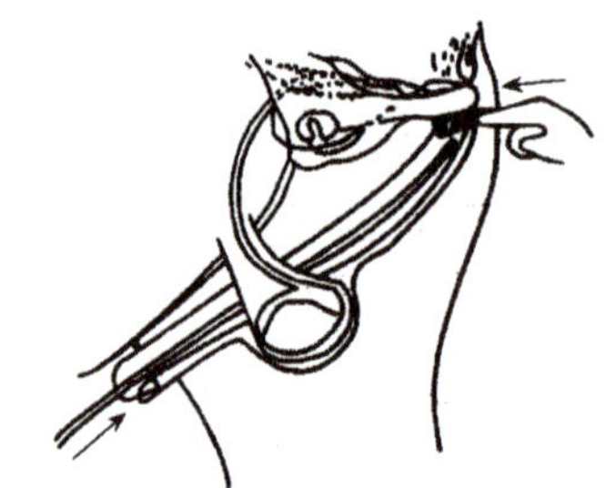

图 4-4-3　导尿管前端达坐骨弓处

四、生殖器官的检查

（一）公畜外生殖器检查

1. 方法

主要用视诊、触诊方法，其中触诊最重要。

2. 病理变化

1）阴囊肿胀，局部无压痛，指压留痕，为水肿。

2）阴囊肿大时，触诊睾丸也肿胀，并有热痛反应，睾丸在阴囊肿滑动性很小，见于睾丸炎或睾丸周围炎。睾丸炎有时可发生于某些传染病，如布病、马鼻疽等病程中。

3）如单侧阴囊肿大，触诊内容柔软，有冰凉感，在马伴腹痛，应注意阴囊疝。仔猪也常发，但无腹痛表现，倒提可还纳，叫时增大（因腹压增大）。

4）包皮炎：猪的包皮囊肿大时，常提示包皮囊积尿或包皮炎，可见于猪瘟。

（二）母畜外生殖器检查

1. *方法*

主要用视诊、触诊方法，必要时借助阴道开张器。

2. *正常状态*

健康母畜的阴道黏膜呈淡粉红色，光滑而湿润。母畜发情期阴道黏膜和黏液可发生特征性变化，此时，阴唇呈现充血、肿胀、松软，阴道黏膜充血潮红。子宫颈及子宫分泌的黏液流入阴道。黏液多呈无色、灰白色或淡黄色，透明，其量不等，有时经阴门流出，常吊在阴唇皮肤上或粘着在尾根部的毛上，变为薄痂。

3. *病理表现*

1）阴户：马外阴部皮肤有圆形或椭圆形的褪色瘢痕，应提示媾疫；猪、牛的阴户肿胀，应注意于镰刀菌、赤霉菌中毒病。

2）阴道黏膜：潮红、肿胀：提示阴道炎。黄染：可见于各性黄疸。斑点状出血：可见于马传贫等。充血呈紫红色，阴道壁紧张，并且越向前越狭窄，在其前端有较大的明显的螺旋状皱褶，动物腹痛明显，提示为子宫扭转。

3）脱出物：当阴道和子宫脱出时，可见阴门外有脱垂物体；在母牛产后胎衣不下时，阴门外常吊挂部分胎衣。

4）分泌物：阴道分泌物增多，流出脓性或腐败物，可提示阴道炎、子宫炎。

（三）乳房的检查

1. *方法*

乳房检查对乳腺疾病的诊断具有很重要的意义。检查方法主要用视诊和触诊，并注意乳汁的性状。

2. *病理表现*

1）乳房炎。触诊：乳房肿胀，有热痛反应，乳腺硬结；视诊：乳房肿胀，乳汁浓稠，含絮状物或凝块，或混有血液、脓汁。

2）乳腺结核。视诊：乳牛的乳房淋巴结肿胀，硬结；触诊：无热痛反应。

3）痘疹、口蹄疫。视诊：牛羊乳房皮肤上疹疱、脓疱及结节。

任务5 神经系统检查

神经系统主要包括大脑、小脑、脑干、脊髓和周围神经等。神经系统是机体器官系统活动的主要协调机构，几乎对所有的生理机能都能发挥调节作用。神经系统功能的检查，不仅对于神经系统本身的疾病，而且对机体其他系统的许多疾病，如各种外源性或内源性中毒、营养代谢性疾病、某些传染病和寄生虫病等都具有相当重要意义。兽医临床上对神经系统的直接检查是困难的，只能通过神经系的多种机能状态来判断其发病原因与发病部位。不过，对于神经系统本身的原发病，即使诊断清楚，由于动物的经济价值因素，临床治疗意义也不大，但对于其他疾病引起神经系统障碍时，准确诊断有助于原发病治疗。

一、精神状态检查

（一）精神兴奋

精神兴奋是中枢神经机能亢进的结果，机体对刺激的反应过强，临床上表现不安、惊恐，对轻微刺激即产生强烈反应，如竖耳、刨地、瞪眼、嚎叫、脱缰、乱跑、跳槽，乃至攻击人畜等，行为不可遏制（图 4-5-1）。兴奋发作，与外界影响无关，相反，在发作时可见病畜对外来刺激的感受性降低。兴奋发作时，常伴有心率增快、节律不齐，呼吸粗砺、快速等症状。精神兴奋使意识发生严重的障碍，功能紊乱，表示大脑有器质性改变。常见于：

图 4-5-1　患牛精神兴奋的表现

1）神经系统病：脑及脑膜充血、脑膜脑炎，颅内压升高，各型流行性脑脊髓炎，日射病或热射病。

2）营养代谢病：反刍动物酮病，如酮血症、酮尿症、酮乳症和低血糖症，不食，昏睡或兴奋，体重丧失，产奶量下降，偶尔发生运动失调。泌乳期惊厥，产前、产后发生，似有机磷中毒，但一般无流涎、呕吐和腹泻表现。

3）传染病：狂犬病、犬瘟热。

4）中毒病：急性铅中毒、猪食盐中毒、水牛猪屎豆中毒、有机磷中毒、有机氟中毒。

（二）精神抑制

精神抑制为中枢机能障碍的另一种表现形式，乃大脑皮层和皮层下网状结构占优势的表现。

1. 精神沉郁

精神沉郁为最轻度的抑制现象。患病动物对周围事物注意力减弱，反应迟钝，离群呆立，头低耳耷，眼半闭或全闭，行动无力，躲于一隅，不听呼唤。主要见于热性病、消耗性疾病。

2. 昏睡

昏睡为中度抑制的现象。动物重度萎靡、站立不动或卧地不起、闭目似睡，强烈的刺激才有轻微的反应，但很快又陷入沉睡状态。见于重度脑病、中毒等疾病。

3. 昏迷

昏迷为高度抑制的现象。病畜卧地不起，呼唤不应，意识完全丧失，反射消失，甚

至瞳孔散大，粪、尿失禁，重度昏迷者往往预后不良。

表现昏迷的疾病举例如下：

1）脑性昏迷：脑震荡及脑挫伤、脑炎、脑室积水、中暑。

2）肝性昏迷：犬传染性肝炎、肝性脑病。

3）代谢性昏迷：低血糖症、犬细小病毒性肠炎、沙门氏菌病。

4）中毒性昏迷：有机磷中毒、食盐中毒、重金属中毒。

在临床上可因外伤感染、过敏、大失血、心功能不全等引起一时性昏迷状态，称为休克。有休克表现的疾病主要有：

① 低血容量性休克：大出血、脱水、烧伤等造成。

② 感染性休克：多为细菌感染。

③ 心源性休克：心脏疾病引起。

④ 过敏性休克：如对青霉素、磺胺类药物、血清制剂过敏引起的休克。

临床上，兴奋和抑制在一定条件下，可随病程改变而互相转化。例如，脑炎初期，由于病原毒素刺激使脑部充血、发炎，脑细胞缺氧出现兴奋，随着炎症发展，脑血管通透性增加，脑内血液循环障碍，导致脑组织水肿、缺氧、颅内压增高而转入昏迷状态。也有先抑制，后兴奋，或二者交替出现。

二、运动机能检查

正常情况下，动物的运动在大脑皮层运动区和锥体系统、锥体外系统的共同作用下，发挥其功能。如果上述运动中枢任何一级机能障碍，均可出现运动异常。

（一）强迫运动

强迫运动即不受意识支配和外界环境影响，而出现的强制发生的有规律的运动。较典型的是回转运动，即按一个方向作圆周运动（马场运动、时针运动）。如羊脑包虫、脑肿瘤等占位性病变时，呈圆周运动。强迫运动还表现为盲目运动、暴进暴退，多是脑炎影响运动中枢所致。

（二）共济失调

在运动时各肌群运动不协调时，导致动物体位和各种运动异常，称为共济失调。运动时呈醉酒样。临床上包括静止性失调、运动性失调。

1. 静止性失调

静止性失调是指动物在战栗状态时，不能保持体位平衡，临床上表现为头部或体躯左右摇摆或向一侧倾斜，四肢紧张力降低、软弱、战栗、关节屈曲，向前、后、左、右摇摆。常四肢叉开，力图保持平衡，运动时踉跄，易倒地，提示小脑、前庭、迷路受损。

2. 运动性失调

运动性失调是站立时不明显，而在运动时出现共济失调，其步幅、运动强度、方向

均表现出异常，着地用力，如涉水样，其原因是深部感觉障碍外周随意运动的信息不能正常向中枢传导所引起。见于大脑皮层、小脑、前庭或脊髓受损。

按病灶部位可分为大脑、小脑、前庭和脊髓或外周性共济失调。表现为静止时站立不稳，四肢叉开，倚墙靠壁；运动时步态失调，后躯摇摆，行走如醉，高抬肢体似涉水样。多为小脑性失调，可见于脑炎、脑脊髓炎、侵害脑中枢的传染病、某些中毒病、某些寄生虫病（如脑脊髓丝虫病）等。

（三）痉挛

肌肉的不随意收缩称为痉挛。

1. 阵发性痉挛

阵发性痉挛又称间代性痉挛，是肌肉一阵收缩与弛缓交替出现，见于重剧传染病、中毒（如有机磷中毒）、某些代谢病（如钙、镁缺乏）等。

2. 强直性痉挛

强直性痉挛肌肉长时间均等的持续收缩，称强直性痉挛（tonic spasm）。咬肌的强直性痉挛，称为牙关紧闭；背腰上方肌肉痉挛致凹背、脊柱下弯，称为后反张或角弓反张；眼肌痉挛可使瞬膜突出。主要见于破伤风；另外还有机磷中毒、脑炎、牛酮病等。

3. 癫痫

癫痫是大脑无器质变化而脑神经兴奋性增高，引起异常放电所致。临床上平时不见任何症状，而发作时表现为强直阵发性痉挛，同时感觉与意识也暂时消失，动物极少见。

在动物有时因大脑皮质器质性变化，而出现癫痫样现象，称为症候性癫痫或癫痫样发作，见于脑炎、尿毒症等。

（四）瘫痪

瘫痪是指动物骨骼肌的随意运动性减弱或丧失，也称为麻痹。

1. 全瘫

见于脑炎、脑脊髓炎及脊髓损伤等。

2. 不全瘫

其特点是麻痹范围局限，肌肉紧张性降低，腱反射消失。按其病变范围又可分为以下三种类型：

1）单瘫：指某一肌肉和肌群的麻痹，如面神经麻痹。

2）偏瘫：一侧躯体发生瘫痪，常见于脑病及脑脊髓疾病。

3）截瘫：身体两侧对称部位发生瘫痪，见于脊髓炎、脊髓挫伤、脑脊髓丝虫病等。

（五）感觉机能的检查

感觉是神经系统的基本功能，各种刺激作用于感受器，由传导系统传递到脊髓和脑，最后到达大脑皮层的感觉区，经过分析和综合，产生相应的感觉。感受器分布于动物体表、内脏或深部，能感受内外环境的刺激，并将其转化为神经冲动。因此，感觉是神经系统反映机体内外环境变化的一种特殊功能。当感觉发生障碍时，也就说明这种传导结构发生了某种损害。

三、感觉机能的检查

动物的感觉，除了特殊感觉，如视觉、嗅觉、听觉、味觉及平衡感觉外，还包括浅感觉、深感觉，它们都有各自的感受器和传入神经，产生各自的感觉。

（一）浅感觉的检查

浅感觉是指皮肤和黏膜感觉，包括触觉、痛觉、温觉等。在动物主要检查其痛觉和触觉。检查时要尽可能先使动物安静，动作要轻，应在体躯两侧对称部位和欲检部的左、右、前、后等周围部分反复对比，四肢则从末梢部开始逐渐检查向脊柱部，以确定该部分感觉是否异常以及范围的大小。检查时，可用针刺、拔被毛、轻打、毛端轻轻按摩和踏压蹄冠等方法。浅感觉障碍，从临床表现则分为下列三种：

1. 感觉过敏

感觉过敏指病畜对抚摩、轻拉被毛、轻刺、轻踏蹄冠等轻微刺激产生强烈的反应（但检查时应注意，有力的深触诊反不能显示出感觉过敏点），除起因于局部炎症外，一般是由于感觉神经或其传导径受损害引起。多提示脊髓膜炎，脊髓背根损伤，视丘损伤，或末梢神经发炎、受压等。此外，牛的神经型酮血症、磷化锌中毒、DDT 中毒等，也可见到皮肤感觉过敏。

2. 感觉减弱及消失

感觉减弱指病畜在意识清醒的情况下，体表对刺激的感觉能力降低。感觉消失指对任何强度的刺激都不产生感觉反应。主要是由于感觉神经末梢、传导径路或感觉中枢障碍所致。

1）局限性感觉减弱或消失，为支配该区域内的末梢感觉神经受侵害的结果，体躯两侧对称性的减弱或消失，多为脊髓横断性损伤，如挫伤、压迫及炎症等；半边肢体的感觉减弱或消失，见于延脑或大脑皮层间的传导径路受损伤，多发生于病变部对侧肢体，但因同时伴有意识丧失，故半边感觉障碍很难被认出；发生在身体许多部分的多发性感觉缺失，见于多发性神经炎和某些传染病（如腺疫）。

2）全身性皮肤感觉减退或缺失，常见于各种不同疾病所引起的精神抑制和昏迷时。表现为对蝇、虫叮咬不抖动皮肌，或不以尾驱逐，甚至毫无反应。

3. 感觉异常

感觉异常是指没有外界刺激而自发产生的感觉，如痒感、蚁行感、烘灼感等。但动物不如人类能以语言表达，只表现对感觉异常部位用舌舔、啃咬、摩擦等，甚至咬破皮肤而露出肌肉、骨骼。感觉异常是因感觉神经传导径路存在有强刺激而发生，见于羊的痒病、狂犬病、伪狂犬病、脊髓炎、多发性神经炎、马尾神经炎、反刍兽酮病、皮毛兽自咬症（李氏杆菌病）等。但动物患皮肤病时也可发生皮肤痒感，应注意区别。

（二）深感觉的检查

深感觉是指位于皮下深处的肌肉、关节、骨骼、肌腱和韧带等的感觉，也称本体感觉。其作用是通过传导系统，将关于肢体的位置、状态和运动等的信息传到大脑，产生深部感觉，借以调节身体在空间的位置、方向等。因此，临床检查时应注意强制性运动、异常姿势或屈曲关节等，根据躯体的调节功能来判断障碍的程度或疼痛反应等。深感觉障碍大多与浅感觉障碍同时出现，同时也伴有意识障碍，提示大脑或脊髓被侵害，如慢性脑室积水、脑炎、脊髓损伤、严重肝脏病及中毒等。

（三）特种感觉

特种感觉是由特殊的感觉器官所感受，如视觉、听觉、嗅觉等。某些神经系统疾病，可破坏感觉器官与中枢神经系统之间的正常联系，导致相应感觉机能障碍。故通过感觉器官的检查，可以帮助发现神经系统的病理过程。

1. 视觉（器官）

临床上较有价值的是检查动物的瞳孔变化。瞳孔散大，主要见于脑病使动眼神经麻痹、阿托品中毒等，也可见于兴奋性很高时；瞳孔缩小，主要见于有机磷中毒或颈部损伤影响到支配瞳孔散大肌的神经功能。眼睑下垂是上眼睑举肌麻痹所致，见于脑脊髓炎及肉毒中毒。眼球突出见于严重呼吸困难、剧烈疝痛时；眼球凹陷主要见于严重脱水、消瘦及瞎眼动物等。

2. 听觉

听觉减弱或消失，除因耳病所致外，也见于延脑或大脑皮层颞叶受损伤时。听觉增强（过敏）可见于脑和脑膜炎初期、破伤风、反刍兽酮病等。

3. 嗅觉

嗅神经、嗅球、嗅纹和大脑皮层是构成嗅觉装置的神经部分。当这些神经或鼻黏膜患病（如鼻炎）时则引起嗅觉迟钝甚至嗅觉缺失，如马传染性脑脊髓炎、犬瘟热、猫瘟热等。

四、反射机能检查

反射活动由皮肤反射（鬐甲反射、耳反射、腹壁反射、肛门反射和体睾反射等）、

黏膜反射（咳嗽反射、喷嚏反射和角膜反射等）、深部反射（膝反射、跟腱反射等）及内脏反射等组成。

（一）检查方法

以具体部位不同，灵活运用触诊、针刺、叩诊锤打击或以羽毛骚乱等方法的刺激看其反射活动。

1. 膝反射

检查时使动物侧卧，让被检测后肢保持松弛，用叩诊锤背面叩击膝韧带处。对正常动物叩击时，下肢呈伸展动作。反射中枢在脊髓第4～5腰椎段。

2. 跟腱反射

检查方法与膝反射检查相同，叩击跟键，正常时附关节伸展而球关节屈曲。反射中枢在脊髓荐椎段。

（二）反射机能的病理变化

1. 反射增强或亢进

由反射弧兴奋性增高或刺激过强所致，见于脊髓膜炎、破伤风、士的宁中毒、有机磷中毒、狂犬病等。

2. 反射减弱或反射消失

表明中枢神经系统抑制及反射弧受损，见于颅内压升高、昏迷等。

项目 5 给药疗法

学习目标

- 能正确说出各种给药疗法和注意事项。
- 能熟练、正确地对动物进行胃管投药、灌药、注射、混饲、混饮等给药技术。
- 培养吃苦耐劳和勤学苦练的精神。

任务 给药疗法

一、胃管投药技术

胃管投药是用胃管经鼻腔或口腔插入胃内，将药液经胃管投入胃内的一种投药方法，是投服大量药液时常用的方法。最适合用于马、骡，也可用于牛、羊、犬、猫、兔等动物。

（一）马属动物经鼻胃管投药法（图 5-1-1）

病马妥善保定，畜主站在马头左侧握住笼头，固定马头。术者站于马头稍右前方，用左手无名指与小指伸入左侧上鼻翼的副鼻腔、中指、食指伸入鼻腔，与鼻腔外侧的拇指固定内侧的鼻翼。右手持胃管将前端通过左手拇指与食指之间沿鼻中隔徐徐插入胃管，并加以固定，防止病畜骚动时胃等滑出。当胃管抵达咽部后，随病畜咽下动作将胃管插入食道。有时可能拒绝吞咽，推送困难，此时不要勉强推送，应稍停或轻轻抽动胃管，诱发吞咽动作，顺势将胃管插入食道。判定胃管正确插入食道后，再将胃管前端推送颈部到下 1/3 处。连接漏斗，先投少量清水，证明无误后，即可投药。也可连接投药唧筒，将药液压送入胃内。投药之后，再投以少量清水，冲净胃等内残留的药液，然后徐徐抽出胃管。用完的胃管放在 2%煤酚皂溶液中浸泡消毒、备用。

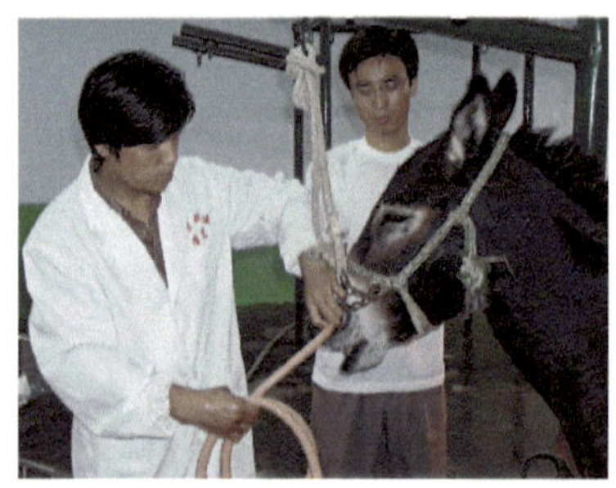

图 5-1-1 马属动物胃管插入法

（二）牛的胃管投药

牛的胃管投药可采用经鼻腔插入法（图 5-1-2）或经口插入法（图 5-1-3 和图 5-1-4）。将动物牵至六柱栏内，确实保定好动物头部，经鼻腔插入法是投药者抓住大动物的鼻翼，另一只手持涂上滑润油的胃导管，将胃导管端沿动物下鼻道缓缓插入，当管端到达咽部时感觉有抵抗，此时不要强行推进，待动物有吞咽动作时，趁机向食管内插入。当动物无吞咽动作时，可揉捏咽部或用胃导管端轻轻刺激咽部而诱发吞咽动作。经口插入法需用开口器，操作与经鼻腔插入法相似。

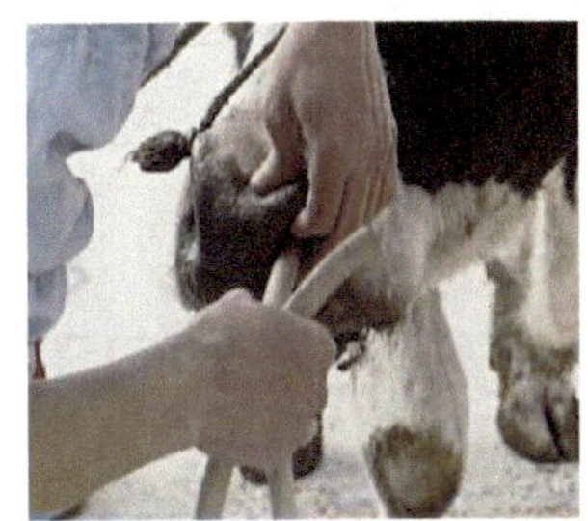

图 5-1-2　牛胃管经鼻腔插入法

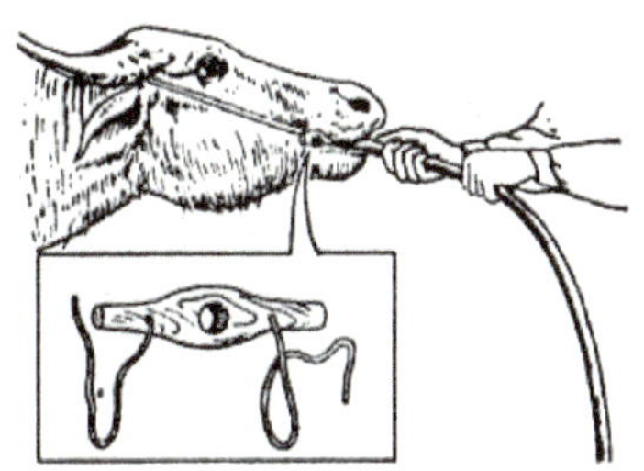

图 5-1-3　水牛胃管经口插入法

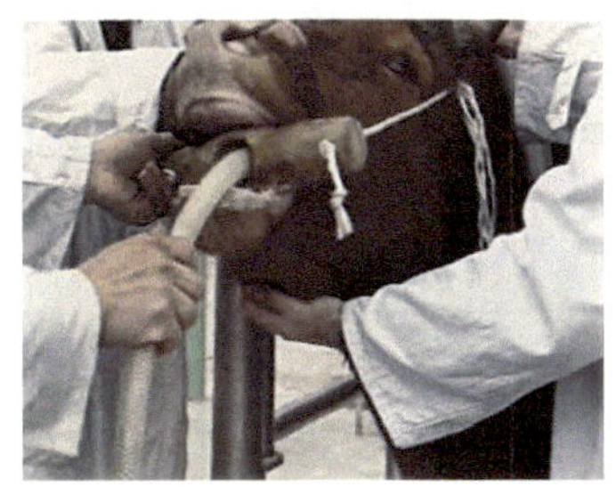

图 5-1-4　黄牛胃管经口插入法

准确判断胃导管插入食管无误后，应将胃导管端连接漏斗，把药液倒入漏斗内，举高漏斗超过动物头部将药液灌入胃内。药液灌完后去掉漏斗，用橡皮球再向胃导管内打气，以排净残留在胃管内的药液，然后将胃导管端折叠，缓缓抽出胃导管。

（三）猪的胃管投药

猪采用经口插入法（图 5-1-5）。助手两手抓住猪的两耳并将前躯夹于两腿之间进行保定（大猪可采用鼻端固定法保定或侧卧保定），先给猪装上开口器，胃导管插入口腔，经舌面上向咽部插入食道，判断无误后推送到颈部下 1/3 处或胃内，然后连接漏斗灌入药液。

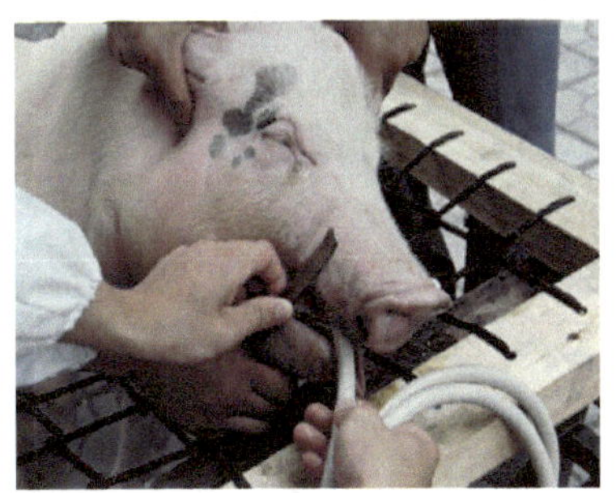

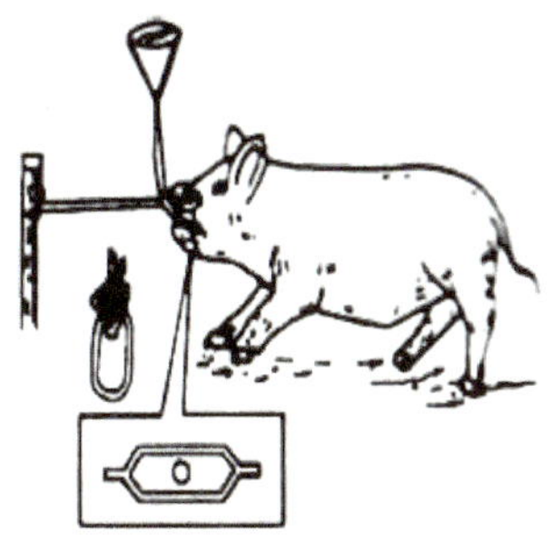

图 5-1-5　猪胃管经口插入法

（四）犬、猫的胃管投药

对犬、猫先进行安全保定后装上开口器。用胃管测量动物鼻端到第 8 肋骨的大致距离，并在胃管上做下记号。用润滑剂润滑胃管前端，插入口腔从舌面上缓缓向咽部插入，在犬、猫出现吞咽动作时顺势将胃管推入食道并判断无误后，将胃管插入胃内。然后连

接漏斗灌入药液（图 5-1-6 和图 5-1-7）。

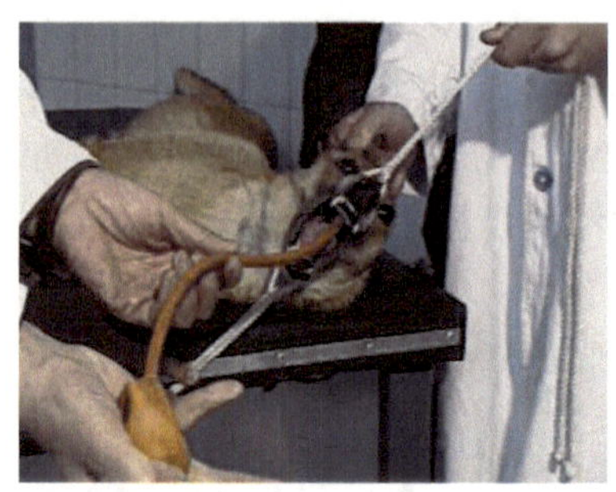

图 5-1-6 犬胃管插入法

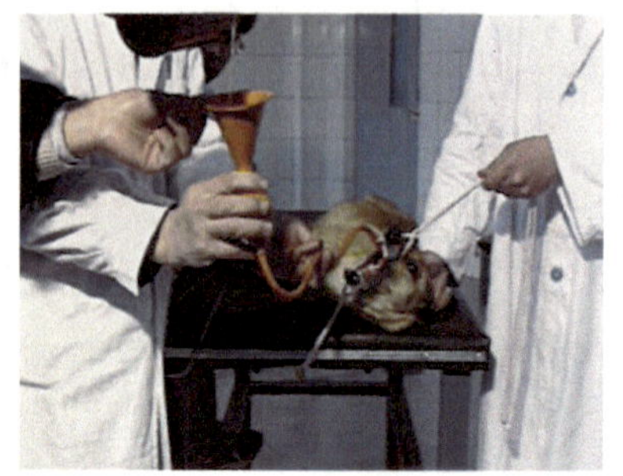

图 5-1-7 犬胃管投药法

胃管插入食道或气管的判断方法见表 5-1-1。

表 5-1-1 胃管插入食道或气管的判断方法

判断方法	判断标志	
	插入食道内	插入气管内
手感	推动胃管稍有阻力感	推动胃管无阻力感
动物表现	不安，无咳嗽	不安，有咳嗽
向胃管内吹气或从胃管向外吸气	以吸耳球从胃管外端向内吹气有阻力，并在左侧颈部沟看到波动；压扁吸耳球吸气很久不鼓起来	以吸耳球从胃管外端向内吹气无阻力，并在左侧颈部沟看不到波动；压扁吸耳球吸气很快鼓起来
将胃管外端浸入水中	水中无气泡（牛开始时可能有水泡，但与呼吸动作不一致）	随呼吸动作水中出现气泡
鼻嗅胃管外端气味	有胃内酸臭味	无

（五）胃管投药的注意事项及出现意外的处理措施

1）胃管使用前，应用温水清洗干净，排出管内残水，前端涂以润滑剂，盘成数圈，涂油端向前，另一端向后备用。

2）病畜有鼻炎、咽炎、喉炎等疾病或有呼吸困难、高温等症状时，不得用胃管投药。

3）插入或抽动胃管时要小心、缓慢，不得粗暴操作。

4）牛用胃管投药时可能发生呕吐，此时应放低牛头，以防止呕吐物倒流进入气管。若呕吐物很多时，应抽出胃管，待呕吐完毕后再行投药。

5）经鼻插入胃管可能会引起鼻出血，此时应拔出胃导管，将动物头部抬高，并用冷水浇头，可自然止血。若出血过多冷敷无效时，可用海绵塞于鼻腔中，或皮下注射 0.1%盐酸肾上腺素 5mL 或 1%硫酸阿托品 1～2mL，以加快止血。必要时可注射全身性止血药。

6）插入胃导管灌药前，必须判断胃导管正确插入胃内后方可灌入药液，若胃导管误插入气管内灌入药液将导致动物窒息或形成异物性肺炎。

7）灌药过程中，若病畜出现不安、气喘、呼吸急促、出汗、黏膜发绀等症状，应立即停灌，并使动物低头，促进咳嗽，呛出药物，必要时应用强必剂或给少量阿托品兴奋呼吸系统，同时大剂量注射抗生素制剂。

8）胃管插入后，先灌入少量清水，观察动物无咳嗽等反应后即可投药。

二、经口灌药投药技术

灌药法是借投药器具将药液灌入病畜口腔，让其自行咽下的一种投药方法。适用于投服少量液体状药物、中草药煎剂和能用水溶解调成稀粥样的药物，多用于猪、犬、猫等小动物，其次是牛、马。常用的投药器有灌角、橡胶瓶、小勺、洗耳球或注射器（不带针头）等。

（一）各种动物的灌药技术

1. 马、骡灌服法

病畜柱栏内站立保定，用一条软细绳，一端系在笼头上或做成绳套套在上颚切齿后方，另一端经过一横木或柱栏横杆，由助手或畜主拉紧将马头吊起，使口角与耳根平行，助手（或畜主）的另一只手把住笼头。术者站在病畜侧前方，左手从马的一侧口角处伸入口腔，轻压舌头，右手持盛有药液的灌药瓶，自另侧口角伸入舌背部抬高瓶底，并轻轻振抖。如用橡胶瓶时，可挤压瓶体，促进药液流出，配合吞咽动作灌服，直至灌完。注意不要连续灌注，以免误咽。

2. 牛灌服法

将牛站立保定，由助手（或畜主）一手握住角根，另一手握住鼻中隔，固定抬高头部，术者用一手从牛的一侧口角处伸入，打开口腔并轻压舌头，右手持盛有药液的灌药瓶，自另侧口角伸入舌背部，抬高瓶底，并轻轻振抖，配合病牛吞咽动作灌服。或术者一手使用鼻钳或直接用手握住鼻中隔，使牛头稍抬高，固定头部，另一手以灌药瓶灌药（图 5-1-8）。

图 5-1-8　牛灌药瓶灌药法

3. 猪灌药法

仔猪、育成猪或后备猪灌药时，由助手或畜主用双腿夹住猪的颈部或前躯，双手抓住猪两耳，猪头稍抬高使嘴角与眼角在同一水平线上，术者用灌药器具灌药。哺乳仔猪灌药时，畜主右手握住两后肢，左手从耳后握住头部，使猪呈腹部向前，头向上姿势，嘴角与眼角在同一水平线上，并用拇指、食指压住两侧口角，术者用药匙或注射器自口角处慢慢灌入或注入药液。灌药时可借灌药器轻轻触碰病猪上颚，诱其吞咽。猪体重较大时，可由助手仰卧保定于长食槽中或地上，术者一手用开口器或小木棒将嘴撬开，另

一手用药匙或小灌角将药液灌入（图 5-1-9）。

4. 犬灌药法

由助手对犬取坐姿保定，并使犬嘴呈闭合状态，犬头稍向上倾斜。术者以一手食指插入病犬嘴角边，并把嘴角向外拉，用中指将上唇稍向上推，使之形成兜状口，一手持药勺、洗耳球或注射器将药液缓慢灌入，一次灌入要待其吞咽后再继续灌入，以防误咽进入气管。

5. 禽灌药法

由畜主或助手抓住禽的翅膀及腿部进行保定，术者用左手拇指和食指抓住冠或头部皮肤，或用拇指和食指压住两侧口角，使喙张开，用右手将药液滴入，让其咽下后再滴，直至滴完（图 5-1-10）。

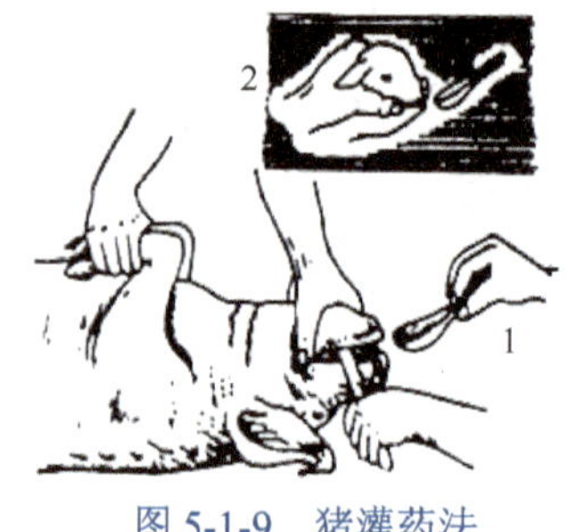

图 5-1-9　猪灌药法

1. 大猪；2. 小猪

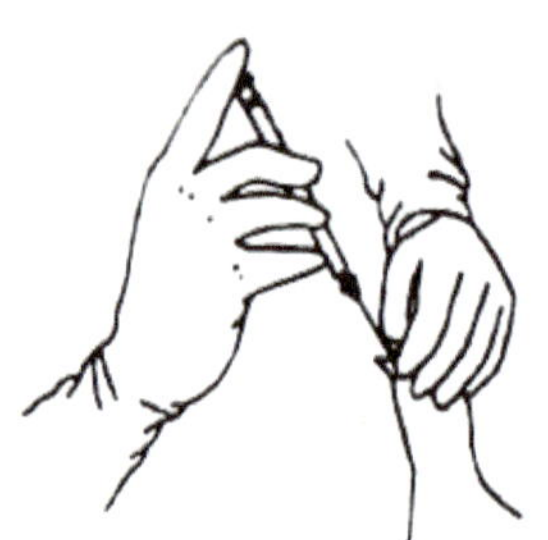

图 5-1-10　禽灌药法

（二）经口灌药注意事项

1）经口灌药主要用于少量的水剂药物，或将粉剂、研碎的片剂加适量水而制成的溶液、混悬液、糊剂、中药及其煎剂、片剂、丸剂、舔剂等剂型药物的投服。

2）经口灌服的药物一般不应有强的刺激性或特殊异味。

3）每次灌入的药量不应太多，不宜灌得过急，不能连续灌服，以防药物误咽入气管和肺中。

4）动物头部抬起或吊起的高度，以嘴角与眼角呈水平为宜，不宜过高。

5）灌药中，动物发生咳嗽时，应立即停止灌入，并使其头部低下，让药液咳出或流出，并用药盆接取，待动物安静后再灌。猪在嚎叫时应暂停灌药，待停叫后再灌。

三、口腔投服投药技术

口腔投服给药法是直接将药物投入动物口腔让其自行咽下或舔食的一种给药方法。适用于投服片剂、丸剂或舔剂等药物。

（一）牛、羊经口腔投服投药技术

病牛、羊采用站立保定，可由助手适当固定头部，防止其乱动。术者一手从一侧口角伸入打开口腔，另一手持药片、药丸或用竹片刮取舔剂从另一侧口角送入病畜舌背部，

病畜即自行闭合口腔，咽下药物。给药后灌服或喂服少量清水。

（二）猪经口腔投服投药技术

病猪保定与灌药法相似，术者一手用木棒撬开猪口腔，片剂、丸剂可用另一手直接将药物从口角处送入舌背部（舔剂可用竹片或药匙送入），待投药的一手（或竹片、药匙）安全撤出后，拉出木棒使其闭嘴自行咽下。

（三）犬、猫等小动物经口腔投服投药技术

令犬、猫采取坐立姿势，对性情温和的犬、猫，以左手拇指、食指在两侧口裂后方，隔着皮肤向其齿间隙压迫，即可打开口腔。投药人员用镊子夹持药片、药丸，送入犬、猫的舌根部，迅速将犬、猫嘴合拢，防止张嘴。当犬、猫的舌尖伸出在口腔外并用舌舔鼻端时，说明已将药咽下。某些犬、猫，药片、药丸不往下咽，投药人员应抓住上下颌严防口张开，并用手指轻轻叩打犬的下颌，促使犬突然咽下药丸，以减少吐出的机会。

四、混饲法投药技术

混饲投药法是将药物均匀地混拌于饲料中，让畜禽采食时连同药物一起食入胃内的一种给药方法。该法简便易行、节省人力，故常用于集约化养猪场、养禽场的预防性给药，也适合于对尚有食欲的发病猪群、禽群进行治疗。其缺点是可能因搅拌不均匀、个体采食量不同、抢食等因素而导致摄入药量不一致。

（一）混饲的方法

1. 确定混饲的浓度

混饲的浓度有以下两种计算方法：一是药物用量以动物每千克体重多少克计时，先算出整群动物的总体重，再根据单位体重用药剂量算出全部用药总量，根据具体给药情况（分次给药或一次给药）将药物拌入当餐或当天要消耗的饲料中拌匀；二是药物有明确混饲比例时，根据一餐或一天整群畜禽群应消耗的饲料量，按混饲比例计算出总药量，再将药物拌入当餐或当天的饲料中拌匀。

2. 拌药方法

粉剂的药物可直接拌入饲料，片剂的药物应充分研碎研细后才能拌入饲料。先将全部用量的药物加入到少量饲料中混匀，再加入部分饲料拌和，多次逐步递增饲料，直至将饲料混完。充分拌匀后将混药饲料喂给动物，让其自由采食。

对一些特殊动物个体，也可将个体剂量的片剂、散剂或丸剂药物混包于大小适中的面团、馒头、肉块中，让其单个自由食入。

（二）注意事项

1）混饲给药应在病畜群尚有食欲时进行，为保证药料能迅速食净，给药前可适当停食。

2）安全范围过小的药物不宜通过混饲给药。

3）混饲给药时药物与饲料必须混匀，否则会引起一部分动物摄入药量过多而中毒，而另一部分动物摄入药量不足而达不到防治目的。

4）小猪料、鸡料、鸭料常以颗粒饲料为主，而颗粒性饲料不易与药物混匀而沉于底层，此时可先以清洁水以喷雾法将饲料稍喷湿，再拌入药物。

5）畜禽群密度过大，易出现抢食时，混饲给药宜分多点饲喂。

五、混饮法投药技术

饮水法给药是将药物溶解到水中，让动物通过饮水摄入药物的一种给药方法。此法常用于群体性预防性给药或经口补液时，也可用于食欲降低或丧失但仍有饮欲的动物疾病的治疗。

（一）饮水投药的方法

1. 自由混饮

按药物混饮浓度将药物加入水中混匀，供动物自由饮用，一般以当天饮完为宜。该法适用于在水溶液中性质较稳定的药物。

2. 禁水后混饮

用药前动物先禁水一定时间（依季节、天气而定，寒冷季节长些，炎热季节短些，一般1～3h），使动物处于口渴状态，然后喂给按要求配制好的供动物在短时间内饮完的混饮药液，一般以1～2h内饮完为宜，饮完药液后再自由饮水。该法特别适用于一些在水中容易被破坏或失效的药物，如弱毒疫苗等，可减少药物损失，保证药效。

（二）混饮投药的注意事项

1）混饮给药一般适用于水溶性较大且在水中不易被破坏的药物。对溶解性较小的药物，混饮时则需加热或搅拌以促进其溶解，但要尽可能在较短时间内让动物饮完，避免因降温、静置后析出沉淀。

2）安全范围过小的药物亦不宜通过混饮给药，避免发生中毒。

3）要严格掌握药液的浓度，避免因浓度过小达不到用药目的，浓度过大发生中毒。

4）注意控制药液量，一般自由混饮以当天饮完为宜，禁水后混饮以1～2h内饮完为宜。

5）同时混饮多种药物时，须注意药物配伍禁忌。

6）禁水后混饮可能出现动物抢饮现象，应给予足够的饮位。

六、熏蒸法投药技术

熏蒸法投药是将药物倒入畜禽舍内设置的药物蒸锅内，加热煮沸，使药物蒸气充满室内，让畜禽通过呼吸或借体表接触摄入药物，每次熏蒸15～30min。该法适用于畜禽呼吸道感染及某些皮肤病的治疗。

注意：用于熏蒸法投药的畜禽舍必须是可以密闭的，面积一般以10～20m^{2}为宜；

刺激性药物不宜用熏蒸法给药。

七、灌肠法投药技

（一）浅部灌肠法

浅部灌肠法是将药液灌入直肠内的给药方法。用于直肠炎、结肠炎治疗时灌入消炎药剂；排除直肠内积粪；或病畜食欲废绝、采食障碍、吞咽困难时人工给予营养。

1. 药液准备

根据用药目的而定。直肠炎、结肠炎治疗时可用0.1%高锰酸钾溶液、2%～3%硼酸溶液；用于排除积粪时，大动物一般用 1%温盐水、温林格氏液，小动物一般用甘油；用于人工给养时一般用葡萄糖溶液。

2. 药液的量

大动物一般每次 1000～2000mL，小动物每次 100～200mL。

3. 操作方法

动物取站立保定，尾巴拉向一侧。取出直肠内宿粪后，术者一手提盛有药液的灌肠用吊筒（可用软橡胶管连接漏斗自制代替），另一手将连接吊筒的橡胶管轻缓插入肛门10～20cm，然后高举吊筒，使药液流入直肠内（用自制灌肠器时，高举漏斗，由助手将药液倒入漏斗流入直肠）。

（二）深部灌肠法

将大量药液灌到较靠前的肠管内，主要用于马属动物便秘特别是对胃状膨大部等大肠便秘的治疗。也适用于猪、犬等小动物的肠套叠、结肠便秘的治疗。

1. 大动物深部灌肠法

1）保定。病畜于柱栏内站立保定，尾巴偏向一侧或吊起固定。

2）麻醉。施行后海穴封闭，使肛门括约肌及直肠松弛，用 10～20cm 的长针头，与脊柱平行进针刺入后海穴 10cm 左右，注射 1%～2%普鲁卡因注射液 20～40mL。

3）塞肠器的准备。

① 木制塞肠器。为长 12～15cm，前端直径 8cm，后端直径 10cm，中间有 2cm 直径圆形孔道的圆锥形孔道器，后端装有两个铁环，塞入直肠后，将两个铁环拴上绳子，系在颈部的套包或夹板上。

② 球胆制塞肠器。将带嘴的排球胆剪两个相对的孔，中间插一根直径 1～2cm 的胶管，然后再用粘胶粘合，胶管朝向尾部的一端露出 20～30cm，连接灌肠器，朝向头部的一端露出 5～10cm，送入直肠。塞入直肠后，由原球胆嘴向球胆内打气，胀大的球胆则堵住直肠膨大部而自行固定。

4）灌药。将灌肠器的胶管经木制塞肠器的孔道插入直肠内，或与球胆制塞肠器的胶管相连接，缓慢地灌入药水 1000～2000mL。灌肠开始时，水流顺利通畅，当药水到达结粪阻塞部位时，流速渐慢，甚至随动物努责向外返流，此时并不表示灌入药水量已足够，要耐心等待，当药水通过结粪阻塞部时，则继续向前流，流速会加快。一直灌注至病畜腹围稍增大，并且腹痛加重，呼吸增数，胸前微微出汗，则表示灌注量已经适度，此时不得再灌。灌注完毕后，经 15～20min 取出塞肠器。

如无灌肠器时，可用一根直径 1～2cm 的胶管代替，管的一端连接塞肠器，一端连接相应口径的漏斗。灌注药水时将漏斗抬起比动物后躯高 1m 以上，以形成一定的压力，方能将药液灌入。唧筒式灌肠法详见图 5-1-11 和图 5-1-12。

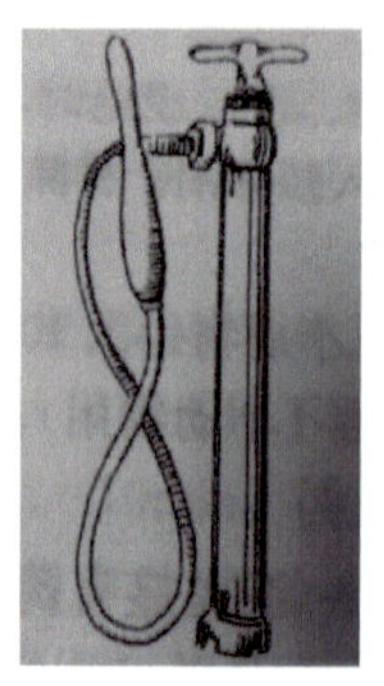

图 5-1-11　唧筒式灌肠器

图 5-1-12　唧筒式灌肠法

2. 小动物深部灌肠法

此法主要用于小动物发生肠套叠，而套叠时间较短时对套叠肠段的整复，或小动物直肠炎、结肠炎和结肠便秘的治疗。灌药时，动物取站立或侧卧保定，并呈前低后高姿势。术者将灌肠器的胶管（或替代胶管）的一端插入肛门，向直肠推进 8～1.0cm，另一端连接漏斗或吊筒（也可大容量注射器或洗耳球注入药液）。将漏斗或吊筒抬高超过动物后躯，先灌入少量药液，软化排出直肠内积粪，待排净积粪后再大量灌入药液，直至肛门流出灌入药液为止。灌入量一般幼犬、仔猪为 80～100mL，成年犬或中大猪 200～500mL。

（三）注意事项

1）灌肠时，动物要做可靠保定。

2）直肠内有较多积粪时，应先将积粪取出，再进行灌肠。

3）塞肠器、胶管等插入直肠前应涂以润滑剂，并避免粗暴操作损伤肠黏膜或造成肠穿孔。

4）灌入药液的温度应接近动物直肠温度，以免对肠壁造成大的刺激。

5）不使用塞肠器时，灌入的药液容易返流排出，应用手压迫尾根和肛门或于灌注药液的同时，拍打其尾根部或用手指刺激肛门周围，也可通过按摩腹部减少排出。

八、阴道子宫投药技术

阴道子宫投药法是将药物投置于阴道或子宫内的一种给药方法，多用于母畜的阴道炎、子宫颈炎、子宫内膜炎等疾病的治疗，是一种较为理想的投药方法。

（一）阴道内的投药

该法主要是为了排出阴道内的炎性分泌物，并将抗菌消炎药物投置于阴道内，用于阴道炎的治疗，大小动物均适用。

1. 动物保定

大动物一般站立保定，小动物也可作俯卧或侧卧保定，充分洗净外阴部。

2. 冲洗

插入涂有润滑剂的开膣器开张阴道，通过一端连有漏斗的软胶管将事先配好的接近动物体温的生理盐水、0.1%雷佛奴尔或 0.1%～0.5%高锰酸钾溶液等冲洗液冲入阴道内，将阴道内的炎症分泌物等异物冲洗干净。

3. 投置药物

待冲洗液排净后，大动物可徒手或戴手套，小动物可用手指将消毒剂涂布于阴道黏膜上，或直接放入浸有磺胺乳剂的棉塞。

（二）子宫内的投药

该法主要是排出子宫内的炎性分泌物，并将抗菌消炎药物投入子宫内，用于子宫颈炎、子宫内膜炎、子宫蓄脓的治疗，适用于大动物。

1. 动物保定

同阴道内投药。

2. 冲洗

如系母畜发情期间，则子宫颈口开张，可直接冲洗。如系发情间期，则子宫颈口关闭，可应用雌激素制剂令子宫颈口开张，再进行冲洗；或用颈管钳子钳住子宫外口左侧下壁并拉向阴门附近，然后依次应用由细到粗的颈管扩张棒，插入颈管使之扩张，再进行冲洗。冲洗时，可采用带回流支管的子宫冲洗管或小动物灌肠器，其末端接有带漏斗的长橡胶管，术者可直接从阴道或者通过直肠把握子宫颈的方法将导管送入子宫内，用手固定好颈管钳子和子宫冲洗管防止滑脱，然后将药液倒入漏斗内让其自行缓慢流入子宫。每次注入的药液不宜过多，边注入边排出，直至排出的溶液变为透明为止。另一侧子宫角也以同法冲洗。

3. 投置药物

子宫冲洗完毕后，根据具体情况，往子宫内注入抗菌防腐药，或直接投入抗生素。为了防止注入子宫内的药液外流，所用的溶剂（生理盐水或注射用水）数量以 20～40mL 为宜。

（三）阴道及子宫内投药注意事项

1）严格遵守消毒规则，避免因操作人员消毒不严而引起的医源性感染。

2）在操作过程中，动作应轻柔，不可粗暴，以免对患畜阴道、子宫造成损伤，特别是在冲洗管插入子宫内时，更需谨慎缓慢进行。

3）用于阴道、子宫冲洗或投置的药物不得有强烈刺激性或腐蚀性。

4）应坚持每天或隔天冲洗一次，连续3～5次。每次冲洗液的用量不宜过大，一般用500～1000mL即可。

5）病情严重时，应配合进行全身治疗，才能获得理想的治疗效果。

九、注射法

注射法是使用无菌注射器或输液器将药液直接注入动物体组织内、体腔或血管内的给药方法。此法可避免胃肠内容物的影响，能迅速发生药效，药量较准确且可节省药物等优点，是临床治疗上最常用的技术。

（一）皮内注射

皮内注射是将极少量的药剂注射到皮肤表皮层之内，多用于预防接种、过敏试验以及某些疾病的变态反应诊断。

1. 注射部位

马、牛在颈侧部（牛亦可在尾根部腹侧），猪在耳根部，禽类在肉髯部皮肤。

2. 操作方法

注射部位剪毛，常规消毒。注射时术者左手拇指和食指提起皮肤形成皱襞，右手持注射器，排尽注射器内空气，注射器针头斜面向上，与皮肤呈5°刺入皮肤，待针头斜面完全进入皮内，左手拇指固定针体，右手推进药液。操作正确时，推进药时感到阻力很大，在注射部位出现小丘或疹状隆起，俗称“皮丘”，注射完毕，拔出针头，用酒精棉球轻擦消毒注射部位，注意不得挤压，以防止药液外流。

（二）皮下注射

皮下注射是将药液注射于皮下结缔组织内，药液经过毛细血管、淋巴管吸收进入血液循环的一种注射方法。因皮下有脂肪层，吸收速度较慢，注射药液后约经10～15min被吸收。一般易溶解、无强刺激性的药品以及菌苗等可作皮下注射。

1. 注射部位

选择富有皮下组织、皮肤容易移动且不易被摩擦和啃咬的部位。大动物多在颈部两侧；犬、猫在背胸部、股内侧、颈部和肩胛后部；禽类在翼下。

2. 操作方法

动物适当保定，局部剪毛、消毒，术者左手中指和拇指捏起注射部位的皮肤，同时用食指尖下压使其呈皱褶陷窝（图 5-1-13），右手持连接针头的注射器，针头斜面向上，从皱褶基部陷窝处与皮肤呈 30°～40°，刺入针头（根据动物体型的大小，适当调整进针深度）（图 5-1-14），此时如感觉针头无阻抗，且能自由活动针头时，左手把持针头连接部，右手抽吸无回血即可推压针筒活塞注射药液。如需注射大量药液时，应分点注射。注射完毕拔出针头，局部涂以碘酊进行消毒。

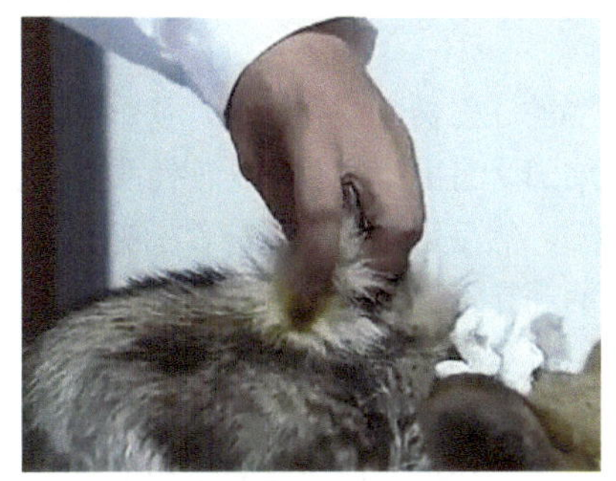

图 5-1-13 拇、中二指捏起犬皮肤

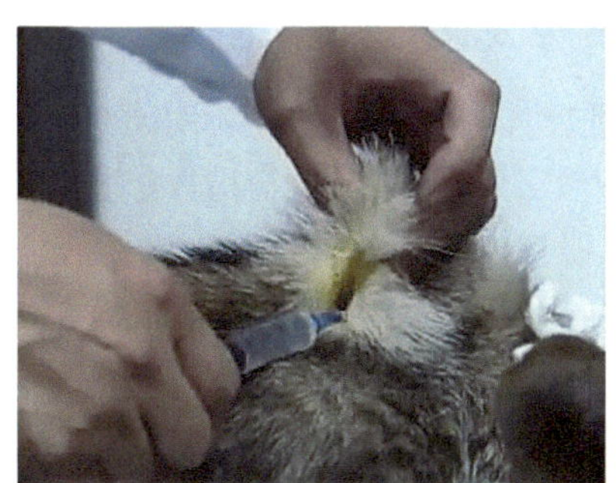

图 5-1-14 针头刺入皮肤下

（三）肌肉注射

肌肉注射就是将药液注射到肌肉内的一种注射方法。肌肉内血管丰富，注射药液后吸收较快，又因感觉神经较皮下少，故疼痛较轻，临床上应用较多。适用于大多数注射针剂、一些刺激性较强和较难吸收的药剂的注射给药。但刺激性很强的药液，如氯化钙、水合氯醛、浓盐水等，都不能进行肌肉注射。

1. 注射部位

凡肌肉丰满的部位，均可进行肌肉注射。大动物与犊、驹、羊、犬等多在颈侧及臀部或股前部（图 5-1-15 和图 5-1-16）；猪在耳根后、臀部或股内侧（图 5-1-17）；猫在腰肌、臀部或股前部；兔在臀部；禽类在胸肌部或大腿部。

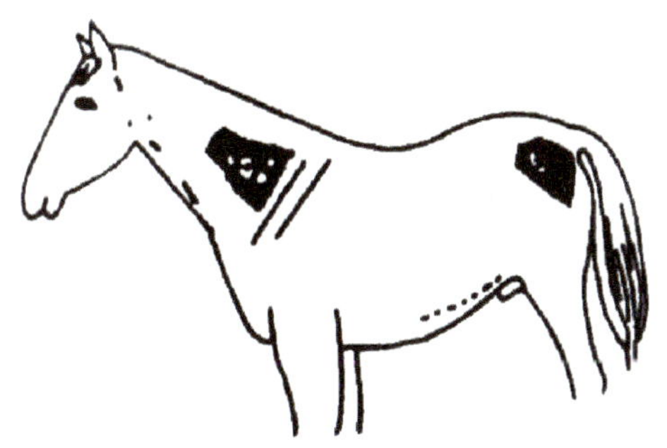

图 5-1-15 马的肌肉注射部位

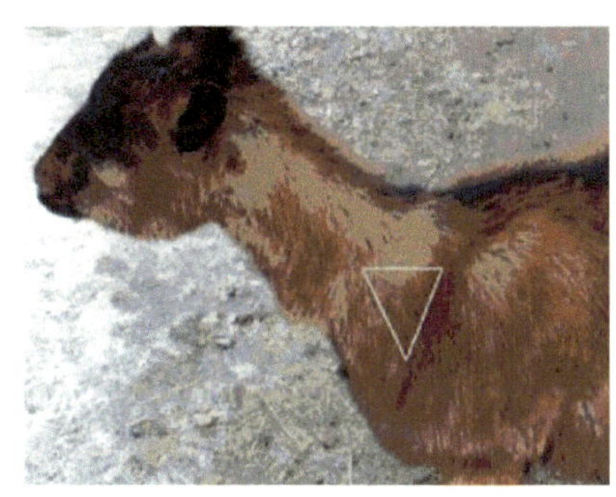

图 5-1-16 羊颈部肌肉注射部位

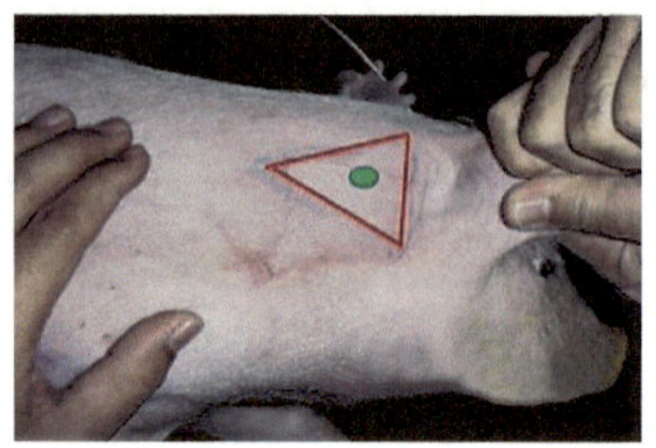

图 5-1-17 猪的肌肉注射部位

2. 操作方法

根据动物种类和注射部位不同，选择大小适当的注射器和注射针头，将动物适当保定，局部常规消毒处理。左手的拇指与食指轻压注射局部，右手持注射器，使针头与皮肤垂直，迅速刺入肌肉内。一般刺入 2～3cm（小动物酌减），然后用左手拇指与食指握住露出皮外的针头结合部分，以食指指节顶在皮上，再用右手抽动针管活塞，观察无回血后，即可缓慢注入药液。如有回血，可将针头拔出少许再行试抽，若无回血后方可注入药液。注射完毕，用左手持酒精棉球压迫针孔部，迅速拔出针头。为术者安全起见，也可以右手持注射针头，迅速用力刺入注射部位，然后以左手持针头，右手持注射器，使二者连接好，再行注射药液。这一方法主要适用于牛、马等大动物（图 5-1-18）。

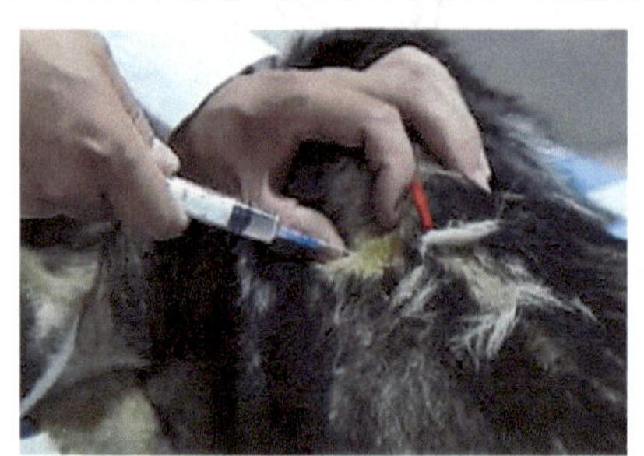

图 5-1-18 臀部肌肉注射

（四）静脉注射

静脉注射是将药液直接注射到静脉血管内。用于大量的输液、输血；用于以治疗为目的的急需速效的药物（如急救、强心等）和某些局部刺激性较强、不能皮下注射、肌肉注射的药物（如水合氯醛、氯化钙等）的注射给药。有些药物如乳剂、油剂等不宜进行静脉注射。

1. 注射部位

牛、马、羊等动物均可在颈静脉；猪在耳静脉、前腔静脉；犬、猫在前肢正中静脉或后肢小隐静脉；兔在耳静脉；禽类在翼下静脉。

2. 操作方法

注射部位剪毛、消毒后，以手指压在（或以胶管勒紧）注射部位近心端静脉上，使血管膨隆，选择与静脉粗细相适宜的针头，以 15°～45° 刺入血管内，见到回血后，将针头顺血管走向推进 1～2cm（大动物），将药液徐徐注入。注射完毕，左手拿酒精棉球压紧针孔，右手迅速拔出针头。为了防止针孔溢血，继续紧压局部片刻，最后涂以碘酊。当注射大量药液时，多采用分解动作。按上述方法刺入针头，当血液流出后，迅速连接排净空气的输液胶管和输液瓶，放低输液瓶，见回血时，将输液瓶提高，药液即流入静脉内（图 5-1-19～图 5-1-27）。

图 5-1-19 犬前肢内侧正中静脉注射

图 5-1-20 犬后肢外侧小隐静脉注射

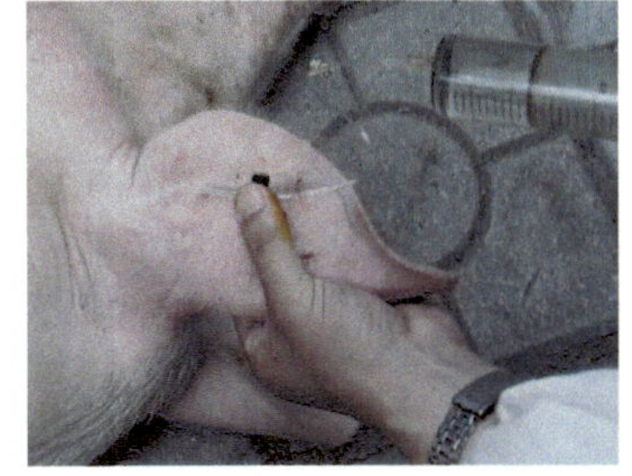

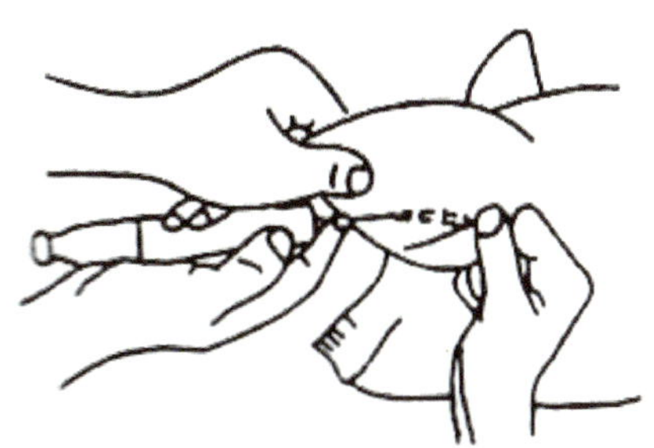

图 5-1-21 猪耳静脉注射

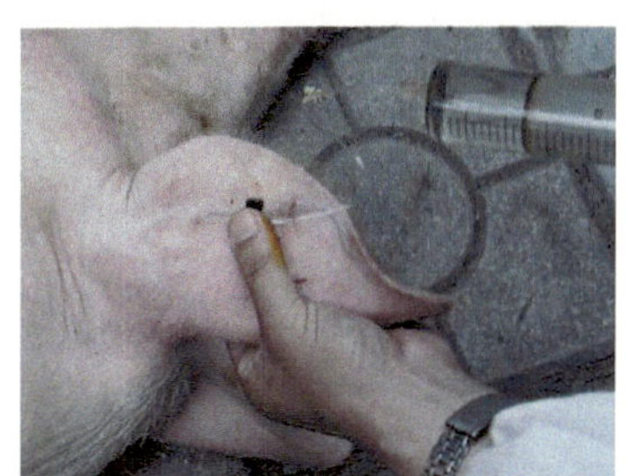

图 5-1-22 猪仰卧保定时前腔静脉注射

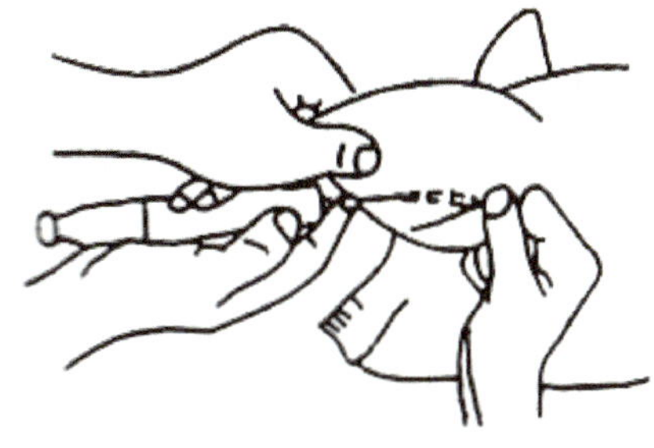

图 5-1-23 猪站立保定时前腔静脉注射

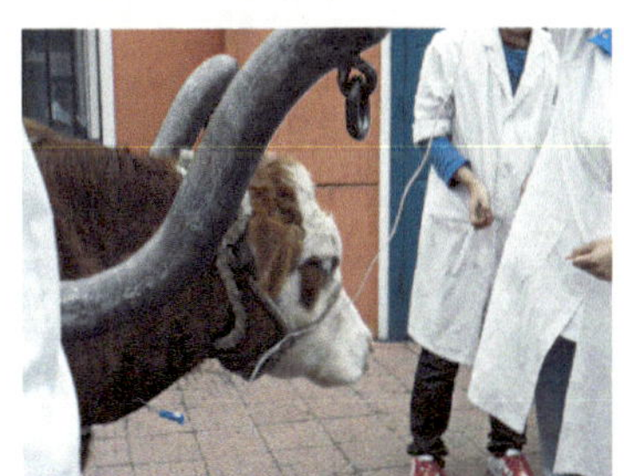

图 5-1-24 牛颈静脉注射

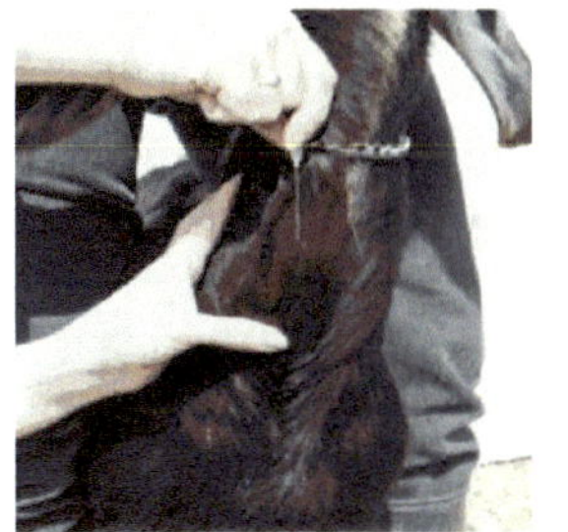

图 5-1-25 羊颈静脉注射

图 5-1-26 马颈静脉注射

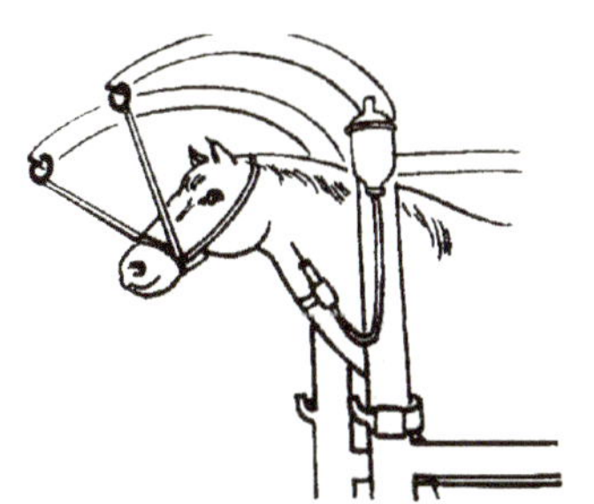

图 5-1-27 马颈静脉输液

3. 静脉注射的注意事项

1）应严格遵守无菌操作规程，对所有用具、注射局部，均应严密进行消毒。

2）动物要进行保定，明确注射部位并准确扎针，防止乱扎，以免局部血肿。

3）要注意检查针头是否通畅，当反复穿刺时常被血凝块堵塞，应随时更换。

4）注入药液前应排净针管或输液胶管中的气泡。

5）混合注入多种药液时注意配伍禁忌；油剂不能进行静脉注射。

6）大量补液时，速度不宜过快；药液温度要接近于体温；注意心脏功能；如大量补液时宜行多次、每次少量注入，药液浓度以接近等渗为宜。

7）输液过程中，要经常注意动物表现，如有骚动不安、出汗、气喘、肌肉战栗等现象时应及时停止；当发现液体输入突然过慢或停顿以及注射局部明显肿胀时，应检查、回血（放低输液瓶；或一手捏紧输液管上部，使药液停止下流，再用另一只手在输液管下部突然加压并随即放开，利用产生的一时性负压，看其是否回血），如针头已滑出血管外，则应整顺或重新刺入。

（五）腹腔注射

腹腔注射就是利用药物的局部作用和腹膜的吸收作用，将药液注入腹腔内的一种注射方法。当动物心力衰竭，静脉注射出现困难时，可通过腹膜腔进行补液。腹腔注射在大动物较少应用，而对小动物的治疗经常采用。

1. 注射部位

牛在右侧肷窝部；马在左侧肷窝部；犬、猪、猫则宜在下腹部耻骨前缘前方 3～5cm 腹白线的侧方。

2. 操作方法

将动物适当保定，术部剪毛、消毒后，用 16～18 号针头（小动物用 7 号针头）垂直皮肤刺入，依次穿透腹肌和腹膜，当针头透过腹膜后，其阻力降低，有落空感。针头内不出现气泡及血液，也无空腔脏器内容物溢出，经针头注入生理盐水无阻力，说明刺入正确。此时可连接注射器或连接输液吊瓶上的输液管接头向腹腔内注入药液，注入药物后，局部消毒处理（图 5-1-28）。

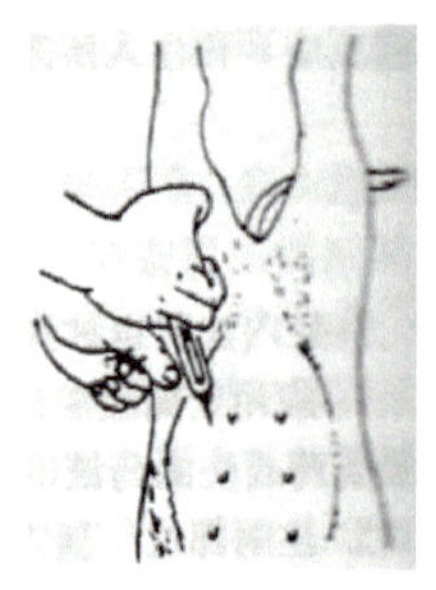
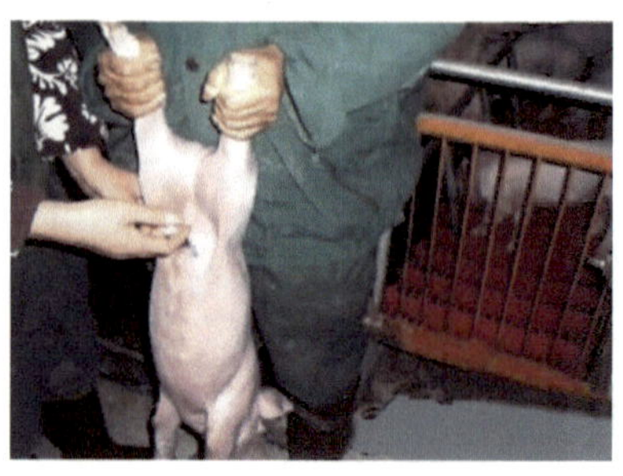

图 5-1-28　猪的腹腔注射

3. 腹腔注射的注意事项

1）注入药液应加温至37～38℃，药液过凉会引起胃肠痉挛，产生腹痛。
2）注入的药液应为等渗溶液且无刺激性。
3）当膀胱积尿时，应轻压迫腹部，强迫排尿，待膀胱排空后再进行腹腔注射。

（六）气管注射

气管注射是将药液直接注射到气管内，用于支气管炎、肺炎及肺脏内寄生虫的治疗。

1. 注射部位

一般在颈上部的下1/3处，颈腹侧面正中，在两个气管软骨环之间。

2. 操作方法

首先将动物站立或侧卧保定，抬高动物的头部，使颈部处于伸展状态。注射部位剪毛消毒后，术者左手触摸气管并找准两个气管软骨环的间隙，右手持连有针头的注射器，将针头经皮肤垂直刺入气管内，当针头刺入气管内后有落空感，此时可缓慢将药液注入气管内。注射过程中要注意观察动物的反应，若出现咳嗽则要停止注射，直至其平静后再继续注入。注射完毕拔出针头，术部涂擦碘酊进行消毒（图5-1-29和图5-1-30）。

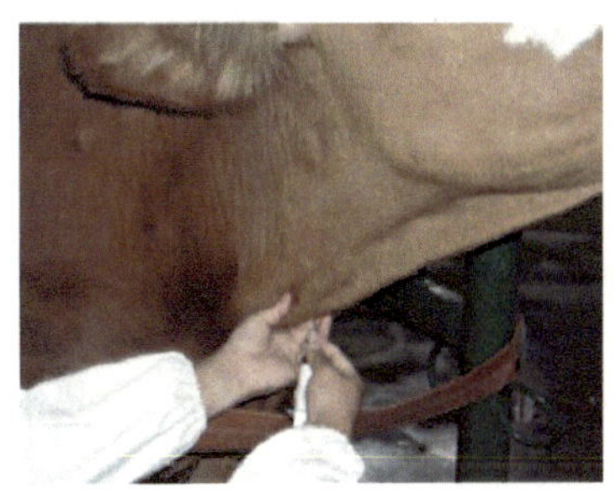
图5-1-29　牛气管注射

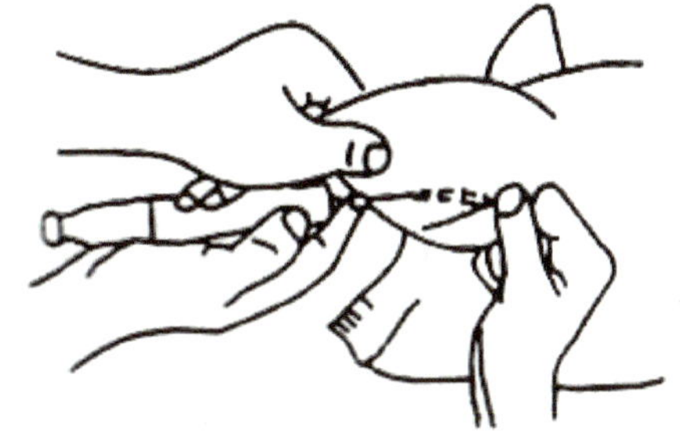
图5-1-30　猪气管注射

（七）乳房注射

乳房注射是将药液通过导乳管注入乳池内的一种注射方法。此法用于治疗奶牛、奶山羊等的乳房炎。

1. 注射部位

一般为乳头管。

2. 操作方法

动物站立保定，挤净乳汁，消毒乳头。左手握乳头并轻轻牵拉，右手持导乳管自乳头口徐徐插入。连接注射器，慢慢注入药液。注毕，拔出导乳管，一手轻捏乳头口，防止药液流出；另一手进行乳房按摩，使药液散开（图5-1-31）。

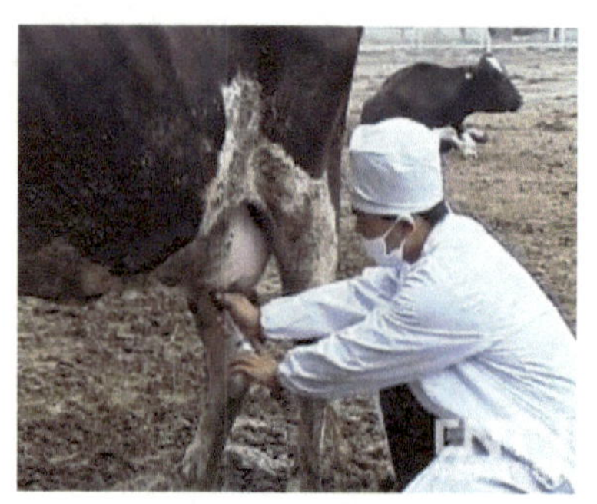
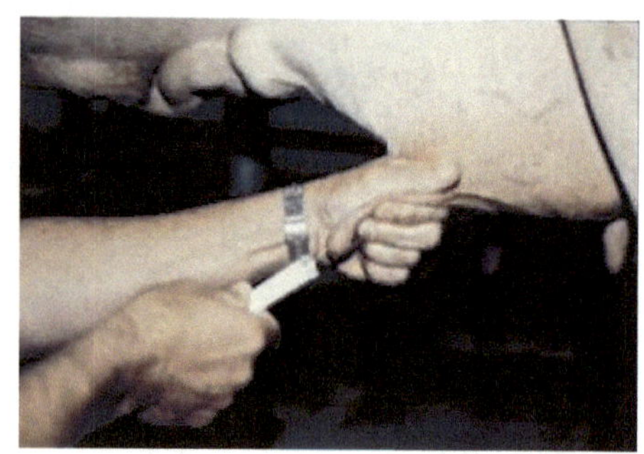

图 5-1-31 奶牛的乳房注射

十、穿刺疗法

（一）腹腔穿刺术

腹腔穿刺是指用穿刺针经腹壁刺入腹膜腔的一种穿刺方法。临床用于诊断胃肠破裂、内脏出血、肠变位、膀胱破裂；经穿刺放出腹水、洗涤腹腔或向腹腔内注入药液以治疗某些疾病。

1. 穿刺部位

牛、羊在脐与膝关节连线的中点；马、骡在剑状软骨后方 10～15cm，腹白线左侧 2～3cm 处；猪、犬、猫在耻骨前缘与脐之间的腹白线上或腹白线的侧旁 1～2cm 处（图 5-1-32～图 5-1-34）。

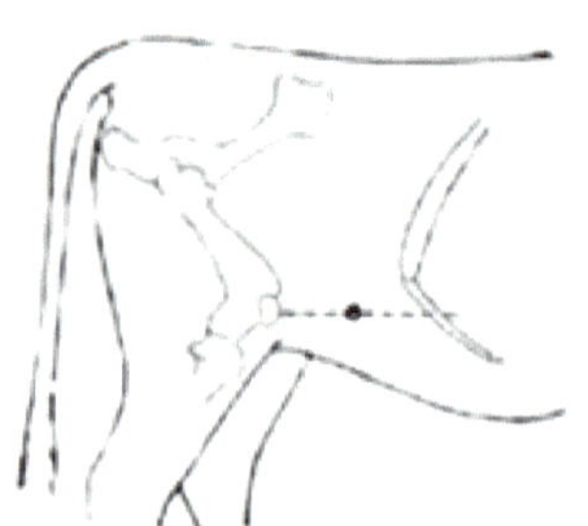

图 5-1-32 牛腹腔穿刺部位

图 5-1-33 马腹腔穿刺部位

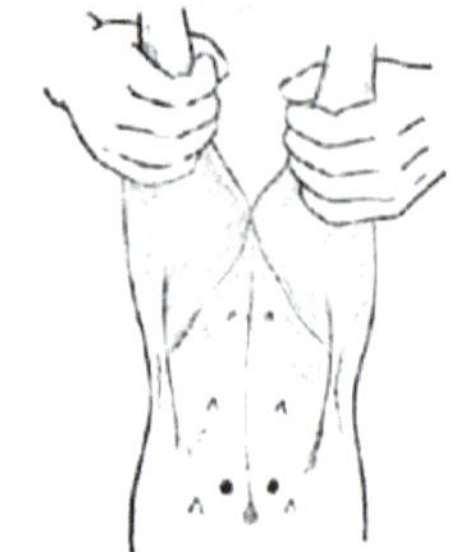

图 5-1-34 猪腹腔穿刺部位

2. 操作方法

大动物站立保定，中小动物可横卧保定，穿刺部剪毛、消毒。用套管针或长针头垂直皮肤刺入，当针透过皮肤后，应慢慢向腹腔内推进针头，当针头出现阻力骤然减退时，说明针已进入腹腔，此时拔出针头，腹水可自行流出，可采样进行实验室检验或排出腹腔内积液。取样或排液完毕后，拔出穿刺针，用无菌棉球压迫针孔片刻，覆盖无菌纱布，用胶布固定。进行腹腔洗涤时，牛在右侧肷窝部中央；马在左侧肷窝部中央；小动在两侧肷窝中央。冲洗时，右手持针头垂直刺入腹腔，连接注射器或输液胶管，注入药液，再由穿刺部抽出或排出，反复冲洗 2～3 次。冲洗完毕后拔出针头，消毒穿刺部位（图 5-1-35 和图 5-1-36）。

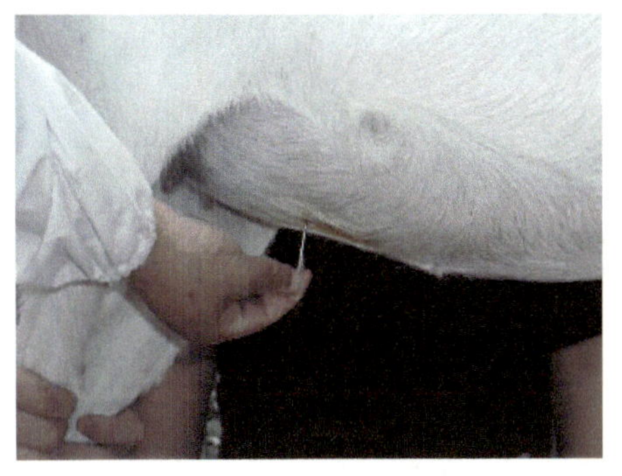

图 5-1-35 羊腹腔穿刺

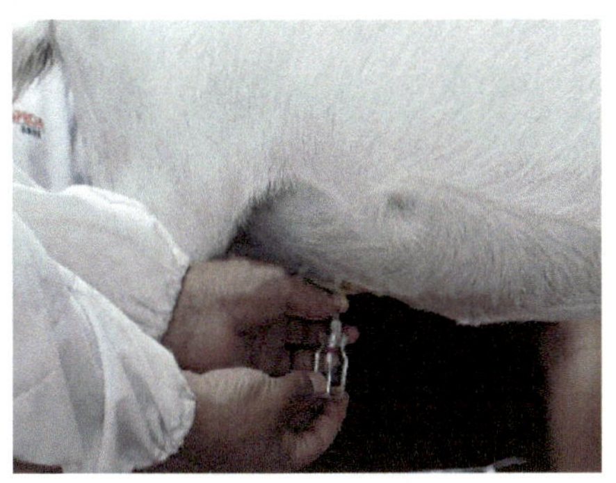

图 5-1-36 羊腹腔穿刺取样

（二）瘤胃穿刺术

瘤胃穿刺术是用穿刺针或套管针穿透瘤胃壁，到达瘤胃腔内的一种穿刺方法，用于瘤胃严重臌气的排气和向瘤胃内注入药液。

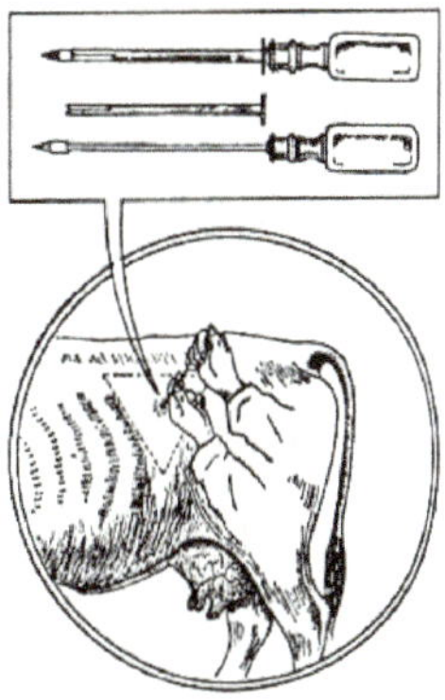

1. 穿刺部位

穿刺点在瘤胃隆起的最高点，亦可在髂骨外角与最后肋骨中点的连线中点（图 5-1-37）。

图 5-1-37 牛瘤胃穿刺部位

2. 操作方法

动物站立保定，术部剪毛、消毒，用手术刀在穿刺部的皮肤上作 1cm 长的小切口，有时也可不作切口。术者用左手将术部皮肤稍向前移，右手握住套管针（图 5-1-38）由皮肤切口处向对侧肘头方向刺入，随即固定套管针，拔出针芯，用手指间断性堵住管口，使瘤胃内气体间断排出。如遇针管阻塞，可用套管针芯插入疏通。气体排除后。为防止臌气复发，可向瘤胃内注入 5%克辽林 200mL 或 15%～20%的鱼石脂酒精 150～200mL。穿刺完毕，紧压穿刺处皮肤，将针芯插入套管内，连同套管一同迅速拔出，局部消毒处理（用火棉胶封住切口或将皮肤缝合一针）（图 5-1-39）。

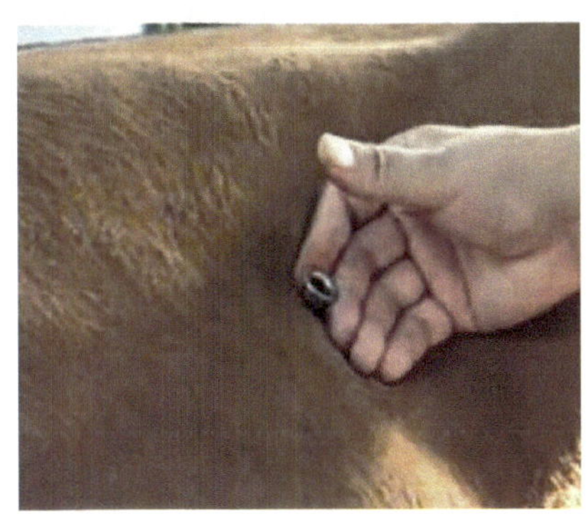

图 5-1-38 牛瘤胃穿刺放气

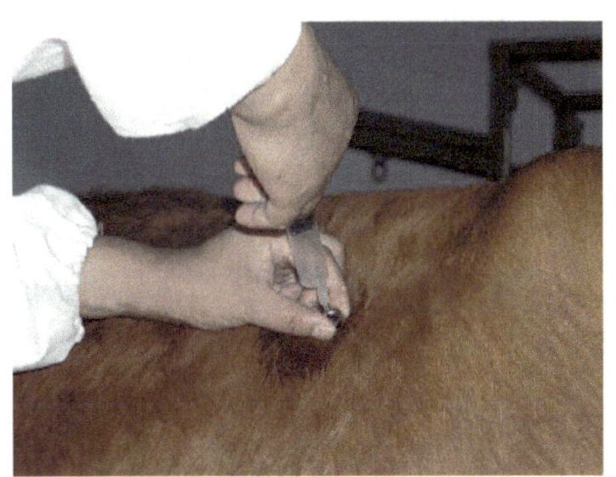

图 5-1-39 牛瘤胃注入制酵剂

3. 注意事项

1）放气速度不宜过快，以防发生急性脑贫血，造成虚脱。
2）在全部操作过程中严防感染。
3）经套管注入药液时，注药前必须确切判定套管仍在瘤胃内后方可注入药液。

（三）瓣胃穿刺术

瘤胃穿刺是用穿刺针或套管针穿透瓣胃壁，到达瓣胃腔内的一种穿刺方法。主要用于治疗瓣胃阻塞和某些药物给药。

1. 穿刺部位

瓣胃位于右侧第 7～9 肋间，穿刺部位在右侧第 9 肋间与肩关节水平线交点上下方 2cm 范围内，略向前下方刺入。

2. 操作方法

站立保定，术部剪毛消毒。术者左手稍移动皮肤，右手用长 15～20cm 长的瓣胃穿刺针，与皮肤垂直并稍向前下方刺入 10～12cm（针头透过肋间后再向左侧肘头的方向刺入），刺入瓣胃后有硬、实的感觉，连接注射器，先注入 30～50mL 生理盐水，并迅速回抽，若有血液或胆汁，则提示针头刺入肝脏或胆囊，可能是刺入点过高或朝向上方所至，应将针拔出，重新调整针头刺入方向后刺入，如回抽无血液、胆汁等，见有液体混浊并带有草渣，证明刺入正确，即可进行瓣胃内注射下列药物：25%～30%硫酸钠溶液 300～500mL，或 10%温盐水 2000mL，注药完毕，用注射器将针体内液体全部打入瓣胃后迅速拔针，术部用碘酊消毒（图 5-1-40 和图 5-1-41）。

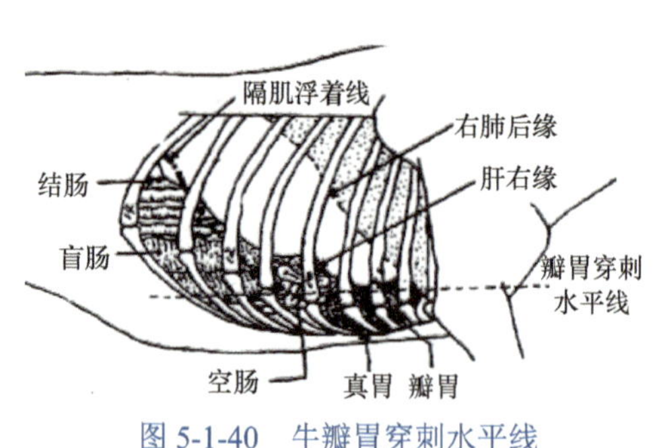

图 5-1-40　牛瓣胃穿刺水平线

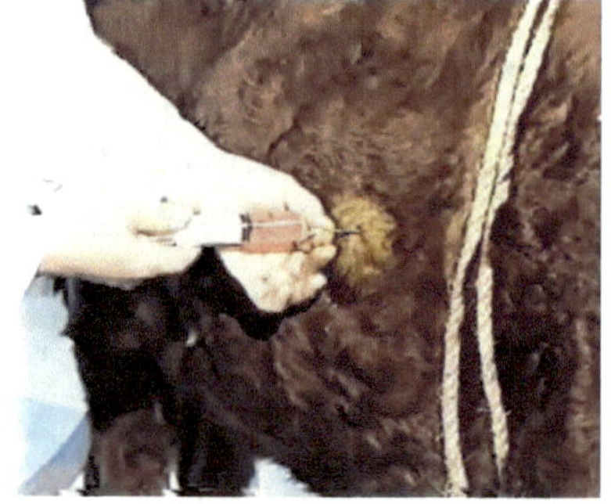
图 5-1-41　牛瘤胃穿刺回抽液体混浊

3. 注意事项

1）动物要进行保定，对躁动不安的动物可先肌内注射镇静剂后再进行穿刺。
2）注入药物前，一定要确证针头准确刺入瓣胃内。
3）瓣胃内注射，可每日 1 次，最多连注 2～3 次。

（四）肠管穿刺术

肠管穿刺用于排除盲肠、结肠内的积气和向肠腔内注入药液。

1. 穿刺部位

马属动物盲肠穿刺，在右肷窝的中心处，即从右侧髋结节中央点向最后肋骨所引的水平线的中点前方 1～2cm 处；结肠穿刺在左侧腹部膨胀最明显处。

2. 操作方法

动物安全保定后，术部剪毛、消毒，穿刺针先垂直刺透过皮肤后，然后针头对准对侧肘头方向（盲肠穿刺）刺入 6～10cm；结肠穿刺时，针头与腹壁垂直刺入 3～4cm。针头刺入肠管后，气体自然排出，排气完毕（或连接注射器向肠内注药）后拔下针头，碘酊消毒。

（五）膀胱穿刺术

膀胱穿刺是用穿刺针通过直肠或腹壁刺入膀胱内的一种穿刺方法。用于对因尿道阻塞引起的急性尿潴留经膀胱穿刺可暂时缓解膀胱的内压，防止内压过大而继发膀胱破裂；膀胱穿刺采集尿液进行检验。

1. 穿刺部位

猪、羊、犬在耻骨前缘腹白线旁 1cm 处（图 5-1-42）；牛、马在直肠内进行穿刺（图 5-1-43）。

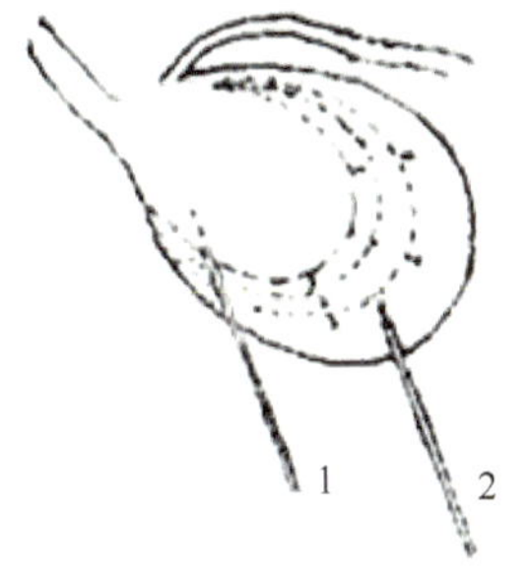

图 5-1-42 中小动物膀胱穿刺

1. 不正确；2. 正确

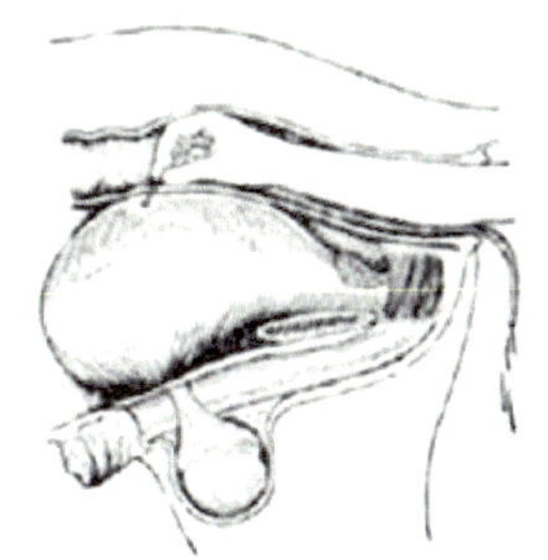

图 5-1-43 大动物膀胱穿刺

2. 穿刺方法

小动物采取仰卧保定，大动物在六柱栏内站立保定。小动物的膀胱穿刺在术部消毒后，用左手隔着腹壁固定膀胱，右手持 16～18 号针头，刺入皮肤，经肌肉、腹膜、膀胱壁刺入膀胱内，尿液即可从针头内流出。人动物膀胱穿刺，需在直肠内穿刺。术者右手持针头带入直肠内，手感觉膀胱的轮廓，于膀胱体部进行穿刺，穿刺针经直肠壁、膀胱壁进入膀胱内，手在直肠内固定针头，以防针头随肠蠕动而脱出，连接针头的胶管在肛门外，即可见到尿液排出，穿刺完毕拔下针头，消毒术部。

十一、冲洗疗法

冲洗疗法是应用冲洗液洗除黏膜表面的渗出物、分泌物和污物，以促进组织的修复。

（一）洗眼法与点眼法

1. 应用

主要用于各种眼病，特别是结膜与角膜炎症的治疗。

2. 准备

1）洗眼用器械：冲洗器、洗眼瓶、胶帽吸管等，也可用 20mL 注射器代用。

2）药物：0.5%硫酸锌溶液、3.5%盐酸可卡因溶液、0.5%阿托品溶液、0.1%盐酸肾上腺素溶液、2%～4%硼酸溶液、1%～3%蛋白银溶液、0.01%～0.03%高锰酸钾溶液、0.1%雷佛奴尔溶液及生理盐水等。还有抗生素配制的点眼药。抗生素眼膏和其他药物配制的眼膏（20%～30%黄降汞眼膏、20%～30%白降汞眼膏、10%敌百虫眼膏）等。

3. 方法

动物于柱栏内站立保定，先固定好头部，用一手拇指与食指翻开上下眼睑。另一只手持冲洗器（洗眼瓶、注射器等），使其前端斜向内眼角，徐徐向结膜上灌注药液冲洗眼内分泌物。或用细胶管由鼻孔插入鼻泪管内，从胶管游离端注入洗眼药液，更有利于洗去眼内的分泌物和异物。如冲洗不彻底时，可用硼酸棉球轻拭结膜囊。洗净之后，左手拿点眼药瓶靠在外眼角眶上，斜向内眼角，将药液滴入眼内，闭合眼睑，用手轻轻按摩 1～2 下以防药液流出，并促进药液在眼内扩散。如用眼膏时，可用玻璃棒一端蘸眼膏，横放在上下眼睑之间闭合眼睑，抽去玻璃棒，眼膏即可留在眼内。用手轻轻按摩 1～2 下，以防流出，或直接将眼膏挤入结膜囊内。

4. 注意事项

1）防止动物骚动，点药瓶或洗眼器与病眼不能接触。与眼球不能成垂直方向，以防感染和损伤角膜。

2）点眼药或眼膏应准确点入眼内，防止流出。

（二）口腔冲洗法

1. 应用

主要用于口炎、舌及牙齿疾病的治疗。

2. 准备

1）大动物用橡皮管连接漏斗或注射器连接橡胶管，小动物可用吸管或不带针头的注射器。

2）冲洗剂可用自来水或收敛剂与低浓度防腐消毒药等。

3. 方法

大动物于柱栏内站立保定，使病畜头部稍低并确实固定。中、小动物侧卧保定，使头部处于低位。术者一手持橡胶管一端从口角伸入口腔，并用手固定在口角上，另一只手将装有冲洗药液的漏斗（小吊桶可挂在柱栏上）举起，药液即可流入口腔进行冲洗。

4. 注意事项

1）冲洗药液根据需要可稍加温防止过凉。

2）插进口腔内的胶管，不宜过深，以防误咽和咬碎。

（三）导胃与洗胃法

1. 应用

用于马的胃扩张、牛的瘤胃积食或瘤胃酸中毒时排除胃内容物，以及排除胃内毒物。或用于胃炎的治疗和吸取胃液供实验室检查等。

2. 准备

导胃管、39～40℃温水。此外根据需要可用 2%～3%碳酸氢钠溶液、1%～2%食盐水、0.1%高锰酸钾溶液等。还应备吸引器。

3. 方法

基本同胃管投药。大动物于柱栏内站立保定，小动物行侧卧保定。

1）先用胃管测量到胃内的长度（马从鼻端至第 14 肋骨，牛从唇至倒数第 5 肋骨，羊从唇至倒数第 2 肋骨），并做好标记。

2）装好开口器，固定好头部。

3）从口腔徐徐插入胃管，到胸腔入口及贲门处时阻力较大，应缓慢插入，以免损伤食管黏膜。必要时可灌入少量温水，待贲门弛缓后，再向前推送入胃。胃管前端经贲门到达胃内后，阻力突然消失，此时可有酸臭味气体或食糜排出。如不能顺利排出胃内容物时，可装上漏斗灌入温水，将头低下，利用虹吸原理或用吸引器抽出胃内容物。如此反复多次，逐渐排出胃内大部分内容物，直至病情好转为止。

4）治疗胃炎时，导出胃内容物后，要灌入防腐消毒药。

5）冲洗完之后，缓慢抽出胃管，解除保定。

4. 注意事项

1）操作中要注意安全。使用的胃管要根据动物的种类选定，胃管长度和粗细要适宜。

2）马胃扩张时，开始灌入温水，不宜过多，以防胃破裂。瘤胃积食宜反复灌入大量温水，方能洗出胃内容物。

（四）尿道与膀胱冲洗法

1. 应用

用于尿道炎及膀胱炎的治疗，或采取尿液供化验诊断。

2. 准备

1）根据动物种类备用不同类型的导尿管。用前将导尿管放在0.1%高锰酸钾溶液的温水中浸泡5～10min，前端蘸液体石蜡。

2）冲洗药液宜选择刺激或腐蚀性小的消毒、收敛剂。常用的有生理盐水、2%硼酸溶液、0.1%～0.5%高锰酸钾溶液、1%～2%石炭酸溶液、0.1%～0.2%雷佛奴尔溶液等。此外，也常用抗生素及磺胺制剂的溶液（冲洗药液的温度要与体温相等）。

3）备好注射器与洗涤器。

4）术者手、病畜的外阴部及公畜阴茎、尿道口要清洗消毒。

3. 方法

1）母畜膀胱冲洗。将母畜适当保定，助手将尾巴拉向一侧或吊起。术者将导尿管握于掌心，前端与食指同长，呈圆锥形伸入阴道约15～20cm（大动物），先用手指触摸尿道口，轻轻刺激或扩张尿道口，随机插入导尿管，徐徐推进，当进入膀胱后，则无阻力尿液自然流出。排完尿后，导尿管另端连接洗涤器或注射器，注入冲洗药液，反复冲洗，直至排出药液透明为止。

2）公畜膀胱冲洗。将公畜于柱栏内保定并固定好两后肢，术者蹲于公畜的一侧，将阴茎拉出，左手握住阴茎前部，右手持导尿管插入尿道，徐徐推进，当到达坐骨弓附近时，则感有阻力推进困难，此时助手在肛门下方可触摸到导尿管的前端，轻轻按摩辅助向上转弯，术者同时继续推送导尿管，即可进入膀胱导出尿液。冲洗方法与母畜相同。导尿或冲洗完之后，还可注入治疗药液，而后除去导尿管。

4. 注意事项

1）当识别母畜尿道口有困难时，可用开膣器开张阴道，即可看到尿道口。

2）插入导尿管时，防止粗暴操作，以免损伤尿道黏膜或造成膀胱壁的穿孔。

3）公马的导尿或冲洗膀胱时，要注意人畜安全。

（五）阴道及子宫冲洗法

1. 应用

用于阴道炎和子宫内膜炎的治疗。主要为了排出阴道或子宫内的炎性分泌物，促进黏膜修复，尽快恢复生殖机能。

2. 准备

子宫洗涤用的输液瓶（或连接长胶管的盐水瓶、长胶管与漏斗也可）或小动物灌肠器（末端接以带漏斗的长胶管），洗净消毒。冲洗溶液为微温生理盐水、5%～10%葡萄糖溶液、0.1%雷佛奴尔溶液及 0.1%或 0.5%高锰酸钾溶液等。还可用抗生素及磺胺类制剂。

3. 方法

充分洗净外阴部，术者手及手臂常规消毒。术者手握输液瓶或漏斗所连接的长胶管，徐徐插入子宫颈口，再缓慢导入子宫内，提高输液瓶或漏斗，药液可通过导流进入子宫内，待输液瓶或漏斗中的冲洗液快流完时，迅速把输液瓶或漏斗放低，借虹吸作用使子宫内液体自行排出。如此反复冲洗 2～3 次，直至流出的液体与注入的液体颜色基本一致为止。阴道的冲洗，把导管的一端插入阴道内，提高漏斗，冲洗液即可流入，借病畜努责冲洗液可自行排出，如此反复洗至冲洗液透明为止。阴道或子宫冲洗后，可放入抗生素或其他抗菌消炎药物。

4. 注意事项

1）操作认真，防止粗暴，特别是插入导管时更要谨慎，预防子宫壁穿孔。同时严格遵守消毒规则。

2）对于子宫积脓或子宫积水的病例，应先将子宫内积液排出之后，再进行冲洗。

3）不得应用强刺激性或腐蚀性的药液冲洗。

4）注入子宫内的冲洗药液，尽量充分排出，必要时可通过直肠按摩子宫促使排出。

十二、特殊给药疗法

（一）普鲁卡因封闭疗法

普鲁卡因封闭疗法是将不同浓度和剂量的盐酸普鲁卡因溶液注射到机体的某一组织或血管内，以改变神经的反射兴奋性，促进神经系统机能恢复的一种治疗方法。

1. 机理

封闭疗法是一种调节神经营养机能疗法。应用不同浓度和剂量的普鲁卡因溶液，注射于畜体的一定部位的组织或血管内，可调节神经的兴奋和抑制，减少或消灭致病因子的作用；改变疾病过程中神经的反射兴奋状态，使已经受到刺激的神经恢复其机能，发挥多器官和组织的正常调节作用。在炎症过程中，经封闭后可使因炎症而扩张的血管收缩，减少渗出，减轻水肿，减轻疼痛，调节血管机能，改善组织营养，促进炎症的修复和治愈。在治疗过程中，一般应用 0.25%～0.5%的普鲁卡因溶液，有时也可与青霉素、可的松制剂配合应用。

2. 应用与操作方法

（1）病灶周围的封闭法

将 0.25%～0.5%普鲁卡因溶液，分几点注射于病灶周围约 2cm 处的皮下与肌膜间，

其药量以能达到浸润麻醉的程度即可。马、牛一般用 10～50mL，适用于创伤和局部炎症。注意：对化脓创，注射点应距病灶周围一定距离，防止注射引起病灶扩展。

（2）环状分层封闭法

本法常用以治疗四肢和蹄部疾病。注射部位是在四肢病灶上方 3～5cm 的健康组织上进行环状注射。一般前肢在前臂部及其下 1/3 处和掌骨中部，后肢在胫部及其上 1/3 处和跖骨中部；分数点层注射药液，将针头刺入皮下再刺达骨膜，边注药边拔针，使药液浸润到皮下至骨的各层组织内，注射用量根据部位的直径大小而定，一般每次用量为 0.25%普鲁卡因溶液 100～200mL。注射时应注意针头不要损伤较大的神经和血管。

（3）静脉封闭法

将普鲁卡因溶液注入静脉内，使药物作用于血管内壁感受器以达到封闭目的。

① 应用。马急性胃扩张、蹄叶炎、风湿病、牛乳房炎、创伤、烧伤、化脓性炎症和过敏性疾病。

② 方法。与一般静脉注射法相同，但注射过程必须缓慢。有些动物于注射后，出现暂时性脉搏加速，呈现兴奋状态，如耳作倾听状、刨地、不安或惊恐等，但经过一段时间后即可消失。多数动物在静脉注射后，表现沉郁，常站立不动，垂头，眼半闭，不久即可恢复。一般用 0.1%普鲁卡因生理盐水，中等体型的牛、马每次用量为 100～200mL。

（4）神经干封闭

将盐酸普鲁卡因溶液注射到支配患病部位神经干周围。用药量及浓度常随神经的粗细而定，一般使用浓度为 0.5%～3%，用量 2～20mL。

3. 注意事项

静脉注射要缓慢，每分钟 50～60 滴为宜。个别动物可出现呼吸抑制、呕吐、出汗、发绀、瞳孔散大或惊厥等过敏反应。为防止发生反应，可于每 100mL0.1%普鲁卡因溶液中加入 0.1g 维生素 C。如发生反应，可立即皮下注射盐酸麻黄素或静脉注射硫喷妥钠液（2%～2.5%，40～80mL）。

（二）自体血疗法

自体血疗法是一种多方面的鼓舞性或刺激性的自体蛋白疗法，它能增强全身和局部的抵抗力，强化机体的生理功能和病理反应，有助于疾病的恢复。

1. 机理

自体血液注入病畜的皮下或肌肉后，红细胞被破坏。该红细胞将被网状内皮系统的细胞吞噬，从而刺激与增强网状内皮系统吞噬细胞的吞噬作用活泼化，提高机体抗病能力；同时在机体内形成和积累了抗体，因而增强了病畜的自卫力量；此外由于神经的反射作用，刺激造血器官，使红细胞增多，因而能减少机体内的氧缺乏症，并能加强吸附血液内内毒素，而起到解毒作用。

2. 应用

用于治疗风湿病、皮肤病、某些眼病、鞍伤、创伤、营养性恶性溃疡、淋巴结炎、睾丸炎、精索炎及腺疫等疾病，均有较好效果。

3. 操作方法

（1）注射部位

常注射于颈部皮下或肌肉内，也可注射于胸部或臀部肌肉中。自体血液注射在病灶邻近的健康组织里，可获得较好的效果。如治疗眼病时，可将血液注射在眼睑的皮下，用量不宜超过 3mL；腹膜炎时可注入腹部皮下。

（2）注射方法

病畜取站立保定，在无菌条件，由病畜的颈静脉（猪从耳静脉或前腔静脉）采取所需要量的血液，立即注射于事先所准备好的部位。但牛凝血很快，最好在注射里先吸入抗凝剂。

（3）注射剂量

牛、马为 60～120mL，猪、羊为 10～30mL。开始注射量要少些，以后每注射 1 次增加原来剂量的 10%～20%。一般大动物第一次 60mL，以后每次增加 20mL，最多不能超过 120mL。隔 2 天 1 次，4～5 次为 1 个疗程。注射部位可左右两侧交替进行。

4. 注意事项

1）操作过程必须严密消毒，无菌操作，以防感染。

2）操作要迅速熟练，防止发生血凝。

3）注射血液后，有时体温稍稍升高，但对机体无任何影响，很快恢复常温。

4）注射 2～3 次血液后，如没有明显效果，即停止使用。如收到了预期效果，经 1 个疗程后，间隔 1 周，再进行第 2 个疗程。

5）对体温高的病畜，病情严重或机体衰竭者，应禁止使用。

6）为增强疗效，自体血疗法可与其他治疗方法配合应用，如并用普鲁卡因的自体血疗法，可用 2%的普鲁卡因溶液与等量自体血注混合皮下注射。

7）当注射大量血液时，为了减少组织损伤及发生脓肿的危险，可将血液分成数点注射。

8）自体血疗法在兽医临床上虽然应用很广，但它只能是对机体的一种鼓舞性疗法，因此，在应用时不能单纯地以自体血液疗法为主，更不能把它当作万能疗法。最好与其他疗法配合使用，或者作为临床上的辅助疗法，这才有助于病畜的早期治愈。

（三）瘤胃内容物疗法

瘤胃内容物疗法是指从健康牛、羊的瘤胃内将具有高度活性微生物群的瘤胃内容物取出，注入病牛、羊瘤胃内，借以增加病牛、羊瘤胃内的活性，从而使病牛、羊瘤胃微生物消化恢复正常，促进各种分解、合成及吸收功能，以恢复瘤胃的消化机能，借此治

疗某些疾病。

1. 应用

主要应用于前胃弛缓、瘤胃臌气、瘤胃积食、酮血症、乳酸过多症、瘤腮腺腐败症等疾病的治疗；也可用于由某些瘤胃微生物群的消化而引起的疾病的治疗；或瘤胃内容物检查时的病料采集。

2. 操作方法

（1）准备

横木开口器、橡胶胃管、吸引唧筒、收集玻璃瓶等。

（2）采取瘤胃内容物的方法

健康牛站立保定、装鼻钳子和开口器，胃管涂润滑剂，通过横木开口器圆孔插入食道，进入瘤胃内，然后接上吸引唧筒抽取，流入采液瓶。也可待健康牛、羊反刍时，从其口腔直接采集食团。用于治疗的采集量一次为3～5L或更多些，用于诊断的采集量一般为100～200mL。

（3）给病牛、羊投服

将采出健康牛瘤胃内容物立即投入病牛、羊的瘤胃内，最好边采边投，可用胃管投入，也可经口腔直接投服。根据病情1日1次，1次可投给3～5L。

3. 注意事项

1）选择与病牛、羊在同一个环境、同一饲料及同一饲养条件的健康牛、羊用为供体。

2）给病牛、羊投给瘤胃内容物后，要给予优质干草、青草等，以增强其瘤胃微生物群的活性。

3）必要时同时并用其他药物治疗。

（四）乳房送风疗法

乳房送风疗法是将空气注入母牛乳房内，以治疗某些疾病的一种特殊治疗方法。

1. 应用

用于母牛的产后瘫痪（也叫生产瘫痪）的治疗。

2. 作用机理

通过向乳房内注入空气，刺激乳腺末梢神经，提高大脑皮质的兴奋性，从而解除抑制状态。此外，还可以提高乳房内压，乳房内血管受到压迫，流入乳房的血液减少，随血流进入初乳而丧失的钙也减少，血钙水平得以增高，并通过反射作用使血压回升。

3. 操作方法

常规消毒乳头，缓慢将导乳管插入乳头管直至乳池内，先注入青霉素 40 万单位，以防感染，再连接乳房送风器或大容量注射器打气。以乳房皮肤紧张，乳基部边缘轮廓清楚，用手轻叩呈鼓音为度。然后用宽纱布轻轻扎住乳头，经 1～2h 后解开，一般在打入空气后 1～3h 病牛即可自行站立（图 5-1-44）。

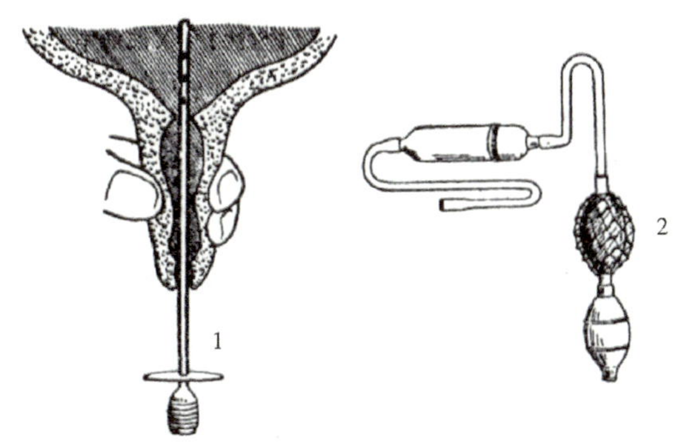

图 5-1-44　乳房送风法

1. 插入乳导管；2. 乳房送风器

4. 注意事项

1）母牛患乳房炎时，禁止使用乳房送风疗法，防止炎症扩散。

2）注入 4 个乳池的空气量要掌握好，充气不足无疗效，充气过量则易使乳泡破裂。

项目 6 外科手术

学习目标

• 能正确说出消毒、麻醉、全身麻醉、局部麻醉、表面麻醉、浸润麻醉、传导麻醉、脊髓麻醉、组织分离、止血、缝合、绷带等的概念。

• 能准确说出消毒、麻醉的目的，手术器械、术部、术者的消毒方法，动物麻醉方法，外科手术器械的使用，组织切开及缝合的原则与方法，手术过程中止血的方法，手术前的准备与手术后的措施等。

• 在提供实习动物、设备及器械的条件下，能正确进行手术器械消毒、术部消毒、术者手的消毒，动物手的麻醉，组织分离、止血、打结、缝合、拆线、绷带包扎的操作。

• 树立爱岗敬业的精神和建立安全防护意识。

任务 1 消 毒

消毒即采用物理和化学的方法来杀灭微生物或抑制微生物生命活动的措施，其目的是消除细菌、防止感染。切实做好消毒工作，树立无菌观念，是保证手术成功、杜绝感染、提高治愈率的关键。

一、手术人员的准备与消毒

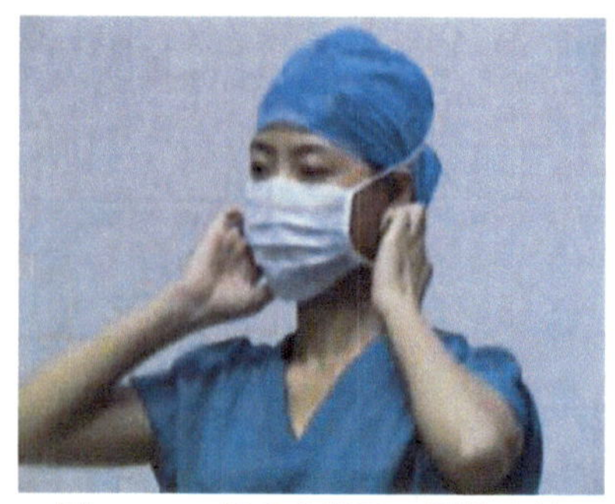

图 6-1-1 戴手术帽及口罩的方法

（一）更衣

手术人员在术前应在准备室脱去外衣、鞋、帽。穿戴手术衣、手术帽、口罩。手术衣最好是短袖衫以充分裸露手臂。手术帽应把头发全部遮住，要求帽的下缘应达到眉毛直上和耳根顶端。手术口罩应完全遮住口和鼻（图 6-1-1），对防止手术创伤发生飞沫感染和滴入感染极为有效。如剖宫产、前胃手术等需穿橡胶围裙、胶鞋等。穿手术衣的方法见图 6-1-2。

（二）手、臂的清洗与消毒

手术人员在任何情况下，都必须遵循无菌操作的基本原则。消毒主要分两步，用肥皂水刷洗除去污垢后清水冲净，再用消毒液消毒。常用以下几种方法：

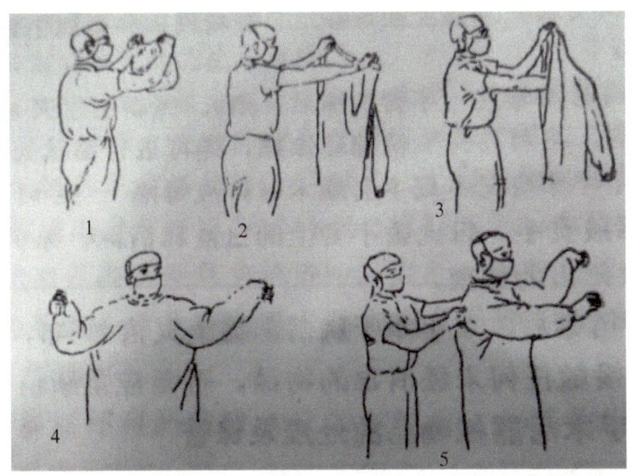

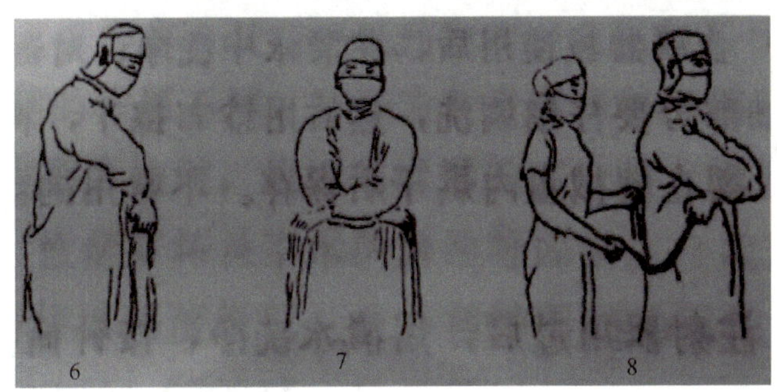

图 6-1-2 穿手术衣的方法

1. 肥皂刷洗

新洁尔灭洗手法：用肥皂刷洗 5min→清水冲净→无菌巾拭干→0.1％新洁尔灭溶液浸泡 5min。2. 肥皂刷洗

酒精浸泡法：用肥皂刷洗 5min→清水冲净→无菌巾拭干→75％酒精溶液擦洗、浸泡（5min）→双手举胸前待干燥。

2. 氨水擦洗

酒精浸泡法：用肥皂刷洗 5min→清水冲净→0.5％氨水液擦洗 3～5min→无菌巾拭干→75％酒精溶液浸泡 5min→2%碘酊涂擦甲缘、指端等处→75％酒精脱碘。

在十分紧急的情况下，手术人员来不及进行常规手臂消毒或条件有限时，可先用肥皂刷洗后，用 3%碘酊纱布涂擦手臂，再用 75％酒精纱布脱碘或用碘氟涂擦手臂及手臂消毒即可进入手术。

二、动物术部的消毒

（一）术部除毛

家畜的被毛浓密，容易沾染污物，并藏有大量的微生物。因此手术前先用剪毛

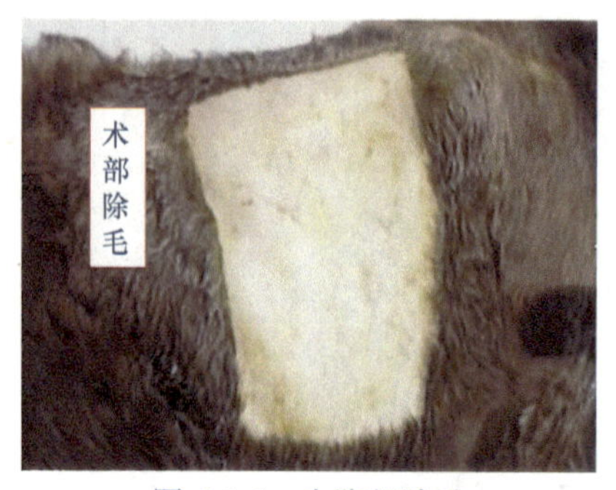

图 6-1-3 牛腹部除毛

剪剪去被毛，接着用肥皂水充分刷洗，除去皮脂及污垢，然后剃毛。剃毛的范围要超出切口周围 20～25cm，小动物可在 10～15cm 的范围。剃完毛后，用肥皂水反复擦刷并用清水冲净，最后用灭菌纱布拭干（图 6-1-3）。

（二）术部消毒

用 2%～3%来苏儿溶液或 0.1%新洁尔灭溶液擦洗并擦干。若用来苏儿溶液消毒，则继续用 5%碘酊棉球涂擦，再用 75%酒精棉球脱碘。涂擦时应由手术区中心部向四周涂擦，如是已感染的创口，则应由外围向中心涂擦。对口腔、鼻腔、阴道、肛门等处黏膜的消毒不可使用碘酊，可用 0.1%新洁尔灭、高锰酸钾、利凡诺溶液；眼结膜多用 2%～4%硼酸溶液消毒；蹄部手术用 2%煤酚皂溶液蹄浴（图 6-1-4）。

（三）术部隔离

采用大块有孔手术巾覆盖于手术区，仅在中间露出切口部位，使术部与周围完全隔离（图 6-1-5）。

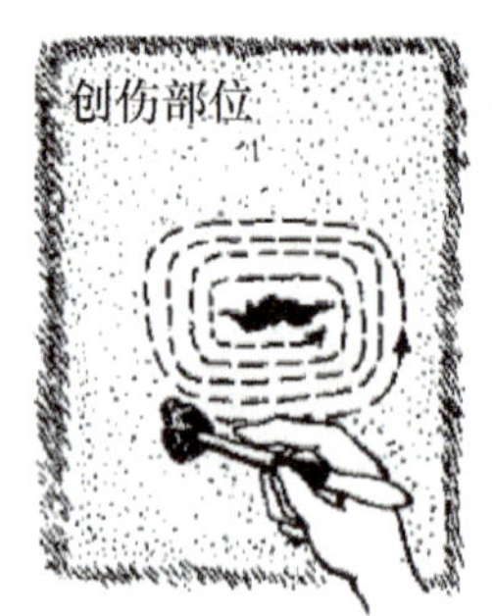

图 6-1-4 术部皮肤消毒

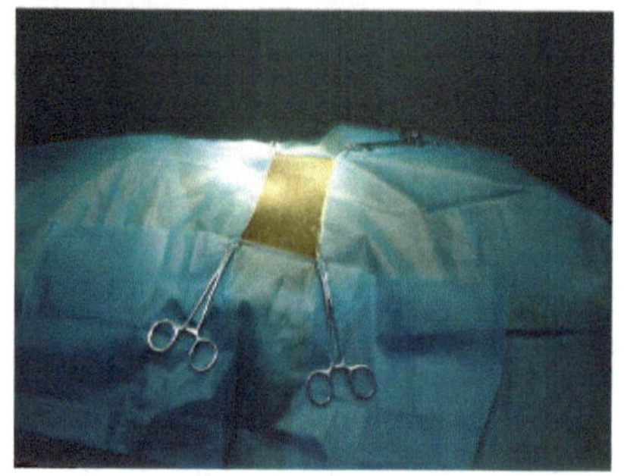

图 6-1-5 术部隔离

三、器械、敷料和其他物品的准备与消毒

（一）器械、敷料和其他物品的准备

1. 使用前准备

1）器械、物品应有数量清单，按清单准备好，先刷洗干净，进行消毒或灭菌。

2）器械、物品经不同方法消毒灭菌后，在严格的无菌操作下，先在器械台上铺好两层灭菌白布单，再放上灭菌的器械和物品包，由器械助手按器械、敷料分别排列待用。

2. 使用后处理

1）手术结束后，对器械、敷料应清点，如有缺少应查明原因。

2）金属器械用后应及时刷洗血凝块，特别注意止血钳、手术剪的活动轴及其齿槽，

刷洗后把器械放在干燥箱内烘干。

3）被血液浸污的敷料，直接用肥皂在凉水内洗净。经灭菌后，仍可使用。

4）被碘酊沾染的敷料，可放入沸水中煮，脱碘后洗净。

5）金属器械、玻璃、橡胶类物品等，如接触过脓液或胃肠内容物，必须在使用后置入 2%来苏儿中浸泡 1h，进行初步消毒。然后用清水洗刷，再煮沸 15min，晾干或擦干后保存。如果接触过破伤风或气性坏疽病例的，则应置入 2%来苏儿中浸泡数小时，然后洗刷并煮沸 1h，擦干或晾干后保存。

（二）手术器械和手术用品的常用消毒方法

1. 煮沸灭菌法

煮沸灭菌法可广泛地应用于手术器械和常用物品的消毒。可用一般铝锅、铁锅或特制的煮沸消毒器，用前应刷洗干净，锅盖应严密。一般用自来水加热，水沸后 3～5min 将金属器械放到煮锅内，待第二次水沸时计算时间，15min 可将一般的细菌杀死，但不能杀灭芽孢。因此对疑似污染细菌芽孢的器械或物品，必须煮沸 60min 以上，煮沸器的盖子必须严密。如果消毒玻璃注射器，应在冷水中加入以防玻璃猛然遇热而破裂（图 6-1-6）。

2. 高压蒸气灭菌法

高压蒸气灭菌需用特制的灭菌器（图 6-1-7），将准备好的器械物品用消毒巾包好放入高压蒸气灭菌器内，按规定加入开水，盖好上盖，旋紧螺丝，加热。通常使用 0.103MPa（1.05kg/cm^2）的压力，维持 30min 左右，能杀灭所有的细菌，包括具有顽强抵抗力的细菌芽孢，这是比较可靠的灭菌方法。使用高压蒸气灭菌时应注意下列事项：压力表必须准确，要定期进行检验；灭菌器内加水不宜过多，以免沸腾后水向内桶溢流，使消毒物品被水浸泡；放气阀门下连接的金属软管不得折损，否则放气不充分，冷空气滞留在桶内会影响温度上升，影响灭菌效果。

图 6-1-6　自动定时煮沸消毒器

图 6-1-7　高压蒸气灭菌器

3. 化学药品消毒法

作为灭菌手段，化学药品消毒法并不理想，尤其是对细菌的芽孢往往难于杀灭。化学药品的消毒能力受到药物浓度、温度、作用时间等因素的影响，但其仍不失为一个有

用的补充手段，特别是在紧急手术情况下更为方便。

（1）新洁尔灭

使用时配成0.1%的溶液，浸泡30min，不再用灭菌水冲洗，可直接应用，对组织无损害，使用方便；稀释后的水溶液可以长时间贮存，但贮存一般不超过4个月；可以长期浸泡器械，浸泡器械时必须按比例加入0.5%亚硝酸钠，即1000mL的0.1%新洁尔灭溶液中加入医用亚硝酸钠5g，配成防锈新洁尔灭溶液；环境中的有机物会使新洁尔灭的消毒能力显著下降，故应用时需注意不可带有血污或其他有机物；不可与肥皂、碘酊、升汞、高锰酸钾和碱类药物混合应用；应用过程中溶液颜色变黄后应立即更换，不可继续再用。

（2）酒精

一般采用70%～75%的酒精，可用于浸泡器械，特别是有刃的器械，浸泡1h。

（3）来苏儿

用2%～3%来苏儿溶液浸泡30min，急用器械可用纯苏儿溶液浸泡5min。

（4）甲醛

用10%甲醛溶液浸泡30min，一般用于塑料、橡胶制品。

4. 火焰灭菌法

主要用于搪瓷盘、盆及特殊情况下的金属器械灭菌。用点燃的酒精棉球擦拭器械盘、盆或将非常紧急需要的器械放入瓷盘或盆内，再放入适量酒精点燃，燃尽候温使用。也可将金属器械在点燃的酒精棉球或酒精灯上直接烧烤（火焰灭菌对金属器械损害较大，非特殊情况下一般不采用）。

5. 干热灭菌法

将被灭菌物品摆放在器械盘内，放入电热干燥箱中，玻璃器皿可直接放入干燥箱。使用温度100～150℃，维持30min，取出冷却后使用。

四、手术场所的选择与消毒

（一）手术室的基本要求

①有足够的面积；②良好的排水系统；③有良好的照明设备；④配备手术台、保定架及保定绳。

（二）手术室的消毒

1. 人工紫外线灯照射消毒

仅用于空气的消毒，可明显减少空气中细菌的数量，同时也可杀灭物体表面上附着的微生物。市售的紫外线灯有15W和30W，可以悬吊也可挂在墙壁上，使用比较方便。一般在手术室非手术时间开灯2h，有明显的杀菌作用。但光线照射不到之处则无杀菌作用，照射距离以1m以内最好。

2. 化学药物熏蒸消毒

这类方法效果可靠，消毒彻底。首先应对手术室进行清洁扫除，然后将门窗关闭，做到较好的密封，然后再施以消毒药的蒸气熏蒸。

（1）甲醛熏蒸法

① 福尔马林加热法。含 40%甲醛的福尔马林是一种液体。在一个抗腐蚀的容器中（多用陶瓷器皿）加入适量的福尔马林，在容器的下方直接用热源加热，使其蒸汽持续熏蒸 4h，可杀灭细菌芽孢、细菌繁殖体、病毒和真菌等。由于是蒸发的气体消毒，故消毒彻底可靠。使用时取 40%甲醛水溶液，每立方米的空间用 2mL，加入等量的水，就可以加热蒸发。

② 福尔马林加氧化剂法。按计算量准备好所需的 40%甲醛溶液，放置于耐腐蚀的容器中，按其毫升数值的一半称取高锰酸钾粉。使用时，将高锰酸钾粉直接小心地加入甲醛溶液中，然后人员立刻退出手术室，数秒钟之后便可产生大量烟雾状的甲醛蒸气，消毒持续 4h。

（2）乳酸熏蒸法

乳酸用于消毒室内的空气早已被人们所知。使用乳酸原液 10～20mL/100m^3，加入等量的水加热蒸发，加热持续 60min，效果可靠。乳酸的沸点为 122℃，实验证明，乳酸在空气中的浓度为 0.004mg/L 时，持续 40s，可以杀死唾液飞沫中链球菌，有效率达 99%，但若浓度偏低，而小于 0.003mg/L 时，其杀菌的效果显著降低。但若浓度偏高时，即会有明显的刺激性。此外，空气中的湿度也应注意，以相对湿度为 60%～80%时为佳，如果低于 60%，则效果不会太好。

（三）临时性手术场地的消毒

1）在牧区，去势马匹多在野外草地上进行。应先捡净石块，填平坑洼，除去污物（马粪等），喷洒 2%来苏儿溶液或其他消毒液进行消毒。

2）在农区，多在院内或选择冬季背风向阳、夏季阴凉处施术。必须将地面清扫，洒水压尘，用 2%来苏儿溶液或其他消毒液进行消毒场地。

任务2 麻 醉

麻醉是用人为的方法（药物、针灸、电刺激等）使家畜局部或全身的感觉机能被抑制或改变神经体液的活动，从而导致家畜暂时性的局部感觉迟钝或丧失，直至伴有肌肉松弛的全身知觉的完全消失。

麻醉能够安全有效地消除家畜的痛觉，使家畜对手术不加反抗，为手术创造良好条件。所以麻醉能简化保定方法、节省人力、便于手术操作，给无菌手术操作创造条件，避免人畜的意外损伤及避免手术的不良刺激，防止外伤性休克。

兽医临床麻醉的种类及方法较多，可分为局部麻醉、全身麻醉、电针麻醉、激光麻醉、针灸麻醉等。但临床上局部麻醉和全身麻醉较为常用。

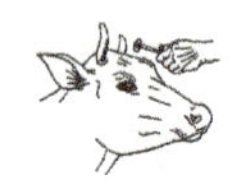

一、局部麻醉

局部麻醉是利用某些药物选择性地暂时阻断神经末梢、神经纤维以及神经干的冲动传导，从而使其分布或支配的相应局部组织暂时丧失痛觉的一种麻醉方法。

（一）常用的局部麻醉药

1. 盐酸普鲁卡因

本品注入组织后1～3min出现麻醉，一次量可维持0.5～1h。本品穿透黏膜力量弱，不宜作表面麻醉。临床上应用 0.5%～1%进行局部浸润麻醉，2%～5%的作传导麻醉；2%～3%作脊髓麻醉；4%～5%进行关节内麻醉。

2. 盐酸利多卡因

本品局部麻醉强度和毒性在1%浓度以下时，与普鲁卡因相似，在2%浓度以上时，其麻醉强度增强至2倍，并有较强的穿透力和扩散性，作用出现的时间快。能持久，一次给药量可维持1h以上。所用浓度：局部浸润麻醉0.25%～0.5%；神经传导麻醉2%；表面麻醉2%～5%，硬膜外麻醉为2%。

3. 盐酸丁卡因

本品麻醉作用强、作用迅速，并具有较强的穿透力，最常用于表面麻醉。毒性比普鲁卡因大12～15倍，麻醉强度大10倍，表面麻醉强度比利多卡因大10倍，点眼时不散大瞳孔，不妨碍角膜愈合，因此该药常用于表面麻醉，可用1%～2%溶液。

（二）常用局部麻醉方法

1. 表面麻醉

将局部麻醉药滴、涂布或喷洒于黏膜表面，利用麻醉药的渗透作用，使其透过黏膜而阻滞浅在神经末梢产生的麻醉，称表面麻醉。眼结膜和角膜用0.5%丁卡因或2%利多卡因；鼻、口腔、直肠黏膜用1%～2%丁卡因或2%～4%利多卡因；每隔5min用药一次，共2～3次。一般通过将局部麻醉药滴入、涂抹、填塞或喷雾等方法使药液作用于局部组织黏膜而达到麻醉效果。

2. 浸润麻醉

沿手术切口线皮下注射或深部分层注射，阻滞神经末梢，称局部浸润麻醉。常用浓度为 0.5%～1%盐酸普鲁卡因、0.25%～0.5%盐酸利多卡因。麻醉方法是先将针头插至所需深度，然后边退边推药液。根据需要麻醉方法有直线浸润、菱形浸润、扇形浸润、锥形浸润、分层浸润（图6-2-1～图6-2-5）。

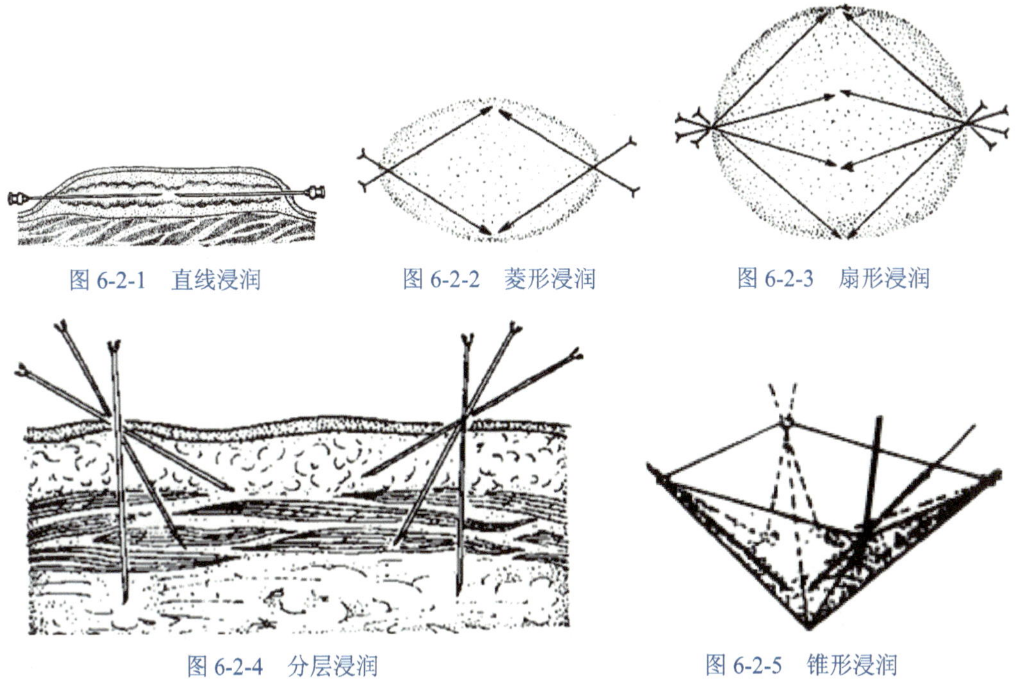

图 6-2-1 直线浸润　图 6-2-2 菱形浸润　图 6-2-3 扇形浸润

图 6-2-4 分层浸润　图 6-2-5 锥形浸润

3. 传导麻醉

将局部麻醉药注射在神经干周围，使其所支配的区域失去痛觉，称为传导麻醉。其优点是使用少量麻醉药产生较大区域的麻醉。

（1）牛角根神经传导麻醉

头部确实保定后，在角根与眶上突连线中点（图 6-2-6），于额骨外侧嵴之下，角动脉之上方，垂直刺入 1～2cm，注入 3%～4%盐酸普鲁卡因 10mL。可用于角折修补术。

（2）马眼神经传导麻醉（球后麻醉）

在眶下缘外 1/3 与内 1/3 交界处（图 6-2-7），用 12～15cm 长的眼封闭针先刺入皮下，注入 2%盐酸普鲁卡因 1mL，再沿眶壁垂直刺入约 2cm，然后将针头略向眶上方推进，当针头到达直肌间筋膜时有少许阻力，穿过后有落空感，再继续进针 3cm，回抽注射器无血，即可注入 2%盐酸普鲁卡因 5～10mL，退针时，用棉球紧压针旁皮肤，拔出针头后继续压片刻，防止出血。然后用手心轻轻按压眼球，利于药液扩散，防止眼压升高（牛眼神经传导麻醉可参考马眼神经传导麻醉）。

（3）眶下神经传导麻醉

马：在鼻颌切迹至面嵴前端引直线，在此线中点向后上方约 2cm 可摸到眶下孔（图 6-2-8），此处前毛消毒后将上唇有提肌向上推开，针头确实刺入眶下孔，注入 3%～4%盐酸普鲁卡因 10mL。可用于上颌窦、鼻腔手术及拔牙术。

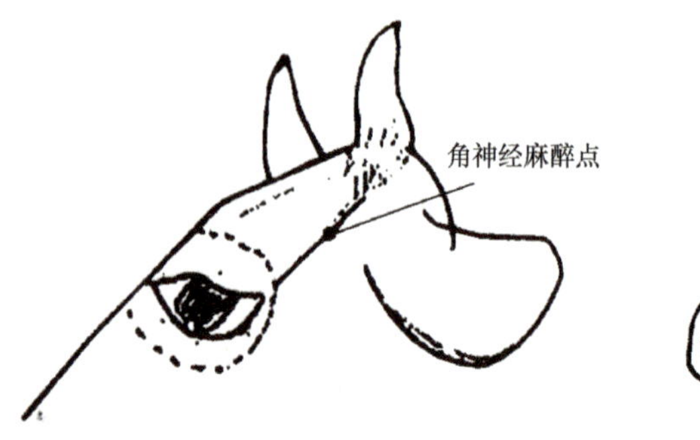

图 6-2-6 牛角神经传导麻醉

图 6-2-7 马眼神经传导麻醉

牛：在鼻颌切迹至面嵴上端或鼻颌切迹与上颌第一前臼齿前缘作一假想线，在此连线中点附近摸到眶下孔（图 6-2-9），局部常规处理后将针头略向上方刺入 3～4cm，注入 3%～4%盐酸普鲁卡因 10mL。常用于豁鼻修补术。

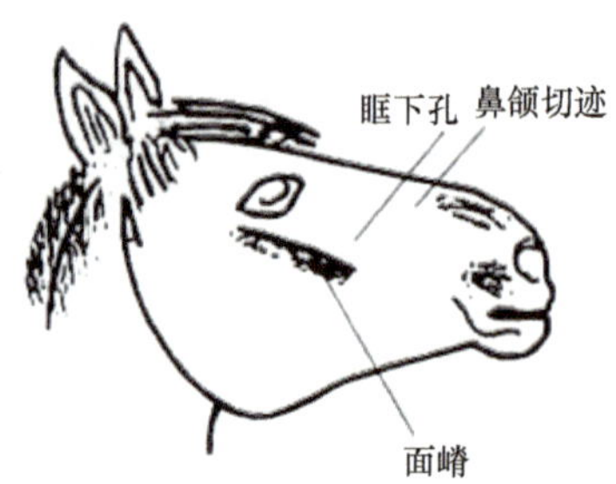

图 6-2-8 马眶下孔位置

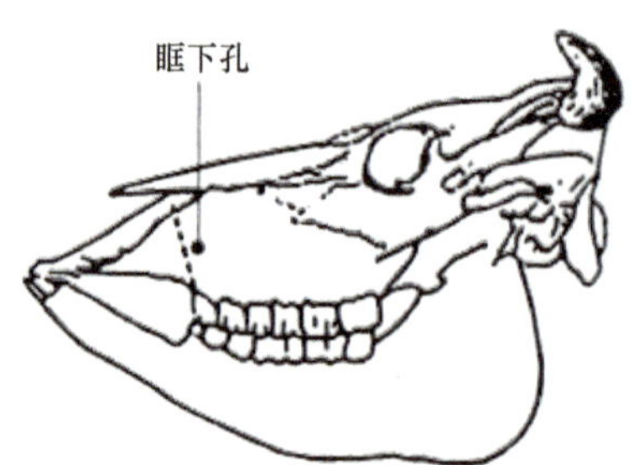

图 6-2-9 牛眶下孔位置

（4）腰旁神经传导麻醉

牛马腹腔手术的主要术部是髂部。此部的前界是最后肋骨，后界为髋结节前缘，上界是腰椎横突。该区域主要由三条较大的神经分布，即最后肋间神经（最后胸神经的腹支）、髂下腹神经（第 1 腰神经的腹支）、髂腹股沟神经（第 2 腰神经的腹支）。腰旁神经传导麻醉就是麻醉上述三条神经，常用于腹壁手术。牛、马分加紧有三个注射点。

马腰旁与椎旁神经传导麻醉：最后肋间神经注射点于第 1 腰椎横突起游离端前角下方，先刺入皮下注射少量麻醉剂，再继续进针直到横突骨面，再将针由前角前移沿骨缘向下刺入 0.5cm 左右，注入 3%～4%盐酸普鲁卡因 10mL；髂下腹神经注射点于第二腰椎横突起游离端后角下方，皮下注射少量麻醉剂，再继续进针直到横突骨面，再将针由后角后移沿骨缘向下刺入 0.5cm 左右，注入 3%～4%盐酸普鲁卡因 10mL；髂腹股沟神经注射点于第 3 腰椎横突起游离端后角下方，以髂下腹神经麻醉同样操作方法麻醉（图 6-2-10）。

牛腰旁与椎旁神经传导麻醉：最后肋间神经和髂下腹神经的注射点与马相同，髂腹股沟神经注射点是第 4 腰椎横突起游离端前角下方，操作方法及麻醉剂量与马相同。注射 15min 产生麻醉（图 6-2-11）。

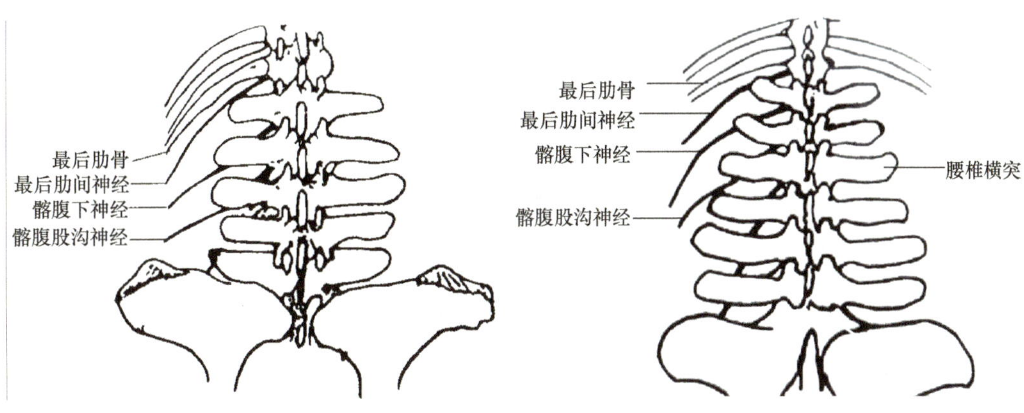

图 6-2-10　马腰椎横突与神经位置的关系　　图 6-2-11　牛腰椎横突与神经位置的关系

4. 脊髓麻醉

将局部麻醉药注射到椎管内，阻滞脊神经的传导，使其所支配的区域无痛觉，称脊髓麻醉。根据局部麻醉药液注入椎管内的部位不同，又可分为硬膜外腔麻醉和蛛网膜下腔麻醉两种（图 6-2-12）。在兽医临床上，目前仍多采用硬膜外腔麻醉，很少采用蛛网膜下腔麻醉。

（1）硬膜外腔麻醉

将局部麻醉药注射到硬膜外腔，阻滞脊神经的传导，使其所支配的区域无痛觉，这种麻醉方法称为硬膜外麻醉。根据注射部位不同可分为第一、二尾椎间隙硬膜外腔麻醉、荐尾间隙硬膜外腔麻醉（马、牛狭窄）、腰荐间隙硬膜外腔麻醉（百会穴）。在此三个部位中最常用的是第一、二尾椎间隙（图 6-2-13）。操作方法是一手上下摇动尾巴，另一手指按压在尾根部，活动最明显处为注射点，局部剪毛消毒，将针头垂直刺透皮肤，呈 45°～60°角倾斜向前下方刺入 2～4cm，当刺透弓间韧带时阻力消失，然后接上注射器回抽无血即可注入局部麻醉药物。药量决定麻醉范围，剂量大时，可使后肢站立不稳。常用剂量为 2%～3%盐酸普鲁卡因或 2%～3%盐酸利多卡因 10～20mL，在采取站立保定时，剂量一般不超过 10mL。适用于难产救助及尾、会阴、阴道、直肠、膀胱等手术。倒卧手术使用大剂量，2%盐酸普鲁卡因 20~100mL，可用于剖宫产、胃肠手术、乳房手术等。

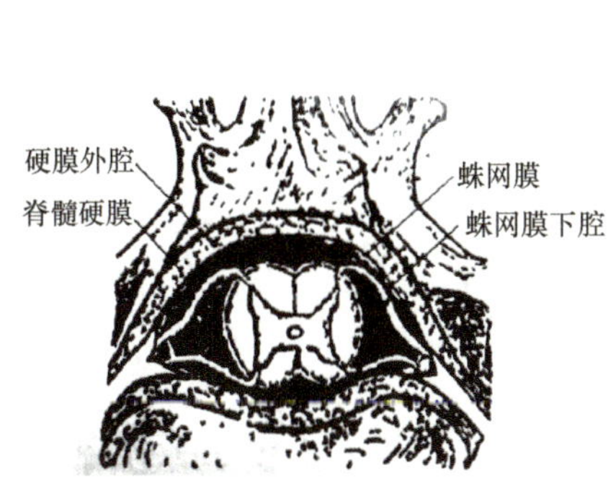

图 6-2-12　马脊髓横断面

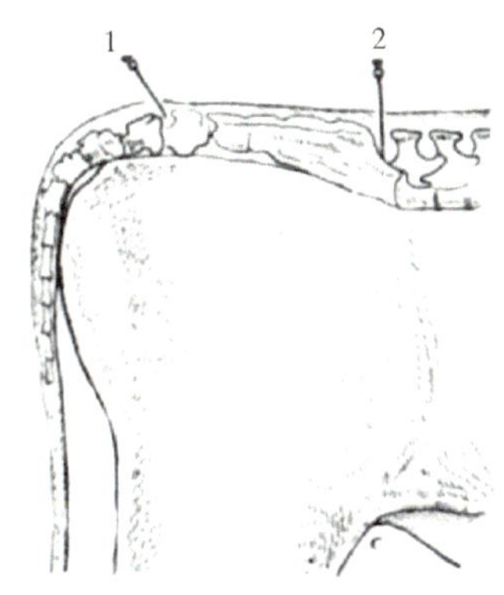

图 6-2-13　腰荐间隙、尾椎间隙硬膜外腔麻醉部位

1. 第一、二尾椎间隙刺入点；2. 腰荐间隙刺入点

（2）蛛网膜下腔麻醉

穿刺点取腰荐间隙，局部剪毛消毒，用腰穿针经皮肤穿透棘上韧带和弓间韧带后，再向深部进针，穿过硬膜和蛛网膜有二次落空感，抽出针芯，有脊髓液流出。若见不到，可用注射器抽出（轻抽），有脊髓液抽出时，说明正确，此时即可注入麻醉药物。蛛网膜下腔麻醉操作不便且易损伤脊髓，一般不采用。适应症同硬膜外腔麻醉。

（3）注意事项

注射时应严格消毒，防止脊髓感染。注意注射药液的温度及注射速度。一次性快速注入大量冷药液，或引起呼吸促迫、角弓反张等反应。注射大量药液时要保持动物前高后低姿势，防止药液向前扩散，作用到脊髓胸段，引起血压下降，呼吸困难，甚至死亡。注射时进针要谨慎，防止损伤脊髓。

二、全身麻醉

利用全身麻醉药物对中枢神经系统产生广泛的抑制作用，从而使机体的意识、感觉、反射和肌肉张力出现暂时的部分丧失或全部丧失的一种麻醉方法。

（一）麻醉分期

中枢神经系统各部位对麻醉药的敏感程度不同，随着血药浓度的变化，中枢的各个部位出现不同程度的抑制，最先麻醉是大脑皮层，依次是间脑、中脑、脑桥、脊髓、延髓，因而出现不同的麻醉时期。为了取得满意的麻醉效果，避免意外事故，一般将全身麻醉分为四期。

1. 第一期为镇痛期（随意运动期）

第一期指从麻醉给药开始，到意识消失为止。此期较短，不易察觉，也没有显著的临床意义。主要是抑制网状结构上行激活系统与大脑皮层感觉区。

2. 第二期为兴奋期（不随意运动期）

第二期指从意识丧失开始，此期因血中药物浓度升高，大脑皮层功能抑制加深，失去对皮层下中枢的调节与抑制作用，因此动物表现不随意运动。兴奋期有一定危险，易发生意外事故，不宜进行任何手术。镇痛期与兴奋期合称麻醉诱导期。

3. 第三期为外科麻醉期

第三期指从兴奋转为安静、呼吸由不规律转为规律开始，麻醉进一步加深，间脑、中脑和脑桥受到不同程度的抑制，脊髓机能由后向前逐渐被抑制，但延髓中枢机能仍保持。根据麻醉深度分为浅麻醉期和深麻醉期。兽医临床一般宜在浅麻醉期进行手术。

4. 第四期为麻痹期（中毒期）

第四期指从呼吸肌完全麻痹至循环完全衰竭为止。外科麻醉禁止达到此期。

麻醉的苏醒按麻醉相反的顺序进行，在完成手术后，应使苏醒过程尽量缩短，以减少在苏醒过程中的动物挣扎所造成的意外损伤。

（二）麻醉方式

为了克服全麻药的不足，减少麻醉药用量，增强麻醉效果，减少毒副反应，增加麻醉安全性，扩大麻醉药应用范围，常采用以下几种联合用药的方式进行复合麻醉。

1. 麻醉前给药

在使用全麻药前，先给一种或几种药物，以减少麻醉药的副作用或增强麻醉药的效果。如麻醉前给予阿托品，能减少呼吸道黏膜腺体和唾液腺的分泌，避免干扰呼吸机能；给予琥珀胆碱，在获得满意的肌肉松弛效果后，便于手术操作。

2. 混合麻醉

将几种麻醉药混合在一起使用，以减少每种药的使用剂量，增强麻醉强度和降低毒性。如水合氯醛硫酸镁注射液、水合氯醛酒精注射液。

3. 配合麻醉

此法为以全身麻醉药为主，局部麻醉药为辅的相互配合麻醉。如先用水合氯醛达到浅麻醉，再用盐酸普鲁卡因在术野进行局部麻醉，可减少水合氯醛的用量及毒性，从而顺利地进行手术。

4. 基础麻醉

先用一种麻醉药造成浅麻醉，作为基础，再用其他药物维持麻醉深度，可减轻麻醉药不良反应及增强麻醉效果。

（三）根据麻醉强度，全身麻醉分为深麻醉、浅麻醉

1. 浅麻醉

给予少量麻醉药，使动物入睡，反射活动减弱或部分丧失、肌肉轻微松弛。

2. 深麻醉

反射活动消失，肌肉松弛、深睡。

（四）根据麻醉剂的应用方法，全麻分为吸入麻醉和非吸入麻醉

1. 吸入麻醉

吸入麻醉是将挥发性麻醉剂如乙醚、氧化亚氮、安氟醚、异氟醚、氟烷等经动物呼吸道吸入体内，从而产生麻醉作用的方法。

2. 非吸入麻醉

方法较多，根据麻醉药物的使用方法不同非吸入麻醉分为静注麻醉、肌注麻醉、内

服麻醉、直肠麻醉、椎管麻醉等。

（五）全身麻醉的注意事项

1）麻醉前要检查动物的体况，对于极度衰弱、患有严重呼吸器官、肝脏和心血管系统疾病的动物以及妊娠母畜，不宜作全身麻醉。

2）要根据动物种类和手术需要，选择适宜的全麻药和麻醉方式。一般来说，马属动物和猪对全麻药比较耐受，但对巴比妥类有时可引起明显的兴奋；反刍动物在麻醉前，宜停饲12h以上，不宜单用水合氯醛作全身麻醉，多以水合氯醛与普鲁卡因作配合麻醉。

3）严格掌握麻醉药物的剂量。

4）麻醉过程中注意观察动物的呼吸、心跳及瞳孔的变化，并经常观察角膜反射和肛门反射。如发现瞳孔突然散大、呼吸困难、脉搏微弱、心律紊乱时，应立即停止麻醉，注射中枢兴奋药，并进行对症治疗。

5）麻醉苏醒期间，要注意护理，防止摔伤，禁止食料与饮水。

（六）全身麻醉药

1. 水合氯醛

［理化性质］为无色透明的结晶。有刺激性臭味，味微苦，有挥发性和引湿性，易溶于水和乙醇。遇热、碱、日光能分解产生三氯醋酸与盐酸。应遮光、密封保存。

［药动学］本品口服及灌肠易吸收，能迅速分布脑内和其他组织等。大部分在体内被还原为麻醉作用较弱的三氯乙醇，然后在肝脏与葡萄糖醛酸结合生成氯醛尿酸由尿排出，仅有少量直接以原形随尿排出。

［药理作用］水合氯醛及其初级产物三氯乙醇对中枢有抑制作用，主要是抑制脑干网状结构上行激活系统，降低反射机能。小剂量产生镇静；中等剂量产生催眠，但对呼吸中枢有一定的抑制作用；大剂量产生麻醉与抗惊厥。超过浅麻醉量能抑制延髓呼吸中枢、血管运动中枢及心脏活动而发生中毒甚至死亡。因此，本品不是一个理想的全麻药。

水合氯醛能降低新陈代谢，抑制体温中枢。对局部组织还有强刺激性，内服5%以上溶液即能使胃肠黏膜发生炎症，静注时漏出血管外则引起静脉周围炎，甚至坏死。

［临床应用］①作麻醉药：主要用于马、猪、狗的浅麻醉和基础麻醉。牛、羊应用易导致腺体大量分泌与瘤胃膨胀，故应慎用，且在应用前注射阿托品；②作镇静、镇痛、解痉药：用于疝痛、子宫直肠脱出、脑炎、破伤风、士的宁中毒等。

［注意事项］①本品刺激性大，静注时不可漏出血管，内服或灌注时，宜用10%的淀粉浆配成5%～10%的浓度；②静注时，先注入2/3的剂量，余下1/3剂量应缓慢注入，待动物出现后躯摇摆、站立不稳时，即可停止注射并助其缓慢倒卧；③有严重心、肝、肾脏疾病的病畜禁用；④因抑制体温中枢，使体温下降1～3℃，故在寒冷季节应注意保温。

［制剂、用法与用量］

水合氯醛粉一次量，内服（镇静），马、牛10～25g，猪、羊2～4g，犬0.3～1g；

内服（催眠），马 30～60g，牛 15～30g，猪 5～10g，黑熊 85g；灌肠（催眠），马、牛 20～50g；猪、羊 5～10g。静注（催眠），一次量，每千克体重，马 0.08～0.2g，水牛、猪 0.13～0.18g，骆驼 0.1～0.11g。

水合氯醛硫酸镁注射液 50mL、100mL。为含水合氯醛 8%、硫酸镁 5%、0.9%氯化钠的灭菌水溶液。静注（镇静），一次量，马 100～200mL，静注（麻醉）200～400mL。

水合氯醛酒精注射液 100mL、250mL。为含水合氯醛 5%、乙醇 15%的灭菌水溶液。静注（镇静、抗惊厥），马、牛 100～200mL；静注（麻醉），马、牛 300～500mL。

2. 盐酸氯胺酮

[理化性质] 为白色结晶性粉末，无臭。易溶于水，水溶液呈酸性（pH4.0～5.5），在热乙醇中溶解。密封保存。

[药动学] 氯胺酮吸收后首先大部分分布于脑组织，然后分布于其他组织，可通过胎盘屏障。猫、犊牛、马的消除半衰期为 1h。绝大部分在肝脏内迅速转化为苯环己酮而随尿排出，故作用时间短。代谢产物也有轻度的麻醉作用。

[作用与应用] 氯胺酮不是抑制整个中枢神经系统，而是抑制皮层前额大脑的联络径路和丘脑新皮层系统，凭借强有力的镇痛作用，使动物进入浅麻状态，此时痛觉完全消失；同时又兴奋网状结构与大脑边缘系统，使边缘叶出现觉醒波，来自脊髓丘脑的传导并未完全停止。引起这种感觉（主要指痛觉）消失，而意识模糊存在的状态称为分离麻醉。动物表现意识模糊、对环境刺激无反应、痛觉消失、眼球凝视或转动，骨骼肌张力增加，呈木僵状态。

[临床应用] 临床上用于马、牛、猪、羊、野生动物的基础麻醉和化学保定，但仅能用于与肌松无关的小手术，也可与水合氯醛、二甲苯胺噻唑进行混合麻醉。多以静脉注射给药，作用快且维持时间短。如马以 1mg/kg 体重静注，约 1min 奏效，药效维持 10min；牛以 8mg/kg 体重静注，药效维持 10～20min。

[制剂、用法与用量]

盐酸氯胺酮注射液 2mL∶0.1g。静注，一次量，每千克体重，马、牛 2～3mg，猪、羊 2～4mg。肌内注射，每千克体重，猪、羊 10～15mg，熊 8～10mg，鹿 10mg，猴 4～10mg，水貂 6～14mg。

3. 巴比妥类

巴比妥类药物系巴比妥酸的衍生物，能抑制脑干网状结构上行激活系统，具有镇静、催眠、抗惊厥和麻醉作用。根据作用时间的长短，分为长效（苯巴比妥钠）、中效（异戊巴比妥钠）、短效（戊巴比妥钠）和超短效（硫喷妥钠）四种类型。

4. 苯巴比妥

[理化性质] 其钠盐为白色结晶性颗粒或粉末。无臭，味微苦，有引湿性。易溶于水，可溶于乙醇。

[药动学] 本品内服、肌内注射均易吸收，分布各组织及体液中，但以肝、脑浓度

最高。由于本品脂溶性低，透过血脑屏障速率也很低，故见效慢。内服后 1～2h，肌内注射后 20～30min 见效。一次静注犬半衰期 92.6h，马 28h，驹 12.8h，反刍动物体内代谢快。因在肾小管内可部分重吸收，故消除慢。

［作用与应用］本品属长效巴比妥类药物。具有抑制中枢神经系统的作用，随剂量由小到大可产生镇静、催眠、抗惊厥和麻醉作用，尤其抗惊厥较为明显，甚至在低于催眠剂量时即可产生抗惊厥作用，这是因为本品对大脑皮层运动区有较强的抑制作用。临床上可用于减轻脑炎、破伤风等疾病引起的兴奋、惊厥以及缓解中枢神经过度兴奋引起的中毒症状。也可用于实验动物的麻醉。

［注意事项］用量过大抑制呼吸中枢时，可用安钠咖、尼可刹米等中枢兴奋药解救；肾功能障碍的患畜禁用；苯巴比妥钠盐药液呈碱性，禁与酸性药液配伍，以免发生沉淀。

［制剂、用法与用量］

苯巴比妥片 15mg、30mg、100mg。内服，一次量，每千克体重，用于治疗轻微癫痫，犬、猫 6～12mg，每天 2 次。

注射用苯巴比妥钠 0.1g、0.5g。肌内注射，用于镇静、抗惊厥，一次量，每千克体重，羊、猪 0.25～1g；马、牛 10～15mg，犬、猫 6～12mg。用于治疗癫痫状态，每千克体重，犬、猫 6mg，隔 6～12h 一次。

5. 戊巴比妥

［理化性质］其钠盐为白色结晶性颗粒或粉末。无臭，味微苦，有引湿性。极易溶于水，在乙醇中易溶，在乙醚中几乎不溶。水溶液呈碱性反应，久置易分解，加热分解更快。

［药动学］本品口服易吸收，吸收后迅速分布，易通过胎盘屏障，较易通过血脑屏障。主要在肝脏代谢失活，从肾脏排出。反刍动物代谢迅速，如绵羊血浆半衰期 1.11h，山羊半衰期 0.91h。

［作用与应用］本品属于短效巴比妥类药物。作用与苯巴比妥相似，只是显效快，维持时间较短，麻醉时间羊为 15～30min，狗为 1～2h。苏醒期长，一般需 6～18h 才能完全恢复，猫可长达 24～72h。主要用作中、小动物的全身麻醉；成年马、牛的复合麻醉（如戊巴比妥与水合氯醛、硫喷妥钠配伍，或与盐酸普鲁卡因等进行复合麻醉）；也可用作各种动物的镇静药、基础麻醉药、抗惊厥药，以及中枢神经兴奋药中毒的解救。

［不良反应］大剂量对呼吸中枢和心血管运动中枢有明显的抑制作用，减少血液中红、白细胞数，加快血沉，延长凝血时间。对肾脏也有一定的影响。

［制剂、用法与用量］

戊巴比妥钠注射液 0.1g。静注（麻醉），一次量，每千克体重，马、牛 15～20mg，羊 30mg，猪 10～25mg，犬 25～30mg；肌内、静注（镇静），每千克体重，马、牛、猪、羊 5～15mg。

6. 硫喷妥

［理化性质］其钠盐为乳白色或淡黄色粉末。有蒜臭，味苦。有引湿性，易溶于水，水溶液不稳定，放置后徐徐分解。煮沸时产生沉淀。

［药动学］硫喷妥钠静注后，迅速分布于脑、肝、肾等组织，最后蓄积于脂肪组织内。因其脂溶性高，极易通过血脑屏障，也能通过胎盘屏障。脑中的药物浓度随即迅速降低，故作用时间短。硫喷妥钠在肝脏经脱氢脱硫后形成无作用的巴比妥酸，由尿排出。

［作用与应用］本品属于超短效巴比妥类药物。静脉注射后动物迅速进入麻醉状态，持续时间很短，如犬每千克体重静注 15～17mg，可持续 7～10min 麻醉；静注 18～22mg，可持续 10～15min。麻醉诱导期（仅持续 0.5～3min）和苏醒期也较短。加大剂量或重复给药，可增强麻醉强度和延长麻醉时间。临床上用作牛、猪、犬的全麻药或基础麻醉药以及马属动物的基础麻醉药。此外，本品的抗惊厥作用较戊巴比妥强，作抗惊厥药，用于中枢兴奋药中毒、脑炎、破伤风的治疗。由于硫喷妥钠作用持续时间过短，临床使用时应及时补给作用时间较长的药物。

［注意事项］反刍动物在麻醉前需注射阿托品，以减少腺体分泌；肝、肾功能不全时禁用；若导致呼吸和血液循环抑制时，可用戊四氮等解救。

［制剂、用法与用量］

注射用硫喷妥钠 0.5g、1g。静注，一次量，每千克体重，马 7.5～11mg，牛 10～15mg，犊牛 15～20mg，猪、羊 10～25mg，犬、猫 20～25mg。临时用注射用水或生理盐水配成 2.5%溶液。

7. 速眠新（846）

解放军兽医大学军事兽医研究所和中国军事医学科学院合作研制的一种新的动物麻醉剂。每毫升含保定宁 60mg，双氢埃托啡 4μg，氟哌啶醇 2.5mg。目前，该麻醉剂已广泛应用于兽医临床，在犬麻醉诱导期常出现呕吐，为此在麻醉前 10～15min，应用阿托品。大动物的肌肉注射剂量（每 100kg 体重）为：马 1.5～2mL，牛、鹿 1.5mL。小动物的肌肉注射剂量（每千克体重）为：犬、羊 0.1mL，猫 0.25mL。

8. 隆朋（盐酸二甲苯胺噻嗪）

它具有中枢性镇静、镇痛和肌松作用，此药对反刍动物，特别是牛很敏感，用量小，作用迅速。该药现已广泛用于马、牛、羊、犬、猫、兔等多种动物。同时也有效地用于各种野生动物，做临床检查及各种手术，也用于许多动物的保定、运输等。临床上常以其盐酸盐配成 2%～10%水溶液供肌肉注射。各种动物的肌肉注射剂量（每千克体重）为：马 1.5～2.5mg，牛 0.1～0.3mg，水牛 1～2mg，羊 1～3mg，猪 2～3mg，犬 2～5mg，本品根据使用剂量的不同，可出现镇静、镇痛、肌肉松弛或麻醉作用。

9. 静松灵（二甲苯胺噻唑）

它是近年来我国自行合成的产品。通过药理实验和临床实践，表明本品有与隆朋相同的作用和特点。本品对反刍动物可引起明显的流涎，对犬科动物在麻醉诱导期可引起呕吐，为此，在给药前的 10～15min，注射阿托品。各种动物的肌肉注射剂量（每千克体重）为：马属动物 2～3mg，牛 0.2～0.3mg，山羊 0.4～0.5mg，犬、猫 1～2mg。

任务3 组织分离

一、常用的外科手术器械及其使用

外科手术器械是施行手术必需的工具。手术器械的种类、式样和名称虽然很多，但其中有一些是各类手术都必须使用的常用器械。熟练地掌握这些器械的使用方法，对于保证手术基本操作的正确性关系很大，它是外科手术的基本功。

常用的基本手术器械有手术刀、手术剪、手术镊、止血钳、持针钳、缝针、创巾钳、肠钳、牵开器、有沟探针等。

（一）手术刀

手术刀主要用于切开和分离组织，有固定刀柄和活动刀柄两种。活动刀柄手术刀，是由刀柄和刀片两部分构成。装刀方法是用止血钳或持针钳夹持刀片装置于刀柄前端的槽缝内（图 6-3-1）。

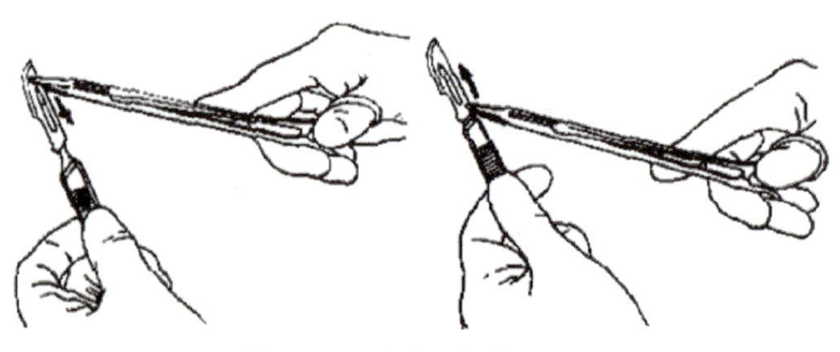

图 6-3-1 手术刀的装卸刀片

刀片有不同大小和外形，刀柄也有不同的规格，常用的刀柄规格为 4、6、8 号，这三种型号刀柄只安装 19、20、21、22、23、24 号大刀片；3、5、7 号刀柄安装 10、11、12、15 号小刀片。按刀刃的形状手术刀可分为圆刃手术刀、尖刃手术刀和弯形尖刃手术刀等（图 6-3-2）。

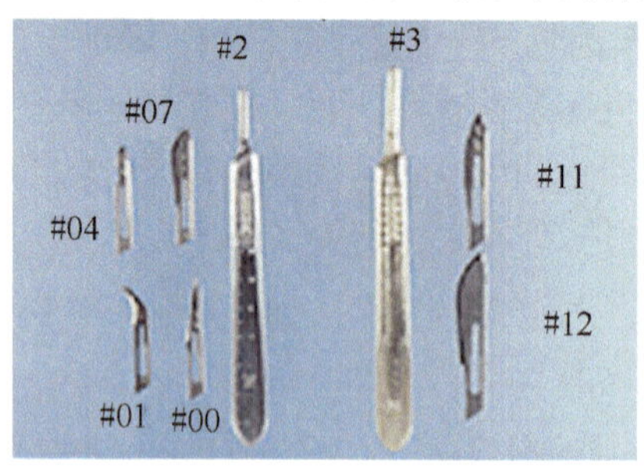

图 6-3-2 手术刀及刀片

执刀的方法必须正确，动作的力量要适当。执刀的姿势和动作的力量根据不同的需要有下列几种（图 6-3-3）：

1. 指压式（卓刀式）

指压式为常用的一种执刀法。以手指按刀背后 1/3 处，用腕与手指力量切割。适用于切开皮肤、腹膜及切断钳夹组织。

2. 执笔式

如同执钢笔，动作涉及腕部，力量主要在手指，需用小力量短距离精细操作，用于切割短小切口，分离血管、神经等。

3. 全握式（抓持式）

力量在手腕，用于切割范围广，用力较大的切开，如切开较长的皮肤切口、筋膜、慢性增生组织等。

4. 反挑式（挑起式）

反挑式即刀刃由组织内向外面挑开，以免损伤深部组织，如腹膜切开。

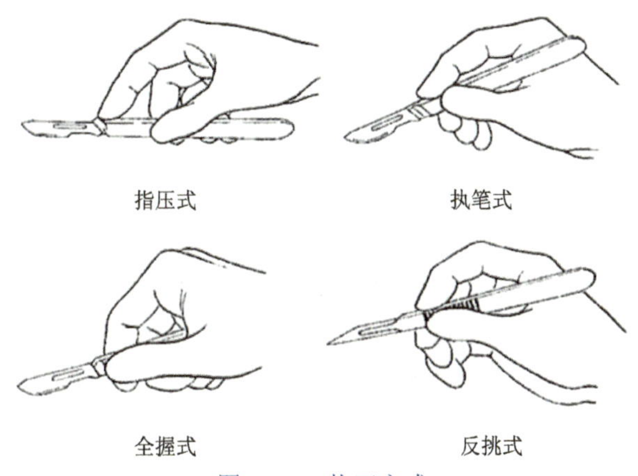

图 6-3-3　执刀方式

（二）手术剪

依据用途不同，手术剪可分为两种（图 6-3-4）：一种是沿组织间隙分离和剪断组织的，叫组织剪；另一种是用于剪断缝线，叫剪线剪。由于二者的用途不同，所以其结构和要求标准也有所不同。组织剪的尖端较薄，剪刃要求锐利而精细。为了适应不同性质和部位的手术，组织剪分大小、长短和弯、直几种，直剪用于浅部手术操作，弯剪用于深部组织分离，使手和剪柄不妨碍视线，从而达到安全操作之目的。剪线剪头钝而直，刃较厚，在质量和形式上的要求不如组织剪严格，但也应足够锋利，这种剪有时也用于剪断较硬或较厚的组织。

正确的执剪法是以拇指和无名指插入剪柄的两环内，但不宜插入过深；食指轻压在剪柄和剪刀交界的关节处，中指放在第四指环的前外方柄上，准确地控制剪的方向和剪开的长度，其他的执剪方法都有缺点，是不正确的（图 6-3-5）。

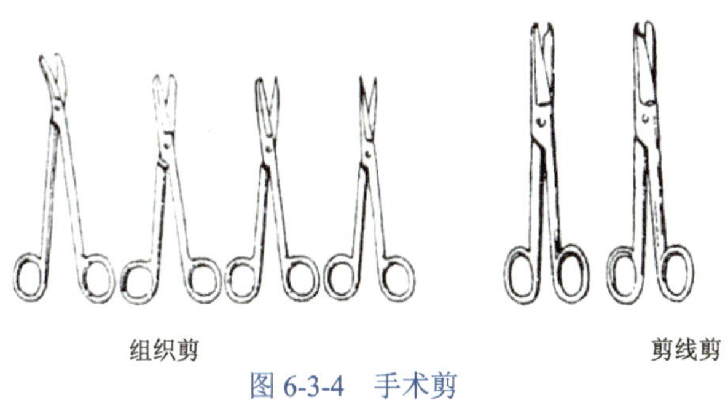

图 6-3-4　手术剪

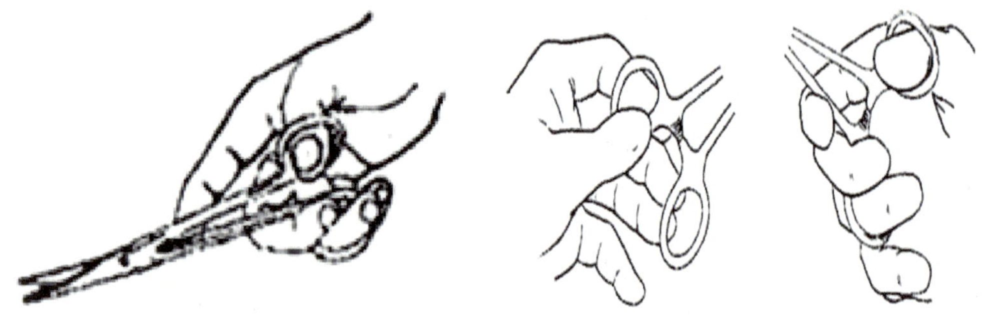
图 6-3-5 执剪法

（三）手术镊

手术镊用于夹持和提起组织，以利于解剖及缝合，也可夹持缝针及敷料等。手术镊有不同的长度，分有齿镊和无齿镊两种：①有齿镊：又叫组织镊，镊的尖端有齿，齿又分为粗齿与细齿，粗齿镊用于夹持较硬的组织，损伤性较大，细齿镊用于精细手术，如肌腱缝合、整形手术等。因尖端有钩齿，夹持牢固，但对组织有一定损伤。②无齿镊：又叫平镊或敷料镊。其尖端无钩齿，用于夹持脆弱的组织、脏器及敷料。浅部操作时用短镊，深部操作时用长镊，尖头平镊对组织损伤较轻，用于血管、神经手术。正确持镊是用拇指对食指与中指，执二镊脚中、上部，如图 6-3-6 所示。

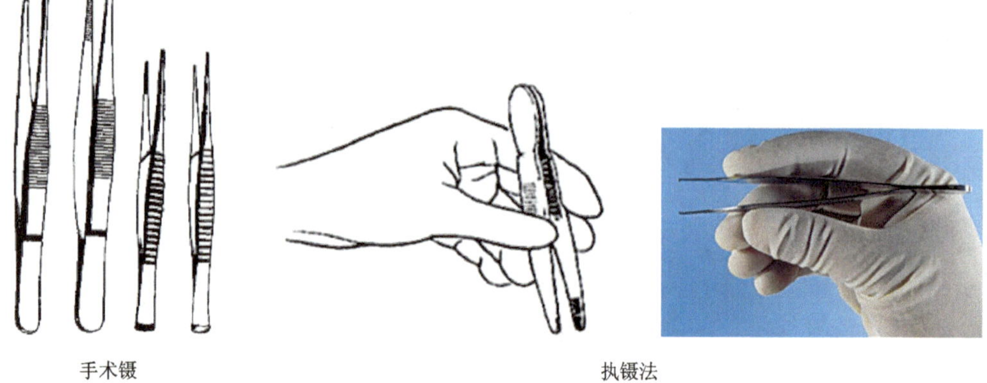
手术镊　　执镊法
图 6-3-6 手术镊与执镊法

（四）止血钳

止血钳又叫血管钳，主要用于夹住出血部位的血管或出血点，以达到直接钳夹止血，有时也用于分离组织、牵引缝线。止血钳一般有弯、直两种，并分大、中、小等型（图 6-3-7）。直钳用于浅表组织和皮下止血，弯钳用于深部止血，最小的一种蚊式止血钳，用于眼科及精细组织的止血。用于血管手术的止血钳，齿槽的齿较细、较浅，弹力较好，对组织压榨作用和对血管壁及其内膜的损伤亦较轻，称“无损伤”血管钳。止血钳尖端带齿者，叫有齿止血钳，多用于夹持较厚的坚韧组织。骨手术的钳夹止血亦多用有齿止血钳。

执拿止血钳的方式与手术剪相同（图 6-3-8）。松钳方法：用右手时，将拇指及第四指插入柄环内捏紧使扣分开，再将拇指内旋即可；用左手时，拇指及食指持一柄环，第三、四指顶住另一柄环，二者相对用力，即可松开。

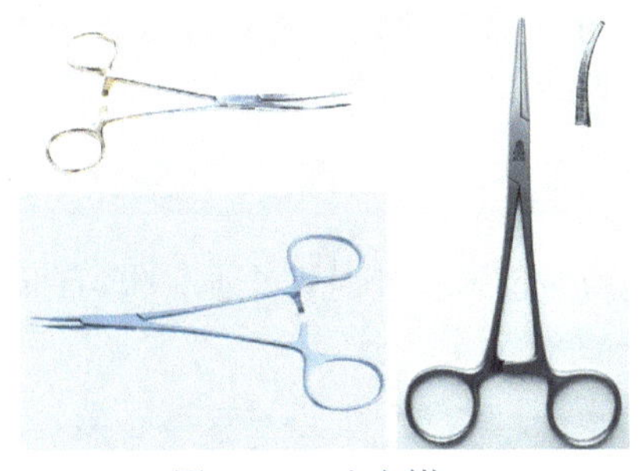

图 6-3-7 止血钳

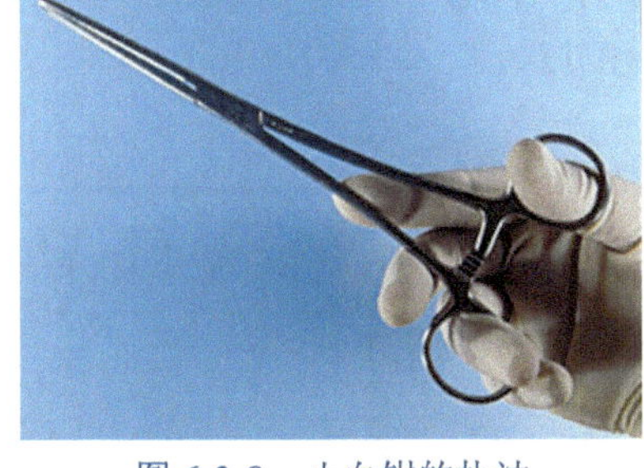

图 6-3-8 止血钳的执法

（五）牵开器

牵开器或称拉钩，用于牵开术部表面组织，加强深部组织的显露，以利于手术操作。根据需要牵开器有各种不同的类型，可分为手持牵开器和固定牵开器两种（图 6-3-9）。

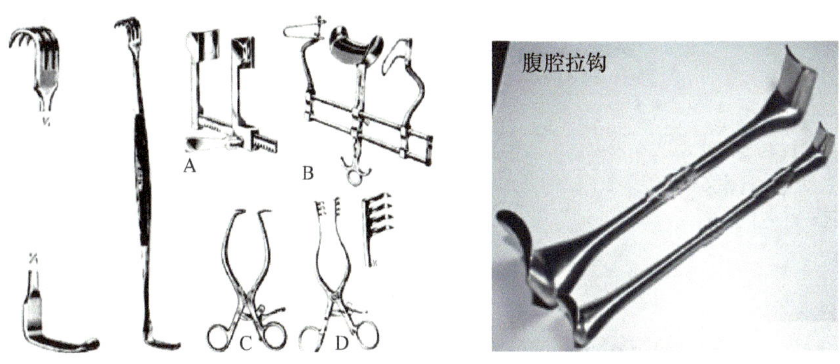

图 6-3-9 牵开器

A、B 为固定牵张器；C、D 为手持牵张器

（六）巾钳

巾钳用以固定手术巾。使用方法是连同手术巾一起夹住皮肤，防止手术巾移动，以及避免手或器械与术部接触（图 6-3-10 和图 6-3-11）。

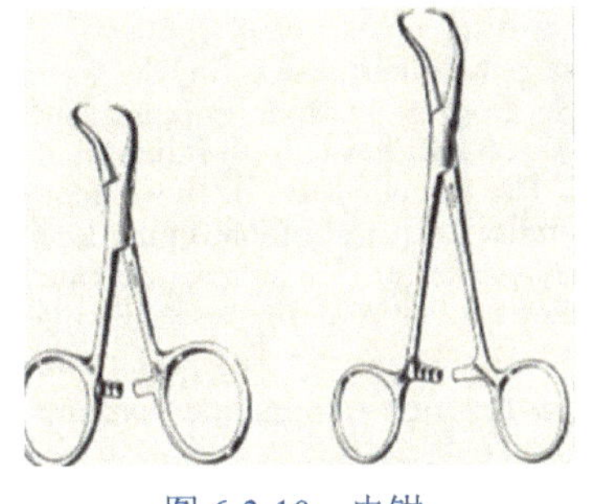

图 6-3-10 巾钳

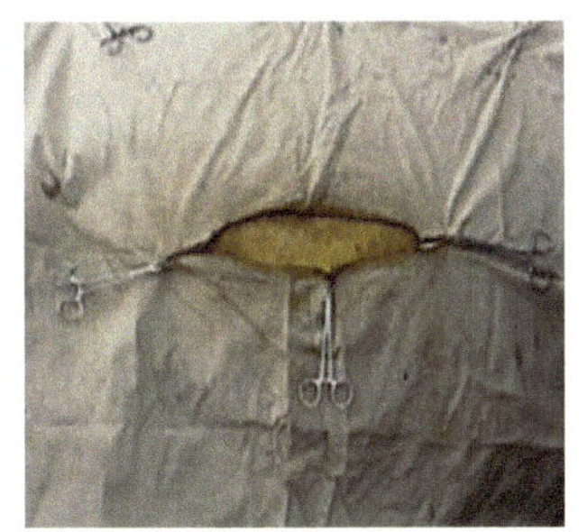

图 6-3-11 用巾钳固定创巾

（七）肠钳

肠钳用于肠管手术，以阻断肠内容物的移动、溢出或肠壁出血。肠钳结构上的特点是齿槽薄，弹性好，对组织损伤小，使用时须外套乳胶管，以减少对组织的损伤（图 6-3-12）。

（八）卵圆钳和舌钳

卵圆钳和舌钳用于子宫、胃壁创缘的固定或对创缘作暂时性止血，也可用牵拉软组织（图 6-3-13）。

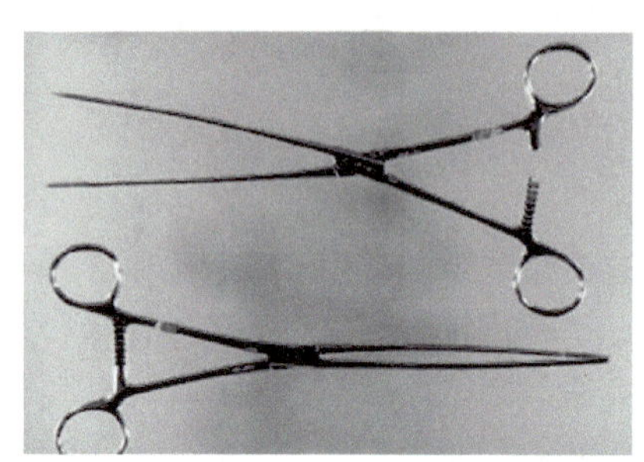
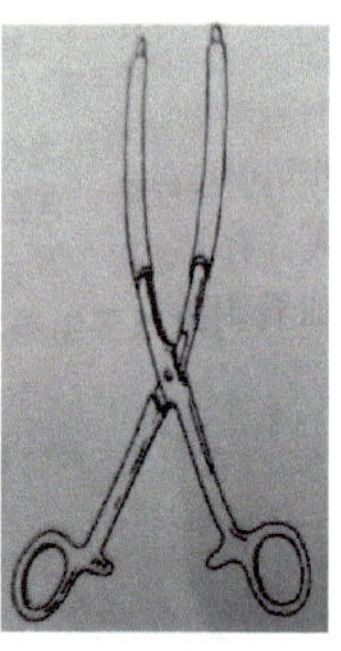

图 6-3-12　肠钳

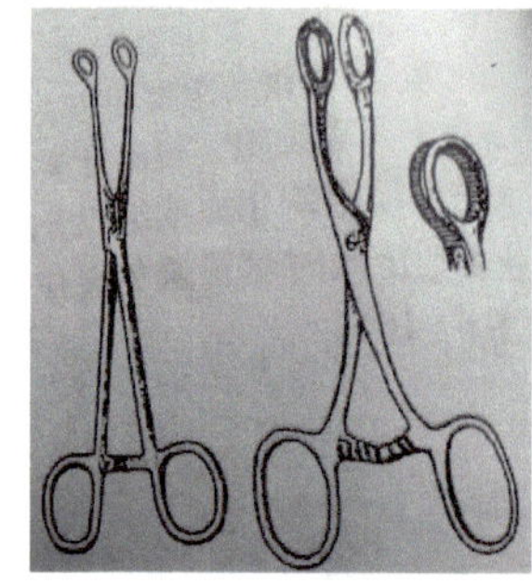

图 6-3-13　卵圆钳和舌钳

（九）探针

有沟探针用于引导切开腹膜，普通探针用于探查窦道方向、深浅等（图 6-3-14）。

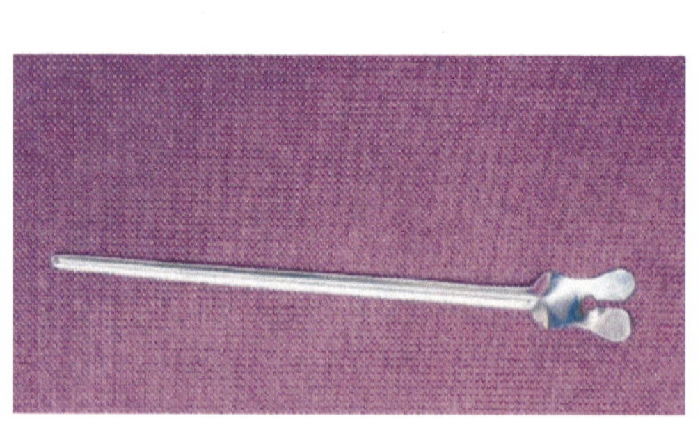
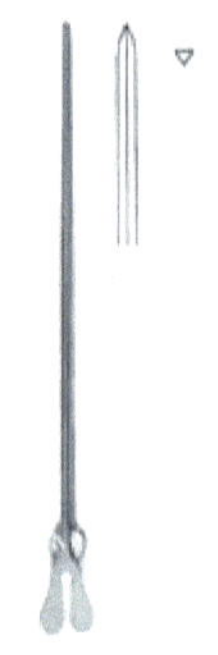

图 6-3-14　探针

（十）手术器械传递

在实施手术时，手术器械须按照一定的方法传递。器械的整理和传递是由器械助手负责，器械助手在手术前应将所用的器械分门别类依次放在器械台的一定位置上，传递时器械助手须将器械之握持部递交在术者或第一助手的手掌中。例如，传递手术刀时，器械助手应握住刀柄与刀片衔接处的背部，将刀柄端送至术者手中，切不可将刀刃传递给术者，以免刺伤。传递剪刀、止血钳、肠钳、持针钳等，器械助手应握住钳、剪的中

部，将柄端递给术者。在传递直针时，应先穿好缝线，拿住缝针前部递给术者，术者取针时应握住针尾部，切不可将针尖传递给操作人员（图6-3-15）。

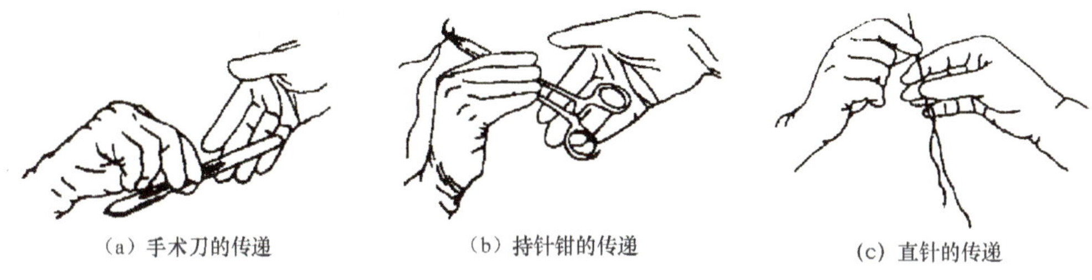

（a）手术刀的传递　（b）持针钳的传递　（c）直针的传递

图6-3-15　手术器械的传递

二、组织分离

组织分离就是利用机械的方法，根据局部解剖生理特点把完整的组织切开或分离开，以达到手术的目的。

根据组织性质不同，组织分离分为软组织分离和硬组织分离。软组织分离又分锐性分离和钝性分离。锐性分离是用锐利的刀或剪进行分离，常用于分离皮肤、肌肉、腱膜、鞘膜等，对组织损伤较少，宜在直视下进行，动作应精细准确。钝性分离是用血管钳、闭合的解剖剪、刀柄、手指及各种特殊用途的剥离器等分离疏松组织的方法。用于分离肌层、内脏粘连、肿瘤摘除等。

（一）软组织分离

1. 组织切开的原则

1）切口的部位、大小要适当，靠近病变部位，以最短的距离达到手术区， 便于显露病变组织或器官。

2）切开组织必须整齐，力求一次性切开，有利于缝合和愈合。

3）组织切开以分层切开法，要避免损伤大血管、神经以及腺体的输出管，以免影响术部的机能。

4）切口部位要选择在健康组织上，坏死组织及被感染的组织要充分切除干净。二次手术避免在伤疤上作切口，以免影响愈合。

5）切口要确保创液及渗出物顺利排出。

6）组织切开时，应根据组织的张力选择切开的方向，以免切口张力过大而难于缝合或影响愈合。

2. 较组织切开法

（1）皮肤切开法

① 紧张切开。由术者与助手用手在切口两旁或上、下将皮肤展开固定，或由术者用拇指及食指在切口两旁将皮肤撑紧并固定，刀刃与皮肤垂直，用力均匀地一刀切开所需长度和深度皮肤及皮下组织切口，必要时也可补充运刀，但要避免多次切

割，重复刀痕，以免切口边缘参差不齐，出现锯齿状的切口，影响创缘对合和愈合（图 6-3-16）。

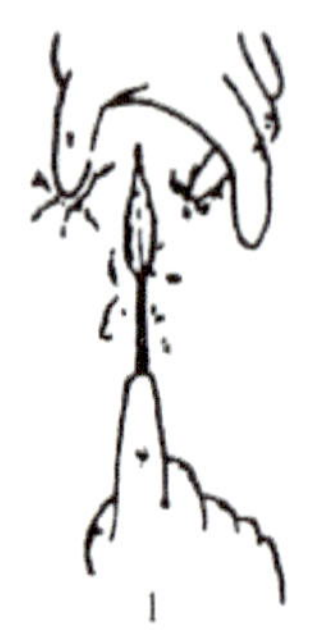

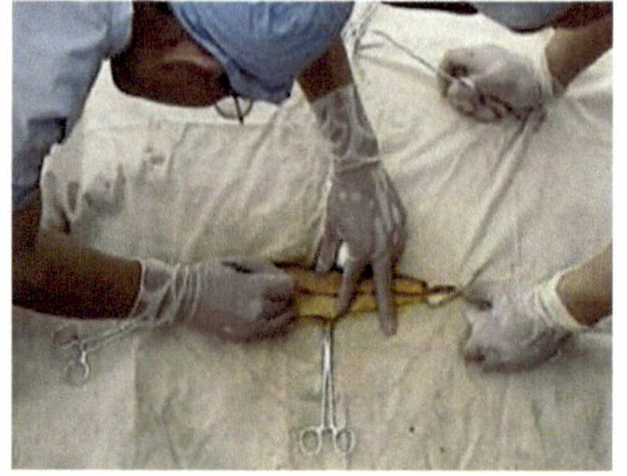

图 6-3-16 紧张切开

② 皱襞切开。在切口的下面有大血管、大神经、分泌管和重要器官，而皮下组织甚为疏松，为了使皮肤切口位置正确且不误伤其下部组织，术者和助手应在预定切线的两侧，用手指或镊子提拉皮肤呈垂直皱襞，并进行垂直切开（图 6-3-17）。

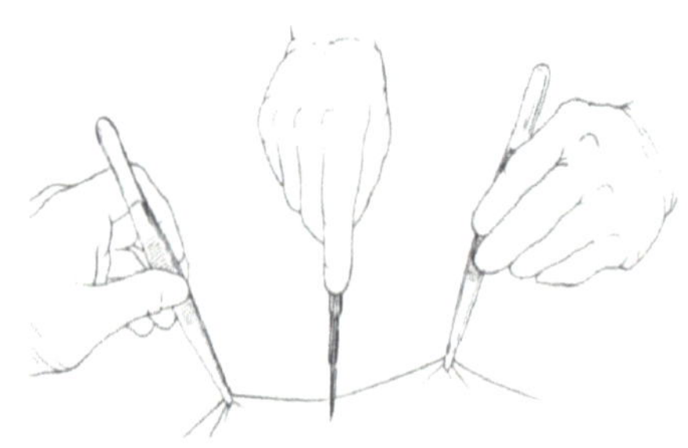
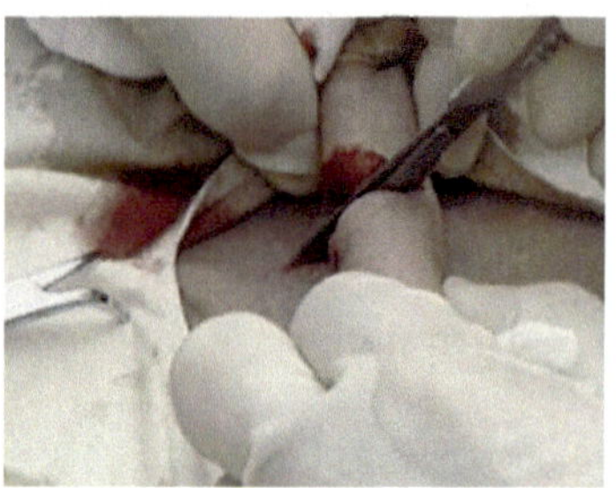

图 6-3-17 皱襞切开

在施行手术时，皮肤切开最常用的是直线切口，既方便操作，又利于愈合，但根据手术的具体需要，也可作下列几种形状的切口：

梭形切开：主要用于切除病理组织（如肿瘤、瘘管、放线菌病灶）和过多的皮肤。

“门”形或“U”形切开：多用于脑部与副鼻窦手术中的圆锯术。

“T”形及“十”字形切开：多用于需要将深部组织充分显露和摘除时应用。

（2）皮下疏松结缔组织的分离

皮下结缔组织内分布有许多小血管，故多用钝性分离。方法是先将组织刺破，再用手术刀柄、止血钳或手指进行剥离。

（3）筋膜和腱膜的分离

用刀在其中央作一小切口，然后用弯止血钳在此切口上、下将筋膜下组织与筋膜分开，沿分开线剪开筋膜。筋膜的切口应与皮肤切口等长。若筋膜下有神经血管，则用手术镊将筋膜提起，用反挑式执刀法作一小孔，经小切口伸入镊子，在其引导下切开（图 6-3-18）。

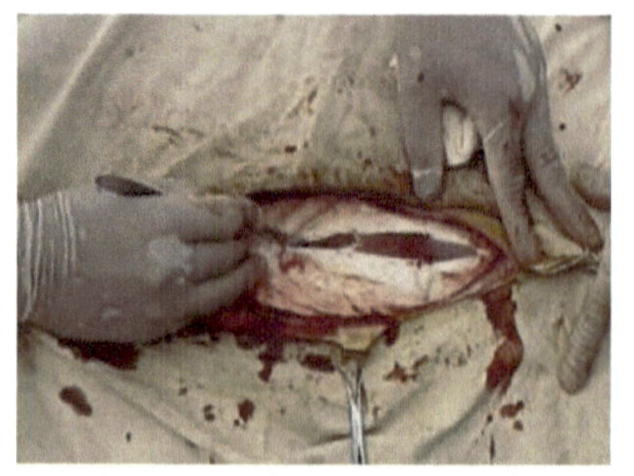

图 6-3-18 筋膜和腱膜的切开

（4）肌肉的分离

一般是沿肌纤维方向作钝性分离。方法是顺肌纤维方向用刀柄、止血钳或手指剥离，扩大到所需要的长度，但在紧急情况下，或肌肉较厚并含有大量腱质时，为了使手术通路广阔和排液方便也可横断切开。横过切口的血管可用止血钳钳夹，或用细缝线从两端结扎后，从中间将血管切断（图 6-3-19）。

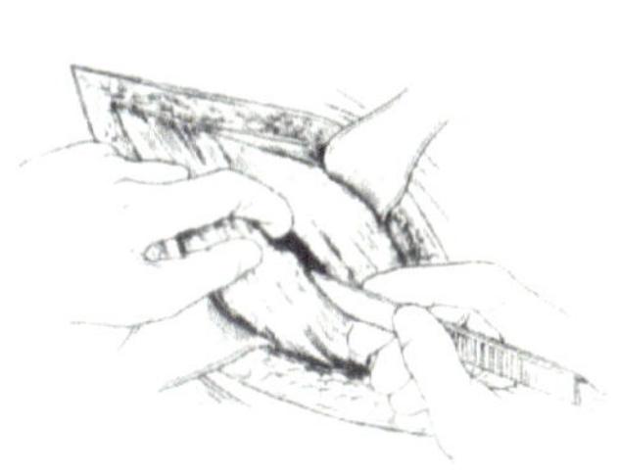
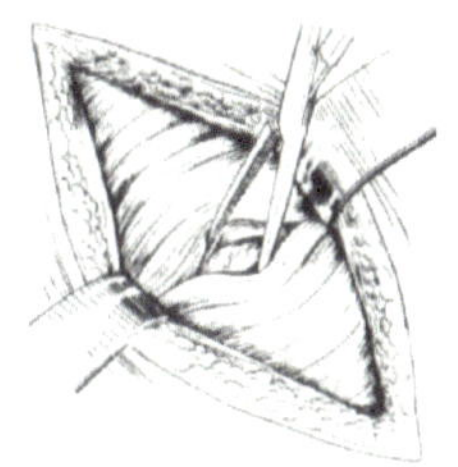
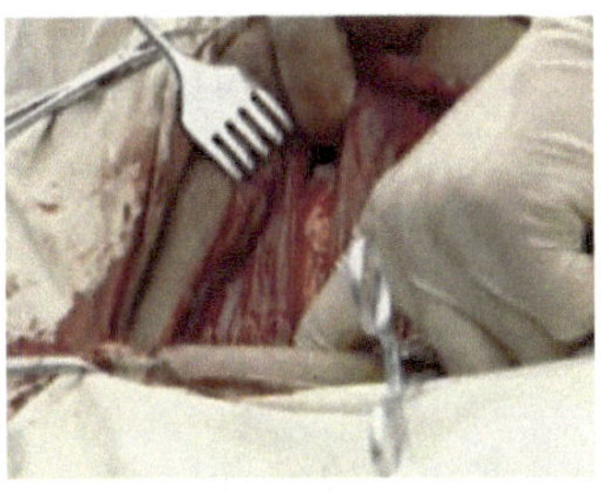

图 6-3-19　肌肉的钝性分离

（5）腹膜的分离

腹膜切开时，为了避免伤及内脏，可用组织钳或止血钳提起腹膜作一小切口，利用示指和中指或有沟探针引导，再用手术刀或剪分割（图 6-3-20）。

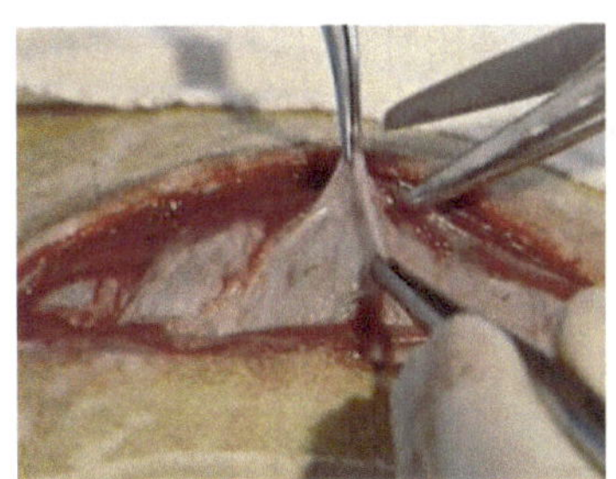
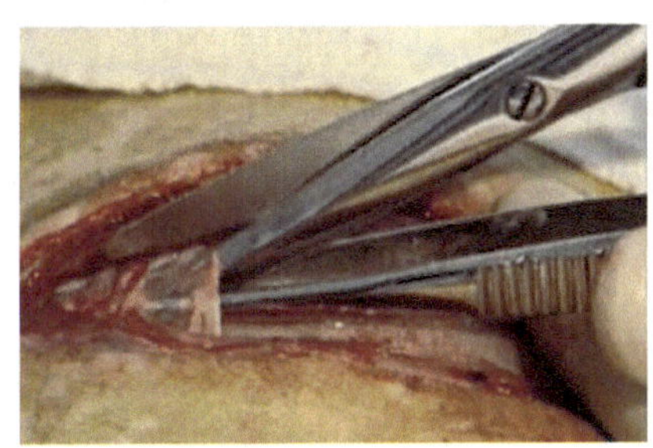

图 6-3-20　腹膜的分离法

（6）肠管的切开

肠管侧壁切开时，一般于肠管纵带上纵行切开，并应避免损伤对侧肠管（图 6-3-21）。

（7）胃及子宫的切开

胃及子宫的切开一般选在大弯上、血管较少部位。牛、羊子宫切开时，应注意避开子叶。

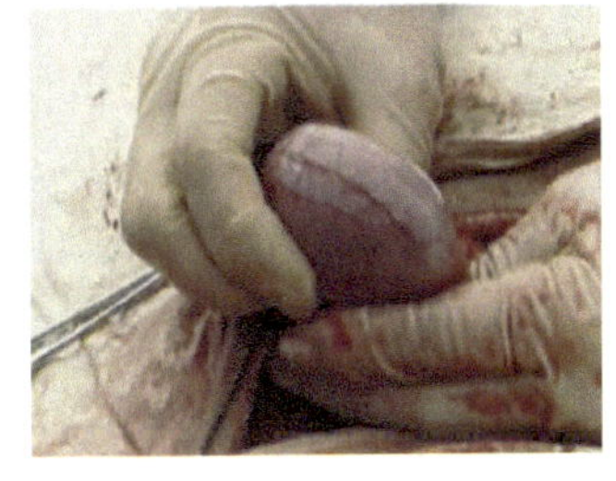
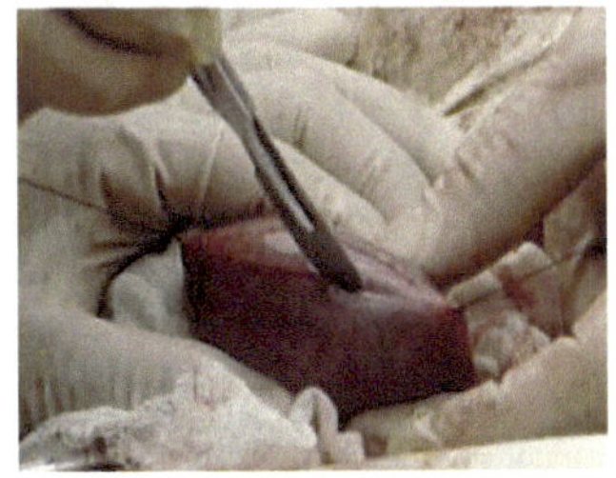
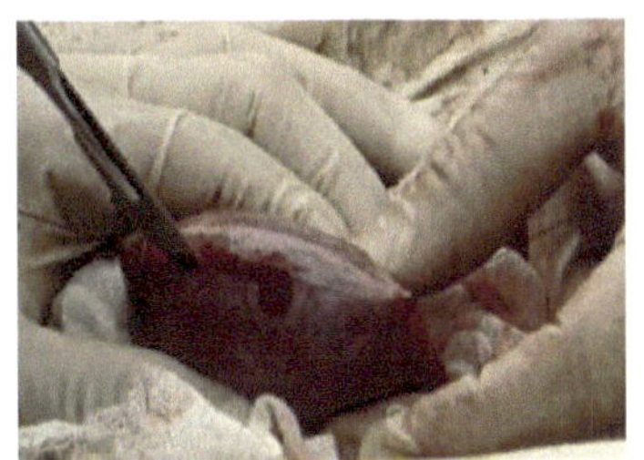

图 6-3-21　肠管的切开法

（8）索状组织的分离

索状组织（如精索）的分割，除了可应用手术刀（剪）作锐性切割外，尚可用刮断、拧断等方法，以减少出血。

（9）良性肿瘤、放线菌病灶、囊肿及内脏粘连部分的分离

分离的方法是：对未机化的粘连可用手指或刀柄直接剥离；对已机化的致密组织，可先用手术刀切一小口，再用钝性剥离。剥离时手的主要动作应是前后方向或略施加压力于一侧，使较疏松或粘连最小部分自行分离，然后将手指伸入组织间隙，再逐步深入。在深部非直视下，手指左右大幅度的剥离动作，应少用或慎用，除非确认为稀松的纤维蛋白粘连，否则，易导致组织及脏器的严重撕裂或大出血。对某些不易钝性分离的组织，可将钝性分离与锐性分割结合使用，一般是用弯剪伸入组织间隙，用推剪法，即将剪尖微张，轻轻向前推进，进行剥离。

（二）硬组织的分离

1. 骨组织的分割

首先应分离骨膜，然后再分离骨组织。分离骨膜时，应尽可能完善地保存健康部分，以利骨组织愈合。

分离骨膜时，先用手术刀切开骨膜（切成“十”字形或“工”字形），然后用骨膜分离器分离骨膜。骨组织的分离一般是用骨剪剪断或骨锯锯断，当锯（剪）断骨组织时，不应损伤骨膜。为了防止骨的断端损伤软部组织，应使用骨锉锉平断端锐缘，并清除骨片，以免遗留在手术创内引起不良反应和障碍愈合。

分离骨组织常用的器械有圆锯、线锯、骨钻、骨凿、骨钳、骨剪、骨匙及骨膜剥离器等。

2. 蹄和角质的分离

对于蹄角质可用蹄刀、蹄刮挖除，浸软的蹄壁可用柳叶刀切开。闭合蹄壁上的裂口可用骨钻、锔子钳和锔子。截断牛羊角时可用骨锯或断角器。

任务4 止　血

止血是手术过程中自始至终经常遇到而又必须立即处理的基本操作技术。手术中完善的止血，可以预防失血的危险和保证术部良好的显露，直接关系到施术动物的健康。因此要求手术中的止血必须迅速而可靠，并在手术前采取积极有效的预防性止血措施，以减少手术中出血。

一、出血的种类

（一）动脉出血

血液鲜红，呈喷射状流出，喷射线出现规律性起伏并与心脏搏动一致。动脉出血一般自血管断端的近心端流出，指压动脉管断端的近心端，则搏动性血流立即停止，反之则出血状况无改变。大动脉的出血须立即采取有效止血措施，否则可导致出血性休克，甚至引起家畜死亡。

（二）静脉出血

血液以较缓慢的速度从血管中呈均匀不断地泉涌状流出，颜色为暗红或紫红。一般血管远心端的出血较近心端多，指压出血静脉管的远心端，则出血停止，反之出血加剧。

（三）毛细血管出血

其色泽介于动、静脉血液之间，多呈渗出性点状出血。一般可自行止血或稍加压迫即可止血。

（四）实质出血

见于实质器官、骨松质及海绵组织的损伤，为混合性出血，即血液自动脉与小静脉内流出，血液颜色和静脉血相似。由于实质器官中含有丰富的血窦，而血管的断端又不能自行缩入组织内，因此不易形成断端的血栓，而易产生大失血威胁家畜的生命，故应予以高度重视。

二、常用的止血方法

（一）全身预防性止血法

全身预防性止血法是在手术前给家畜注射增高血液凝固性的药物和同类型血液，借以提高机体抗出血的能力，减少手术过程中的出血。常用下列几种方法。

1. 输血

目的在于增高施术家畜血液的凝固性，刺激血管运动中枢反射性地引起血管的痉挛性收缩，以减少手术中的出血。在术前 30～60min，输入同种同型血液，牛、马 500～1000mL，猪、羊 200～300mL。

2. 注射增高血液凝固性以及血管收缩的药物

1）肌肉注射 0.3%凝血质注射液，以促进血液凝固。牛、马 10～20mL。

2）肌肉注射维生素 K 注射液，以促进血液凝固，增加凝血酶原。牛、马 100～400mg；猪、羊 2～10mg。

3）肌肉注射安络血注射液，以增强毛细血管的收缩力，降低毛细血管渗透性。牛、马 30～60mg；猪、羊 5～10mg。

4）肌肉注射止血敏注射液，以增强血小板机能及黏合力，减少毛细血管渗透性。牛、马 1.25～2.5g；猪、羊 0.25～0.5g。

5）肌注或静注对羧基苄胺（抗血纤溶芳酸），以拮抗纤维蛋白的溶解，抑制纤维蛋白原的激活因子，使纤维蛋白溶酶原不能转变成纤维蛋白溶解酶，从而减少纤维蛋白的溶解而发挥止血作用。对于手术中的出血及渗血、尿血、消化道出血有较好的止血效果。使用时可加葡萄糖注射液或生理盐水注射，注射时宜缓慢。牛、马一次量 1～2g；猪、羊 0.2～0.4g。

（二）局部预防性止血法

1. 肾上腺素止血

应用肾上腺素作局部预防性止血常配合局部麻醉进行。一般是在每 1000mL 的 0.5% 普鲁卡因溶液中加入 0.1%肾上腺素溶液 2mL，利用肾上腺素收缩血管的作用，达到减少手术局部出血之目的，其作用可维持 20min～2h。

2. 止血带止血

止血带止血适用于四肢、阴茎和尾部手术。可暂时阻断血流，减少手术中的失血，有利于手术操作。用橡皮管止血带或其代用品如绳索、绷带时，局部应垫以纱布或手术巾，以防损伤软部组织、血管及神经。

橡皮管止血带的装置方法是：用足够的压力（以止血带远侧端的脉搏将消失为度），于手术部位上 1/3 处缠绕数周固定之，其保留时间不得超过 2～3h，冬季不超过 40～60min，在此时间内如手术尚未完成，可将止血带临时松开 10～30s，然后重新缠扎。松开止血带时，宜用多次“松、紧、松、紧”的办法，严禁一次松开（图 6-4-1）。

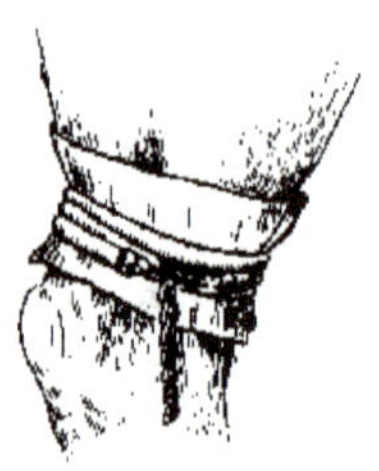

图 6-4-1 止血带止血法

（三）手术过程中止血法

1. 压迫止血

压迫止血是用纱布或泡沫塑料压迫出血的部位，以清除术部的血液，辨清组织和出血径路及出血点，以进行止血。在毛细血管渗血和小血管出血时，如机体凝血机能正常，压迫片刻，出血即可自行停止。为了提高压迫止血的效果，可选用温生理盐水、1%～2%麻黄素、0.1%肾上腺素、2%氯化钙溶液浸湿后扭干的纱布块作压迫止血。在止血时，必须是按压，不可用擦拭，以免损伤组织或使血栓脱落（图 6-4-2）。

2. 钳夹止血

钳夹止血是利用止血钳最前端夹住血管的断端，钳夹方向应尽量与血管垂直，钳住的组织要少，切不可作大面积钳夹（图 6-4-3）。

3. 钳夹扭转止血

钳夹扭转止血是用止血钳夹住血管断端，扭转止血钳 1～2 周，轻轻去钳，则断端

闭合止血。如经钳夹扭转不能止血时，则应予以结扎，此法适用于小血管出血（图 6-4-4）。

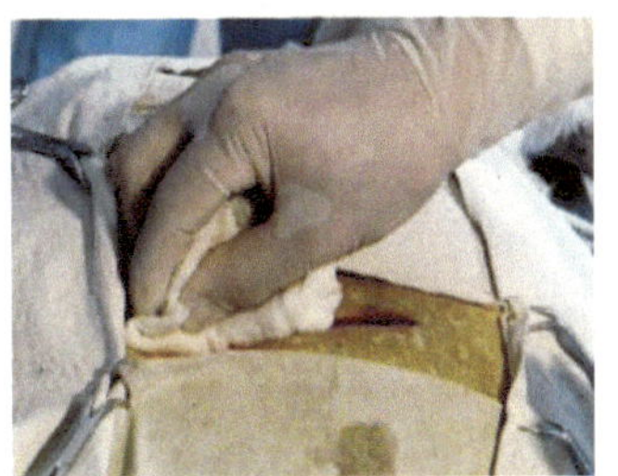

图 6-4-2 压迫止血

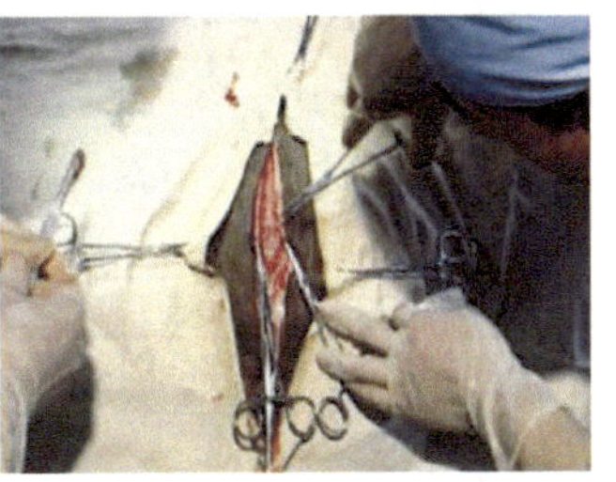

图 6-4-3 钳夹止血

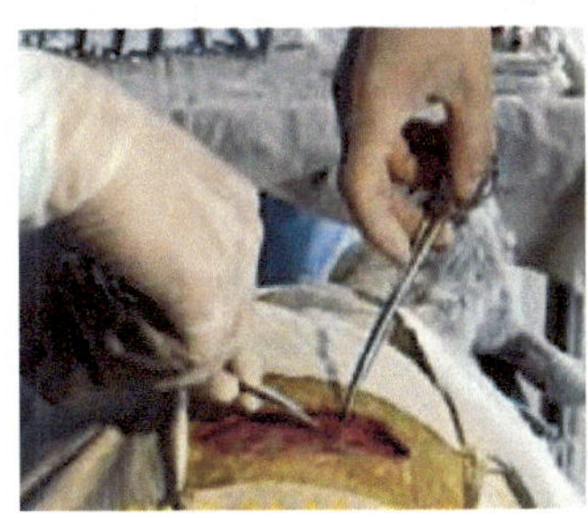

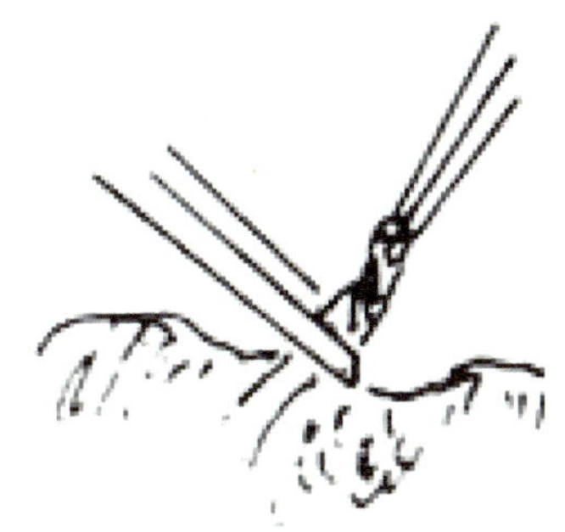

图 6-4-4 钳夹扭转止血

4. 结扎止血

结扎止血是常用而可靠的基本止血法，多用于明显而较大血管出血的止血。其方法有两种：

（1）单纯结扎止血

此法用丝线绕过血管及少量组织而结扎。适用于一般部位的止血（图 6-4-5）。

（2）贯穿结扎止血

此法将结扎线用缝针穿过所钳夹组织（勿穿透血管）后进行结扎。常用的方法有“8”字缝合结扎及单纯贯穿结扎两种。贯穿结扎止血的优点是结扎线不易脱落，适用于大血管或重要部分的止血。在不易用止血钳夹住的出血点，不可用单纯结扎止血，而宜采用贯穿结扎止血的方法（图 6-4-6）。

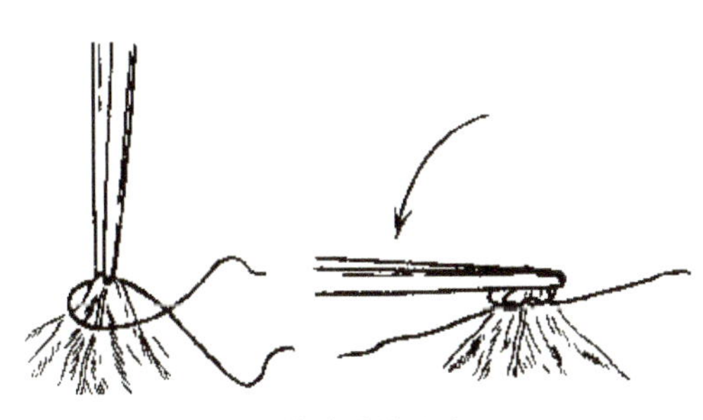

4-5 单纯结扎止血

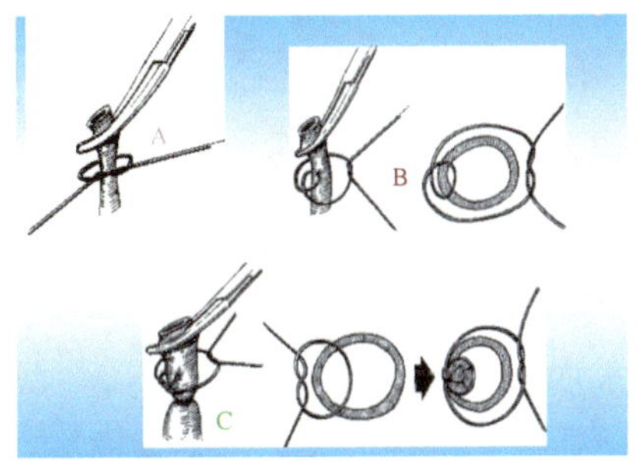

图 6-4-6 贯穿结扎止血

A. 单纯结扎止血；B.“8”字缝合结扎；C. 单纯贯穿结扎

5. 创内留钳止血

创内留钳止血是用止血钳夹住创伤深部血管断端，并将止血钳留在创伤内24～48h。

6. 缝合止血

缝合创口，使创缘两侧紧密接触，互相压迫而止血，可用于弥漫性出血或实质器官的出血。

7. 填塞止血

本法是在深部大血管出血，一时找不到血管断端，钳夹或结扎止血困难时，而用灭菌纱布紧塞于出血的创腔或解剖腔内，压迫血管断端以达到止血之目的。在填入纱布时，必须将创腔填满，以便有足够的压力压迫血管断端。填塞止血留置的敷料通常是在12～48h后取出。

8. 电凝及烧烙止血法

（1）电凝止血

利用高频电流凝固组织的作用达到止血目的，方法是用止血钳夹住断端，向上轻轻提起，擦干血液，将电凝器与止血钳接触，待局部发烟即可。电凝止血的优点是止血迅速，不留线结于组织内，但止血效果不完全可靠，凝固的组织易于脱落而再次出血。

（2）烧烙止血

烧烙止血是用电烧灼器或烙铁烧烙作用使血管断端收缩封闭而止血。其缺点损伤组织较多，兽医临床上多用于弥漫性出血，断尾术和某些摘除手术后的止血（图6-4-7）。

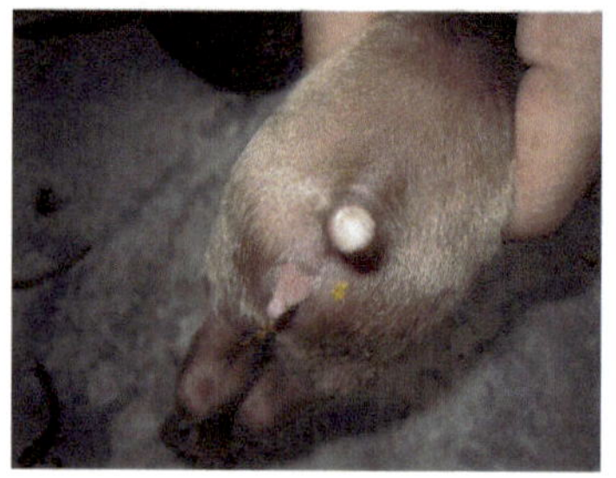

图6-4-7 烧烙止血

任务5 缝 合

缝合是将已切开、切断或因外力而分离的组织，器官进行对合或重建其通道，保证良好愈合的基本操作技术。

一、缝合器材及其应用

（一）缝合针（缝针）

缝合针主要用于对合组织和贯穿结扎，可分为圆针和三棱针，圆针又可分为直圆针

和弯圆针，而三棱针又有直三棱针、弯三棱针和半弯三棱针之分（图）。直圆针多用于胃肠及子宫的缝合。可用手直接持针操作，操作方便快捷，但需要操作空间较大。弯针有一定弧度，不需要太大的操作空间。适用于深部组织的缝合。圆针其尖端为圆形，穿透组织时阻力较大，对组织损伤小，留下的针孔封闭性好。适用于大多数软组织的缝合，如肌肉、胸腹膜、血管、神经、胃肠等。三棱针其前半部为三角形，较锋利，能穿透较厚韧的组织，对组织损伤较大，留下的针孔封闭性差。多用于皮肤、肌腱、软骨等组织的缝合。另外缝合针根据穿线的针眼不同分为穿线孔缝针、弹簧孔缝针和无创性缝针。无创性缝针是将缝线包在针尾部的缝针，针尾较细，多用于血管吻合、眼部手术（图 6-5-1）。

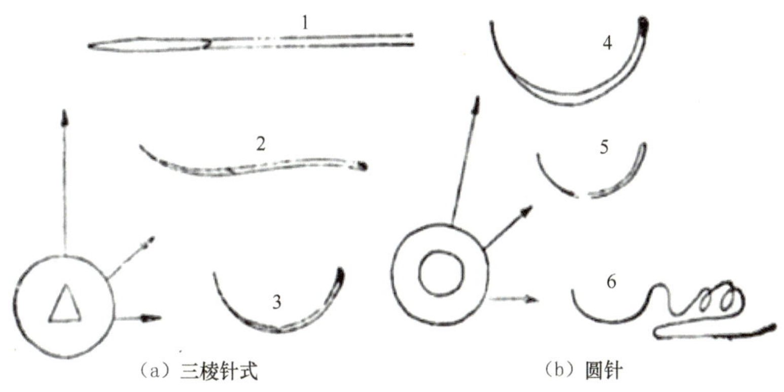

（a）三棱针式　　（b）圆针

图 6-5-1　各种缝针

1. 直针；2. 半弯针；3. 弯针；4. 大圆针；5. 小圆针；6. 无损伤缝针

（二）持针钳

持针钳或叫持针器，用于夹持缝针缝合组织，普通有两种形式，即钳式持针钳和握式持针钳（图 6-5-2），兽医外科临床常使用握式持针钳。使用持针钳夹持缝针时，缝针应夹在靠近持针钳的尖端，若夹在齿槽床中间，则易将针折断。一般应夹在缝针的前 1/3 处或后 1/3 处（根据组织硬度而定），缝线应重叠 1/3，以便操作。

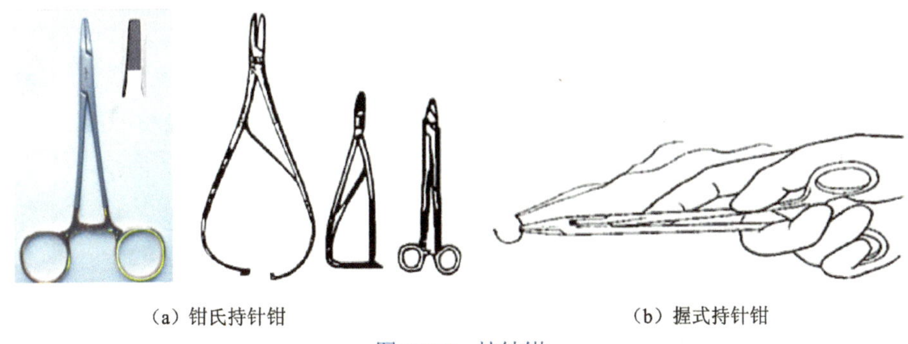

（a）钳氏持针钳　　（b）握式持针钳

图 6-5-2　持针钳

（三）缝合线

缝合线用于对合组织和结扎血管，分为吸收性缝线和非吸收性缝线。吸收性缝线有肠线、胶原线、袋鼠线以及合成的聚乙酸线、聚二氧杂环已酮线等。最常用的是肠线，由羊的小肠黏膜下层制成，分为普通肠线和铬制肠线。前者吸收快，4～5d后失去作用；后者10～20d仍可保持抗张力作用。非呼收缝线分为金属线和非金属线。金属线又分不锈钢线、铜线、银线；非金属线有丝线、棉线、尼龙线、麻线等，最常用是丝线。

二、缝合时应遵守的原则

1）严格遵守无菌操作。

2）缝合前必须彻底止血，清除凝血块、异物及无生机的组织。

3）为了便创缘均匀接近，在两针孔之间要有相当距离，以防拉穿组织。

4）缝针刺入和穿出部位应彼此相对，针距相等，否则易便创伤形成皱壁和裂隙。

5）凡无菌手术创或非污染的新鲜创经外科常规处理后，可作对合密闭缝合。化脓腐败及深创囊创伤可不缝合，必要时作部分缝合。

6）一般是同层组织缝合，缝合时，打结应有利于创伤愈合，打结既要适当收紧，又要防止拉穿组织；缝合不宜过紧，以免易造成组织缺血。

7）创缘、创壁应互相均匀对合，皮肤创缘不得内翻，创伤深部不应留有死腔、积血和积液。在条件允许时可作多层缝合。

8）缝合的创伤，若在手术后出现感染，应迅速拆除部分缝线，以便排出创液。

9）缝合线的粗细、缝合针的大小要与组织张力相适应。

三、打结

打结是外科手术最基本的操作之一，正确而牢固地打结是结扎止血和缝合的重要环节。

（一）结的种类

1. 方结（平结）

方结为手术中最常用的一种结。用于结扎较小血管和各种缝合时打结，不易滑脱，如图6-5-3（a）所示。

2. 外科结

打第一个结时绕两次，使摩擦面增大，再打第二个结时不易滑脱和松动。此结牢固可靠，多用于大血管、张力较大的组织和皮肤的缝合，如图6-5-3（b）所示。

3. 三叠结（加强结）

在方结的基础上加一个结，第二结和第三结方向相反，共3个结。此结较牢固，结扎后即便松脱一道也不易松脱，但遗留于组织中的结扎线较多。常用于张力部位的缝合，如大血管和肠线的结扎，如图6-5-3（c）所示。

4. 错误结

手术中不能用。

1）假结（斜结、十字结、妇女结）。第一结和第二结方向相同，此结易松脱，如图 6-5-3（d）所示。

2）滑结。打方结时，两手用力不均，只拉紧一根线，虽两手交叉打结，结果仍形成滑结，而非方结，亦易滑脱，如图 6-5-3（e）所示。

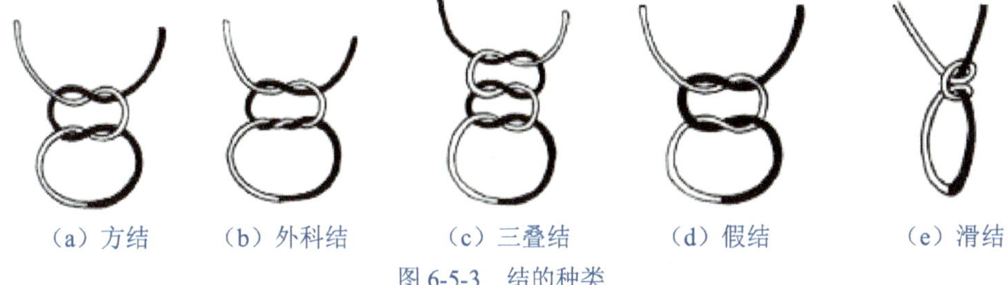

（a）方结　（b）外科结　（c）三叠结　（d）假结　（e）滑结

图 6-5-3　结的种类

（二）打结方法

1. 单手打结

此法是最常用的方法，左右手均可打结，但多用左手打结（图 6-5-4）。

2. 双手打结

除了用于一般结扎外，对深部或张力大的组织缝合，结扎较为方便可靠（图 6-5-5）。

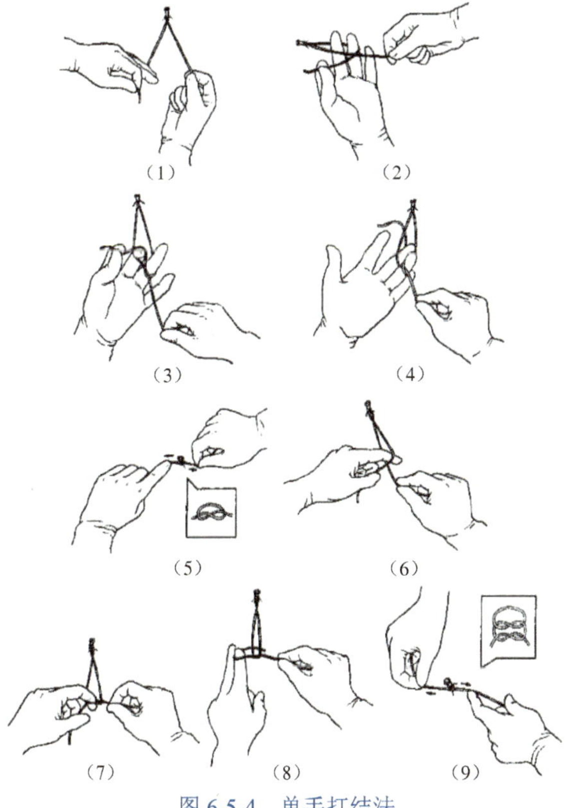

（1）（2）（3）（4）（5）（6）（7）（8）（9）

图 6-5-4　单手打结法

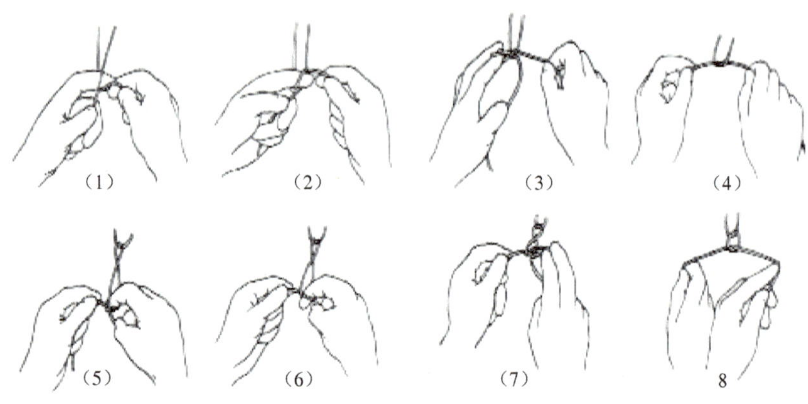

图 6-5-5 双手打结法

3. 器械打结

用持针钳或止血钳打结。适用于结扎线过短、狭窄的术部、创伤深处和某些精细手术的打结（图 6-5-6）。

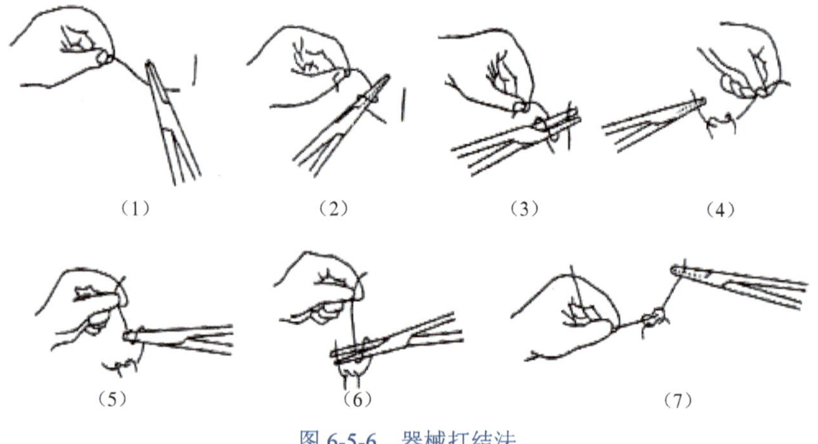

图 6-5-6 器械打结法

（三）打结注意事项

1）打结收紧时要求三点成一直线，即左、右手的用力点与结扎点成一直线，不可成角提起，否则使结扎点容易撕脱或结松脱。

2）无论用何种方法打结，第一结和第二结的方向不能相同，即两手交叉，否则即成假结。

3）两手用力均匀，如果两手用力不均，可打成滑结。

四、缝合方法

（一）间断缝合法

间断缝合法是最基本的缝合方法，手术中最常用，方法是缝一针打一个结，互不相

连。常用于皮肤、皮下组织、肌肉、腱膜和内脏器官等多种组织的缝合。此法的优点是创口对合牢固，不易松脱，缺点是费时、费线，创内留下线结较多。

1. 结节缝合

结节缝合又称为单纯间断缝合，是最常用的缝合方式。缝合时，将缝针于创缘一侧垂直刺入，于对侧相应的部位穿出打结。每缝一针打一次结的多次缝合，创缘要密切对合（图6-5-7）。用于皮肤、肌肉、皮下组织、神经、腱膜等缝合。

2. 减张缝合

减张缝合对于缝合处组织张力大，为防止切口裂开可采用此法，主要用于腹壁切口的减张。此法是在结节缝合的基础上，隔数针结节缝合进行一次减张缝合（图6-5-8）。缝合线选用较粗的丝线或不锈钢丝，在距离创缘2～2.5cm处进针，经过腹直肌后鞘与腹膜之间均由腹内向皮外出针，以保层次的准确性，亦可避免损伤脏器。缝合间距离3～4cm，所缝合的腹直肌鞘或筋膜应较皮肤稍宽。使其承受更多的切口张力，结扎前将缝线穿过一段橡皮管或纱布做的枕垫，以防皮肤被割裂，结扎时切勿过紧，以免影响血液循环。

图6-5-7 结节缝合法　　图6-5-8 减张缝合法

3. “8”字缝合

缝针从一侧到另一侧穿针，暂不打结，第二针平行第一针从一侧到另一侧穿过切口，缝线的两端在切口上交叉形成X拉紧打结（图6-5-9）。用于张力较大的皮肤缝合。

4. 钮孔状缝合

钮孔状缝合可分为水平（暴露在切口上的缝线与切口方向平行）、垂直（暴露在切口上的缝线与切口方向垂直）和重叠钮孔状缝合三种（图6-5-10）。可用于张力较大的皮肤、肌肉、腱、筋膜的缝合，还可用于子宫、阴道脱出整复后的固守及疝孔的封闭，重叠钮孔状缝合主要用于疝孔的封闭。

（二）连续缝合法

从切口的一端开始先缝一针作结，缝线不剪断连续进行缝合直到切口的另一端作结。作结前应将尾线反折部分留在切口的一侧，用其与缝针双线或单线作结。可用于张力较小的胸膜或腹膜的关闭缝合。此法的优点是缝合速度快，创口闭合性好，节省缝线。缺点是缝线一处断裂，全部缝合松脱。

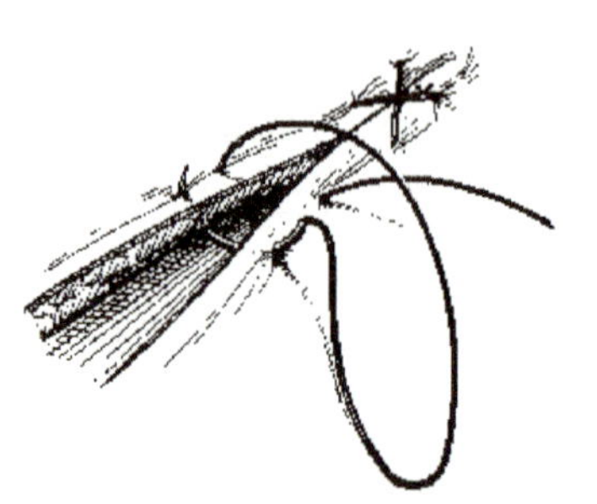
图 6-5-9 “8”字缝合法

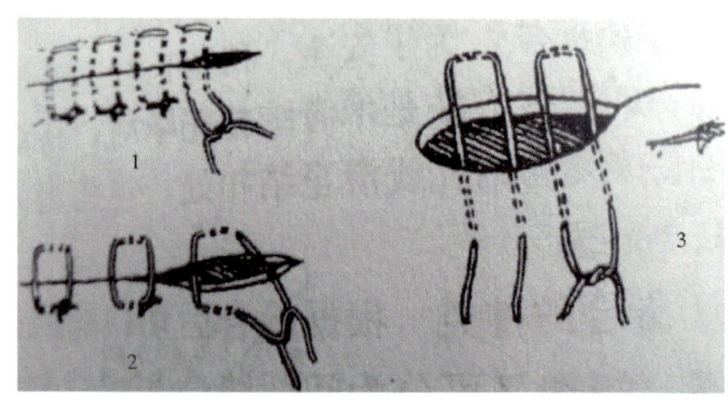

图 6-5-10 钮孔状缝合法

1．水平钮孔状缝合；2．垂直钮孔状缝合；3．重叠钮孔状缝合

1．螺旋缝合

用一根缝线在创口一端缝合打结，然后以等距离螺旋形缝合，最后留线尾打结（图 6-5-11）。多用于肌肉、腹膜的缝合及胃肠、子宫的第一层缝合。

2．锁边缝合

该缝合方法与螺旋缝合基本相似。在缝合时每次都将缝线交锁（图 6-5-12）。多用于皮肤直线形切口及薄而活动性较大的部位缝合。

图 6-5-11 螺旋缝合法

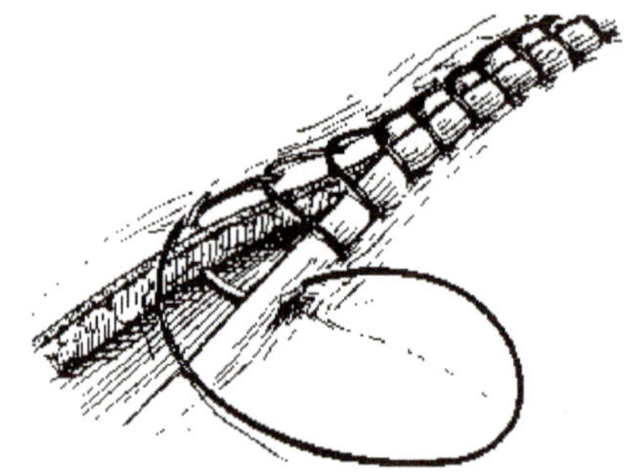
图 6-5-12 锁边缝合法

3．荷包缝合（袋口缝合）

作环状的浆膜肌层连续缝合或在肛门一定距离处环绕肛门刺入与穿出，穿完后拉紧缝线打结（图 6-5-13）。主要用于胃壁上范围的内翻缝合，如缝合小的胃肠穿孔；用于直肠脱整复后的固定；还用于子宫、膀胱等引流管固定的缝合法。

4．连续外翻缝合（“弓”字形缝合、褥缝合、连续水平钮孔状缝合）

可用于肌肉、腱膜、筋膜、血管及治疗子宫、阴道脱的暂时固定等（图 6-5-14）。

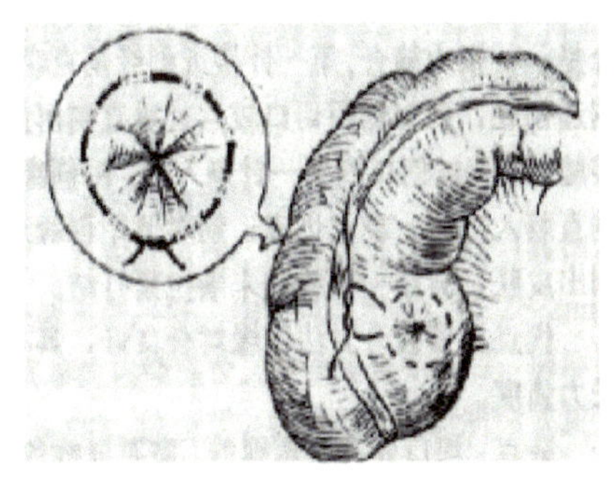

图 6-5-13　荷包缝合法

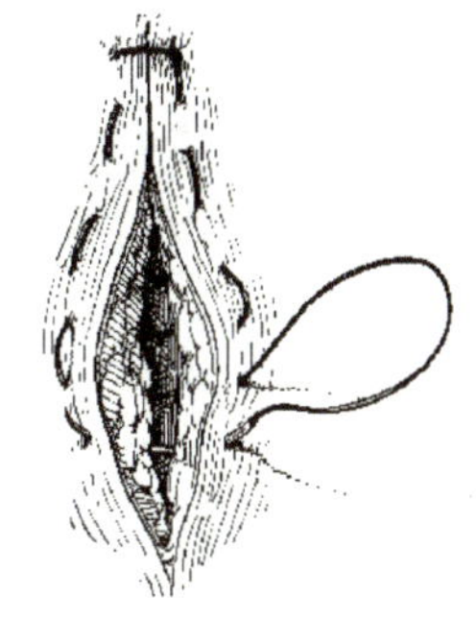

图 6-5-14　连续外翻缝合法

（三）胃肠缝合法

1. 连续伦勃特氏缝合（垂直内翻缝合）

连续伦勃特氏缝合又称为连续垂直褥式内翻缝合法。于切口一端开始，先作一针浆膜肌层间断内翻缝合，再用同一缝线作浆膜肌层连续缝合至切口另一端，将创缘（或第一层缝合）包埋起来，所以又称包埋缝合（图 6-5-15）。

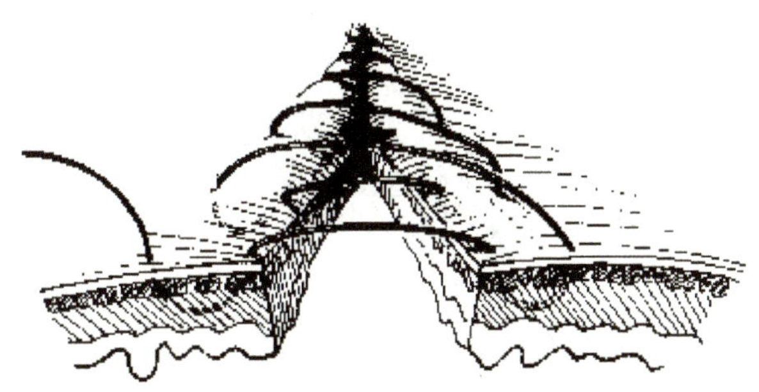

图 6-5-15　连续伦勃特氏缝合法

2. 库兴氏缝合法（水平内翻缝合）

库兴氏缝合法又称连续水平褥式内翻缝合法。方法是于切口一端开始先作一浆膜肌层间断内翻缝合，再用同一缝线平行于切口进行浆膜肌层连续缝合至切口另一端（图 6-5-16）。

3. 康乃尔氏缝合法

康乃尔氏缝合法这种缝合法与连续水平褥式内翻缝合相同，仅在缝合时缝针要贯穿全层组织，当将缝线拉紧时，则肠管切面即翻向肠腔（图 6-5-17）。

五、拆线

拆线是指拆除皮肤缝线。缝线拆除的时间，一般是在手术后 7～8d 进行，凡营养不良、贫血、老龄家畜、缝合部位活动性较大、创缘呈紧张状态等，应适当延长拆线时间，但创伤已化脓或创缘已被缝线撕断不起缝合作用时，可根据创伤治疗需要随时拆除全部或部分缝线。拆线方法见图 6-5-18 所示。

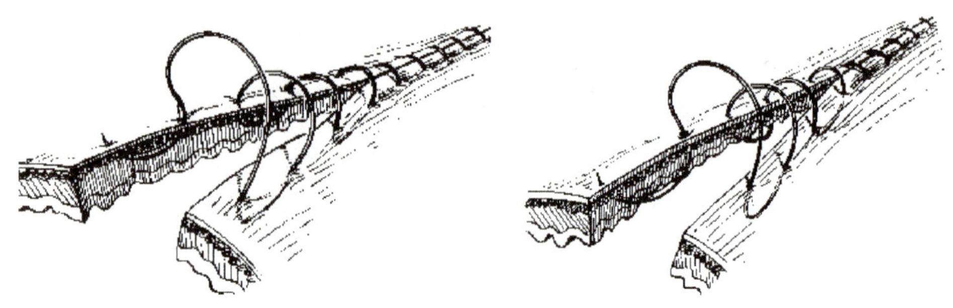

图 6-5-16　库兴氏缝合法　　图 6-5-17　康乃尔氏缝合法

1）用碘酊消毒创口、缝线及创口周围皮肤后，将线结用镊子轻轻提起，剪刀插入线结下，紧贴针眼将线剪断。

2）拉出缝线：拉线方向应向拆线的一侧，动作要轻巧，如强行向对侧硬拉，则可能将伤口拉开。

3）再次用碘酊消毒创口及周围皮肤。

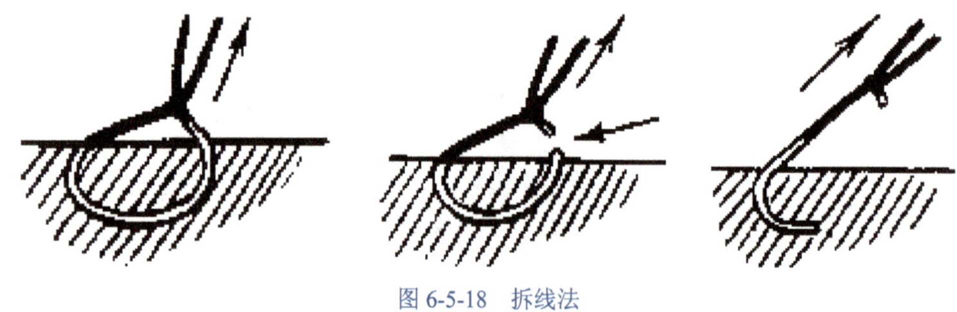

图 6-5-18　拆线法

任务6　包　扎　法

包扎法是利用敷料、卷轴绷带、复绷带、夹板绷带、支架绷带及石膏绷带等材料包扎止血，保护创面，防止自我损伤，吸收创液，限制活动，使创伤保持安静，促进受伤组织的愈合。

包扎应注意以下事项：事先对创伤进行处理和用药，骨折或脱臼等要进行整复。卷轴绷带要按静脉血流方向缠绕，防止淤血。松紧要适当，以不阻断血液循环为原则。要经常检查，如出现过松、过紧、被渗出液浸透、患部感染、肿胀等，应及时处理。

一、包扎材料及使用

（一）敷料

1. 纱布

纱布要求质软、吸水性强。多选用医用的脱脂纱布。根据需要剪叠成不同大小的纱布块；纱布块四边要光滑、没有脱落棉纱，并用双层纱布包好，高压蒸气灭菌后备用。用以覆盖创口、止血、填充创腔和吸液等。

2. 海绵纱布

海绵纱布是一种多孔皱褶的纺织品（棉制）。质柔软，吸水性比纱布好，其用法同纱布。

3. 棉花

应选用脱脂棉花。棉花不能直接与创面接触，应先放纱布块，棉花则放在纱布上。为此，常可预制棉垫，即两层纱布间铺二层脱脂棉，再将纱布四周毛边向棉花折转，使其成方形或长方形棉垫。其大小按需要制作。棉花也是四肢骨折外固定的重要敷料。

（二）绷带

根据绷带的临床用途及其制作材料的不同有卷轴绷带、复绷带、夹板绷带、支架绷带、石膏绷带等。

二、基本包扎法

包扎多用卷轴绷带包扎。常用的卷轴绷带多由纱布、棉布等制作成（小动物常用的还有胶带，即橡皮膏），有多种规格，根据临床需要选用。多用于动物肢体、尾、角、蹄及小动物的胸、腹部包扎。基本包扎法主要有以下几种：

1. 环形绷带包扎法

用于系部、掌部、趾部等小创口的包扎。方法：在患部把卷轴带呈环形缠数周，每周盖住前一周，最后将绷带末端剪开打结或以胶布加以固定，如图 6-6-1（a）所示。

2. 螺旋绷带包扎法

以螺旋形由下向上缠绕，每后一圈遮盖前一圈的 1/3～1/2，最后以环形带结束。用于掌部、跖部及尾部等的包扎，如图 6-6-1（b）所示。

3. 折转绷带包扎法

又称螺旋回反包扎。用于上粗下细径圈不一致的部位，如前臂和小腿部。方法是由下向上作螺旋形包扎，每一圈均应向下回折，逐圈遮盖上圈的 1/3～1/2，最后以环形带结束，如图 6-6-1（c）所示。

4. 蛇形绷带包扎法

或称蔓延包扎。斜行向上延伸，各圈互不遮盖。用于固定夹板绷带的衬垫材料，如图 6-6-1（d）所示。

5. 交叉绷带包扎法

又称“8”字形包扎。用于腕、附、球关节等部位，方便关节屈曲。包扎方法是在关节下万作一环形带，然后在关节前面斜向关节上方，做一周环形带后再斜行经过关节前面至关节下方。如上操作至患部完全被包扎住，最后以环形带结束，如图 6-6-1（e）所示。

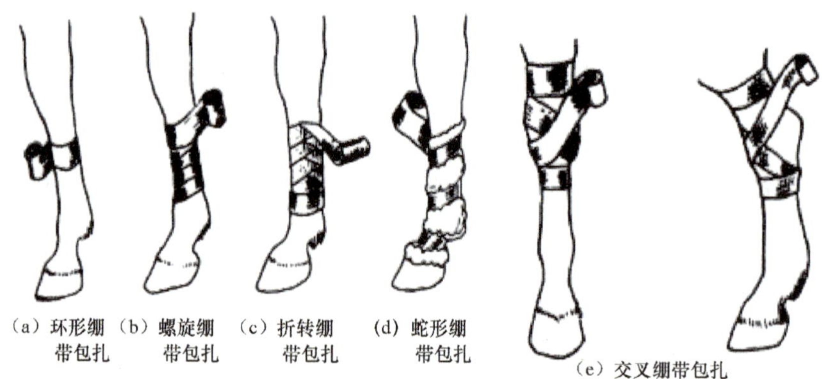

图 6-6-1 卷轴绷带包扎

三、各部位包扎法

（一）蹄绷带

将绷带的起始部留出约 20cm 作为缠绕支点，在系部作环形包扎数圈后，绷带由一侧斜经蹄前壁向下，折过蹄尖经过蹄底至锺壁时与游离部分扭缠，以反方向由另一侧斜经蹄前壁作经过蹄底的缠绕。同样操作至整个蹄底被包扎，最后与游离部打结，固定于系部。为防止绷带被沾污，可在外部加上帆布套（图 6-6-2）。

（二）蹄冠绷带

包扎蹄冠时，将绷带两个游离端分别卷起，并以两头之间背部覆盖于患部，包扎蹄冠，使两头在患部对侧相遇，彼此扭缠，以反方向继续包扎。每次相遇时均相互扭缠，直至蹄冠完全被包扎为止。最后打结于蹄冠创伤的对侧（图 6-6-3）。

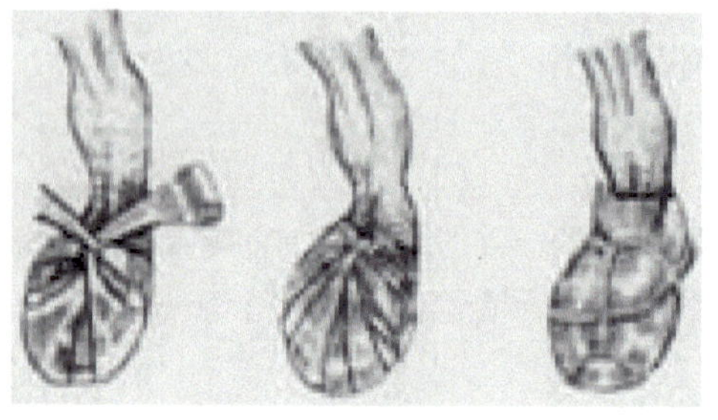

图 6-6-2 蹄绷带

图 6-6-3 蹄冠绷带

（三）角绷带

角绷带用于角壳脱落和角折，包扎时先用一块纱布盖在断角上，用环形包扎固定纱布，再用另一角作支点，以“8”字形缠绕，最后在健康角根处环形包扎打结（图 6-6-4）。

（四）尾绷带

尾绷带用于尾部创伤或用于后躯，肛门、会阴部施术前、后面定尾部。先在尾根作

环形包扎，然后将部分尾毛折转向上作尾的环形包扎后，将折转的尾毛放下，作环衫包扎，目的是防止包扎滑脱，如此反复多次，用绷带作螺旋形缠绕至尾尖时，将尾毛全部折转作数周环形包扎后绷带末端通过尾毛折转所形成的圈内（图 6-6-5）。

图 6-6-4 角绷带

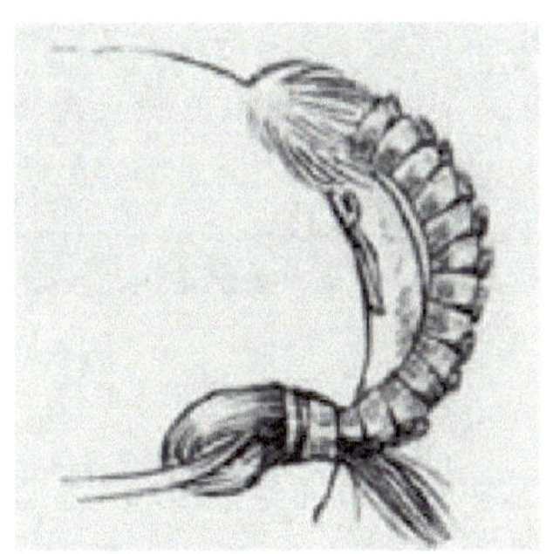

图 6-6-5 尾绷带

（五）耳绷带

1. 垂耳绷带

先在患耳背侧安放棉垫，将患耳及棉垫反折使其贴在头顶部，并在患耳耳廓内侧填塞纱布。然后绷带从耳内侧基部向上延伸到健耳后方，并向下绕过颈上方到患耳，再绕到健耳前方，如此缠绕 3～4 圈将耳包扎（图 6-6-6）。

2. 竖耳绷带

多用于耳成形术。先用纱布或材料做成圆柱形支撑物填塞于两耳廓内，再分别用短胶布条从耳根背侧向内缠绕，每条胶布断端相交于耳内侧支撑上，依次向上贴紧。最后用胶带“8”字形包扎将两耳拉紧竖直（图 6-6-7）。

图 6-6-6 垂耳绷带

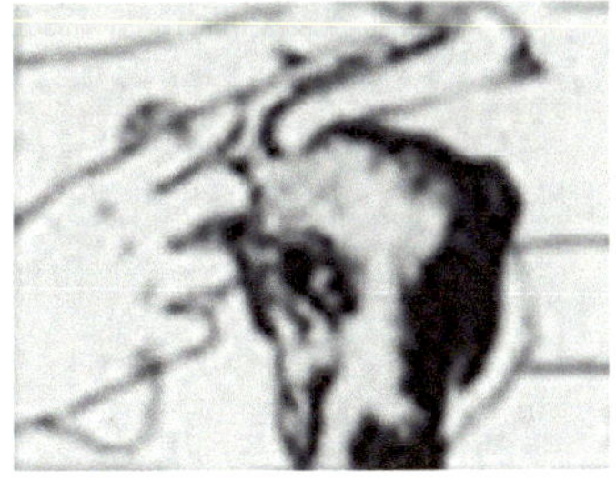

图 6-6-7 竖耳绷带

（六）复绷带

复绷带是按畜体一定部位的形状而缝制，具有一定结构、大小的双层（或多层）盖布。在盖布上缝合若干布条以便打结固定。注意事项：盖布的大小、形状应适合患部解剖形状和大小的需要。否则外物易进入患部；包扎固定须牢靠，以免运动时松动；绷带的材料与质地应优良，以便经过处理后反复使用（图 6-6-8）。

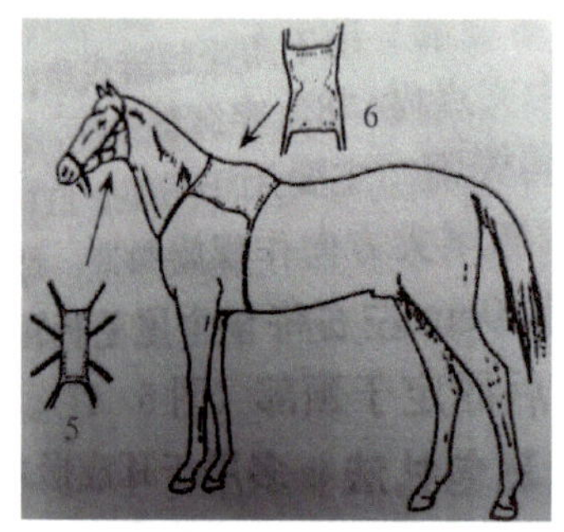

图 6-6-8　复绷带

1. 眼绷带；2. 前胸绷带；3. 背腹绷带；4. 腹绷带；5. 喉绷带；6. 髻甲绷带

（七）结系绷带

结系绷带或称缝合包扎，是用缝线代替绷带固定敷料的一种保护手术创口或减轻伤口张力的绷带。结系绷带可装在畜体的任何部位，其方法是在圆枕缝合的基础上，利用游离的线尾，将若干层灭菌纱布固定在圆枕之间和创口之上（图 6-6-9）。

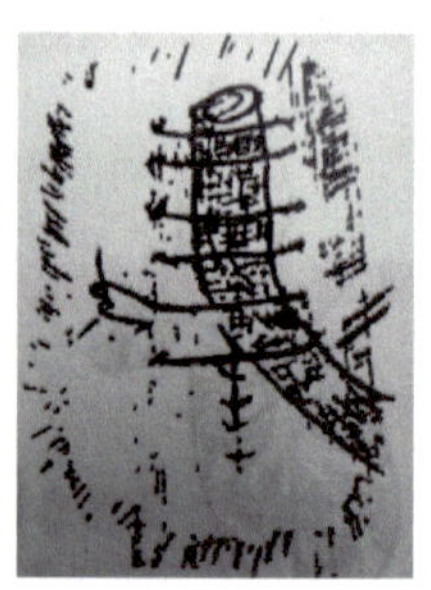

图 6-6-9　结系绷带

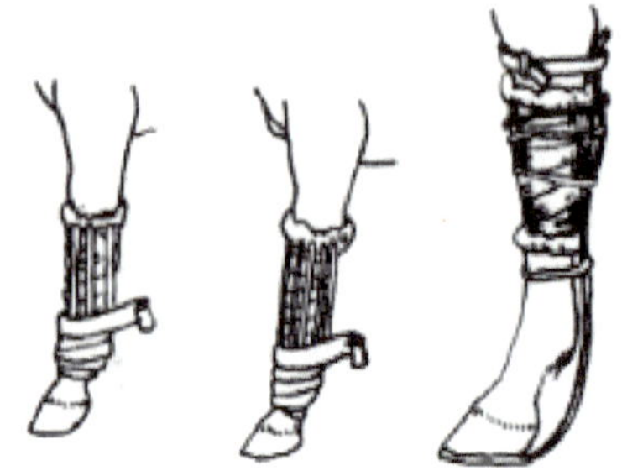

图 6-6-10　夹板绷带

（八）夹板绷带

夹板绷带是借助于夹板保持患部安静，避免加重损伤、移位和使伤部进一步复杂化的制动作用的绷带（图 6-6-10），可分为临时夹板绷带和预制夹板绷带两种。前者通常用于骨折、关节脱位时的紧急救治，后者可作为较长时期的制动。

1. 临时夹板绷带

可用胶合板、普通薄木板、竹板、树枝等作为夹板材料。小动物亦选用压舌板、硬纸壳、竹筷子作为夹板材料。

2. 预制夹板绷带

用金属丝、木料、塑料板等制成适合四肢解剖形状的各种夹板。在小动物，厚层棉花和绷带包扎也起到夹板作用。无论临时夹板绷带或预制夹板绷带，皆由衬垫的内层、

夹板和各种固定材料构成。

夹板绷带的包扎方法：先将患部皮肤刷净，包上较厚的棉花纱布棉花垫或毡片等衬垫，并用蛇形或螺旋形包扎法加以固定，然后再装踏夹板。夹板的宽度视需要而定，长度既应包括骨折部上下两个关节，使上下两个关节同时得到固定，又要短于衬垫材料，以免夹板两端损伤皮肤。最后用绷带螺旋包扎或结实的细绳加以捆绑固定。铁制夹板可加皮带固定。支架绷带是在绷带内作为固定敷料的支持装置。具有防止摩擦、保护创伤、保持创伤安静和通气，为创伤愈合提供良好的条件。用套有橡皮管的软金属或细绳构成支架，借以固定敷料，而不因动物走动失去其作用；小动物四肢常用改良托马斯支架绷带，其支架多用铝棒自制；鬐甲、腰背部支架绷带为纱布包住的弓状金属支架，可用布条或细软绳将其固定于患部。

（九）石膏绷带

石膏绷带是在淀粉液浆制过的大网眼纱布上加上锻制石膏粉制成，这种绷带用水浸泡后质地柔软，可塑制成任何形状敷于伤部，一般十几分钟后开始硬化，干燥后成为坚固的石膏夹。根据这一特性，石膏绷带常用于整复后的骨折、脱位外固定或矫形。

1. *石膏绷带的制备*

医用石膏是将自然界中的生石膏，即含水硫酸钙，加热烘焙，使失去一半水分制成煅石膏。自制煅石膏和石膏绷带：将生石膏研碎、加热，煅成洁白细腻的石膏粉。将干燥的上过浆的纱布卷轴带，放在堆有石膏粉的搪瓷盘中，打开卷轴带一端，从石膏堆轻拉过，用木板刮匀，使石膏粉进入纱布网孔，轻轻卷起，根据动物大小，制成长 2～4m，宽 5～10cm 或 15cm 的石膏绷带卷。

2. *石膏绷带的装置方法*

此法分为无衬垫和有衬垫两种，前者疗效较好。骨折整复后，涂布滑石粉，于肢体上、下端各绕一圈薄纱布棉垫，应超出装置石膏绷带卷的预定范围。逐个将石膏绷带卷放到盛有 30～35℃的温水桶中。待气泡出完后，握住石膏绷带圈的两端取出，挤去多余水分。从病肢下端先作环形包扎，后作螺旋包扎向上缠绕至预定的部位。每缠一周绷带，须均匀涂抹石膏泥，使绷带紧密结合。骨突起部，应放置棉花垫加以保护，石膏绷带上下端不能超过衬垫物，并且松紧要适宜。大动物：6～8 层；小动物：2～4 层。包扎最后一层时，必须将上下衬垫向外翻转，包住石膏绷带的边缘，最后表面涂石膏泥，数分钟后即可成型。开放性骨折或有创伤时，用有窗石膏绷带。“开窗”方法：在创口上覆盖灭菌的创伤压布，将大于创口的杯子或其他器皿放于布巾上，杯子固定后，绕过杯子按前法缠绕，在石膏未硬固之前用刀作窗，取下杯子即成窗口（图 6-6-11）。

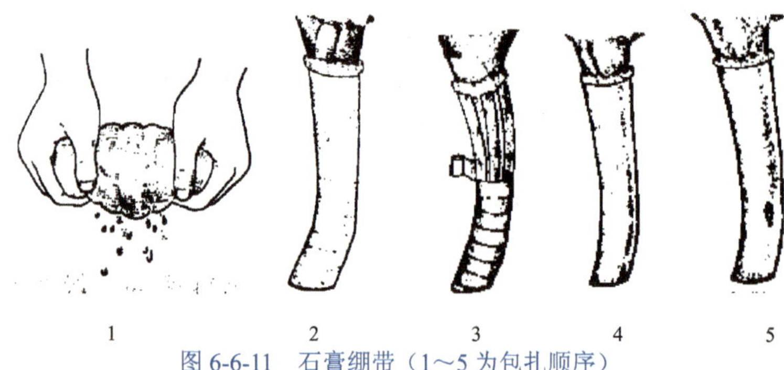

图 6-6-11　石膏绷带（1～5 为包扎顺序）

3. 包扎石膏绷带时应注意的事项

1）病畜必须保定确实，必要时可作全身或局部麻醉。

2）长骨骨折时，为了达到制动目的，一般应固定上下二个关节。

3）骨折发生后、使用石膏绷带作外固定时，必须尽早进行。

4）缠绕时要松紧适宜，基本方法是“贴上去”，而不是拉紧“缠上去”，每层力求平整。

5）未硬化的石膏绷带不要指压，以免向下凹陷压迫组织，影响血循或发生溃疡、坏死。

4. 石膏绷带的拆除时间

大家畜：6～8 周；小动物：3～4 周。提前拆除的原因：石膏夹内大出血或感染；病畜出现原因不明的高热；包扎过紧，肢体受压，影响血流循环；肢体萎缩，石膏夹过大或严重损坏失去作用。拆除方法：先用热醋、双氧水或饱和食盐水在石膏夹表面划好拆除线，使之软化，沿拆除线用石膏刀切开、石膏锯锯开，或石膏剪逐层剪开，或直接用长柄石膏剪沿绷带近端外侧缘剪开，然后用石膏分开器将其分开（图 6-6-12 和图 6-6-13）。

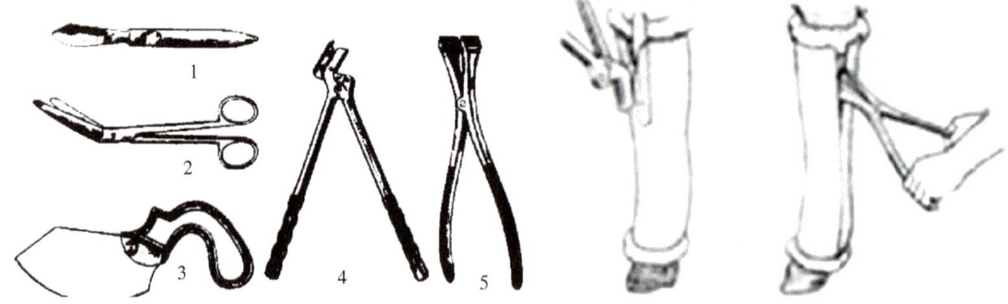

图 6-6-12　石膏绷带拆除工具

1. 石膏刀；2. 石膏剪；3. 石膏手锯
4. 长柄石膏剪刀；5. 石膏分开器

图 6-6-13　石膏绷带拆除法

任务7　手术前准备和手术后措施

一、术前准备

这项工作是手术的基础工作。因此，术者在了解病史的基础上，对施术动物做必要的术前临床检查或实验室检查，了解患畜各系器官的变化，对所患疾病进一步确诊。然后制定手术计划，确定保定、麻醉及手术方法，保证手术顺利进行。

（一）施术动物的准备

病畜术前准备工作的任务，是尽可能使手术动物处于正常生理状态，各项生理指标接近于正常，从而提高动物对手术的耐受力。

1. 术前饲养

术前，由于慢性疾病或禁食时间过长、大创伤、大出血等造成营养低下，或水电解质失去平衡，从而增加了手术的危险性和术后并发症的发生。对有上述现象的要及时给予输血，同时还要注意补充电解质、碳水化合物和维生素等。为了使动物平稳地进入麻醉状态，术前要减少对动物的刺激，消除动物的紧张与恐惧。让畜主给予配合（马、犬、猪对环境的变化较敏感）。

2. 术前治疗

根据病情及手术的种类决定术前是否采取治疗措施。但是术前给予青霉素、链霉素等常用抗生素，能较好地预防手术创口感染。当施术动物的体质较差，在施行胃肠手术及其他较大手术之前，最好给动物注射抗生素、强心剂，必要时还要输液、输血。当施术动物腹压较高并伴有胃肠臌气时，在手术前最好做瘤胃、盲肠或膀胱穿刺术，必要时给予制酵剂（酒精、鱼石脂、甲醛溶液、松节油或植物油）。口腔、食管的疾病易导致大量唾液的分泌，术前可先应用阿托品，抑制腺体的分泌，以免造成吸入性肺炎或手术时大量分泌物涌出污染术部。在尿道或膀胱结石手术前，对高度充盈的膀胱要进行穿刺排尿，以防膀胱破裂。术前给予止血剂以防手术中出血过多而易造成生命危险。

3. 禁食

许多手术术前要求禁食。饱腹后，充满腹腔的胃肠可影响手术操作，或全麻后易出现并发症，有时还可影响动物的保定。禁食时间的长短，应根据动物的种类和自身状况而定，一般情况下禁食 24h，禁水不超过 12h。小动物消化管短，肠内容物易排空，禁食一般不超过 12h；反刍动物瘤胃内一般蓄积很多内容物，禁食有时要超过 24h。

4. 畜体准备

动物的体表物特别是四肢及尾部污物较多。因此术前应刷拭动物体表清除污物，然

后向被毛喷洒1%煤酚皂溶液或0.1%新洁尔灭。也可以用湿布擦拭被毛，以防止动物骚动时污物飞扬，污染术部。在动物的腹部、后躯、肛门、会阴等处施行手术时，术前应给动物包扎尾绷带。会阴部的手术，应给动物灌肠导尿，以免术中动物排粪尿，污染术部。在做四肢下部或蹄部手术之前，用1%煤酚皂溶液清洗、消毒术部及周围被毛。

5. 预防注射

当创伤严重污染、创道狭长及在四肢部位做手术时，为了预防破伤风，在非紧急手术之前两周，给施术动物注射破伤风类毒素 0.5～1mL，幼畜及小动物的用量减半。在紧急手术时，给施行动物注射破伤风抗毒素，大家畜用1万～2万单位，小家畜用3千～4千单位。

（二）术者个人的准备

1）首先是建立信心，手术能否成功，取决于自身的能力和信心。为了增强信心，术者还要对动物进行一次复查，做到心中有数。对于择期进行的手术，还有时间去看书、查资料，复习有关的局部解剖等。对紧急手术，则没有更多的准备时间，手术知识的准备只能靠平时积累。

2）术者体力的恢复对顺利完成手术也很重要。术者在术前要休息好，精力充沛，其技术才能充分发挥。特别是对大而复杂的手术，更应注意体力的恢复。

3）为防止术中污染术部，除了要按常规进行无菌操作外，还要求术者在手术的前一天不得做直肠检查、剥离胎衣和腐蹄处理等操作，以减少手臂对创口的污染机会。

（三）拟定手术计划

拟定手术计划的目的是使手术有条不紊地顺利进行，减少失误。在检查、分析施术动物全身症状及局部病理变化、参阅文献及观察标本的基础上，制订出手术实施方案（手术计划）。在拟定手术计划时，最好将手术人员召集到一起，开一个术前会议，术者把对动物检查的结果介绍给大家，然后发挥集体的智慧，仔细考虑手术过程中可能遇到的一切情况，提出手术的主要环节，可能遇难到的问题及其急救措施。制订出合乎实际的手术计划。如果是紧急手术，不可能有时间拟订出完整的书面手术计划，在这种情况下，应利用十几分钟时间，由术者召集有关人员，对手术的关键问题交换一下意见，以求统一认识，分工协作。

手术计划的内容包括以下几个方面：

1）手术人员的分工。

2）手术所用器械和敷料的准备（包括手术器械、药品敷料和其他用品的种类、数量及消毒方法）。

3）保定方法和麻醉种类的选择（包括麻前给药）。

4）术前应提出的注意事项，如禁食、导尿、胃肠减压、灌肠、给药的种类与方法，给动物注射破伤风类毒素或破伤风抗毒素等。

5）手术方法及术中应注意事项。

6）可能发生的手术并发症、预防和急救措施等。

7）术后护理、治疗和饲养管理。

8）手术的名称、目的、时间和地点。

手术人员都要参与手术计划的制订，明确手术中各自责任及相互合作，以保证手术的顺利进行。手术结束后管理器械的助手要清点器械。全体手术人员都要认真总结手术的经验教训，以提高手术水平及治愈率。

（四）施行手术的工作组织

外科手术是一项集体活动，在手术中要做到有条不紊、迅速而准确，就必须有一个良好的组织和分工，手术人员要了解每个人的职责。而且，手术时还要有合作精神，手术人员要相互协调、紧密配合，才能使手术顺利完成。

手术人员的分工，一般可分为术者 1 人，助手 1～3 人，器械助手 1 人，麻醉助手 1 人，保定助手 2～3 人，巡回助手 1 人。上述分工，不同的手术是不相同的，要根据手术的大小和繁简、动物的种类、疾病的程度等决定。原则是既不浪费人力，又要有利于手术的进行。手术时工作人员的布置见图 6-7-1 所示。

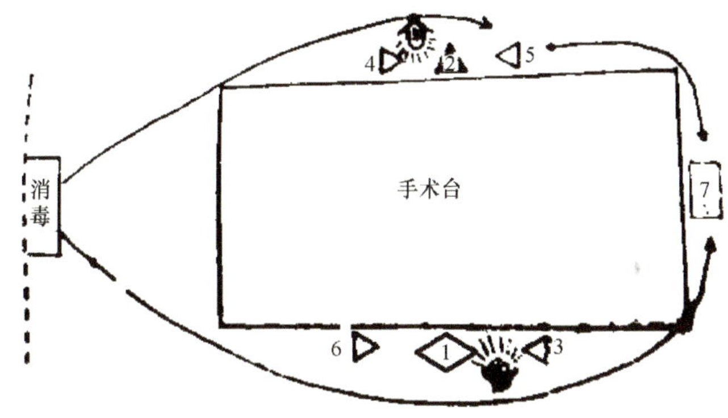

图 6-7-1　手术时工作人员的布置

1．术者；2．第　助手；3．第二助手；4．第三助手；5．保定员；6．巡视员；7．器械助手

1．术者

术者是手术的主要负责人，手术小组的组织者。其主要职责：①要充分了解动物的病情以及有关的局部解剖。②负责手术计划的拟订，并组织有关人员讨论决定。另外，术者还应将手术计划详细告诉畜主，取得畜主的同意和支持。③手术时进行主要的手术操作，即手术的执刀人。④做好手术总结，提出术后饲养、护理及治疗措施。

2．手术助手

手术时协助术者进行手术。根据实际情况可设 1～3 人（一般大手术可设 2 人，小手术设 1 人）。

第一助手职责：①负责局部麻醉、术部消毒与隔离。②配合术者进行切开、止血、结扎、缝合、清理和显露术部等操作。在手术时要了解术者的意图和操作中困难所在，并及时给予配合。③术者因故不能继续进行手术时，代替术者进行手术。

第二、第三助手职责：主要是补充第一助手的不足，如，①牵拉创钩（扩创），显露深部组织。②清理术部，止血、剪线。③固定脏器或牵拉胎儿。④协助器械助手准备缝线，或传递更换的器械与敷料。

3. 麻醉助手

在全身麻醉时才设此助手。其主要职责：①负责麻前给药和给麻醉药。在手术过程中要正确掌握麻醉进程，根据手术需要调整麻醉深度。②在全麻过程中，注意监视动物的呼吸、循环、体温以及各种反射等全身状况，如有异常情况及时反映给术者。③负责手术时的强心、补液、输氧等急救措施。

4. 器械助手

其主要职责：①术前负责器械及敷料的准备和消毒工作。②提前进行手臂消毒，然后将消毒好的器械分类放置在器械台面的灭菌布上，手术中止血结扎用的针线应先穿好数针，这样在手术中可节省时间。③手术中负责供应、传递器械及敷料。这就要求器械助手还要了解手术的操作及进程，能及时配合手术的需要，传递默契。另外，还要养成利用空闲时间清理器械台的习惯，随时清除器械上的血迹、线头，并将器械归类放置。④在胸、腹腔手术时，闭合胸、腹腔之前，注意清点器械和敷料的数量，以免将其遗留在体腔中。⑤术后负责器械和敷料的清洗和整理工作。

5. 保定助手

其主要职责：①术前负责动物的保定，必要时可要求畜主协助进行。②术中要注意动物的保定情况，如发现保定不确实，要随时纠正。③术后负责解除保定，并把动物送到厩舍内进行妥善安排。

6. 巡回助手

必要时可设此助手，哪出现问题就去哪帮忙。其主要职责：①准备及检查手术前后各种需要的药品及电子医疗设备，如无影灯、配电盘、电动手术台、电动吸引器等，以免在使用时发生故障。②协助麻醉助手静脉给药，测量各种临床检查数据（T、P、R）。③负责手术人员衣服穿着，注意手术人员的情况，夏天应特别注意擦汗。④熟悉各种药械放置地方，术中一旦急需特殊药械，应迅速供应。⑤随时注意手术室内整洁，调节灯光。

在实际手术中我们可根据手术的难易程度及实际需要，安排手术人员的数量。如小的手术只要术者一人即可完成，一般的手术 2～3 人也可完成，只有在做大手术时才需要配套齐全的手术人员。

（五）手术记录

完整的手术记录是总结手术经验，提高手术的技术水平，为临床、教学及科研服务的重要资料。因此术者或助手应该在手术过程中或手术后详细填写手术记录。其主要内容是：病畜登记、病史、病症摘要及诊断，手术名称、日期、保定及麻醉方法；手术部位、术式、手术用药的种类及数量；患畜病灶的病理变化与手术前的诊断是否相符；术后病畜的症状、饲养、护理及治疗措施等（图 6-7-2）。

手术记录表

手术号：　　　　　　　　　　　　　　　　　　　　　　　手术日期：　　年　　月　　日

畜主姓名		畜别		性别		年龄	
初诊日期				术前诊断			
病史摘要							
术前检查							
手术名称		手术时间	时　分—时　分		术后诊断		
手术者		助手		1.	2.	3.	
保定方法							
麻醉方法							
手术方法							
术后护理							
医嘱							

兽医：

图 6-7-2　手术记录

二、术后措施

术前准备、术中操作和术后管理是手术治疗的三个环节，缺一不可。俗话说“三分治疗，七分护理”，这就是强调术后管理的重要性。对此，不仅医护人员应有明确的认识，而且饲养人员也应有正确的理解，应将护理方法及有关的注意事项告诉负责护理的人员或饲养员。否则，一时一事的疏忽都可能造成严重的后果。

（一）术后治疗措施

1. 预防术后感染

手术创是否感染和病畜的抵抗力、手术的无菌操作以及组织损伤的程度有着密切的关系，也和术后是否采取抗感染措施有关。

术后抗感染常用的药物有磺胺类药物和抗生素类药物。磺胺类药物难抑制革兰氏阳性球菌、革兰氏阴性球菌及杆菌的生长繁殖，但不能杀菌。其可以口服、注射或外用。常用的磺胺类药物有氨苯磺胺、磺胺嘧啶钠、磺胺甲基嘧啶、磺胺二甲基嘧啶、磺胺异恶唑、磺胺-6-甲氧嘧啶、磺胺甲基异恶唑、磺胺甲氧嗪等。脓血中含有对胺苯甲酸，能对抗磺胺药的抑菌作用。因此，只有在清创之后应用磺胺类药物，才能最大程度地发挥其抑菌作用。一些在生物体内能分解出对对胺苯甲酸的药物（如普鲁卡因）均可降低磺胺药物的药效。

用抗生素类抗感染药物时，首选药物是青霉素 G，其能抑制革兰氏阳性球菌及少数革兰氏阴性球菌。氨苄青霉素对革兰氏阳性细菌的效力略低于青霉素 G，但对革兰氏阴性细菌有较强的抗菌能力，这一作用略强于氯霉素、四环素，但比卡那霉素、庆大霉素差。另外，还可依次选择用红霉素、氯霉素。为了防治大肠杆菌的感染，可依次选用庆大霉素、卡那霉素、链霉素及四环素。为了防治绿脓杆菌的感染，可选用多黏菌素、庆大霉素、羧苄青霉素。为了抵抗严重的感染经常合并应用青霉素、四环素或其他广谱抗生素。为预防胃肠手术后的炎症，选用肠道不易吸收的链霉素、卡那霉素、庆大霉素、磺胺脒等，当这些药物进入肠道后在肠道内能保持较高的药物浓度，发挥显著的抗菌作用。利福霉素具有特殊的作用，不仅能杀死细胞外细菌，而且还能渗透到白细胞内，杀死细胞内的葡萄球菌，这是大多数抗生素所没有的特性。假如使用青霉素和蛋白分解酶的混合溶液灌注创口，能将青霉素的效力提高 12 倍，非常有利于创口的愈合。

2. 输液

在施行较大的手术过程中由于动物失血、出汗较多，引起水及电解质的紊乱，使家畜的体质下降。为了挽救患畜，提高治愈率，必须给施术动物输液、输血和使用强心剂。通常是给患畜静脉注射复方氯化钠注射液、5%葡萄糖生理盐水。当手术过程时动物失血过多时，给动物输血或静脉注射 6%中分子右旋糖酐注射液，大家畜一次 1000～2000mL，小家畜 500～1000mL。当动物出现酸中毒时，静脉注射 5%碳酸氢钠注射液，大家畜一次 300～1000mL，小家畜 50～150mL。患畜体质较弱时还要静脉注射 10%～25%葡萄糖注射液适量。

维生素是机体生长代谢过程中不可缺少的重要成分。为促进上皮生长可给患畜补充维生素 A；为促进骨折的愈合可给患畜补充维生素 D；为纠正手术后的胃肠机能紊乱给患畜补充维生素 B_1 及 B_2；特别是维生素 C 能促进胶原纤维的合成，增加血管的致密度，降低血管的通透性，并有较强的还原性。因为维生素 C 又参与机体内的氧化还原反应。因此给动物补充维生素 C 是不可缺少的。它能促进创伤的愈合。

（二）术后护理

1. 麻醉苏醒的护理

全身麻醉的动物，术后应使其尽快苏醒（使用麻醉药的拮抗剂或中枢兴奋剂），拖延时间，可能造成某些并发症的发生，特别是大动物，由于体位的改变，影响呼吸和循环，所以应予以足够的重视。动物在全身麻醉没有苏醒之前，应有专人看管，苏醒后辅助站立，以免摔伤。全麻苏醒后半天之内（4～8h），因吞咽功能还没完全恢复，禁止饮水或饲喂，以免造成误咽。

2. 做好保温工作

全麻后动物的体温都有不同程度的下降（用氯丙嗪后可使体温下降 1～3℃），应注意保温，披上毯子或布单，防止感冒。

3. 做好监护

术后 24h 内严密观察动物的体温、呼吸和心血管的变化，对大手术还应注意动物的水和电解质变化（有无失衡），若有异常，应尽快找出原因，并及时给予纠正。另外术后应注意观察动物有无休克、出血、窒息等严重并发症的发生，若发现异常，应迅速采取相应措施。

4. 术后适当运动

一般术后应使动物保持安静，但还应有适当的活动。适当的活动，可促进机体代谢，增加食欲，改善血液循环，促进术部功能的恢复，有利于创口愈合。过早、过量的运动，可导致术后出血、缝线断裂、机体疲劳等，反而影响创口的愈合。对能活动的动物，术后 1～2d 限制活动，3～4d 后可自由活动（户外牵遛），刚开始活动时间要短，15min 左右，以后可逐渐延长。对特殊的病例，如马去势术，一般术后观察 30min，不出血了，就可牵遛，每日 2 次，每次 2h。防止倒卧污染术部。对病情严重或起立困难的动物，应多加垫草（1 尺多厚），每日翻身 3～4 次，防止发生褥疮。对四肢有站立能力但不能持久者（主要是马），或术后不能下卧的动物（马去势后），可采用柱栏内吊起保定，吊带要柔软，吊带与下腹壁之间要有 1～2 指间距离，以便于动物自身调整体位和姿势。对四肢疾病，开始应限制活动，以后根据具体情况可适当增加活动。如腱、韧带疾病，7d 后才可牵遛；骨折整复 15d 后才能自由活动，30d 后才可牵遛，防止过早运动。犬和猫的关节手术，术后 10～14d 禁止活动，以后可加强关节功能的活动，如让动物游泳或被动活动 5～20min，防止发生关节粘连和强直，3 个月后可加大运动量。

（三）术后的饲养

术后动物的厩舍内要保持干燥，粪尿要及时清除，勤换垫草，尽量保持清洁。在夏季为防止蚊蝇叮咬创口，可在开放的创口周围涂上驱蝇油类药物，并注意杀灭厩舍内蚊蝇。为防止伤口与地面或墙壁接触，可装置绷带保护。

对手术后的动物应适当加强营养。因为动物患病后往往采食量减少，另外，在损伤、感染、应激和疼痛时机体对营养的需求将会增加。因此，对术后的动物应适当补充蛋白质（肉类、鱼类、蛋类、乳制品和豆类植物等）、能量（葡萄糖）、维生素（尤其是维生素 C 和维生素 B）、矿物质（电解质）和水。对大家畜的消化道手术（食道、胃肠等手术），术后 1～3d 禁止饲喂草料，可根据具体情况给予流食或半流食（糊状食物）。牛的瘤胃手术一般不需要禁食，可适当减量。犬猫的消化道手术，一般禁食 24～48h（禁食期间除输液外，还可进行营养灌肠）后，可给半流食，术后 5～7d 可逐步过渡到日常饲喂。对非消化道手术，术后食欲良好者，一般不限制饲喂，但一定要防止暴食暴饮。

项目 7 兽医临床常用外科手术

学习目标

• 能正确说出阉割术等的概念，各种动物阉割的方法与步骤，开腹术及瘤胃切开的方法与步骤，肠管断端吻合的方法与步骤，疝病手术的方法与步骤，难产的救助方法。

• 在提供实习动物、设备及器械的条件下，能正确进行肠管断端吻合术、开腹术及瘤胃切开术、公猪阉割术、公鸡阉割术、小母猪阉割术、猪腹股沟阴襄疝手术、猪脐疝手术等的操作。

• 树立爱岗敬业的精神，建立安全防护意识和养成良好的职业道德。

任务1 阉 割 术

摘除或破坏动物睾丸或卵巢，使其失去性机能和生殖能力的一种手术称为阉割术。雄性动物的阉割术又称为去势术。

阉割术的目的是使动物温驯，便于管理或使役；提高动物的利用价值；选育优良品种，淘汰不良动物；选育优良品种淘汰不良畜种；提高肉用动物的皮毛质量和使肉质变细嫩、味美，并能加速肥育、节约饲料。另外，当公畜发生睾丸炎、睾丸肿瘤、睾丸创伤、鞘膜积水等疾病，用其他方法治疗无效时，去势术成为治疗这些疾病的方法之一。阉割动物一般不受其年龄限制，但由于动物种类及用途不同都有其适宜的阉割年龄。如猪一般 1 月龄左右、役用牛 12～24 月龄、肉用牛 3～6 月龄、公羊 4～6 周龄、公鸡 2 月龄左右、马 12～24 月龄为宜。动物在阉割前要进行详细检查，如有阴囊疝、隐睾，应按阴囊疝、隐睾的手术方法进行手术。患病、发情动物不能施行阉割术。

一、公猪去势术

（一）保定

小公猪左侧侧卧保定，背向术者，术者用左脚踩住颈部，右脚踩住尾根。大公猪则需两人用木杠压住颈部，用绳索捆缚肢体。

（二）消毒

用消毒液清洗阴囊皮肤，并涂碘、脱碘。

（三）术式

1. 小公猪阉割术

术者用左手腕部按压猪右后肢股后，使该肢向上紧靠腹壁，以充分显露两侧睾丸。用左手中指、食指和拇指捏住阴囊颈部，把睾丸推挤入阴囊底部，使阴囊皮肤紧张，将睾丸固定。术者右手持刀，在阴囊缝际的两侧 1～1.5cm 处平行缝际纵行切开阴囊皮肤和总鞘膜，挤出一侧睾丸，左手握住睾丸，食指和拇指捏住阴囊韧带与附睾尾连接部，剪断或用手撕断附睾尾韧带，向上撕开睾丸系膜，左手把韧带和总鞘膜推向腹壁，充分显露精索后，用捋断法去掉睾丸，然后按同样操作方法去掉另侧睾丸。切口部碘酊消毒，切口不缝合（图 7-1-1）。

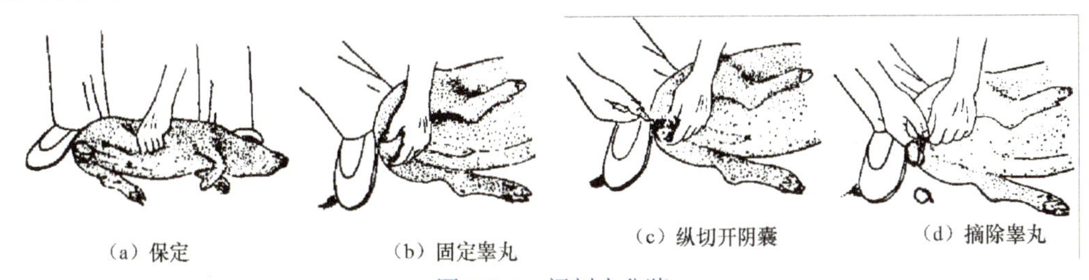
（a）保定　（b）固定睾丸　（c）纵切开阴囊　（d）摘除睾丸

图 7-1-1　阉割小公猪

2. 大公猪阉割术

左侧卧保定，在阴囊缝际两侧 1～1.5cm 处平行阴囊缝际纵行切开阴囊皮肤和总鞘膜，切断附睾尾韧带，撕开睾丸系膜后充分显露精索，用结扎法结扎精索，除去睾丸。术部消毒处理，切口一般不缝合。

3. 隐睾猪阉割术

（1）保定

右侧横卧保定，背向术者，术者用左脚踩住或助手压住颈部，两后肢由助手向后牵引。

（2）术部

左肷部髋结节前下方 5～10cm 处（根据猪的大小而定）。

（3）术式

术部常规消毒，术者左手捏起膝皱褶，使术部紧张，右手持刀弧形切开皮肤 3～5cm，右手食指垂直捅破腹肌和腹膜，刀柄协助扩大创口后伸入腹腔探摸。摸到卵圆形游离性较大的硬固物就是睾丸，用手指将睾丸拉出创口外，用丝线结扎精索，切除睾丸。腹膜、肌肉、皮肤作结节缝合或螺旋缝合。术部消毒处理。

二、公马去势术

（一）术前的检查和准备

1. 术前检查

公马的全身检查，应注意体温、脉搏、呼吸是否正常，有无全身变化，以及局部有

无影响去势效果的病理变化，如有上述情况，应待恢复正常后再进行去势术。在传染病流行时，也应暂缓去势。骨软症的马在倒马时容易发生骨折，必须引起重视。

公马阴囊的局部检查：检查两侧睾丸是否均降入阴囊内，有无隐睾存在，是否为阴囊疝；两侧睾丸、精索与总鞘膜是否发生粘连，两侧睾丸有无增温、疼痛、增生等病理变化。

腹股沟内环检查：通过直肠检查以确定腹股沟内环的大小。内环能插入 3 个手指指端者，即为内环过大，去势时肠管有可能从腹股沟管脱出的危险。为预防肠管脱出，应进行被睾去势术。此外，还应检查鞘膜有无积水，睾丸及精索与鞘膜有无粘连等。

2. 术前准备

（1）施术动物的准备

去势前半个月左右应注射破伤风类毒素，或手术当日注射破伤风抗血清。术前 12h 禁饲，不限饮水。术前应对畜体进行充分刷拭。

（2）场地选择

可在露天场地进行，但应选择在沙地或草地上进行。地面清扫并喷洒清水，以免手术时尘土飞扬，污染术部。

（3）器械及保定物品准备

准备好保定绳及附属用品，如铁环、别棍、手术器械和药品等。

（4）术部清洁与消毒

待家畜保定好后，对阴囊及会阴部进行彻底清洗和常规消毒，并打以尾绷带，以防马尾污染阴囊部切口。

（二）保定

左侧卧保定，把左后肢与两前肢捆在一起，右后肢向前方转位，并与颈部的倒马绳固定在一起。

（三）术式

1. 固定睾丸

此法分为术者左手固定睾丸法和结扎带固定睾丸法。术者在马的背腰侧俯蹲于马的腰臀部，左手握住马的阴囊颈部，使阴囊皮肤紧张，充分显露睾丸的轮廓，并使两睾丸与阴囊缝际平行排列，确实固定，防止偏移。如用手固定睾丸有困难时，可用灭菌的结扎带绑扎阴囊颈部固定睾丸。

2. 切开阴囊及总鞘膜显露睾丸

在阴囊缝际两侧 1.5～2.0cm 处平行缝际切开阴囊及总鞘膜，切口长度以睾丸能自由露出为度。若睾丸与鞘膜粘连，应仔细分离粘连部。先切开上方（右侧）的睾丸，再切下方（左侧）睾丸。切开时若切口过小、切口歪斜、切口过高、切口内外不一致等，都

会影响创液的排出，这对预防切口感染和加速创口愈合都是不利的。

3. 剪开阴囊韧带，撕开睾丸系膜

睾丸露出后，术者一手固定睾丸，另一只手将阴囊和总鞘膜向上推，在附睾尾上方找到附睾尾韧带，由助手用手术剪紧贴附睾尾侧剪断，术者手顺着剪口向上分离撕开睾丸系膜，睾丸即下垂不再缩回（图 7-1-2）。

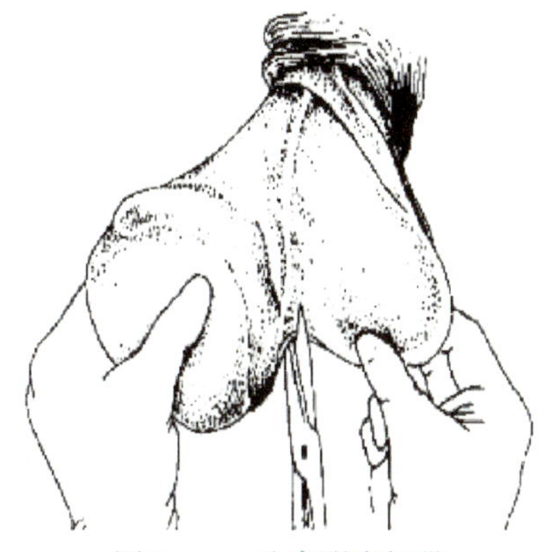

图 7-1-2 分离阴囊韧带

4. 除去睾丸的方法

（1）结扎法

术者左手将总鞘膜和皮肤向腹壁方向推动，右手适当地向下牵引睾丸，以充分显露精索。在睾丸上方 6～8cm 处的精索上，用弯圆针系 10 号丝线进行单纯贯穿结扎，结扎精索的结扣要求确实打紧，为此，在第一结扣系紧后，助手用止血钳立即将结扣夹住，术者再打第二结扣，当第二结扣打紧的瞬间，助手迅即将止血钳撤除，这种操作可防止结扣的松脱。在结扎线的下方 1.5～2.0cm 处切断精索。在确定精索断端不出血时，对断端用碘酊消毒后，即将精索断端缩回到鞘膜管内。该法的优点是安全、迅速、止血准确。其缺点是缝合线消毒不彻底，无菌操作不严格，易发生精索感染，甚至形成精索瘘。

（2）捻转法

充分显露精索后，先用固定钳（图 7-1-3）在睾丸上方 6～8cm 处的精索上垂直地钳住精索。此时注意不要把阴囊皮肤夹在里面。将其紧靠腹壁确实固定后，助手在距固定钳下方 2～4cm 处装好捻转钳（图 7-1-4），慢慢地从左向右捻转精索，由慢渐快直至完全捻断为止，但不可强行拉断。断端用碘酊消毒，缓慢地除去固定钳。用同样的方法捻断另一侧精索，除去睾丸（图 7-1-5）。该法安全可靠，止血彻底，对精索较粗的马尤为适宜。

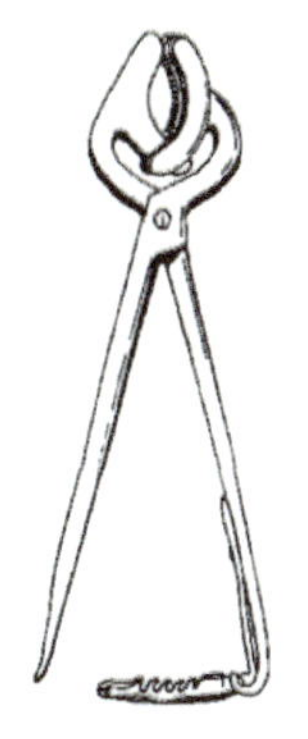

图 7-1-3 固定钳

图 7-1-4 捻转钳

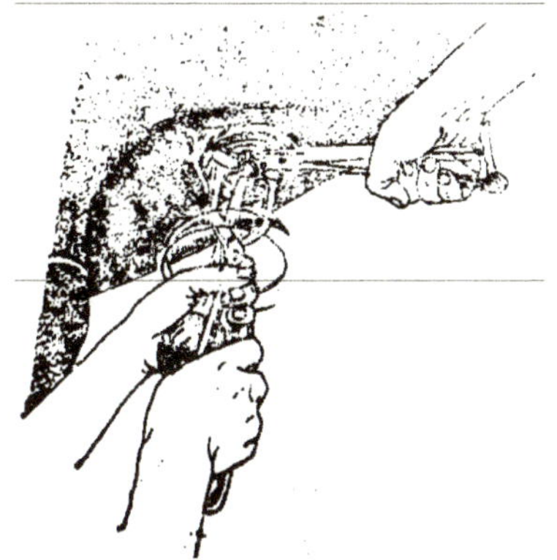

图 7-1-5 用捻转钳拧断精索

（3）挫切法

充分显露精索后，助手在睾丸上方 4～5cm 处将精索结扎（图 7-1-6），然后用挫切钳（图 7-1-7）距结扎线 1cm 处夹住精索，慢慢紧闭挫断精索，而后停留片刻（图 7-1-8）。取掉挫切钳，精索断端涂碘酊。再按同样操作方法去掉另侧睾丸。该去势法切口容易愈合，对 2～4 岁精索较细的公马止血效果明显，但对精索较粗的老马，止血常不够理想，容易引起术后出血。

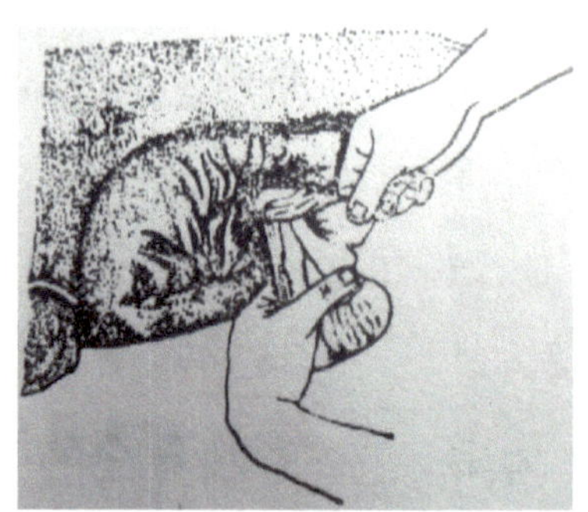
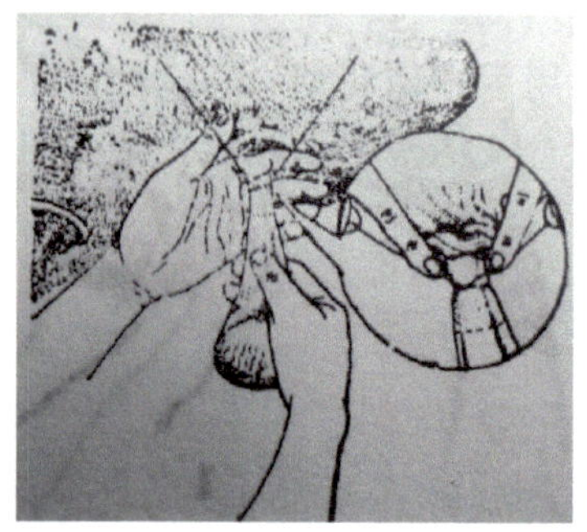

图 7-1-6　分离阴囊韧带，结扎精索

图 7-1-7　挫切钳

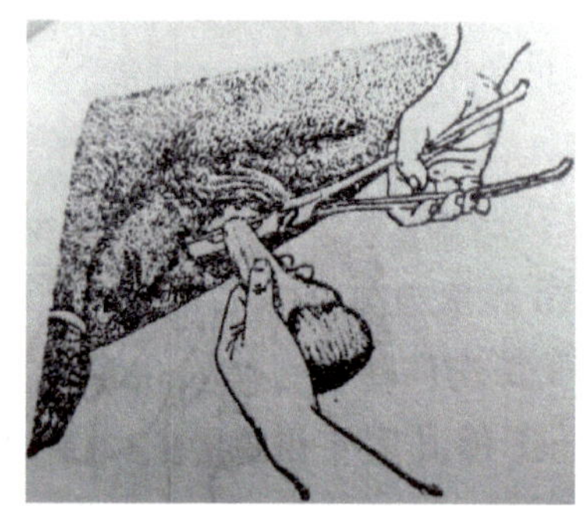

图 7-1-8　用挫切钳切断精索

（4）捻断法

充分显露精索后，术者左手抓持睾丸，使精索处于半紧张状态，右手拇指、中指和食指夹住精索，用拇指和食指的指端反复地刮捋精索，手指向精索近心端推理时用力稍重，退回时用力稍轻，采用先慢后快的手法刮捋精索，经过反复地刮捋以后，精索逐渐变细变长，直至精索被刮断为止（图 7-1-9）。此法术后不易引起感染，但对老龄和精索较粗的公马去势时，常常止血不够彻底，容易引起术后出血。

无论用哪种方法去掉睾丸后，都将阴囊内积血挤出，检查切口位置是否在最低位，大小是否适当，以利于排液。然后向阴囊内部撒入胺苯磺胺粉或其他消炎药，阴囊创口涂碘酊（图 7-1-10）。

（四）术后治疗与护理

术后 3～4h 内，将马拴系在安静场地，注意观察术后出血和腹腔内容物脱出情况；上述两种情况多在术后 1～4h 内发生。术后出血也有发生在术后 36～48h（由于血凝块的溶解，血管断端再出血）。术后防止马卧地，从术后第二天起，每日早晚测马的体温并作牵遛运动 30～40min，在此期间严禁骑乘运动和接近母马。一周后可延长牵遛运动

时间，10d 后即可转，正常的饲养与使役。

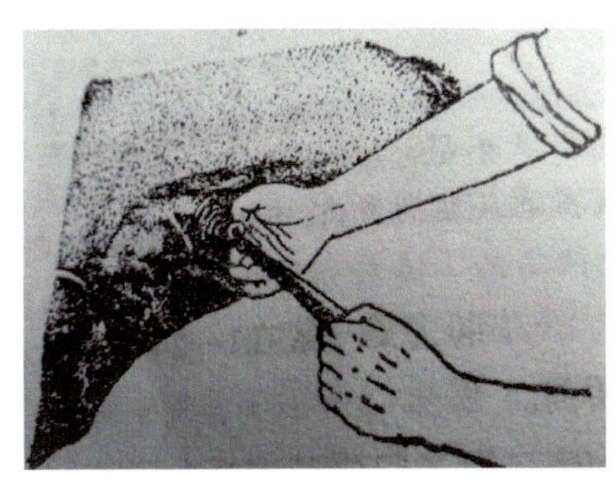

图 7-1-9　用手指捻断精索

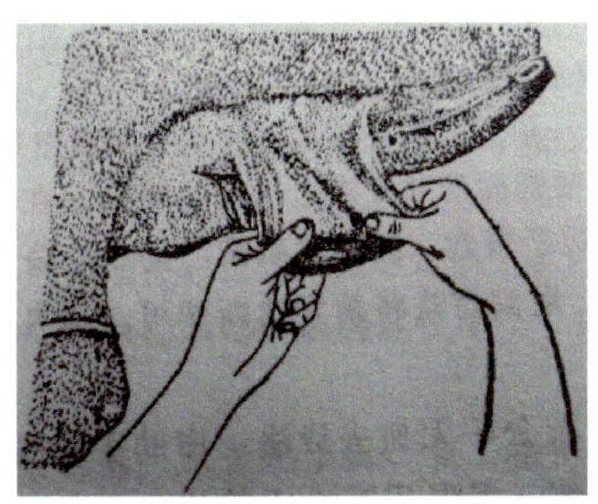

图 7-1-10　清理阴囊

三、公牛、公羊去势术

（一）保定

无血去势钳去势时，采用六柱栏内站立保定，将后档带栏住牛股后，以防牛后踢。前档带紧紧拦住胸前，以防牛前冲，鬐甲带压住颈部以防牛跃起。保定人员一人抓住牛鼻钳控制头部，另一人将牛尾拉向体侧。有血去势法和捶阉法都采用侧卧保定。

（二）术式

术式分有血去势和无血去势两种。

1. *有血去势法*

术者左手握住牛的阴囊颈部，将睾丸挤向阴囊底部，在阴囊的后面或前面距阴囊缝际外侧 1.5～2.0cm 处，平行缝际各作一个纵切口，一刀切开阴囊各层，切口下端至阴囊底部，挤出睾丸。用剪刀剪开附睾尾韧带并分离睾丸系膜，然后对精索用结扎法处理后除去睾丸。公牛、公羊的有血去势法的阴囊切口也可用横切法、横断法，其他操作步骤同公马的露睾去势法（图 7-1-11）。

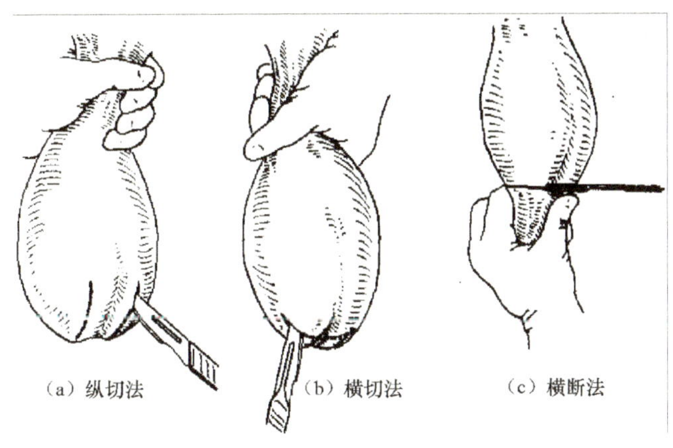

图 7-1-11　牛阴囊切开法

2. 无血去势法

无血去势法分为无血去势钳法和捶阉法。

（1）无血去势钳去势法

所用器械为大家畜无血去势钳。用去势钳夹住阴囊颈部的精索，破坏血液供应，断绝睾丸的营养，使睾丸逐渐萎缩、吸收而失去性机能，从而达到去势的目的。该法操作简单，节省材料，手术安全，可避免并发症。去势效果常与无血去势钳质量有关，为此，在去势前应检查去势钳的钳嘴对合是否严密，钳轴是否松动。

术者用手抓住牛阴囊颈部，将睾丸挤到阴囊底部，将精索推挤到阴囊颈外侧，并用长柄精索固定钳夹在精索内侧皮肤上，以防精索在皮下滑动。助手将无血去势钳钳嘴张开，夹在长柄精索固定钳固定点上方3～5cm处，助手缓缓合拢钳柄，术者确定精索确实在两钳嘴之间时，助手方可用力合拢钳柄，即可听到清脆的“咯吧”声，表明精索已被挫灭。若在合拢去势钳柄过程中，没有听到“咯吧”声，精索可能从钳嘴中滑出，对此情况需重新固定精索，重新钳夹。钳柄合拢后应停留1～1.5min，再松开钳嘴，松钳后再于其下方1.5～2.0cm处的精索上钳夹第二道。另侧的精索作同样处理，钳夹部皮肤碘酊消毒（图7-1-12）。本去势法特别适用于公牛、公羊的去势，也可用于公马的去势。

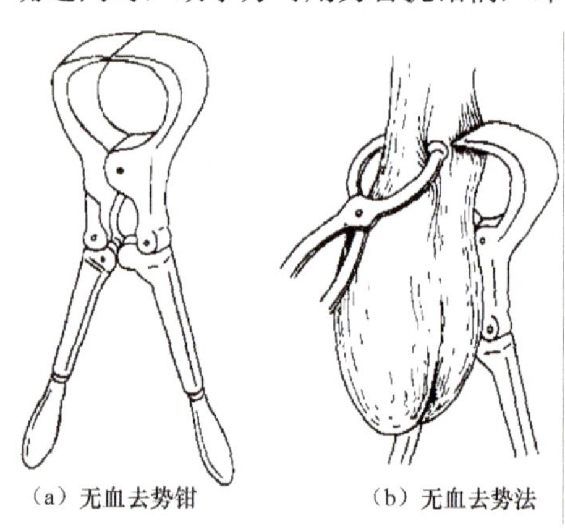
（a）无血去势钳　（b）无血去势法

图7-1-12　无血去势钳及无血去势法

（2）捶阉法

本法是民间常用的去势方法。将睾丸和附睾实质捶碎并用手掌搓成粥状。术后睾丸逐渐吸收，雄性特征也随之消失。

术者用手抓住阴囊颈部，将睾丸挤到阴囊底部，使阴囊皮肤紧张，以木质夹棍（也可用马的木制耳夹子代替）夹住阴囊颈部，使阴囊皮肤紧张。术者左手握紧夹棍一端，另一端抵止于牛的股部，右手持木棒（规格30cm×6cm×6cm）对准睾丸猛力捶打2～3次，也可用术者手掌猛力推挤睾丸实质3～4次，即可将睾丸实质击碎。继续用二手掌挤压、揉搓，使睾丸、附睾被揉成粥状感。同法对另侧睾丸进行处理。解除夹棍，阴囊涂碘酊，松解保定。术后治疗与护理开放式露睾去势术的手术当日肌肉注射破伤风抗血清，其余的治疗与护理，参考公马的去势后治疗与护理。

公牛、公羊的无血去势钳去势法，术后无须治疗和特殊护理；用捶阉法去势的牛，在术后一周内应进行牵遛运动，以促进肿胀睾丸的消散与吸收。

四、公犬、公猫去势术

（一）公犬去势术

1. 适应症

本手术适用于犬的睾丸癌或经一般治疗无效的睾丸炎症。两侧睾丸都切除用于良性

前列腺肥大和绝育。去势术又用于改变公犬的不良习性，如发情时的野外游走、和别的公犬咬斗、尿标记等。公犬去势后不改变公犬的兴奋性，不引起嗜睡，也不改变犬的护卫、狩猎和玩耍表演能力。

2. 术前准备

术前对去势犬进行全身检查，注意有无全身变化，如体温升高、呼吸异常等，如有应待恢复正常后再行去势。还应对阴囊、睾丸、前列腺、泌尿道进行检查。若泌尿道、前列腺有感染，应在去势前一周进行抗生素药物治疗。直到感染被控制后再行去势。去势前剃去阴囊部及阴茎包皮鞘后 2/3 区域内的被毛。

3. 麻醉与保定

全身麻醉。仰卧保定，两后肢向后外方伸展固定，充分显露阴囊部（图 7-1-13 和图 7-1-14）。

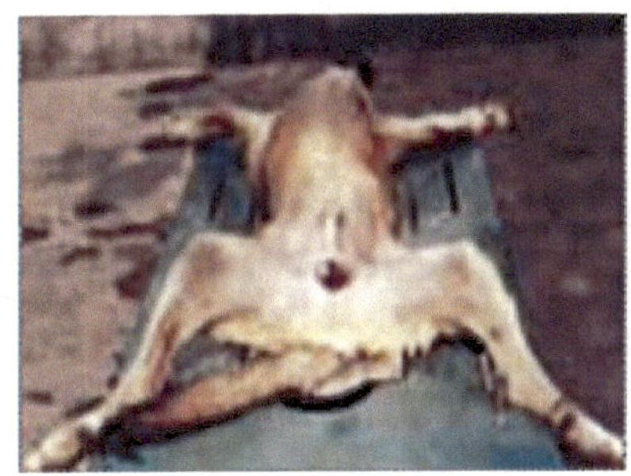

图 7-1-13　麻醉与保定

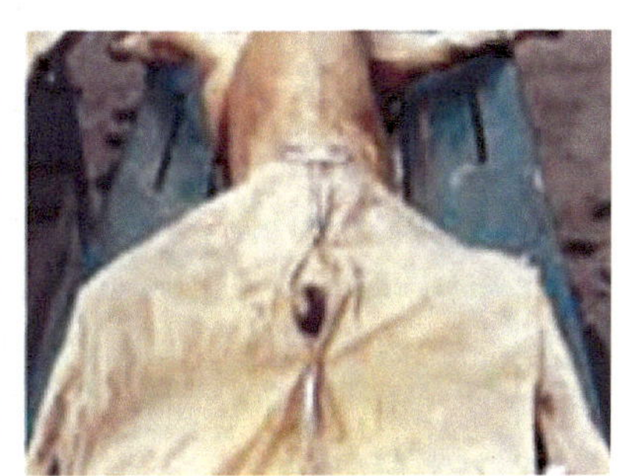

图 7-1-14　显露阴囊

4. 术式

（1）显露睾丸

术者用两手指将两侧睾丸推挤到阴囊底部，使睾丸位于阴囊缝际两侧的阴囊最低部位。从阴囊最低部位的阴囊缝际向前的腹中线上，作一 5～6cm 皮肤切口，依次切开皮下组织。术者左手食指、中指推顶一侧阴囊后方，使睾丸连同鞘膜向切口内突出，并使包裹睾丸的鞘膜绷紧，固定睾丸，切开鞘膜，使睾丸从鞘膜切口内露出（图 7-1-15）。术者左手抓住睾丸，右手用止血钳夹持附睾尾韧带，并将附睾尾韧带从附睾尾部撕下，右手将睾丸系膜撕开，左手继续牵引睾丸，充分显露精索（图 7-1-16 和图 7-1-17）。

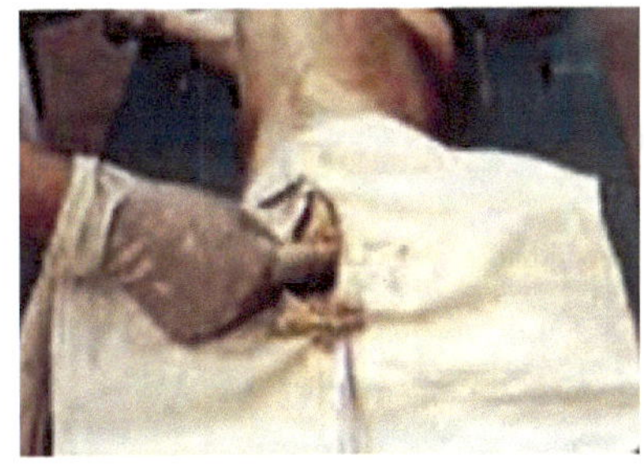

图 7-1-15　固定睾丸

图 7-1-16　撕开睾丸系膜

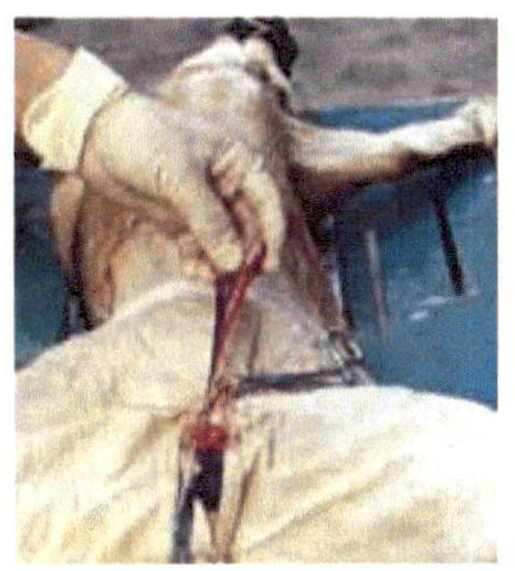

图 7-1-17　显露精索

（2）结扎精索、切断精索、去掉睾丸

用三钳法，在精索的近心端钳夹第一把止血钳，在第一把止血钳的近睾丸侧的精索上，紧靠第一把止血钳钳夹第二、三把止血钳（图 7-1-18）。用 0～4 号丝线，紧靠第一把止血钳钳夹精索处进行结扎，当结扎线第一个结扣接近打紧时，松去第一把止血钳，并使线结恰位于第一把止血钳的精索压痕处，然后打紧第一个结扣和第二个结扣，完成对精索的结扎，剪去线尾（图 7-1-19 和图 7-1-20）。

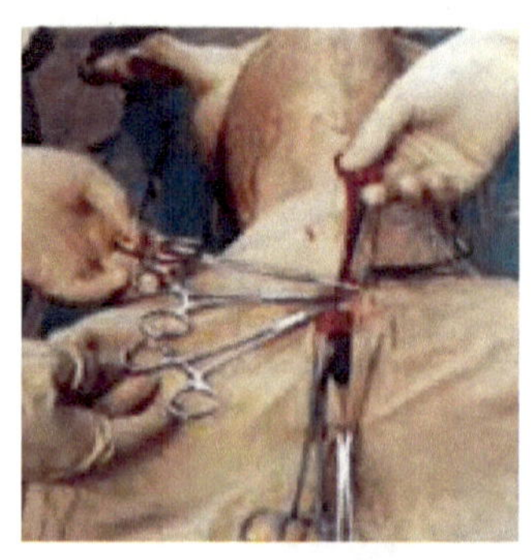

图 7-1-18　钳夹精索

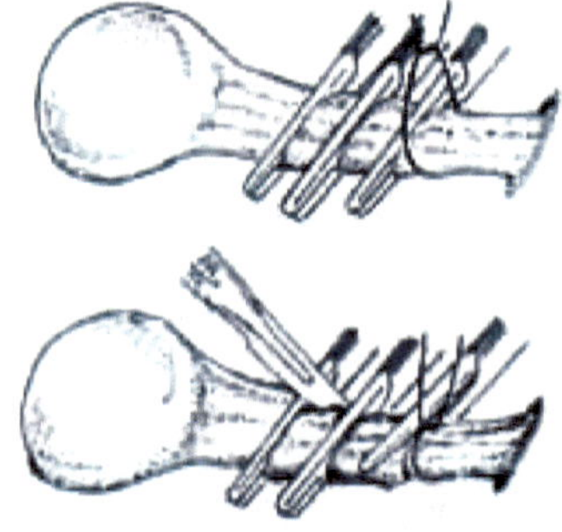

图 7-1-19　三钳法

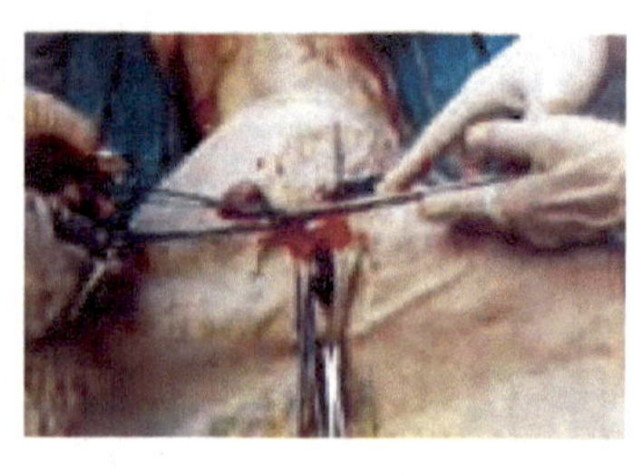

图 7-1-20　结扎精索

在第二把与第三把钳夹精索的止血钳之间，切断精索。用镊子夹持少许精索断端组织，松开第二把钳夹精索的止血钳，观察精索断端有无出血，在确认精索断端无出血时，方可松去镊子，将精索断端还纳回鞘膜管内。

在同一皮肤切口内，按上述同样的操作，切除另一侧睾丸。在显露另一侧睾丸时，切忌切透阴囊中隔。

（3）缝合阴囊切口

用 0～2 铬制肠线或 4 号丝线间断缝合皮下组织，用 4～7 号丝线间断缝合皮肤，外打以结系绷带。

5. 术后治疗与护理

术后阴囊潮红和轻度肿胀，一般不用治疗。伴有泌尿道感染和阴囊切口有感染倾向者，在去势后应给予抗菌药物治疗。

（二）公猫去势术

1. 适应症

为了防止猫的乱交配和对猫进行选育，对不能作为种用的公猫进行去势。公猫去势后可减少其本身特有的臭气，减少公猫发情时的性行为，如猫在夜间的叫声对周围环境的污染等。

2. 术前准备

剃去阴囊部被毛和进行常规消毒。

3. 麻醉

全身麻醉。

4. 保定

左侧或右侧卧保定，两后肢向腹前方伸展，猫尾要反向背部提举固定，充分显露肛门下方的阴囊。

5. 术式

将两侧睾丸同时用手推挤到阴囊底部，用食指、中指和拇指固定一侧睾丸，并使阴囊皮肤绷紧。在距阴囊缝际一侧 0.5～0.7cm 处平行阴囊缝际作一 3～4cm 皮肤切口，切开肉膜和总鞘膜，显露睾丸。术者左手抓住睾丸，右手用剪刀剪断阴囊韧带，向上撕开睾丸系膜，然后将睾丸引出阴囊切口外，充分显露精索。结扎精索和去掉睾丸的方法同公犬去势术。两侧阴囊切口开放。

6. 术后治疗与护理

一般不需治疗，但应注意阴囊区有无明显肿胀。若阴囊切口有感染倾向，可给予广谱抗生素治疗。

五、公鸡阉割术

（一）局部解剖

公鸡的睾丸位于腹腔内肾脏的前方，其位置相当于最后两肋骨处。两侧睾丸相距 0.5～1cm，主动脉及后腔动脉居于其间，六个月以上的公鸡的这些血管很发达，因而月龄过大的公鸡，常因阉割后出血引起死亡。公鸡睾丸的形状为豆形或肾形，呈淡黄色或橙红色，左侧睾丸比右侧睾丸大，睾丸悬吊于体腔背壁，以短的系膜相连。

（二）术前准备

1. 鸡的准备

阉割最适合的时间为 2～3 个月龄（开啼），术前绝食一天，并清理鸡舍。

2. 器械的准备

切开刀、开口弓、睾丸勺及睾丸套签套（图 7-1-21）。

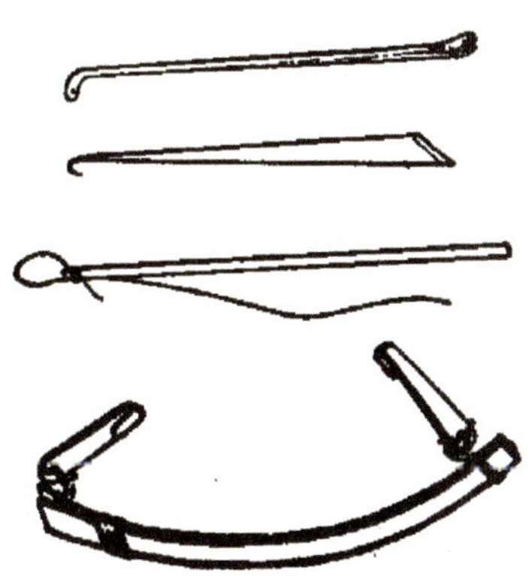

图 7-1-21 公鸡阉割器械

（三）保定方法

将鸡两翅在其跟部扭交，将两肢拉向后方，术者左、右脚分别压住两翅与两肢或用细绳缚住，同时缚

一细水杆。

（四）切口部位

常采用最后两肋之间，但较大的鸡，亦可于最后两肋的后方，距离背腰 0.5cm 处进行。

（五）阉割方法

先拔去术部的羽毛，皮肤用酒精或碘酊消毒，并把四周的羽毛擦湿，使它可四处分开。右手持切口刀，为了使皮肤与肌肉创口错开，在切口前应将皮肤想预定切口的侧方稍稍移动，由背最长肌外缘向下，沿着肋骨的前缘，作长 3cm 左右的切口。当切开腹壁后，用开口弓的钩子将皮肤、腹肌、腹膜同时钩住，并调节弓的弯曲度，使切口扩张大小适当。左手持睾丸勺，将肠管轻轻向前下方拨开，就可看到右侧睾丸，左侧睾丸位于其下，二都之间相隔一层薄膜（肠系膜），用刀柄末端将薄膜轻轻拨破，即可看到左侧睾丸。拨破薄膜时应注意不要损伤肾脏及睾丸附近的血管，以免出血而引起死亡。然后用睾丸套签套分别将上下睾丸系膜锯断，取出睾丸，解除开口弓，创口涂碘，不必缝合，若创口过大时，结节缝合切口 1～2 针。

六、母犬、母猫阉割术

（一）保定

采取仰卧保定，使其前低后高，让肠管尽量向膈肌倾向。

（二）术部

在腹白线紧靠耻骨部（脐后）。

（三）术式

1. 卵巢摘除术

全身麻醉，术部常规消毒，切开皮肤，钝性分离皮下组织，切开腹白线，打开腹腔，向后上腹壁移行，寻找子宫角，再找到卵巢，在其前后作两道结扎（一边为子宫角侧，一边为卵巢、肾脏韧带）摘除卵巢，仔细检查有无出血，同法摘除另一侧卵巢。连续缝合腹膜和腹肌，结节缝合皮肤，术部消毒，6～8d 拆线，术后测温一周（每天至少一次），注射抗生素 3d。

2. 卵巢子宫切除术

全身麻醉，术部常规消毒，切开皮肤，逐层切开腹壁 5～8cm，打开腹腔，牵开器张开创口。拉出双侧卵巢和子宫角，用“三钳法”逐次结扎并切断卵巢悬吊韧带，双重结扎两侧子宫动脉并剪断，“三钳法”结扎并切断子宫体，摘除全部卵巢和子宫角（图 7-1-22～图 7-1-25），还纳；清洗创腔，关腹，装结系绷带，按常规护理。

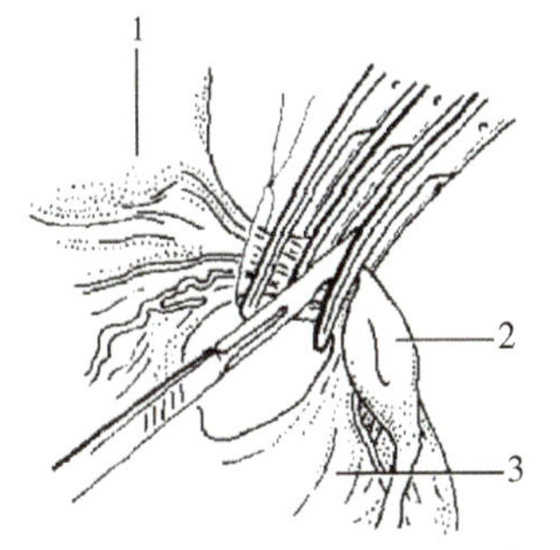

图 7-1-22　三钳钳夹法结扎卵巢血管

1. 肾脏；2. 卵巢；3. 卵巢系膜

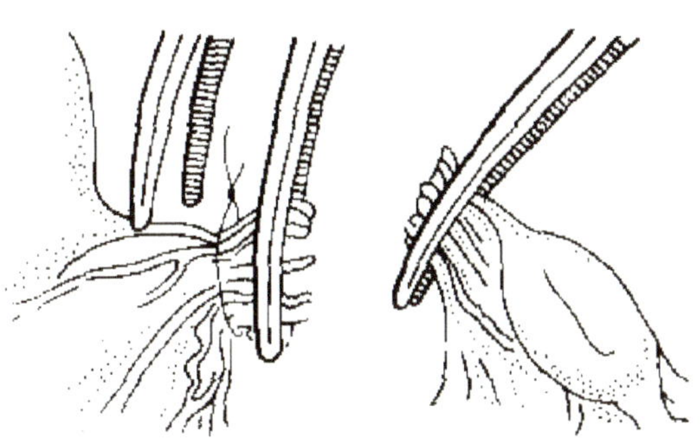

图 7-1-23　在松钳的瞬间结扎卵巢血管

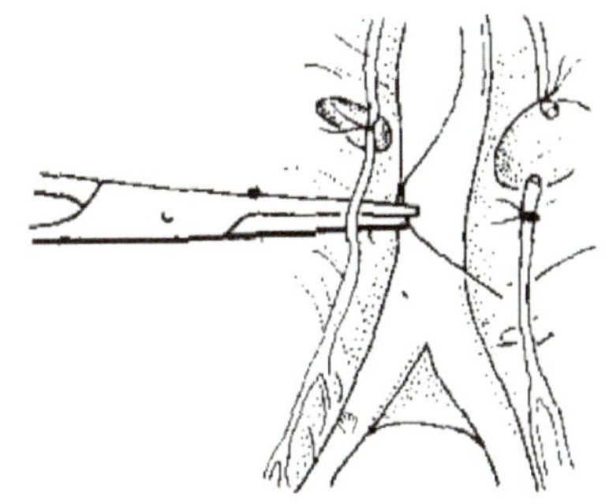

图 7-1-24　双重结扎子宫血管并剪断

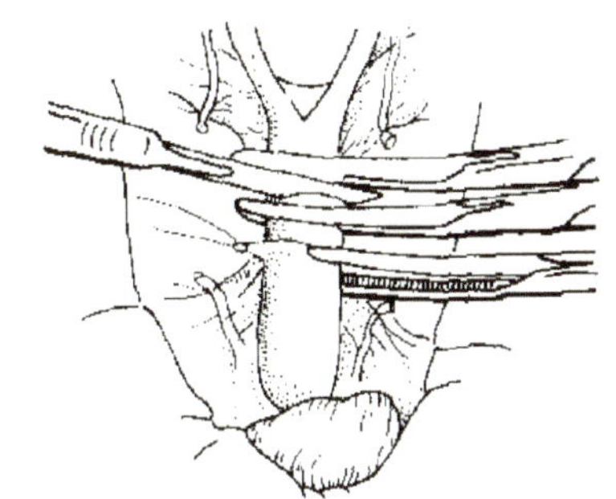

图 7-1-25　三钳钳夹法切除子宫体

七、母猪阉割术

母猪阉割因猪只大小，有小挑花和大挑花两种方法。前者适用于生后 30～80d 的仔猪，体重为 5～15kg。后者适用于生后 3 个月左右，体重在 20kg 以上或经产母猪。

（一）小母猪阉割术（小挑花）

1. 保定

右侧横卧保定，术者用左手握住猪左后肢的跖部，右手捏住猪的左侧膝襞部，尾在术者左侧，头在术者右侧，背向术者。左脚踩住猪的左后肢跖部，右脚踩住猪的颈部或右耳，后躯呈仰卧姿势保定，使下颌部、左后肢的膝盖骨和蹄在一条直线上（图 7-1-26）。

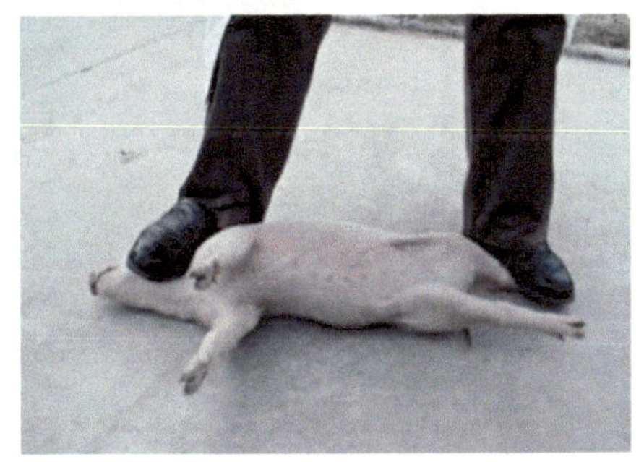

图 7-1-26　右侧横卧保定

2. 部位

采用左侧髋结节定位或左侧荐骨岬定位法定位，左手中指抵在左侧髋结节上，大拇指用力按压左侧腹壁，使拇指与中指的连线与地面垂直，此时拇指按压部即为术部（也相当于髋结节向猪左列乳头方向引一垂线，切口在距左列乳头 2～3cm 处的垂线上）（图 7-1-27）。

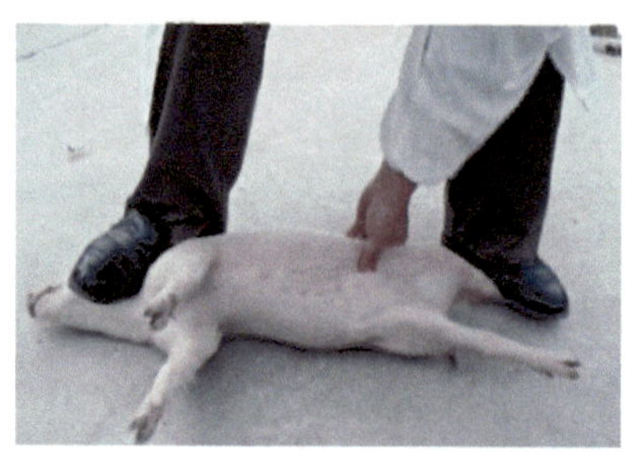
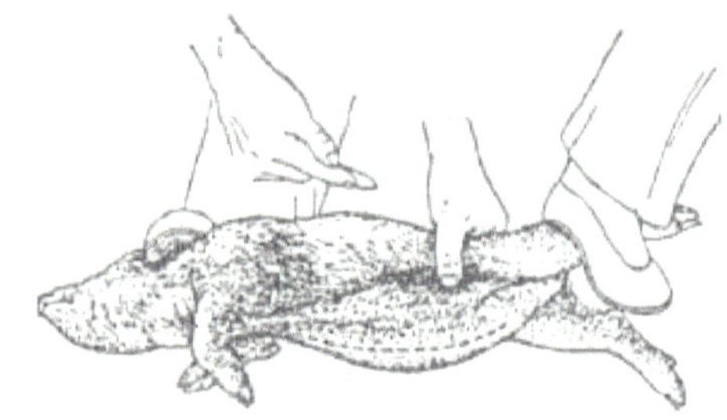
图 7-1-27 左侧髋结节定位

3. 术式

（1）切透腹壁

术部消毒后，术者以左手食指或中指定在左侧术部，大拇指压定左侧髋结节，对着左侧髋结节内角压迫，几乎达到两指相接触的程度，压得越紧离子宫角越近，则手术越容易成功。右手持刀，用拇指和食指控制刀刃的深度，切口与体轴方向平行，垂直切开皮肤，当刀（柳叶刀）一次切透腹壁各层组织时，有一种对刀的抵抗力突然消失的空虚感，接着可将刀的尖端向腹腔深部对侧斜行深入 1.0～1.5cm，也可轻轻在腹腔内作弧形滑动，随后子宫角即随同腹水一起自动冒出体外，即称为“透花法”。也可先用刀尖将术部皮肤切开 1～2cm，然后用刀柄借小猪“嚎”时腹压升高而适当用力透破腹肌和腹膜，继续伸入切口约 2～3cm，右手提刀柄，并借左手指的压力，子宫角即可冒出（图 7-1-28 和图 7-1-29）。

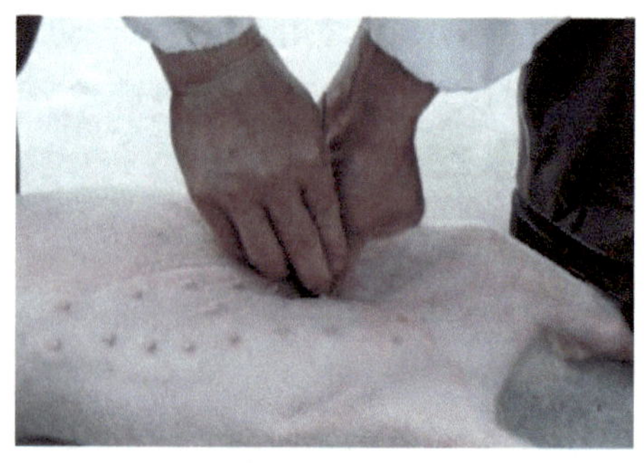
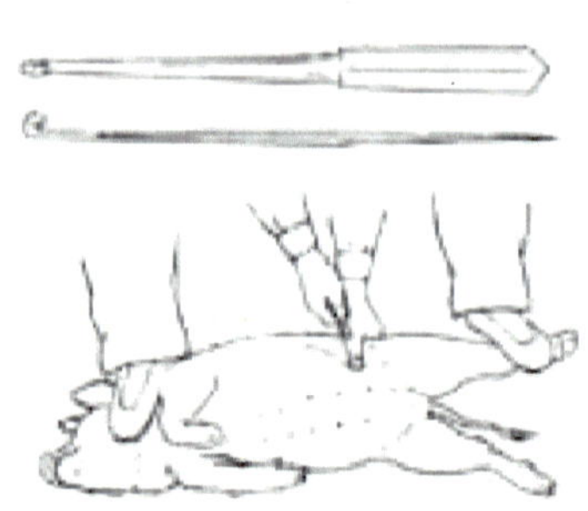
图 7-1-28 切透腹壁

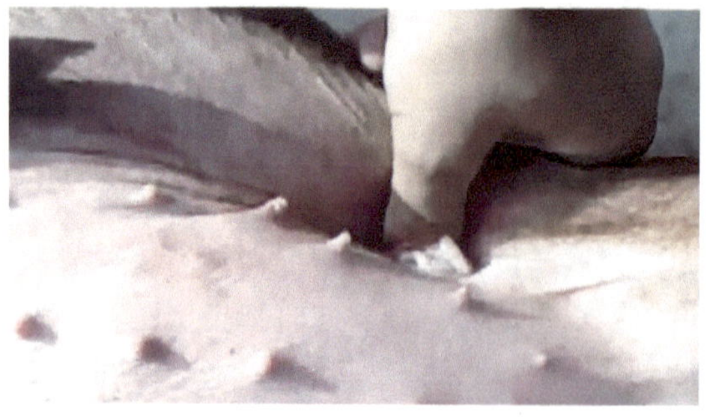
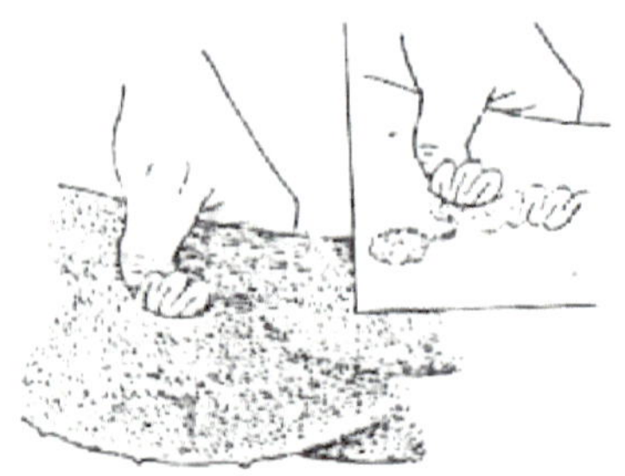
图 7-1-29 挤出子宫角

（2）摘除子宫角及卵巢

当部分子宫角涌出切口外后，术者左手拇指仍用力下压腹壁切口边缘，防止过早抬手，以免子宫角缩回入腹腔内。术者右手拇指、食指捏住涌出切口外的部分子宫角，并用右手的拇指、中指和无名指背部下压腹壁，以替换下压腹壁切口的左手拇指。再用左手拇指、食指捏住子宫角，手指背部下压腹壁，两手交替地导引出两侧子宫角、卵巢和部分子宫体。亦可用两手其他三指的第一、二指节的侧面交换压迫腹壁切口，再用两手拇指、食指交替导引出两侧子宫角、卵巢和部分子宫体。然后用手指钝性挫断或用小挑刀切断子宫体后，术者两手抓住两侧子宫角、卵巢，撕断卵巢悬吊韧带，将子宫角、卵巢一同摘除。切口不缝合，碘酊消毒后，术者提起猪的后肢使猪头下垂，并稍稍摆动一下猪体后松解保定，让猪自由活动（图 7-1-30～图 7-1-32）。

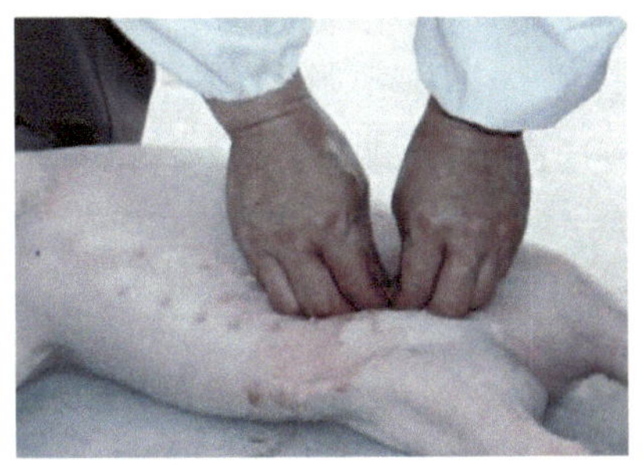

图 7-1-30　摘除子宫角及卵巢

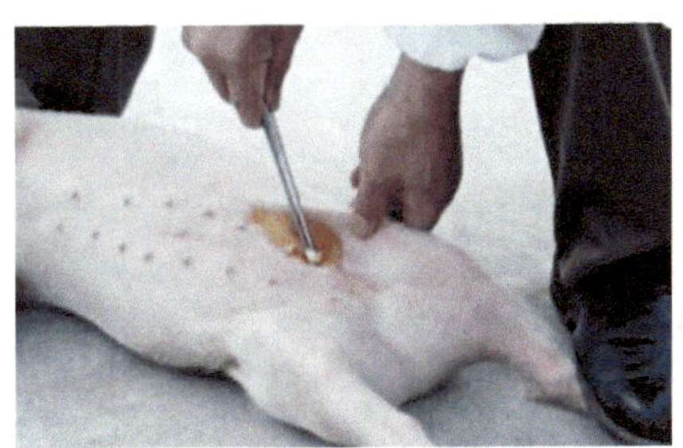

图 7-1-31　术部消毒

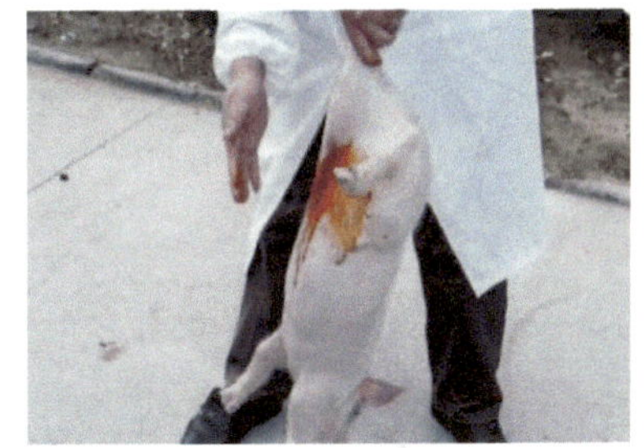

图 7-1-32　倒提后肢

（二）大母猪阉割术（大挑花、摈花）

1. 保定

侧卧保定，背向术者，术者右脚踩在猪耳后的颈部，助手将两后肢拉直，并加固定。

2. 部位

在髋结节前下方 5～10cm，相当于肷部（腹胁部）三角区的中央，指压抵抗力小的部位为最佳处。

3. 术式

1）术部清洗、拭干，消毒。

2）切开皮肤和穿透腹壁：左手将术部皮肤抓起，使成与猪体平行的皱襞，或以左手拇指按定术部，右手持刀向后下方作长 2～3cm 的半月形（或直线）切口，再用食指戳穿腹肌，然后食指稍向腹后移动，趁猪嚎叫时，迅速一次穿通腹膜。

3）探摸卵巢：用右手食指伸入腹腔，沿腹壁向背侧由前向后探摸卵巢。卵巢一般位于倒数第二腰椎下方骨盆腔入口的两旁（少数位于骨盆内），当摸到一粒（蚕豆大小）滑动而比较坚硬的东西即为卵巢（此时猪会强烈挣扎和嚎叫），用第一指节钩住卵集系膜和输卵管（花衣和花颈），紧贴于腹壁向外将其钩出，将钩出的卵巢（花子）放在创口外。重新插入食指，通过直肠下方到对侧探摸对侧卵巢，同上法钩出。为避免卵巢在钩拉中滑脱，当食指将卵巢压定在左侧腹壁时，右手拇指同时在腹壁外侧与食指相对用力下压，加以协助。

4）摘出卵巢：对较小的母猪，以拇指和食指反复捻挫子宫角与输卵管交接处，直至挫断摘出卵巢；对较大的或正在发情和发情前后 2～3d 的母猪，用丝线结扎卵巢系膜，于结扎线下方 1cm 处切除卵巢。

5）卵巢切除后，用右手食指送入子宫角，再沿着腹腔内壁轻轻旋转滑动几下，以便整理肠管，防止肠管脱入创口内。

6）整复完毕，清洗创口，并涂布碘酊消毒。最后以一手掌轻轻压住创口，另一手提起猪的左后肢，令猪走几步，再放走。

任务 2 开腹术及瘤胃切开术

一、开腹术

（一）适应证

适应证为腹腔疾病的诊断和治疗打开通路。用于腹腔探查、瘤胃切开术、肠管手术、皱胃移位整复手术等。

（二）保定

根据手术目的、家畜种类、疾病性质、手术部不同，可采用站立、侧卧或仰卧保定。

（三）麻醉

多采用全身麻醉，也可采用腰旁神经干传导麻醉。

（四）手术部位

根据手术目的及手术的繁简不同，术部的确定也不同。常用的术部有肷部切口、肋弓下斜切口和腹下切口。

1. 肷部切口

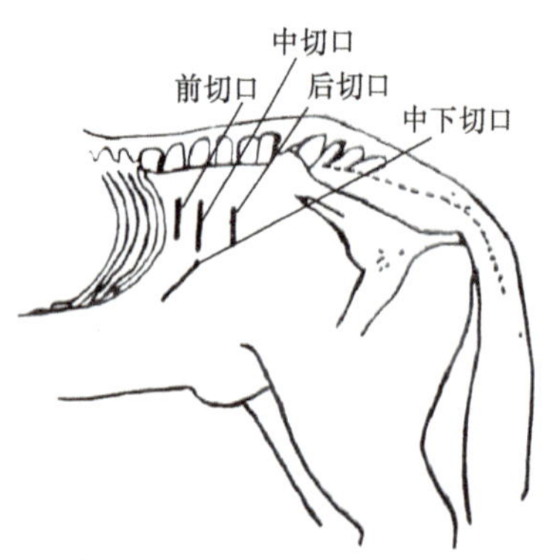

图 7-2-1 马肷部切口部位

肷部切口分前切口、中切口、后切口和中下切口，左右两侧均可，根据手术要求而定。左肷部中切口最为常用，如腹腔探查、肠变位、肠阻塞的治疗、肠管手术等都可选择此切口。其切口位置在最后肋骨至髋结节水平线的中点向下 2～5cm 处作为切口上角，向下垂直切开 15～20cm。左肷部前切口于左侧第 1、2 腰椎下方 3～5cm 处，距最后肋

骨 3～4cm，与最后肋骨平行作 15～20cm 切口。一般用于大体型马骡腹腔探查及肠管手术。左肷部后切口于左侧髋结节与最后肋骨水平线上，髋结节前 2～3cm 处，在此处向下方 3～5cm 处作为切口上角，向下垂直切开 15～20cm 切口。可用于直肠手术等。左肷部中下切口于左侧髋结节与最后肋骨水平线中点下 15～20cm 处作为切口上角，向下略平行于肋弓切开 15～20cm。适用于左侧大结肠变位及侧壁切开术（图 7-2-1）。

2. 肋弓下斜切口

在左侧用于左上、下大结肠手术；右侧用于胃状膨大部切开术、盲肠手术。切口位置在左侧或右侧均沿用第 11～17 肋弓，距肋弓 5～10cm 平行于肋弓切开 15～20cm 切口。原则上切口部位尽可能接近病变处，切口大小以方便操作为宜（图 7-2-2 和图 7-2-3）。

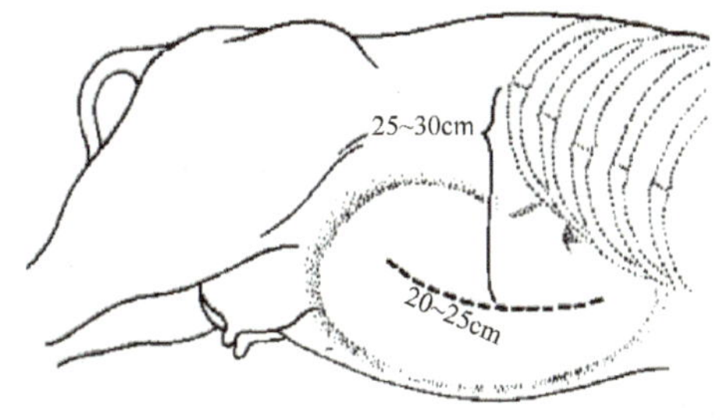

图 7-2-2　牛肋弓下斜切口部位

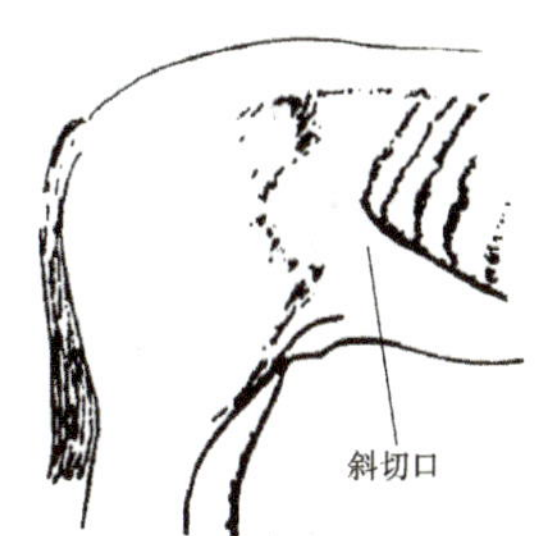

图 7-2-3　马肋弓下斜切口部位

3. 腹下切口

腹下切口分正中线切口和中线旁切口（图 7-2-4）。

1）正中线切口是在正中白线上，脐之前或之后，长短视需要而定。

2）中线旁切口是在正中白线一侧，距白线 2～5cm 与中线平行切开，长短视需要而定，此切口一般不用。

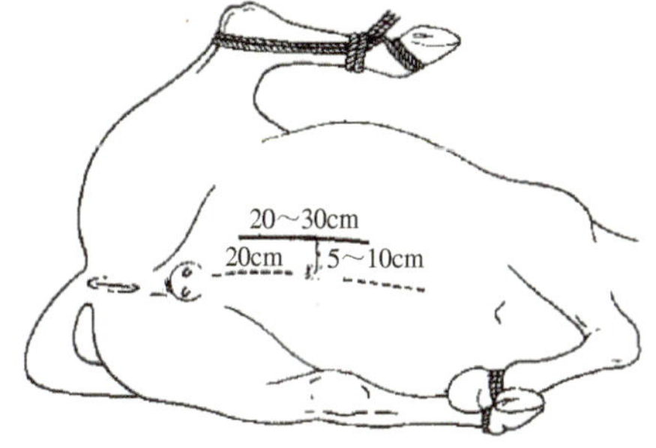

图 7-2-4　马腹下切口部位

（五）手术方法

1. 肷部切口

术部常规消毒后，锐性切开皮肤，分离皮下组织，结扎较大血管，逐层按肌纤维方向钝性分离腹外斜肌、腹内斜肌、腹横肌，彻底止血，露出腹膜。术者手拿止血钳，将腹膜提起，切一小口，然后将两手指经小口放入腹腔，保护内脏，再用手术剪扩大腹膜切口，然后按手术目的进行腹腔内手术。关闭腹腔时，用 4 号丝线或肠线连续缝合腹膜及腹横肌，用 7 号丝线分别缝合内、外斜肌，用 10 号丝线结节缝合皮肤，装结系绷带。

2. 肋弓下斜切口

一次性切开皮肤及皮下组织，然后按皮肤切开方向逐层分离腹黄膜、腹直肌外鞘、腹直肌、腹横肌腱膜与腹膜，然后进行腹腔手术。关腹时，分别连续缝合腹横肌腱膜与

腹膜、腹直肌与腹黄膜，结节缝合皮肤，装结系绷带。

3. 正中线切口

分别切开皮肤及皮下结缔组织、腹白线、腹膜。然后进行腹腔手术。关腹时，分别连续缝合腹膜，结节或连续缝合腹白线，结节缝合皮肤，装结系绷带。

（六）腹腔内手术（主要介绍破结术和肠管手术）

1. 破结术

（1）隔肠按压法

可用捏压、握压、切压、平压等方法破结（图 7-2-5）。

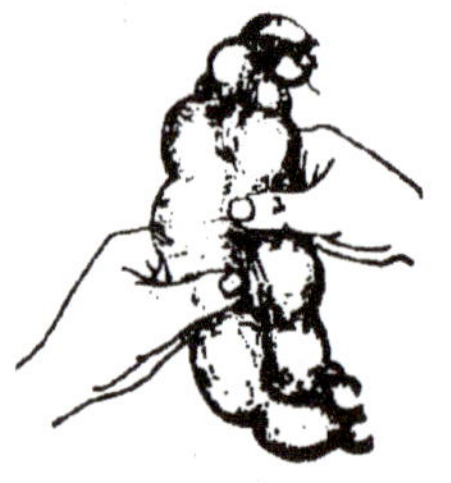

图 7-2-5 压结法

（2）隔肠注水法

用注射器将生理盐水或 5%～10%硫酸钠溶液隔肠注入结粪中，以软化阻塞肠管的结粪，便于隔肠按压。

（3）肠管侧壁切开术

肠管阻塞物坚硬或上述方法无法破结时，采用此法。

小肠、小结肠、骨盆曲等部位阻塞肠段均可拉出于切口外，垫上温生理盐水纱布隔离，结粪两侧肠腔用肠钳钳闭后在纵带上或肠系膜对侧沿结粪纵行切开［图 7-2-6（a）］，长度以能取出结粪为度。将结粪取出后，用温生理盐水冲洗肠壁切口及附近区域。立即进行肠壁创口的全层螺旋缝合［图 7-2-6（b）］，再经清洁处理后，再作伦贝特氏或库兴氏内翻缝合［图 7-2-6（c）］。除去肠钳，检查有无漏气、渗液现象。再用温生理盐水冲洗并涂抗生素，还纳腹腔，最后闭合腹腔。

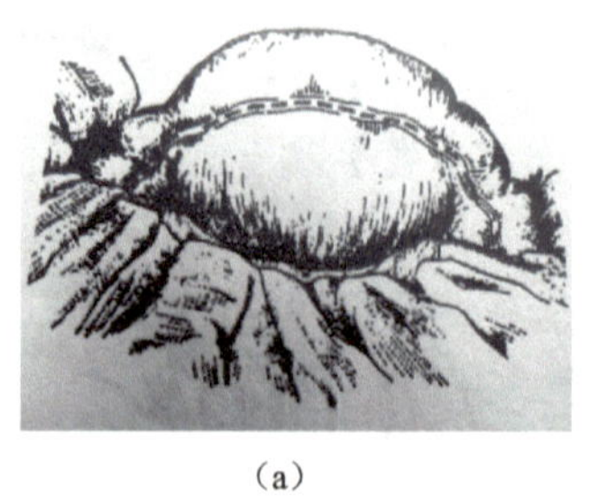

（a）

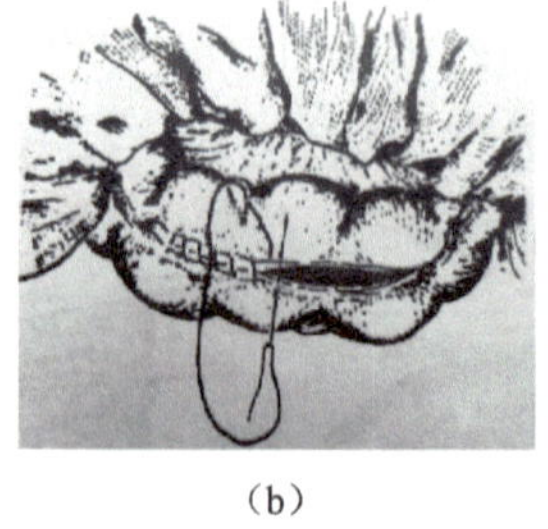

（b）

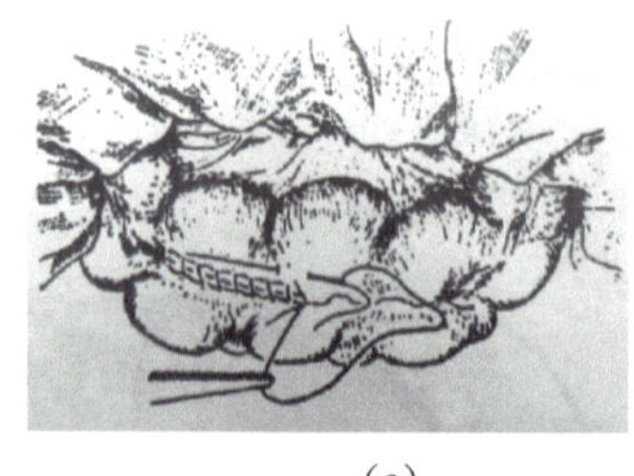

（c）

图 7-2-6 肠管侧壁切开术

胃状膨大部、盲肠、左侧大结肠阻塞，体积较大及较硬，移动性也小，不易拉出切

口外，常由助手辅助固定。助手将手伸入腹腔，将结粪肠段移至切口，尽量显露，并用大块温生理盐水纱布或无菌橡胶布严密隔离。用手术刀在肠纵带上切开，经切口取出结粪。用温生理盐水冲洗胃壁切口并进行全层螺旋缝合，然后转入无菌术，进行伦贝特氏或库兴氏内翻缝合。再用温生理盐水冲洗并涂抗生素，肠管复位后闭合腹腔。

2. 小肠套叠整复术

术者用手伸入腹腔探查，当触及质地较硬、形状较粗的肿块或索状物，即拉出于腹壁切口外，将套叠肠管远端稍向上提起，离开切口，以双手拇指和食指自套叠的远端均匀且轻轻推挤，借重力及推挤作用使之复位。不可性急，更不能在近端用手猛拉，以免发生肠破裂（图7-2-7）。

如果推挤过程有困难，可用小指、拇指伸入套叠鞘内扩张紧缩环或向鞘内滴入少量灭菌润滑剂后继续推挤（图7-2-8）。整复套叠肠管后，检查肠管及肠系膜，确定无坏死、变性等现象即可送回腹腔。

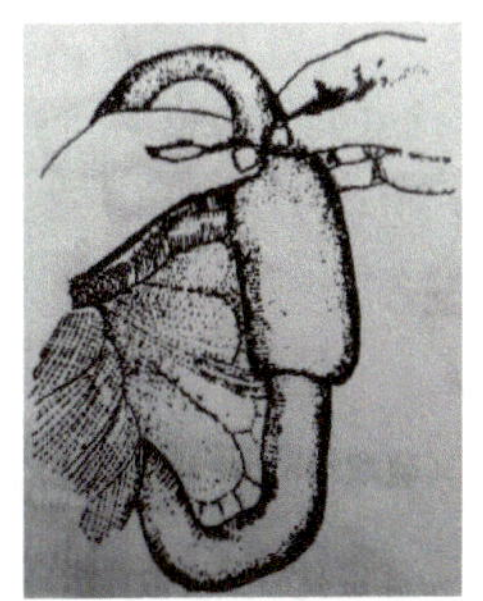

图7-2-7 肠套叠远端推挤

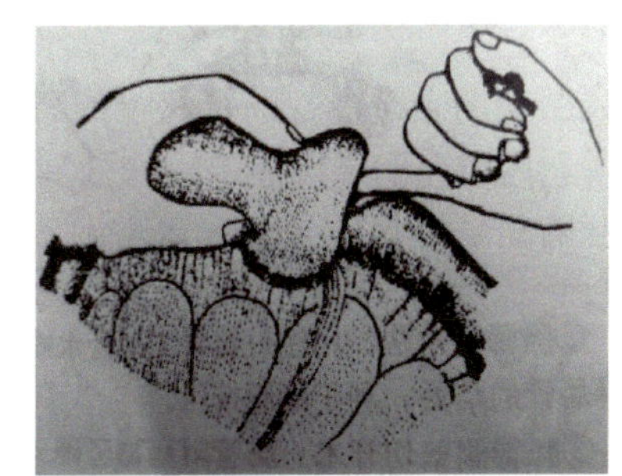

图7-2-8 手指扩张肠套叠鞘部

如果经多次整复无效，同时套叠部分又不太多时，可剪开外层肠壁（图7-2-9），使其复位，然后按肠管侧壁切开术缝合肠壁。如果肠套叠不能复位或肠管套叠段严重水肿、坏死、变性而失去活力时，应采取肠管切除术并进行肠吻合。

3. 肠管切除术

在健康肠管上，用两把肠钳相对并相距3～4cm夹住肠管，以同样方法夹住病变肠段另一侧健康肠管。然后在预定切除病变肠管及相应肠系膜的切开通路上结扎血管。剪去病变肠段及相应肠系膜（图7-2-10）。之后用生理盐水冲洗肠管断端并将两断端并拢，由助手固定，进行肠吻合。

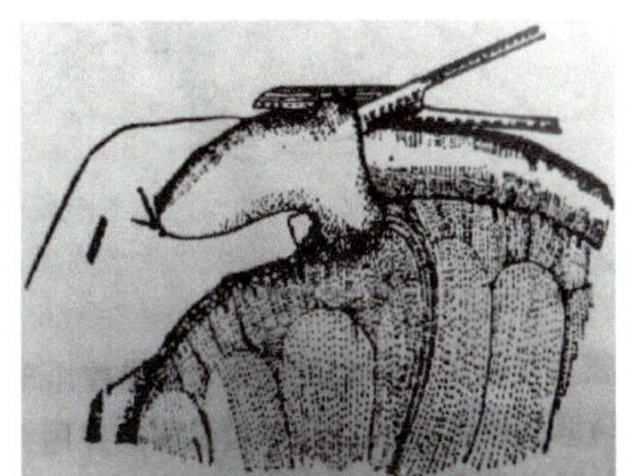

图7-2-9 剪开肠套叠鞘部

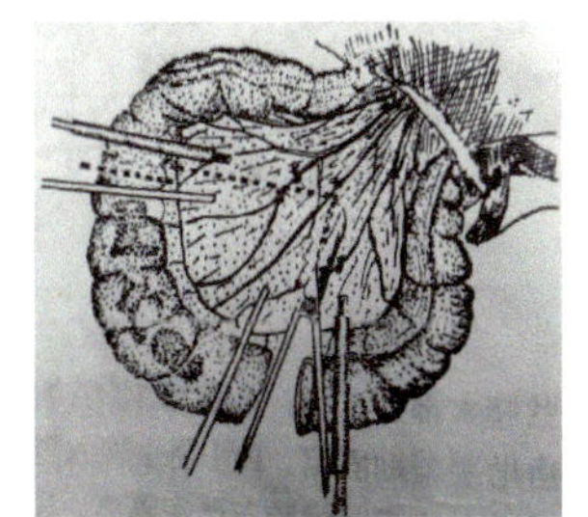

图7-2-10 肠管切除术

肠管吻合的方式有端端吻合、端侧吻合、侧侧吻合等三种，端端吻合最为常用。但在肠管较细时，吻合后易使肠管狭窄，侧侧吻合能克服肠管狭窄的缺点。端侧吻合是在两肠管口径相差悬殊而不能端端吻合时使用。

（1）端端吻合

助手合拢两肠钳，使两肠断端靠拢对齐。在两肠断端肠系膜侧和肠系膜对侧各穿一针牵引线，固定两肠断端。然后用直圆针将两肠断端的后壁自肠系膜侧开始向肠系膜对侧作全层螺旋缝合［图 7-2-11（a）、（b）］，缝合到肠系膜对侧向两肠断端前壁折转处，缝针从一侧肠腔内穿出，再到另一侧肠管前壁自外向肠腔内刺入。自此，两肠断端的前壁改用康乃尔氏缝合［图 7-2-11 中（c）～（e）］（也可继续用螺旋缝合法缝合前壁）。缝合至肠系膜侧最后一针与后壁起始缝合的线尾打结。

缝合完第一层后，转入无菌操作。第二层采用伦贝特氏或库兴氏缝合法，对前后壁浆膜肌层进行内翻缝合［图 7-2-11（f）］。吻合后检查吻合处肠腔畅通情况。最后用连续缝合或结节缝合法缝合肠系膜裂隙。

（2）侧侧吻合

此吻合能克服端端吻合引起肠管狭窄的缺点。但远期效果不佳，因其不符合肠蠕动生理，在肠腔内无内容物的情况下，吻合处基本上处于闭合状态。由于吻合口段肠管环形肌被切断，其蠕动机能大为下降。易使两肠管盲肠端形成囊状扩张。久而久之，可形成结粪团或肠穿孔。

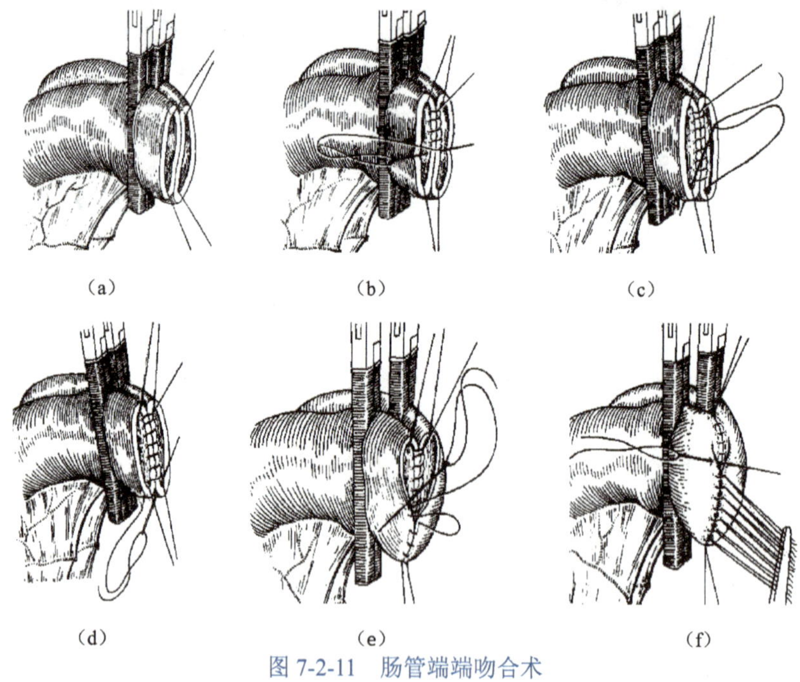

图 7-2-11　肠管端端吻合术

其方法为：肠管吻合前，用两把止血钳分别将两肠管断端夹住，用连续全层缝合法缝合第一层［图 7-2-12 中（a）］，抽出止血钳，拉紧缝合线［图 7-2-12（b）］；紧接着用伦贝特氏缝合第二层［图 7-2-12（c）］。两肠管断端闭合后，开始进行侧侧吻合［图 7-2-12（d）］。

先将远近两肠段盲端，以相对方向使肠壁交错重叠接近，用两把肠钳各在近盲端处；沿纵轴方向钳夹盲端肠管。钳夹的水平位置要靠近肠系膜侧。检查两重叠肠段有无扭转，然后将两肠钳并列靠拢，交助手固定，纱布垫隔离术部［图 7-2-12（e）］。

靠近肠系膜侧作间断或连续伦贝特氏缝合，缝合长度应略超过切口长度［图 7-2-12（f）］。距此缝合线下方 1～1.5cm 处，位于两侧肠壁中央部，各作一个 4～6cm 切口，形成肠吻合口［图 7-2-12（g）］。吻合口后壁作连续全层缝合，缝至前、后壁折转处，按端端吻合方法转入前壁，进行康乃尔氏缝合［图 7-2-12（h）～（j）］。缝至最后一针，缝线与开始第一针线尾打结［图 7-2-12（k）］，检查薄弱点作加强补充缝合。最后，在前壁浆膜上作间断或连续伦贝特氏缝合；撤去肠钳，重叠肠系膜游离缘作间断缝合［图 7-2-12（l）］。

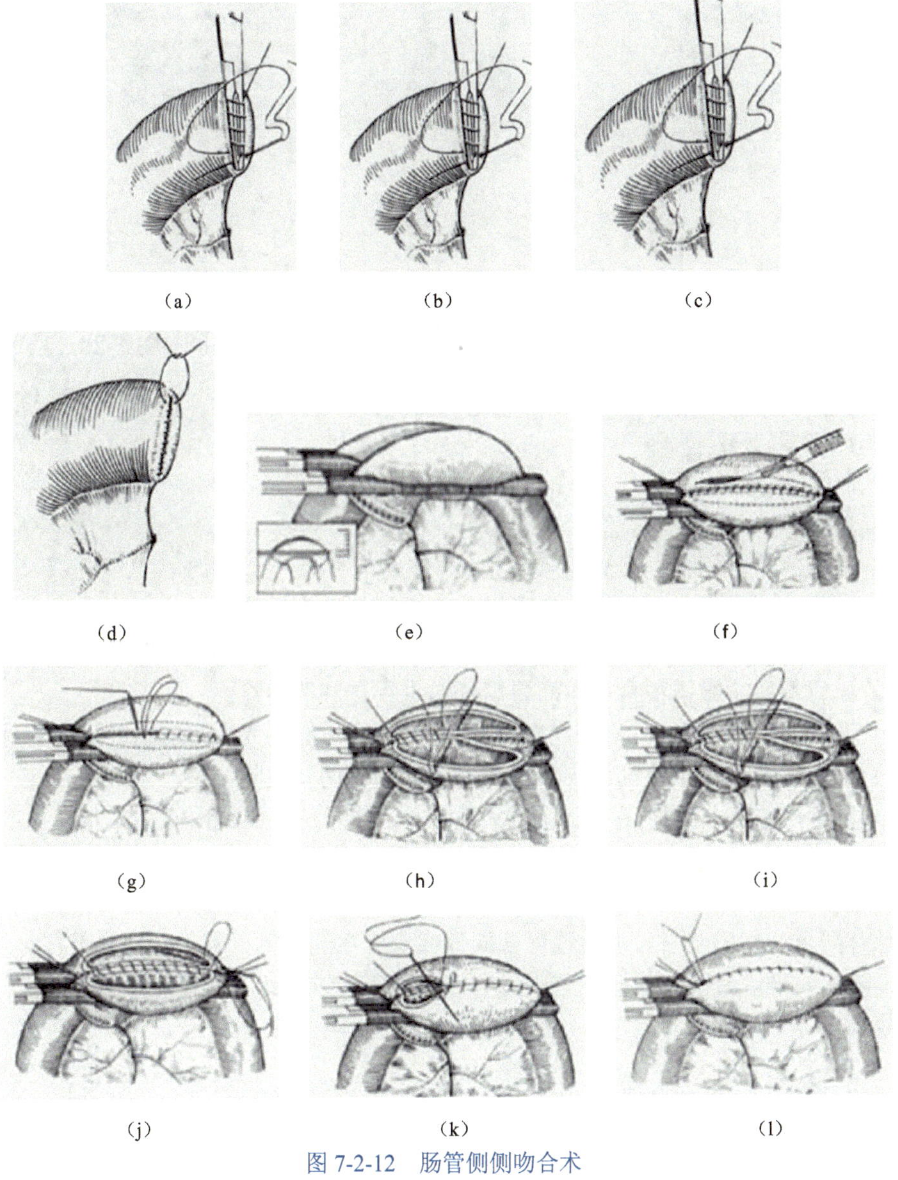

（a）（b）（c）（d）（e）（f）（g）（h）（i）（j）（k）（l）

图 7-2-12　肠管侧侧吻合术

（3）端侧吻合

端侧吻合在两肠管断端口径相差悬殊时应用，临床上很少应用。以回肠、结肠端侧吻合为例：在回肠末端拟定切除线，向肠系膜根部分离肠系膜，结扎、止血。在远、近端夹肠钳，用纱布垫保护后切断肠管。切除右半结肠后，断端闭合［图 7-2-13（a）］，然后于横结肠前面的结肠带上切一吻合口［图 7-2-13（b）］。与回肠断端进行端侧吻合，缝合方法同端端吻合。最后，关闭肠系膜裂口［图 7-2-13（c）］。

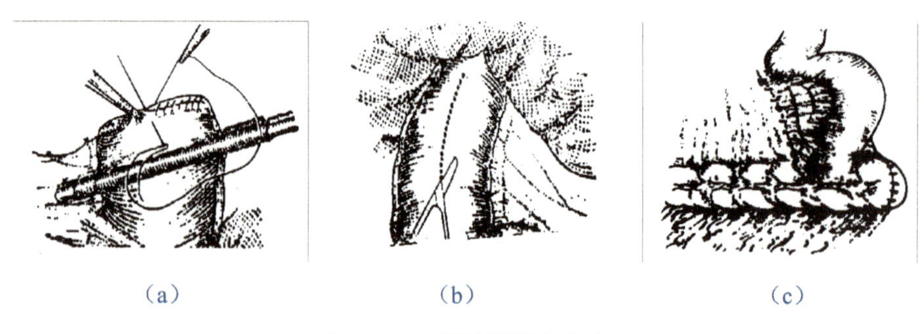

（a）　（b）　（c）

图 7-2-13　肠管端侧吻合术

（七）术后护理

术后一周应用抗生素疗法，补液调整水与电解质的平衡，同时术后 2d 内禁食，以后数日给予少量流食及易消化饲料，根据伤口愈合情况尽早适当运动。

二、瘤胃切开术

（一）适应症

1）严重的瘤胃积食、泡沫性瘤胃臌气经保守疗法治疗无效时。
2）创伤性网胃炎或创伤性心包炎进行瘤胃切开取出异物。
3）胸部食管梗塞且梗塞物接近贲门者进行瘤胃切开取出食管梗塞物。
4）瓣胃梗塞、皱胃积食可作瘤胃切开术进行胃冲洗治疗。
5）误食有毒饲料、饲草且毒物尚在瘤胃中滞留可经手术取出毒物并进行胃冲洗。
6）网瓣胃孔角质爪状乳头异常生长者可经瘤胃切开拔除。
7）网胃内结石、网胃内存留的异物如塑料布、塑料管等可经瘤胃切开取出结石或异物。

（二）术前准备

对有严重瘤胃臌气者，可通过胃管放气或瘤胃穿刺放气以减轻瘤胃臌气；对伴有严重水、电解质平衡紊乱和代谢性酸中毒者，术前应给进行纠正；对进行胃冲洗者，应准备温盐水及导管等。

（三）保定

全身麻醉或腰旁神经传导麻醉及局部浸润麻醉。

（四）麻醉

多采用站立保定，也可进行右侧卧保定。

（五）手术部位

1. 左肷部中切口

在最后肋骨至左侧髋结节水平线的中点，距腰椎横突下方 5～10cm 处，向下垂直切开 25～30cm。此切口是瘤胃积食等的手术通路，还可用于一般体型牛的网胃探查和瓣胃冲洗等手术。

2. 左肷部前切口

在左侧第 1、2 腰椎横突下方 8～10cm 处，距最后肋骨 3～5cm 平行于肋弓切开 25cm 左右，适用于体型较大牛的网胃探查和瓣胃冲洗等手术。

3. 左肷部后切口

在左侧第 4 或第 5 腰椎横突下方 5～8cm 处，向下作 25cm 左右的切口。可用于体型较大牛瘤胃积食兼作右侧腹腔探查术的手术。

（六）术式

1. 打开腹腔

术部常规消毒，切开皮肤，分离皮下结缔组织，沿肌纤维方向分层分离腹外斜肌、腹内斜肌、腹横肌，用镊子提起腹膜，先作一小口，放入有钩探针引导，反挑式切开，打开腹腔，暴露瘤胃。

2. 固定瘤胃

瘤胃浆膜肌层与皮肤切口创缘的连续缝合固定：

1）瘤胃固定。显露瘤胃后，用三角缝针带 10 号丝线作瘤胃浆膜肌层与皮肤切口创缘之间的环绕一周连续缝合，针距为 1.5～2cm，每缝一针都要拉紧缝合线使瘤胃壁与皮肤创缘紧密贴附在一起，固定瘤胃壁的宽度为 8～10cm。缝毕，检查切口下角是否严密，必要时作补充缝合。

2）拉出瘤胃壁，在距瘤胃壁预计切口 3～5cm 的四角，用粗线分别穿上 4 条牵引线，张开牵引固定瘤胃。

3）瘤胃缝合洞布固定。瘤胃显露后，用一块 70～90cm 见方、中央带有（8～10）cm×（15～25）cm 的长方形洞孔的橡胶洞布，将瘤胃壁浆膜肌肉层与洞布中央孔缘作连续缝合固定。将洞布四角展平固定于切口周围皮肤上，形成隔离区。

3. 瘤胃的切开

此阶段为污染手术，所用器械、敷料等应分别放置，不得混用。

在瘤胃切开线上，先用手术刀切一小口放气，放气过程中要用灭菌纱布隔离创围。然后用剪刀扩大创口至15～20cm，胃壁创缘两侧分别穿线向两侧牵引，使胃壁创缘外翻。

4. 放置洞布

在胃壁切口内放入橡胶洞布。橡胶洞布由70cm见方，洞孔直径15cm，洞孔缘为弹性环（由弹性胶管被包缝合于洞口边缘制成）。应用时，将弹性环压缩放入胃壁切口内，弹性环在胃内自动开张。再使洞布四角展平，用巾钳固定于手术区，准备胃内手术。

5. 胃内手术

（1）瘤胃内的探查与处理

瘤胃积食时，可取出胃内容物总量的1/2～2/3。缠结成团的应尽量取出，剩余部分掏松并分散在瘤胃各部。对泡沫性瘤胃臌气，应在取出大部分胃内容物，再用等渗温盐水灌入瘤胃冲洗胃腔，清除发酵的胃内容物。

对饲料中毒病例，如有毒饲料、饲料中混有农药、黑斑病甘薯等可在早期进行手术，将有毒胃内容物取出，剩余部分用大量温盐水冲洗，并放置相应的解毒药。

（2）贲门的探查

贲门开口于前背盲囊的瘤胃前庭。贲门口可插入3～4个手指黏膜光滑。当牛发生胸部食管梗塞时其梗塞部多靠近贲门口或距贲门5～6cm处的食管内。当用保守疗法无效时可进行瘤胃切开术，经贲门用手直接取出梗塞物，或用异物钳经贲门取出梗塞物，手术效果良好。

（3）网胃内的探查与处理

术者手自瘤胃前背盲囊向前下方，经瘤网胃孔进入网胃。首先检查网胃前壁和胃底部每个多角形黏膜隆起褶——网胃小房有无异物刺入（如针、钉、钢丝等），胃壁有无硬结和脓肿等。已刺入胃壁上或游离于胃底部的金属异物或其他非金属异物（如网胃结石、网胃底部的泥沙、塑料片及绳索等）都应全部取出。网胃壁上的硬结多为异物刺入点，应注意检查异物是否仍在硬结内。手抓住网胃前壁向网胃腔内提拉，可确定网胃与膈有无粘连。自网胃硬结与附近组织形成索状瘘管，可判断其异物穿出后所损伤器官的位置。

（4）瓣胃梗塞的探查与处理

于瘤胃腔的右侧前肌柱附近，隔瘤胃壁触诊瓣胃体积，在瓣胃梗塞的情况下，较正常增大2～3倍，坚实，指压无痕。网瓣胃孔常呈开张状态，孔内与瓣胃沟中充满干涸胃内容物，瓣胃叶间嵌入大量干燥如茶砖或豆饼样硬度的内容物，可用胃冲洗进行治疗。

瓣胃冲洗前，先将瘤胃基本掏空，然后左手进入网瓣胃孔内将干涸内容物取出，再插入胶管并连接漏斗，向瓣胃内灌注大量温盐水，边注水边用手指松动瓣胃沟及瓣胃叶间的内容物，泡软的内容物随水返流至网胃和瘤胃腔内。在瓣胃叶间干涸的内容物未全部泡软，冲散前，切忌疏通开瓣皱胃孔，以免灌注的水大量涌入皱胃并进入肠腔造成不良后果。瓣胃左上方叶间干涸的内容物最难泡软冲散，应将手退回到瘤胃腔内，隔瘤胃壁按摩瓣胃，促使瓣胃叶间干涸的物质松散、脱落。经反复冲洗按摩，将瓣胃内容物全

部冲散，大量返流到瘤胃腔内的液体不断地经瘤胃切口排出。

6. 清理瘤胃创口与胃壁缝合

胃内手术结束后，除去橡胶洞巾，用生理盐水冲净附着在瘤胃壁上的胃内容物和血凝块。瘤胃壁创口进行自下而上的全层连续缝合，用生理盐水再次冲洗胃壁，并用温生理盐水纱布覆盖。拆除固定瘤胃缝合线，清理局部，转入无菌手术。手术人员重新洗手消毒，污染的器械不许再用，对瘤胃进行连续伦贝特氏或库兴氏缝合。腹腔内放入抗生素后关闭腹腔。关闭腹腔同马开腹术。

（七）术后治疗与护理

术后禁食 36～48h 以上，待瘤胃蠕动恢复、出现反刍后开始给以少量优质的饲草。术后 12h 即可进行缓慢的牵遛运动，以促进胃肠机能的恢复。术后不限饮水，对术后不能饮水者应根据动物脱水的性质进行静脉补液：术后 4～5d 内，每天使用抗生素如青霉素、链霉素。术后还应注意观察原发病消除情况，有无手术并发症，并根据具体情况进行必要的治疗。

任务 3　疝的手术疗法

腹腔脏器从自然孔道或病理性破裂孔脱到皮下或邻近的解剖腔内称为疝，又称为赫尔尼亚。各种家畜均可发生，但以猪、牛、羊、马更为多见，小动物犬、猫及野生动物也常发生。

一、疝的分类

按疝向体表突出与否，分为外疝（如脐疝）和内疝（若膈疝）。按解剖部位可分为腹股沟阴囊疝、脐疝、腹壁疝等。根据疝内容物活动性的不同，分为可复性疝与不可复性疝。即通过压迫或体位的改变，疝内容物可通过疝孔而还纳到腹腔称可复性疝。反之称为不可复性疝。当疝内容物嵌闭在疝孔内，脏器受压迫，血液循环受阻而发生淤血、炎症，甚至坏死时，统称嵌闭性疝。

二、疝的构成

疝由疝轮（孔）、疝囊、疝内容物构成。

疝轮（孔）：指腹壁脏器经此孔脱至于皮下或解剖腔内。

疝内容物：通过疝轮脱到疝囊的脏器，（如小肠、网膜、子宫等）以及少量疝液。

疝囊：包围疝内容物的外囊，主要由腹膜、腹壁筋膜及皮肤等构成。

三、疝的症状

外疝中除腹壁疝外，其他各种疝如脐疝、腹股沟阴囊疝、会阴疝等的发病处都有其固定的解剖部位。腹壁疝可发生在腹壁的任何部位。非嵌闭性疝一般不引起家畜的任何全身性障碍，而只是在局部突然呈现一处或多处柔软性隆起，当改变家畜体位或用力压

迫疝部时有可能使隆起消失，可触摸到疝孔。当病畜强烈努责或咳嗽时，隆起变得更大，这表明疝囊内容物随时有增减的变化。外伤性腹壁疝由于腹壁的组织受伤程度不同，扁平的炎性肿胀范围也往往不同，严重的可从疝孔开始逐步向下向前蔓延，有时甚至可一直延伸到胸壁的底部或向前达到胸骨下方处，压之有水肿指痕。嵌闭性疝则突然出现剧烈的腹痛，局部肿胀增大、变硬、紧张，排粪、排尿受到影响，或发生继发性臌气。

四、诊断

1. 临床症状

1）视诊：局部肿胀、全身变化。
2）听诊：胃肠蠕动音。
3）触诊：疝轮、疝囊、疝内容物。
4）穿刺：检查穿刺液。

2. 鉴别诊断

血肿、脓肿、淋巴外渗、蜂窝组织炎、肿瘤等。凡是能摸到疝轮，听诊有胃肠蠕动音的肿胀肯定是疝；在排除了疝和恶性肿瘤的可能性时，可用穿刺法进行诊断；马牛的腹壁疝还可作直肠检查进行确诊。

五、兽医临床常见的疝及手术疗法

（一）外伤性腹壁疝

图 7-3-1　马腹壁疝

钝性暴力作用于腹壁使腹肌、腱膜甚至腹膜发生破裂，而皮肤仍保持完整性，腹腔内的脏器经腹肌的破裂脱至皮下形成外伤性腹壁疝（图 7-3-1）。本病多发于牛、马。

［病因］　一般因强大钝性暴力作用于腹部，如牛角顶撞，马蹄和木桩、车辕杆冲撞等机械性损伤引起。

［症状］　腹壁受伤后突然出现局限性、柔软、富有弹性及热痛的肿胀，发病 2～3d 患部出现炎性肿胀致使疝轮、疝内容物的特征不明显。炎症消退后肿胀界限清楚，触诊柔软，有压缩性，能触到疝轮，听诊时可听到肠音。当发生嵌闭性疝时，患畜腹痛剧烈。

［诊断要点］　腹壁伤后突发肿胀，肿胀柔软有弹性及压缩性。局部触诊可摸到疝轮。听诊有肠音。外部触诊不能确诊时，可通过直肠检查确诊。

［治疗］　原则是还纳内容物，密闭疝轮，消炎镇痛，严防腹膜炎和疝轮再次裂开。手术疗法为本病的根治疗法。

1. 切开疝囊还纳内容物

局部消毒，在疝囊纵轴上将皮肤捏起形成皱襞切开疝囊，手指探查疝内容物有无粘连坏死。将正常的疝内容物还纳腹腔。如脱出物与疝囊发生粘连时要细心剥离，用温生

理盐水冲洗，撒上青霉素粉或涂上油剂青霉素，再将脱出物送回腹腔。对嵌闭性疝，切开疝囊后，如肠管变为暗紫色，疝轮紧紧钳住脱出的肠管。这时，可用手术剪扩大疝轮，用温生理盐水清洗温缚肠管。如肠管颜色很快恢复正常，出现挪动，可将肠管还纳腹腔。如已坏死，要在健康部位将坏死肠管切除，行肠管吻合术，再将其还纳腹腔。

2. 闭锁疝轮

依据具体病例而异，先缝合腹腹。如缝腹膜较困难时，可将腹膜和腹横肌一起缝合。对较小的腹壁破裂孔，可采取腹壁各层一起缝合，对大的疝轮则常用钮孔状缝合法，对陈旧性腹壁疝闭合，如果疝轮瘢痕化，肥厚而硬固，或新发生的疝轮比较大，缝合后仍有撕裂的危险时，可采用皮外双钮孔缝合法闭合疝孔。

（二）脐疝

腹腔脏器经扩大的脐孔脱至皮下叫脐疝（图 7-3-2 和图 7-3-3）。多发生于幼畜，仔猪、幼犬多见，分先天性和后天性两种。

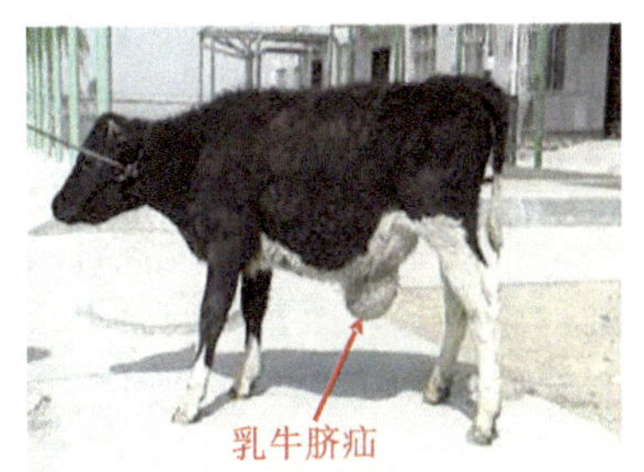

图 7-3-2　牛脐疝

图 7-3-3　猪脐疝

[病因] 先天性脐疝多因脐孔发育闭锁不全或没有闭锁，脐孔异常扩大，同时因腹压增加，以及内脏本身的重力等因素致病。后天性脐疝多因出生后脐孔闭锁不全，断脐时过度牵引，脐部化脓，以及因腹内压增大，如便秘时的努责，肠臌气或用力过猛的跳跃等。

[症状] 脐孔部出现局限性、半圆形柔软的肿胀。触诊无热无痛。有时可摸到脐孔，能听到肠音。若为嵌闭性疝时，触诊无可复性，病畜疼痛不安，猪有呕吐现象。

[诊断要点] 脐孔部出现局限性半圆形柔软的肿胀，无热无痛，可摸到脐孔，能听到肠音。

[治疗]

1. 保守治疗

较小的脐疝可用绷带压迫患部。使疝轮缩小，组织增生而治愈。也可用 95%酒精、碘溶液或 10%～15%氯化钠溶液在疝轮四周分点注射，每点 3～5mL，对促进疝轮愈合有一定效果。

2. 手术疗法

1）可复性脐疝：仰卧保定，局部消毒。在疝囊基部靠近脐孔处纵向切开皮肤（最好不切开腹膜），稍加分离，还纳内容物，在靠近脐孔处结扎腹膜，将多余部分剪除。对疝轮进行钮孔状或袋口缝合，切除多余皮肤并结节缝合。涂碘酊，装保护绷带。哺乳仔猪可行外疝轮缝合法，即将疝内容物还纳腹腔，皱襞提起疝轮两侧肌肉及皮肤用钮孔状缝合法闭锁脐孔。对病程较长，疝轮肥厚、光滑而大的脐疝，闭锁疝轮应先用手术刀轻轻划破脐轮边缘肌膜，造成新创面再缝合。

2）嵌闭性脐疝：先在患部皮肤上切一小口（勿伤内容物）。手指探查内容物种类及粘连、坏死等病变。用手术剪按所需长度剪开疝轮，暴露疝内容物，剥离粘连物。如肠管坏死作坏死肠管切除及吻合术。再将肠管送回腹腔并注入适量抗生素。用袋口或钮孔状缝合疝轮。结节缝合皮肤，装压迫绷带。

（三）腹股沟阴囊疝

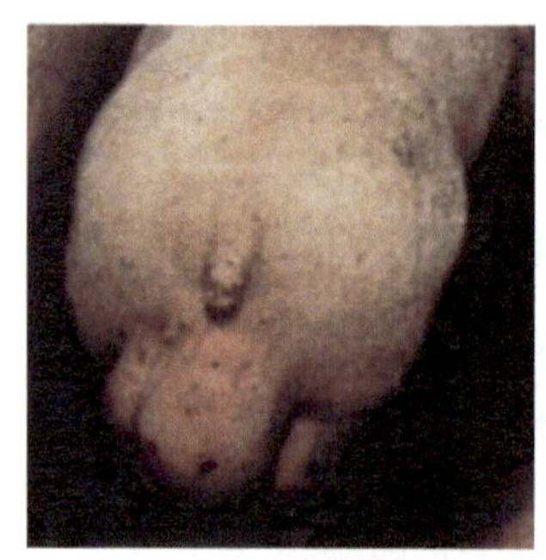
图 7-3-4　猪腹阴囊疝

当脏器通过腹股沟管口脱入鞘膜管内，称为腹股沟疝。当脏器脱入鞘膜腔内，称为阴囊疝（鞘膜内疝）；当脏器经腹股沟前方腹壁破裂孔脱入阴囊肉膜与总鞘膜之间，称为鞘膜外疝（真性阴囊疝）（图 7-3-4）。临床上以鞘膜内疝为多见，常发生于猪及幼驹。

[症状]

可复性疝：仔猪、幼驹多发，多为一侧性。患侧阴囊皮肤紧张、增大、下垂，无热痛，柔软，有弹性，压迫时肿胀缩小，内容物能还纳于腹腔，可膜到腹沟外环，腹压增大时阴囊部膨大。如肠管进入阴囊部，此外可听见肠音。

嵌闭性阴囊疝：患畜突然腹痛，患侧阴囊增大，阴囊皮肤紧张、水肿、发凉，摸不到睾丸。运步时患侧后肢向外伸展，步样强拘，随着炎症的发展，全身出汗，呼吸困难，体温升高，预后不良。

[诊断要点]

可复性疝：阴囊肿胀，无热无痛，柔软有弹性，有压缩性，可摸到腹股沟管外环。

嵌闭性疝：阴囊肿大，病畜腹痛，有明显全身症状。

[治疗] 手术疗法是本病的根治方法。

（1）腹股沟管外环切开法

局部剪毛消毒及麻醉。先在患部表面将疝内容物送回腹腔，然后在患侧外环处于体轴平行切开皮肤，露出总鞘膜，将其剥离至阴囊底提起睾丸及总鞘膜，再将睾丸向同一方向捻转数圈，在靠近外环处贯穿结扎总鞘膜及精索，在结扎线下方 1～2cm 外剪断总鞘膜，除去睾丸及总鞘膜，将断端塞入腹股沟管内。然后用结扎剩余的两个线头缝合外环，使其密闭。清理创部，撒消炎粉，缝合皮肤，涂碘酊。为防止创液潴留，可在阴囊底部切一小口。

（2）阴囊底部切开法

先还纳疝内容物，纵行切开阴囊底部皮肤，剥离总鞘膜至外环处，提起睾丸，捻转数圈，闭锁外环，用上述方法摘除睾丸和闭锁腹股沟外环。疝内容物发生嵌闭时，可切开疝囊或总鞘膜，按外伤性腹壁疝的嵌闭或粘连的治疗方法进行处理，然后再用上述方

法闭锁腹股沟外环。

任务 4 难产救助术

一、难产的检查

难产助产的手术效果如何，与诊断是否正确有密切的关系。经过仔细检查，确定母畜和胎儿的反常情况，并通过全面的分析和判断，才能正确地决定采用哪一种助产方法及预后如何。然后要把检查结果、预定使用的手术方法及其预后向畜主交代清楚，争取在手术过程中及术后取得畜主的支持、配合及信任。

（一）病史调查

询问事项主要有以下几方面：

1. 产期

产期如尚未到，可能是早产或流产，胎儿一般较小，容易拉出；但这时如果胎儿为下位，则矫正工作也可能遇到困难。产期若已超过，胎儿可能较大，拉出矫正都较为困难。

2. 年龄及胎次

母畜的年龄幼小，常因骨盆发育不全，胎儿不易排出；初产母畜的分娩过程也较缓慢。

3. 分娩过程

孕畜躁动不安的情况，努责开始的时间，努责的频率和强弱如何，胎水是否已经排出，胎膜及胎儿是否露出，通过了解这些情况可判断是否发生了难产。在胎儿尚未露出以前，其方向、位置及姿势仍有可能是正常的，但在正生时，若一或二腿已经露出很长而不见唇部，或者唇部已经露出而不见一或二蹄尖；在倒生时，只见一后蹄或仅见尾尖，都表示胎儿已发生了姿势或其他异常。

4. 病畜过去的特殊病史

过去发生过的某些疾病：如阴道脓肿、阴唇裂伤等对胎儿的排出有妨碍作用。骨盆部骨质的损伤可使骨盆狭窄，影响胎儿通过。腹壁疝可使努责无力。

5. 是否经过处理

如果已经对病畜进行助产，必须问明助产之前胎儿的异常是怎样的，已经死亡还是活着；助产方法如何，使用过什么器械，用在胎儿的哪一部分，如何拉胎儿及用力多大；助产结果如何，对母体有无损伤，是否注意消毒等。助产方法不当，可能造成胎儿死亡，或加重其异常程度，并使产道水肿，增加了手术助产的困难。不注意消毒，可使子宫及软产道受到感染；操作不慎，可使子宫及产道产生损伤或破裂。这些情况可以帮助我们对手术助产的效果做出

正确的预后。对预后不良的病畜（如子宫破裂），应告知畜主，并及时确定处理方法。

（二）母畜的全身检查

检查母畜的全身状况时，除一般全身检查项目如体温、呼吸、脉搏等外，还要注意母畜的精神状态及能否站立，以确定母畜的全身状况能否经受住复杂的手术。马驴的难产往往很快引起全身变化，预后应当谨慎。另外，还要检查阴门及尾根两旁的荐坐韧带后缘是否松软，向上提尾根时荐骨后端的活动程度如何，以便确定骨盆腔及阴门能否充分扩张。同时，还需检查乳房是否胀满，乳头中能否挤出白色初乳，从而确定怀孕是否已经足月。

（三）胎儿检查

检查胎儿的姿势、方向、位置有无反常，胎儿的死活，体格大小，进入产道的深浅，是术前检查的最重要的项目之一。检查时，手臂及母畜外阴部均需消毒。可隔着胎膜触摸胎儿的前置部分，但在大多数情况下胎膜已破裂，术者的手可伸入胎膜内直接触诊。这样既摸得清楚，又能感觉出胎儿体表的滑润程度，越滑润操作越容易。

1）胎儿是否反常：可以通过触诊其头、颈、胸、腹、背、臀、尾及前后腿的解剖特点及状态，判断胎位、胎向及胎势的异常。检查时，首先要弄清楚胎儿前置部位露出的情况有无异常。如果前腿已经露出很长而不见唇部，或者唇部已经露出而看不到一条或两前腿，或者仅看见尾巴，而看不见一条或两条后腿，应先将手伸入产道仔细检查，确定胎儿异常的性质及程度，而不要把露出的部分向外拉，否则可使胎儿的反常加剧，给矫正工作带来更大的困难。有时在产道内发现两条以上的腿，这时应仔细判断是同一胎儿的前后腿，还是双胎，或者是畸形。前后腿可以根据腕关节和跗关节的形状及肘关节的位置不同作出鉴别。

2）胎儿的大小：胎儿与产道相对大小可确定是否容易矫正和拉出。这从胎儿与产道间隙的大小作出判断。

3）胎儿进入产道的深浅：如果胎儿进入产道很深，不能推回，且胎儿较小，异常不严重，可先试行拉出；若进入尚浅时，则应先矫正异常的胎势、胎位或胎向。

4）胎儿的死活：对胎儿死活的判定，决定着手术方法的选择。如果胎儿已经死亡，在保全母畜及产道不受损伤的情况下，可对它采用任何措施。如果胎儿还活着，而应首先考虑挽救母子双方的方法，尽量避免锐利器械。实在不能兼顾时，则需考虑是挽救母畜还是保活胎儿。一般情况下，挽救的对象首先是母畜。

胎儿的生死与母畜阵缩的强弱有很大关系，特别是马和驴，如果阵缩持久，产程又较长，胎儿就会死亡；否则胎儿可存活较长时间。因此，如果马驴的产程缓慢，应及时检查助产。

5）鉴别胎儿生死的方法：正生时，可将手指塞临胎儿口内，注意有无吸吮动作；捏拉舌头，注意有无活动。也可用手指压迫眼球，注意头部有无反应；或者牵拉前肢，感觉有无回缩动作。如果头部姿势异常无法摸到，可以触诊胸部或颈部动脉，感觉有无搏动。

倒生时可将手指伸入肛门，感觉是否收缩。也可触诊脐动脉是否搏动。肛门外面如有胎粪，则表示活力不强或已死亡。对反应微弱、活力不强的胎儿和濒死胎儿，必须仔细检查判定。濒死胎儿对触诊无反应，但在受到锐利器械刺激引起剧痛时，则出现活动。

检查胎儿时，发现它有任何一种活动，均代表还活着。但只有胎儿一点也没有活的

迹象时，才能作出死亡的判定。此外，胎毛大量脱落、皮下气肿、触诊皮肤有捻发音，胎衣、胎水的颜色污垢，并有腐败气味，都说明胎儿已经死亡。脱落的胎毛很难完全从子宫中清除，往往会导致不孕。

（四）产道检查

在检查胎儿的同时，也要检查产道。注意检查阴道的松软及润滑程度，子宫颈的松软及扩张程度；也要注意骨盆腔的大小及软产道有无异常等，骨盆腔变形、骨瘤、软产道畸形等均会使产道狭窄，影响胎儿的产出。

处理难产时，究竟应当采用什么手术方法助产，通过检查后应正确、及时而果断地作出决定，以免延误时机，给助产工作带来更大困难，同时也造成经济上的损失。

（五）术后检查

术后检查的目的，主要是判断子宫是否还有胎儿、子宫及软产道是否受损伤，此外还要检查母畜能否站立以及全身情况。必要时，检查后还可进行破伤风预防注射。

确定是否还有胎儿，主要用于猪。可将一只手伸入子宫，另一只手从腹壁外面协助进行检查、单独从腹壁外面触诊，在肥猪通常比较困难，这时可静注催产素 5 单位，有胎儿的猪出现努责，没有胎儿的则开始放乳。多胎的乳山羊及牛产后若仍有明显的努责，也应检查是否还有胎儿，另外还要注意有无子宫内翻。

助产过程中若发觉子宫及软产道有受到损伤的可能，见有鲜血，术后一定检查并及时处理。子宫的很多部位都可能损伤，但主要是子宫体靠近耻骨前缘的部分和子宫颈。胎衣腐败容易引起伤口感染，胎衣能剥离的应剥离下来，不易剥离的可在子宫内放置抗生素胶囊防止胎衣腐败，等待自行排出。

二、助产的术前准备

在进行手术助产时，应做一些必要的准备工作，如器械、保定、麻醉、消毒等。

（一）场地的选择和消毒

助产最好在宽敞明亮和温暖的室内进行，亦可在避风、清洁的室外进行。助产场地要用消毒溶液喷洒消毒，以防尘埃污染；为避免术者手臂与地面接触，应在产畜后躯下面铺垫清洁的褥草，并在褥草上加盖宽大的消毒单（油布或塑料布）。

（二）产畜的保定

助产时的保定，要考虑使胎儿易于向腹腔内推送。大家畜采用站立保定，可将母畜置于前低后高的坡地上，侧卧保定要将后躯臀下垫以草束，胎儿反常姿势位于上方。这种体位，既可使胎儿由于重心下坠而自行回入腹腔，又可大大减缓因努责而形成的腹压，便于术者操作矫正，这种保定，在短时间内对母畜的影响不大。羊的助产保定，由助手两腿夹住羊头颈，两手抓住膝前皱襞把患羊后躯提起。这种保定可使羔羊自动移入腹腔，术者入手矫正胎羔后，使羊站立强行拉出胎儿。

（三）消毒

消毒可防止创口感染，是患畜迅速康复的条件。对难产母畜的消毒，可大大降低不孕症的发病率。消毒内容如下：

1. 术部消毒

助产前先用肥皂水或消毒水将母畜臀部、尾根、阴门、会阴及胎儿露出部分彻底清洗干净，而后用 1%的来苏儿或 0.1%新洁尔灭清洗。来苏儿液浓度不可过高，否则刺激产道黏膜而引起肿胀，尾巴用绷带或细绳栓系于颈部。掏空直肠内蓄粪，以免在助产时排粪，污染手臂。用油布或塑料布覆盖臀部，便于术者左手扶畜。

2. 器械消毒

助产用的挺、绳、钩，通常放入 2%来苏儿中浸泡，亦可浸泡在 0.1%新洁尔灭液中，小的器械可放入 75%酒精中浸泡。

3. 助产人员手臂的消毒

手臂的消毒有双重目的，减少术者手臂对母畜产道的污染，另外，在难产助产时，术者手臂在产道内长时间操作，由于产道内温度高、湿度大，术者手臂长时间置于此环境中，易失去防卫能力而被细菌感染患病，为了保护手臂，在助产时戴上消毒的医用乳胶手套，或手臂反复涂油、擦灭菌凡士林。不论对何种家畜助产，术后都要用温肥皂水洗净手臂，并用消毒液反复冲洗，双手用毛巾擦干，再用酒精消毒。在助产时，凡经患畜子宫分泌物污染的衣、帽、鞋、术后都应更换清洗消毒。

三、常用产科器械

（一）产科绳

施行难产助产时，最后都要用产科绳拴住胎儿某一肢体强行拉出。产科绳要准备 3 根，长 2～3m，绳的一端要留有圈套。大家畜产科绳直径 0.5～0.7cm 为宜，质料以丝质或棉质为好。拴缚胎儿肢体的常用绳结是单滑结或双套结。把绳带入产道的方法是将绳结套在拇指边及中间两手指上，向外拉时一定要栓缚牢固（图 7-4-1）。

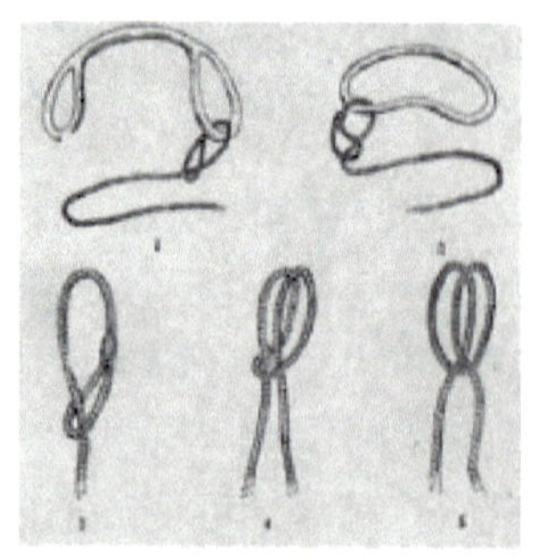

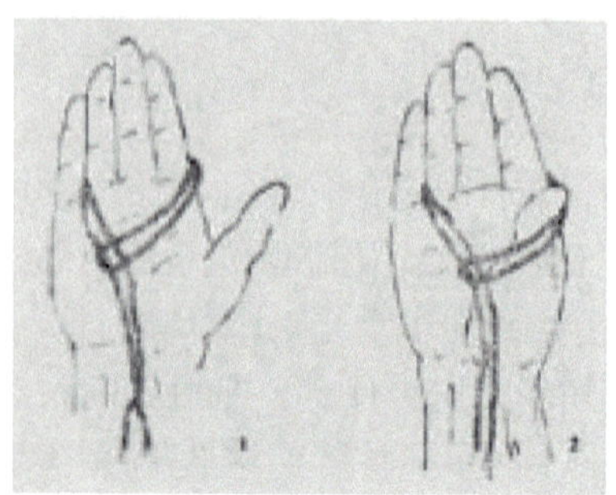

图 7-4-1 产科绳

（二）产科钩

在矫正拉出胎儿时，用手或绳不行时，使用产科钩往往效果很好（图 7-4-2）。产科钩有以下几种：

1. 长柄产科钩

长柄产科钩又分钝钩和锐钩。钝钩用于矫正拉出活的胎儿，锐钩用于死胎。使用时可钩住眼眶、下颌骨体、后鼻儿、耻骨联合或其他坚固组织。用手握住钩尖将其带入产道内，下钩时要使钩尖内向胎儿，决不可露出钩尖。拉动时要求和助手密切配合，并时刻注意钩尖有否滑脱的可能。在紧急情况下，也可用铁条或家庭中火钩代替。

2. 短柄产科钩

短柄产科钩也有钝、锐之分。它的优点在于用手带入产道内，可以随着手的转动任意钩住胎儿。使用时柄端圈套内系以绳索，便于滑脱时寻找。

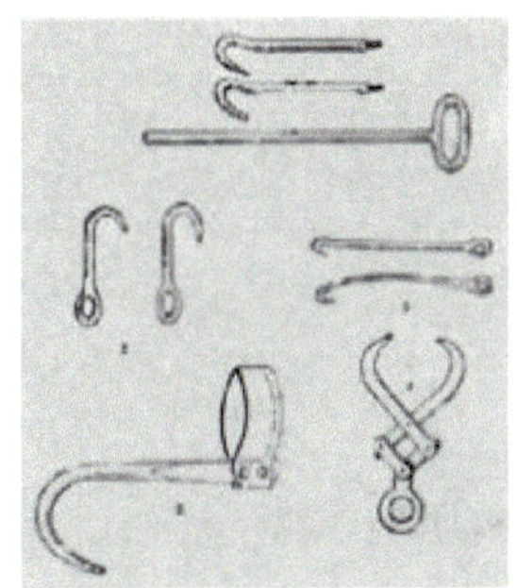

图 7-4-2　产科钩

（三）产科挺

母畜难产，由于子宫的收缩，胎儿往往楔入骨盆腔内，为了矫正胎儿反常部分，需要将胎儿由骨盆腔内推送入腹腔内，然后再矫正胎儿。难产助产时除术者用手推送外，利用产科挺推送不但力大而且推送的距离远。有时还利用挺端左、右、前、后旋转推拉帮助矫正，故产科挺是难产助产的必备器械。

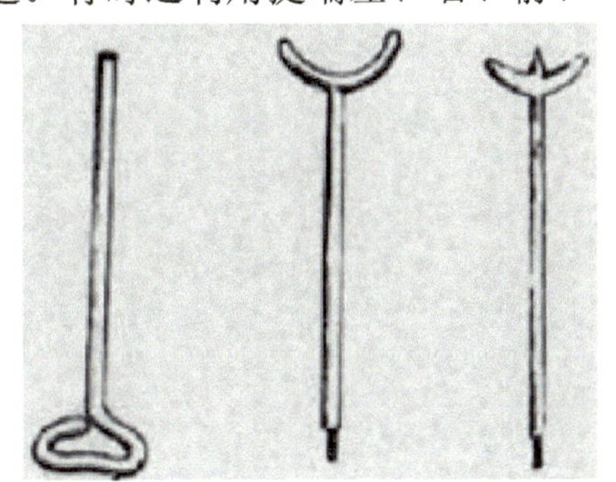

图 7-4-3　产科长柄挺

1. 产科长柄挺

挺柄长 80cm，挺端有二叉和三叉，活动可拆卸。双孔挺在挺叉两端各有一环，在环内穿入一根产科绳，使用时在一叉环上缚住一绳，将绳的游离端利用导绳器带入产道内。当套住胎儿某一肢体后，将绳端拉出产道外并穿过另一叉环，再慢慢将双孔挺

带入产道安放在需要推拉的地方，令助手拉紧绳索缚住胎儿，并将绳的游离端缠在挺柄上，这时即可进行推拉矫正（图 7-4-3）。

2. 多能挺

多能挺是一种具有多种功能的产科挺，挺长 85cm（图 7-4-4）。

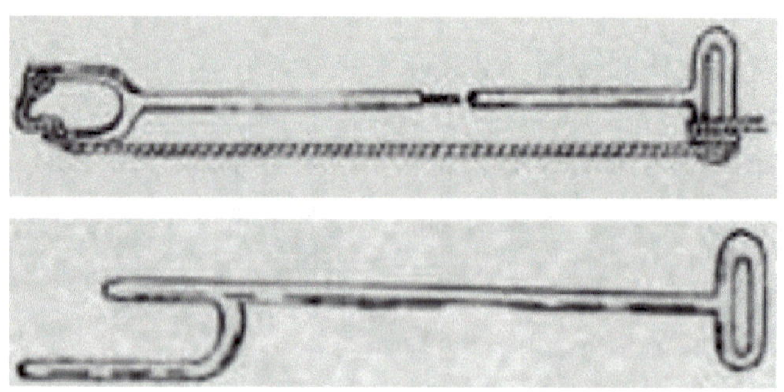

图 7-4-4 产科多功能挺

（四）隐刃刀

隐刃刀是刀刃可以藏入刀鞘的刀，使用时可以将刀刃藏于刀鞘后带入产道，然后根据切割的需要将刀刃伸出适当长度进行切割。此刀多用于碎胎术，临床上有直、弯、双面刃等种类（图 7-4-5）。

（五）产科钩刀

在腹腔缩小死胎时，要将肋骨切断，割断某些肌肉、腱及韧带血管等可应用此器械，分为长柄钩刀和短柄钩刀，也可用指刀（图 7-4-6）。

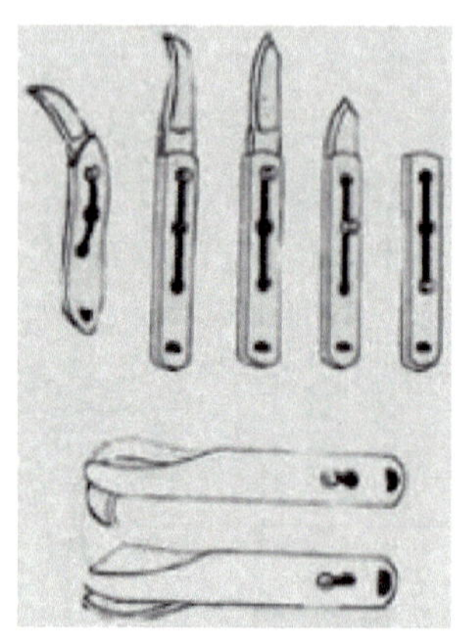

图 7-4-5 隐刃刀

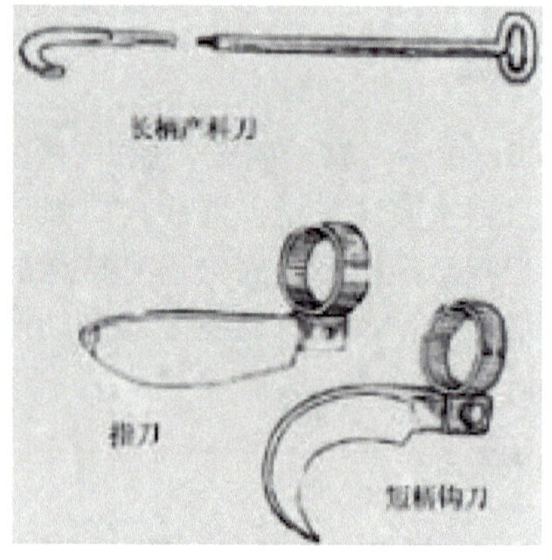

图 7-4-6 产科刀

（六）剥皮铲

在进行碎胎术时，为了保护母体产道和不使骨骼断裂的碎片掉落子宫腔内，需

将胎儿肢体皮肤分离借以保护断端。另外也可用来铲切断四肢与躯干的组织联系。一般铲头呈“V”形，使用时需将一只手伸入，借着手在皮外触膜来判定是否铲破皮肤（图 7-4-7）。

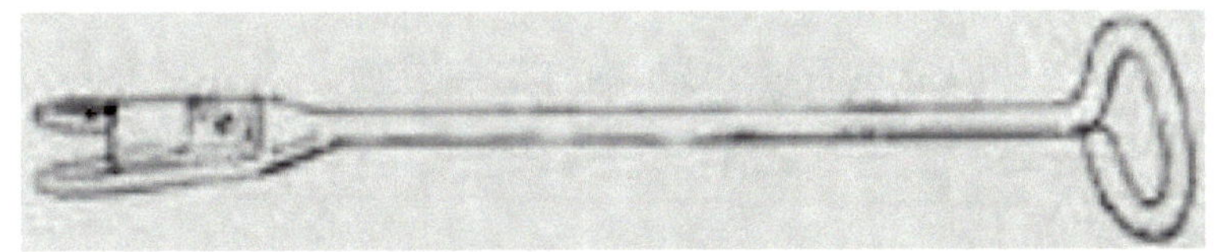

图 7-4-7　剥皮铲

（七）产科凿

在难产助产过程中，需要碎胎术时，利用产科凿对死胎的某些骨骼、关节、韧带等较坚韧组织给予切断。产科凿柄长、凿刀有平行、弧形和 V 形。在刀的两侧有钝的突起，起到隐藏刀刃的作用。使用时术者用手触摸凿刃，以确实对准被切割的胎儿，防止凿刃歪向母体产道（图 7-4-8）。

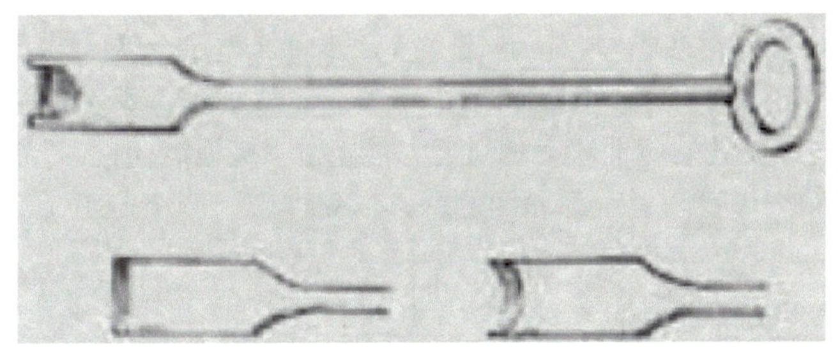

图 7-4-8　产科凿

（八）产科线锯

在严重难产时，需将死胎躯体分割 6～8 块取出。线锯是碎胎的极好工具。常用的线锯由双筒线锯管、线锯芯、线锯条及线锯柄四部构成。两锯管之间由一金属环相连。金属环可上下活动并用螺钉旋钮固定于任何部位。线锯芯前端有一小孔钩用来将锯条从管端穿过锯管拉出管外，最后根据需要在适当的地方装上锯柄即可来回锯动（图 7-4-9）。

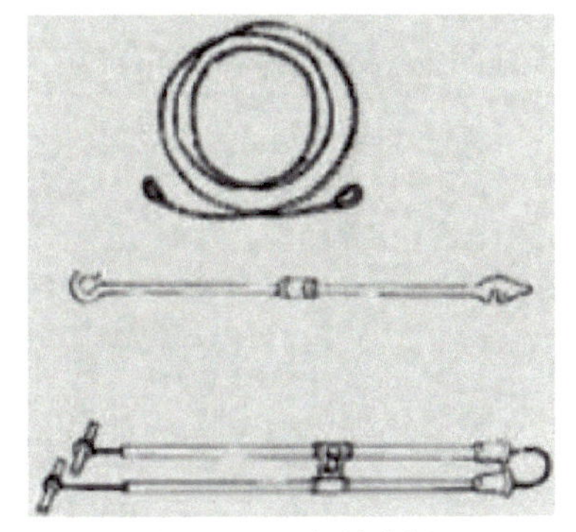

图 7-4-9　产科线锯

四、难产助产的基本原则

难产助产的目的是保全母子两者生命和避免母畜生殖器官与胎儿的损伤。当有困难时，要根据情况保全二者之一（多保全母畜）。难产助产应遵守以下原则：

1）产畜的外阴部及术者手臂和所用器械，均须严格消毒。

2）及早确诊与手术，防止胎儿在产道内死亡。

3）母畜取前低后高姿势，以利于纠正胎儿姿势。

4）矫正胎儿的异常部分，应尽可能把胎儿推回子宫内进行。

5）助产手术一般先用手进行，必要时配合产科器械。使用产科器械时，要固定牢靠，并注意保护锐部以防损伤产道。

6）产道干燥时，用灭菌的石蜡油或植物油灌于产道内。

7）术后应注意冲洗子宫，必要时，应用抗生素治疗，防止感染。

五、难产助产的基本方法

（一）牵引术

牵引术又叫拉出术，是用外力将胎儿拉出母体产道的方法，是助产术中最基本的操作方法之一，常用于拉出过大的胎儿、母畜产力不足、轻度产道狭窄等。另外，胎儿异常矫正后，也要用牵引术将胎儿拉出。

1. 操作方法

1）正生（头、前肢先出产道）时，在胎儿两前肢球节之上套绳子，由助手拉绳子，术者手伸入产道，将拇指插入口腔，握住下颌骨体向外牵拉，也可用细产科绳套在胎儿耳后拉头，助手拉腿时，先拉一腿，再拉另一腿，轮流进行，或拉成斜的之后，再同时拉两腿。这样可缩小胎儿肩宽而容易通过骨盆腔。当胎头通过阴门时，拉的方向略向下，并由一人用双手保护母畜阴唇上部和两侧壁，以免撑破（图 7-4-10）。

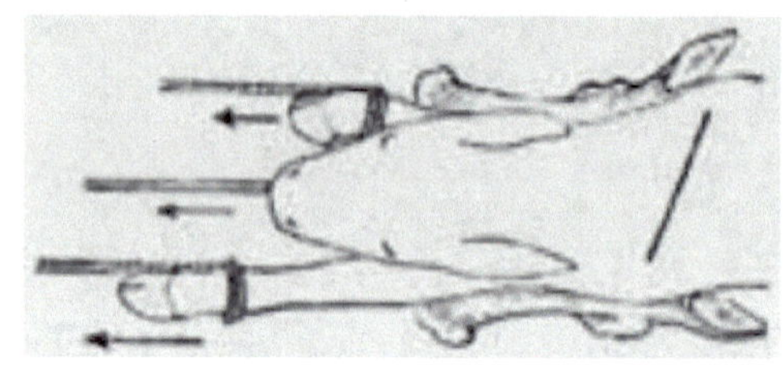

图 7-4-10　正生牵引

2）倒生时，在胎儿两后肢球节之上套绳子，轮流拉两后肢，使髋结节稍倾斜，便于通过骨盆腔。如果胎儿臀部通过母体骨盆入口受到侧壁阻碍时，可扭转胎儿后腿，使其臀部成斜位，易于拉出（图 7-4-11）。

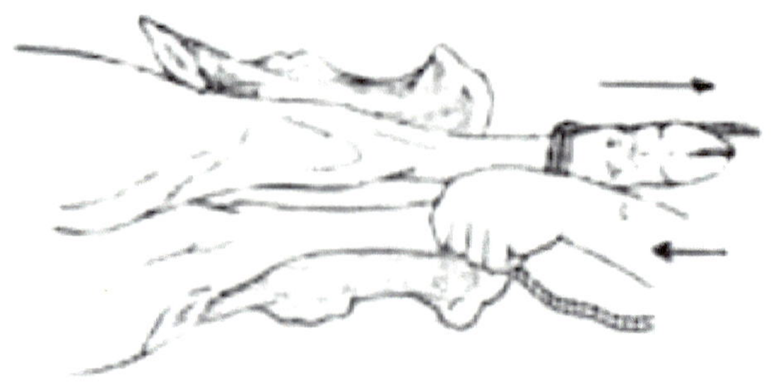

图 7-4-11　倒生牵引

2. 注意事项

1）牵引术必须在母畜产道完全开张，胎位、胎向、胎势正常或已矫正为正常的情况下实施。

2）牵引时，要配合母畜的努责，并沿骨盆轴方向缓慢牵引，不可粗暴强行直拉，以免引起胎儿及母畜产道的损伤。

3）产道干燥时，应向产道灌注大量润滑剂。

（二）矫正术

矫正术是指通过推、拉、翻转、矫正、拉直等方法，将异常的胎位、胎势、胎向矫正为正常状态的手术。矫正术必须将胎儿推回子宫内进行。

1. 胎势异常的矫正

（1）头颈侧弯

对头颈弯屈程度不甚严重的胎儿，术者手伸入产道后，寻找非屈曲侧眼眶，沿眼眶下滑即可摸到胎儿鼻端。然后手心向上，手背向下握住鼻端，在助手用产科挺推动胎儿的同时，术者臂膀依靠髂骨干作支点，用力将一侧偏斜胎头向上向对侧抬推，同时向骨盆腔内牵拉，即可将胎头矫正导入产道。在下颌骨体挂上长柄产科钩或两眼眶挂上复钩强行拉出产道。

对胎头弯屈程度不大，额部楔入骨盆腔时，术者用拇指、中指捏住两眼眶，在助手向子宫腔内推送胎儿的同时，左右摇动并向上向后推抬胎头，即可将胎头矫正，最后强行拉出（图 7-4-12）。

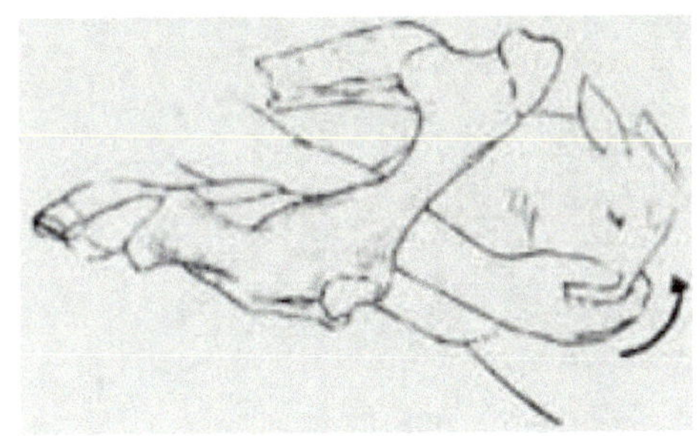
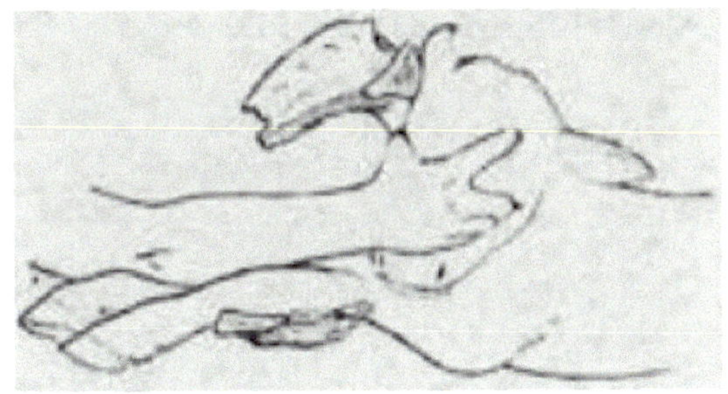

图 7-4-12　用手矫正头部

难产时间较长，由于子宫收缩将胎儿颈部嵌闭在骨盆腔入口处较紧，或因胎颈弯屈程度较大，单纯徒手矫正有困难，可用产科器械借助助手的力量进行矫正。操作时将产科绳打一单滑结，套在食指、中指、无名指上并带入产道。借助手的触摸下滑到下唇，而将单滑结套住下颌并拉紧绳索。在助手牵拉产科绳的同时，术者握住鼻端向上向对侧抬头，即可将侧弯胎头矫正。上述矫正仍不奏效，可用短柄产科钩钩住正常侧的眼眶稍稍拉动胎头，使胎头接近骨盆入口，术者迅速握住鼻端，向后抬拉胎头导入骨盆腔，连同前肢一同把胎儿拉出产道（图 7-4-13 和图 7-4-14）。

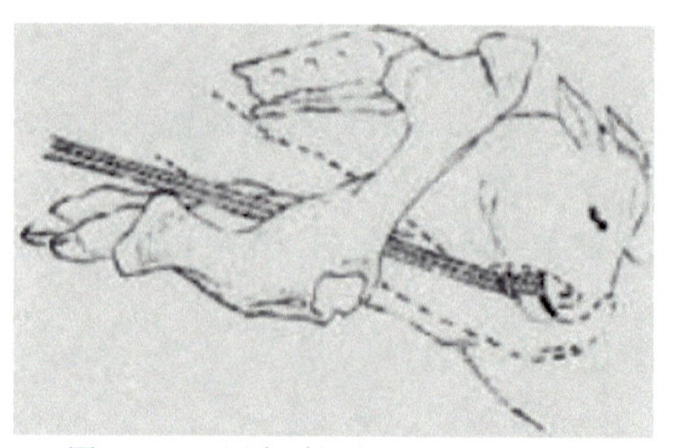

图 7-4-13　用产科绳套住下颌矫正头部

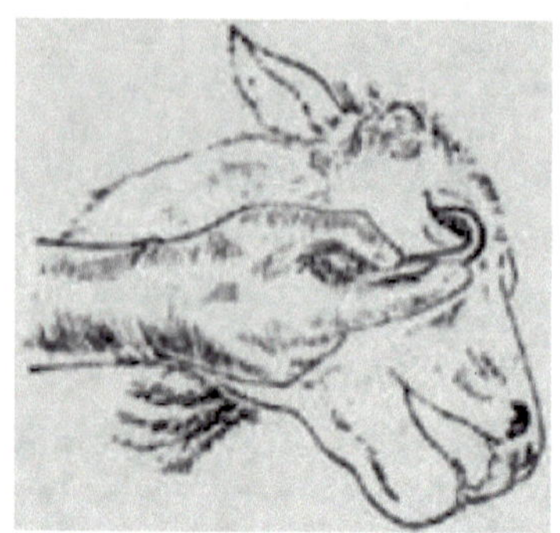

图 7-4-14　用产科钩矫正头部

也可利用导绳器把双股产科绳围绕胎颈穿过，拉出产道后作成单滑结移近胎颈，将绳的一股由项脊移至面鼻梁处，抽紧绳索固牢鼻端，助手、术者互相配合即可将胎头矫正。不用更换器械，直接连同二前肢即可把胎儿拉出（图 7-4-15）。利用双孔挺矫正侧弯胎头虽然操作复杂，但只要把绳索套住胎颈奏效很快。操作时也是利用导绳器将产科绳穿越胎颈，拉出产道后，将绳的一端固定于双孔挺一股的挺孔上，绳的另一端穿过另一股挺孔，然后拉动绳索徐徐将双孔挺移近弯屈胎颈，在助手稍稍拉动后，头颈就被拉入骨盆腔入口并成横位。术者借助挺端沿下颌握住鼻端，令助手推退胎儿的同时，另一助手上下活动挺端，并间断抽动绳索，双孔挺就可移至喉部。拉紧绳索，缚住颈部头端，将绳的游离端缠在把柄上，术者手用力向上抬起胎头，助手拉动双孔挺而将胎头矫正，接着强行拉出胎儿（图 7-4-16）。

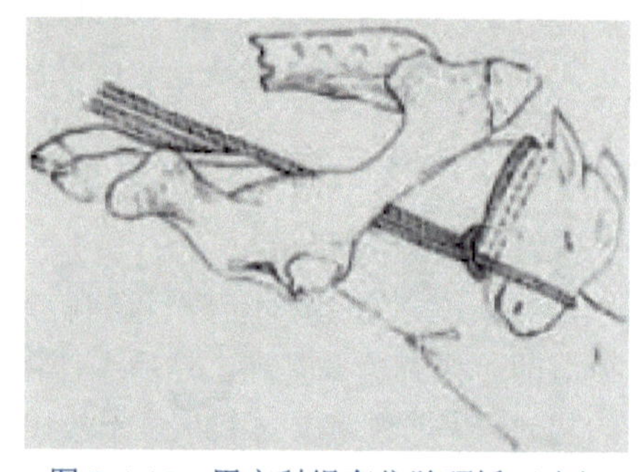

图 7-4-15　用产科绳套住胎颈矫正头部

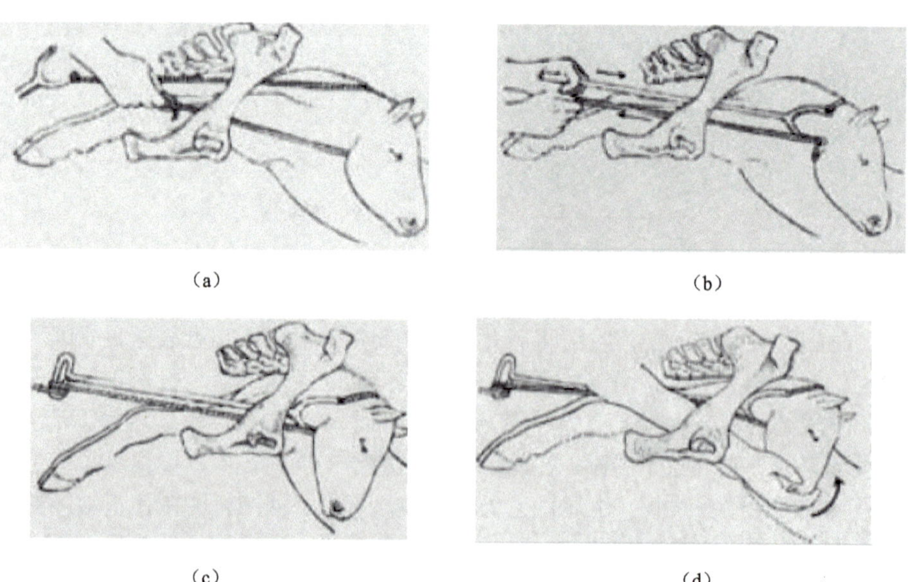

图 7-4-16　用双孔挺矫正头部

上述几种矫正方法在实践中要灵活运用，有些病例要用两种或两种以上方法矫正。不是先用第一种方法，依次应用第二种、第三种方法，而是综合各种方法进行矫正。有时不得不将一前肢或二前肢推回产道，待侧弯胎头矫正后，再拉出推回的前肢。本难产如推退矫正不奏效，或操作时间过长而产道严重水肿，头颈弯屈扭转的程度又很大，则应及早施行碎胎术或剖腹取胎术。

（2）头颈下垂

胎头下垂是胎儿二前肢或一前肢伸入产道，而头颈向下弯屈，胎儿下颌抵触自身胸前（图 7-4-17）。本难产的时间越长，胎儿在子宫收缩推送下，胎头向下弯屈的程度越大，故又将弯屈程度区分为额部前置、项部前置、颈部前置。

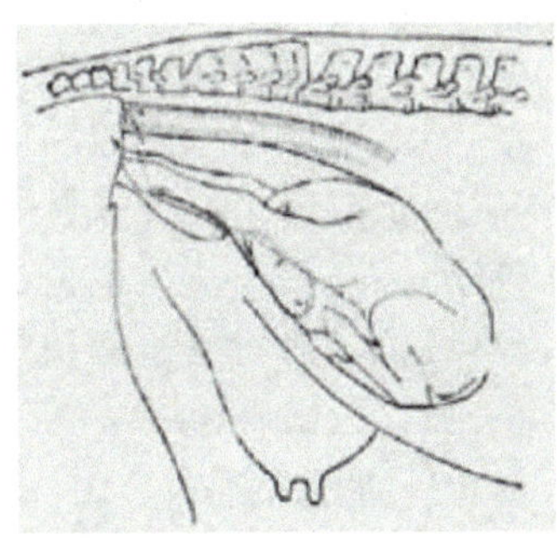

图 7-4-17　头颈下垂

1）额部和项部前置：术者手伸入产道沿胎头面部下滑握住下颌，在助手将胎儿向子宫腔内推送的同时，术者用力向上抬胎头并向后拉，即可将胎头矫正并导入产道。术者手必须握住下颌而不能握住上颌向后拉动，否则在牵引时胎儿上下颌势必张开，下颌门齿划破子宫壁而导致子宫破裂。徒手矫正有困难时，可利用产科挺、产科绳协助矫正。术者在胎颈基部与一侧前肢之间安放产科挺，同时将绳索带入产道。在助手用挺推送胎儿的同时，将绳套住胎儿下颌齿槽间隙，交给另一助手拉动。术者将手移至胎儿额部，向上向后推送胎儿。这样三方配合即可将下垂胎头矫正（图 7-4-18）。

若母畜全身情况良好，可使母畜仰卧。这样胎儿体躯就向母畜脊背移动，使本来顶撞腹壁甚为严重的胎儿改变体位。术者在产道内易于握住鼻端，用力向后向下拉压胎头，即可将胎头矫正（图 7-4-19）。这种操作方法术者便于用力，对中、小家畜效果特别明显。

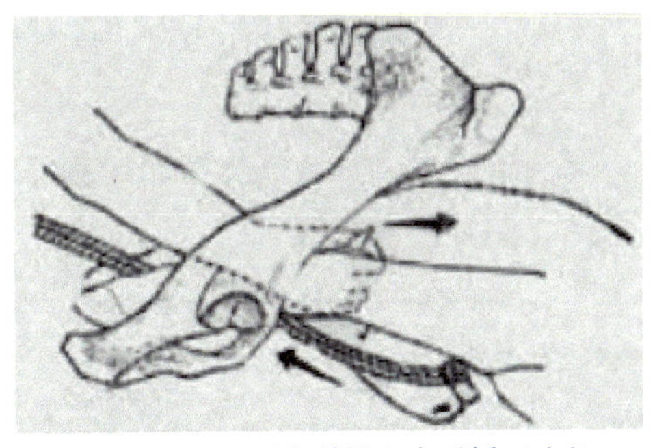

图 7-4-18　用产科绳配合手矫正头部

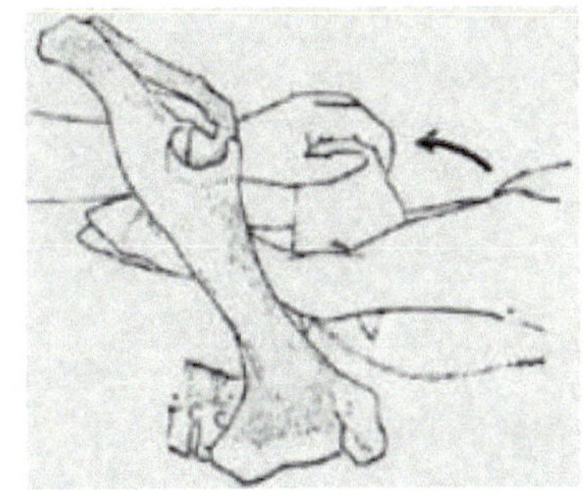

图 7-4-19　徒手矫正头部

2）颈部前置：胎儿楔入骨盆腔较深，而且堵塞严密，用上述方法矫正较为困难，可用双孔挺矫正。首先将双孔挺两股孔眼的绳索系好，术者将绳引进产道套入胎儿口内，然后一面拉动绳索，一面将挺叉移至胎儿额部。绳索固定后，术者手握胎儿鼻端，在助手推送双孔挺的同时，用力向上抬托鼻端，即可矫正导入产道（图 7-4-20）。

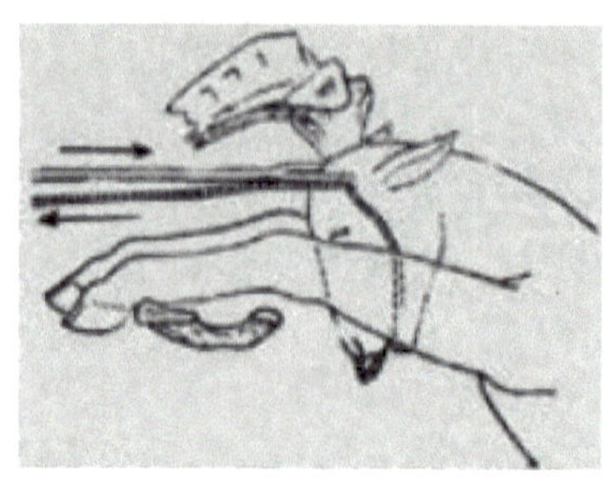

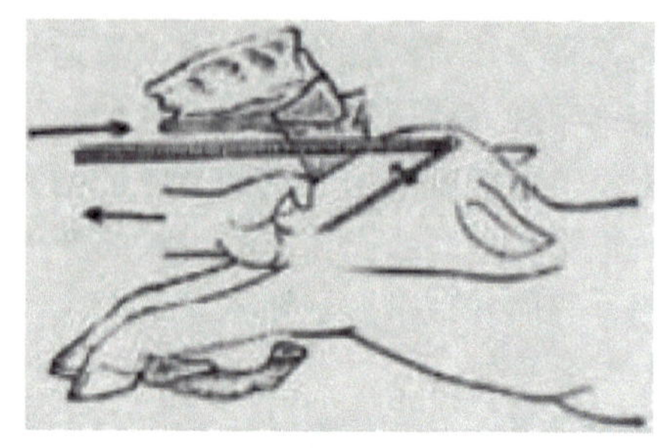

（a）　（b）

图 7-4-20　用双孔挺徒手矫正头部

如二前肢位于骨盆腔内，将下垂胎头置于中间而妨碍操作时，可将一肢系上绳索，向子宫内推送变成腕关节屈曲。因腕关节屈曲侧的空间变大，术者将胎儿向一侧推动，使胎头变成横位，随后术者握住鼻端，或带入产科绳套住下颌，左右摇动并向后拉，而将下垂胎头矫正。最后再牵拉腕关节屈曲前肢的绳索，拉直前肢连同胎头强行拉出产道。

（3）胎头后仰

将后仰的胎头变成胎头偏斜，而后按照胎头一侧偏斜的矫正法进行矫正。如后仰胎头楔入骨盆腔不深，术者可将产科挺置于胸骨前方，后握住鼻端，在助手将胎儿推送的同时，术者向后拉头，并左右摇晃而将胎头拉直。当徒手矫正不力时，可借助产科绳套住下颌牵拉胎头。这一操作也要用手握住鼻端，否则易导致产道破裂（图 7-4-21 和图 7-4-22）。

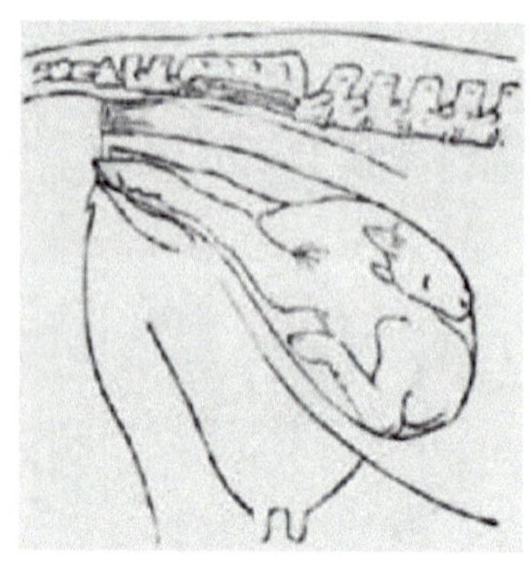

图 7-4-21　胎头后仰

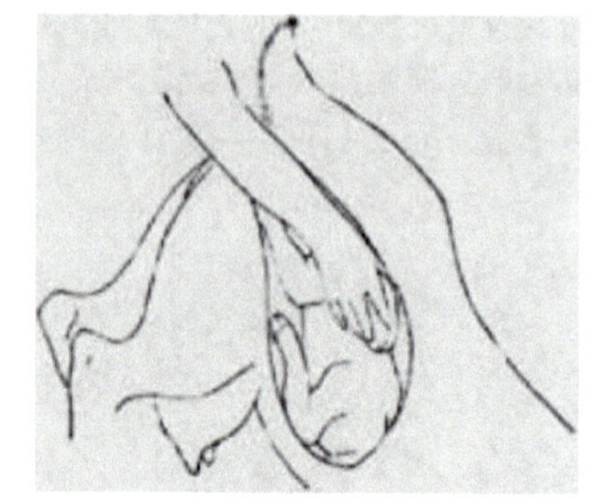

图 7-4-22　徒手矫正头部

（4）前肢腕关节屈曲

1）矫正时，助手用产科挺顶在胎儿前肢正常侧肩端与胸壁之间，术者手伸入产道，沿着屈曲的腕关节下滑顺沿球节握住蹄尖。术者手心向上，手背向下，在助手推送胎儿的同时，术者用力向上向后抬拉，使反常侧的所有关节高度屈曲，并将前肢缓缓拉直，导入骨盆腔内。

如果腕关节屈曲较深，手触不到胎儿蹄尖，可先握掌部，先向上抬举并向前推送前肢，使该前肢各个关节屈曲，手再下滑握住蹄尖，即可将前肢拉直并导入骨盆腔。某些情况也可先握蹄头，然后再令助手将胎头推向子宫腔内，如此相互配合而拉直前

肢（图 7-4-23 和图 7-4-24）。

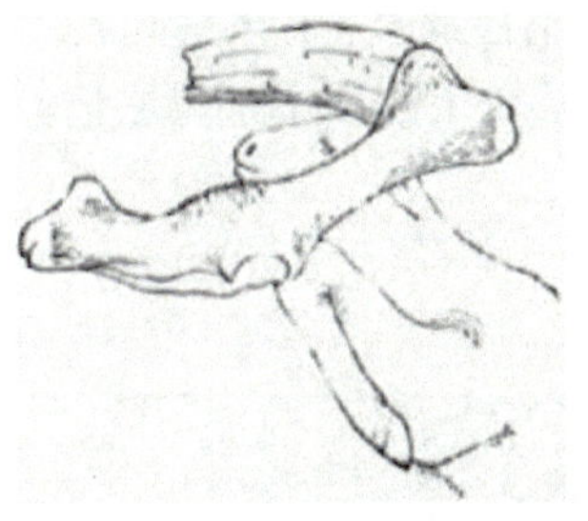

图 7-4-23　腕关节屈曲

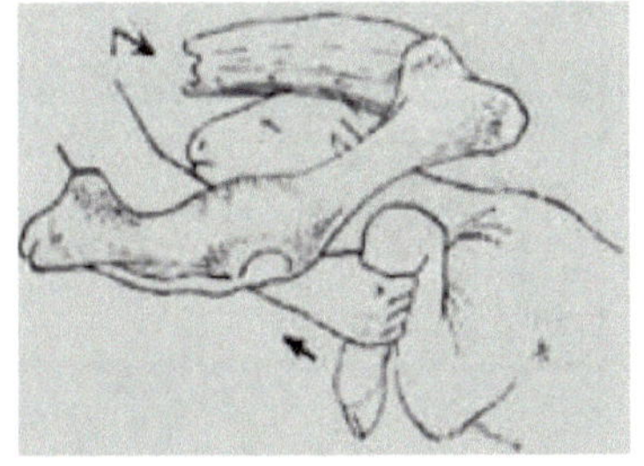

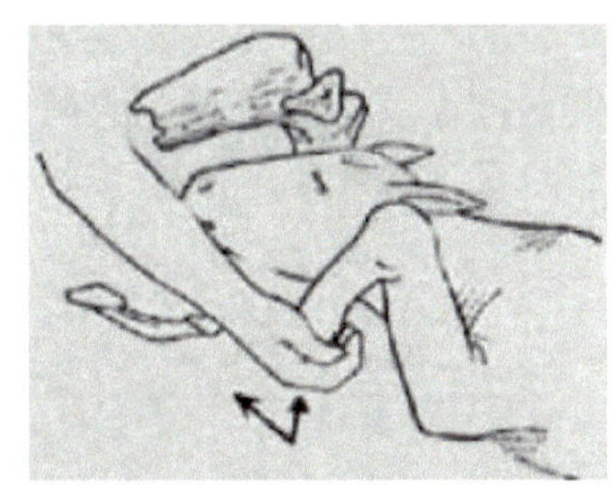

图 7-4-24　徒手矫正腕关节

2）用产科绳缚住屈曲肢的系凹部拉直前肢，效果显著（图 7-4-25 和图 7-4-26）。操作方法有两种：一种是用产科绳打好单滑结，带入产道后开张手指将单滑结由蹄尖套入；另一种方法是利用导绳器将产科绳自胎儿掌部穿过，拉出产道后，将绳端穿入另端绳环扣上，拉紧而将系凹部固定。最后术者握住腕关节下方，用力向上向后推送腕关节，就可拉直前肢。双孔挺在矫正屈曲的腕关节也很奏效。把双孔挺股环孔上的绳索绕过腕部并抽紧，使挺端位于腕关节下方。在母畜坐骨弓上垫以纱布，以防推送时挺杆压迫软组织。术者手入产道保护挺端，助手向上向前推送腕关节。在推送一定距离后，术者再握蹄尖，相互协作拉直前肢。如腕关节屈曲是双侧性，在矫正一侧后再矫正另一侧。如推退矫正无效，胎儿已死，可施行碎胎术。其方法有腕关节截断术与正常前肢截除术。条件具备，行剖腹取胎更为有利。

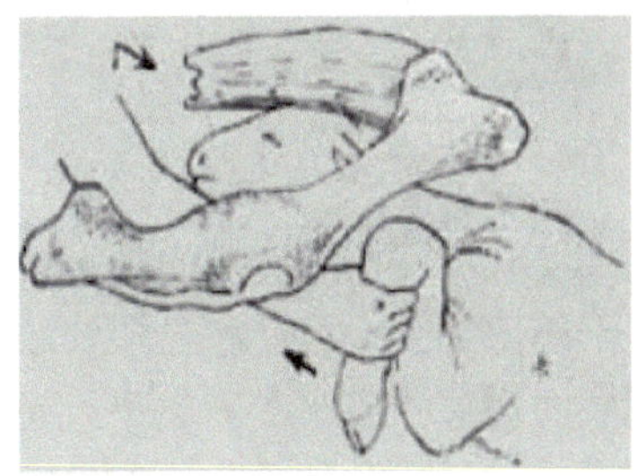

图 7-4-25　用产科绳矫正腕关节

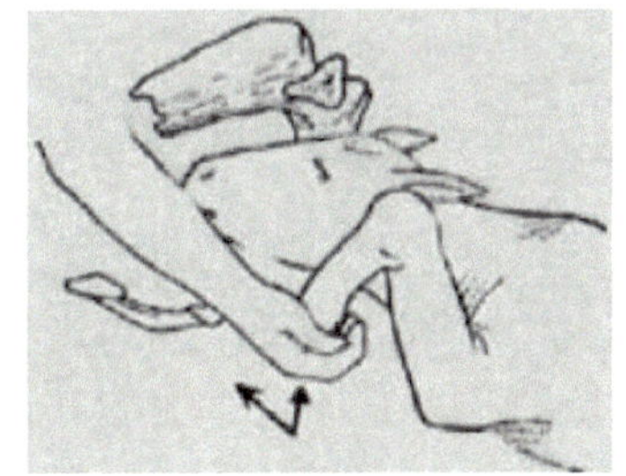

图 7-4-26　用双孔挺矫正腕关节

（5）胎儿肘关节屈曲

助产方法：此种难产易于矫正，只要稍将胎儿向子宫腔内推送，同时拉动屈曲的前肢，就很易将反常侧前肢拉直（图 7-4-27 和图 7-4-28）。如一人矫正有困难，可将产科绳缚住屈曲侧前肢的系凹部，术者在推送骨盆腔内的胎头或肩胛时，由助手拉动产科绳，即可将肘关节屈曲的前肢拉直。

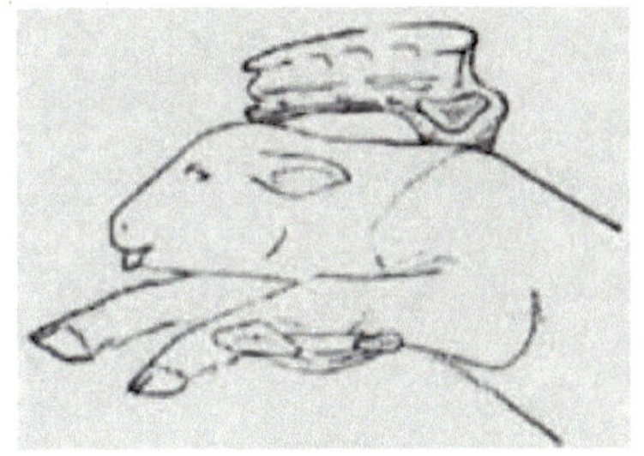

图 7-4-27　肘关节屈曲

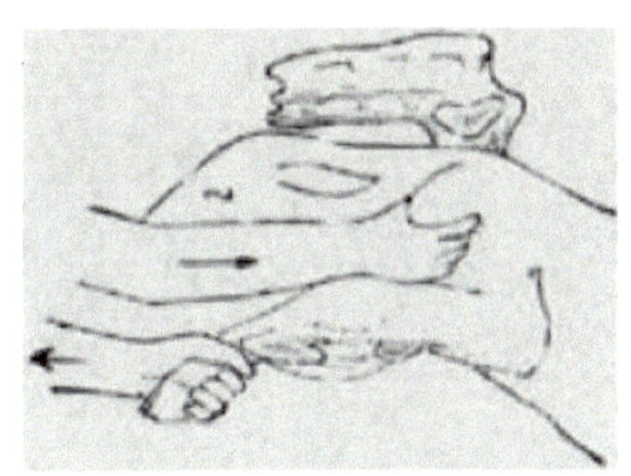

图 7-4-28　徒手矫正肘关节

（6）前肢肩关节屈曲

助产方法：难产发生时间短暂，胎儿前躯楔入骨盆腔内并不甚紧密者，术者可反手伸入产道，沿着肩部下滑握住前臂部，用力向后拉动，即可变肩关节屈曲矫正方法把前肢拉直（图 7-4-29～图 7-4-31）。

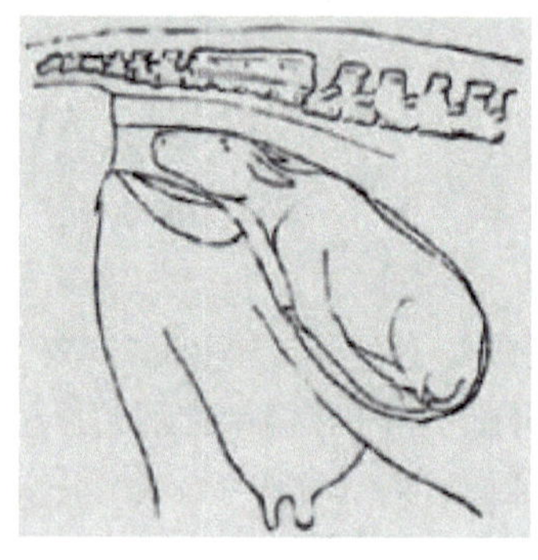

图 7-4-29 肩关节屈曲

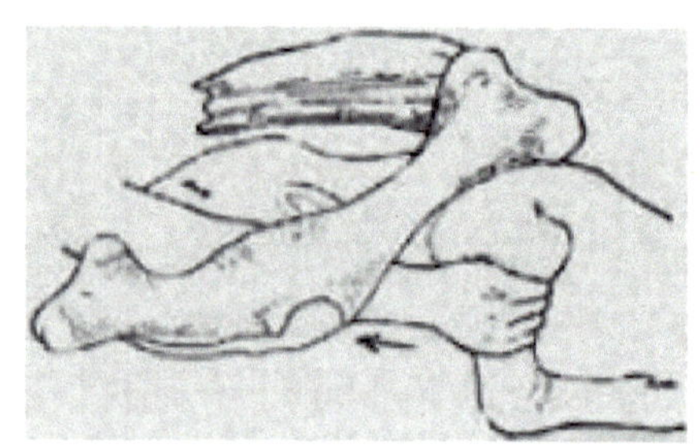

图 7-4-30 徒手矫正肩关节

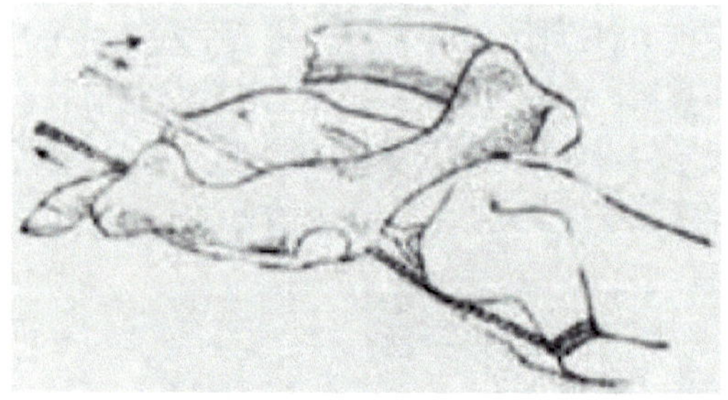

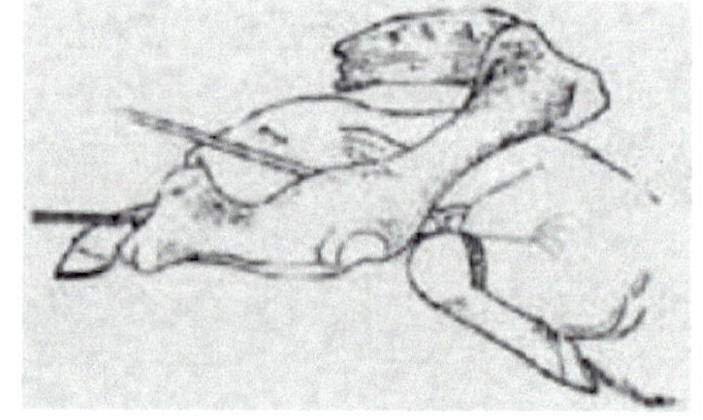

图 7-4-31 用产科绳和产科挺矫正肩关节

如徒手一人操作不奏效时，可将产科绳缚于腕部上方，将产科挺端安放在对侧或同侧肩端与胸壁之间。术者用手护住挺端以防滑脱时戳破子宫壁。在助手推挺的同时，另一助手拉产科绳，将肩关节屈曲变为腕关节屈曲。

用双孔挺矫正此种难产，如操作到位也很奏效。操作时先将双孔挺上一股绳穿过胎儿前臂部而后拉出体外再穿过股环孔并抽紧，使挺端慢慢移动到腕关节上方，然后拉动挺柄，即可将肩关节屈曲变成腕关节屈曲。最后术者握蹄尖，向上向后推送腕关节，而将前肢拉直（图 7-4-32）。

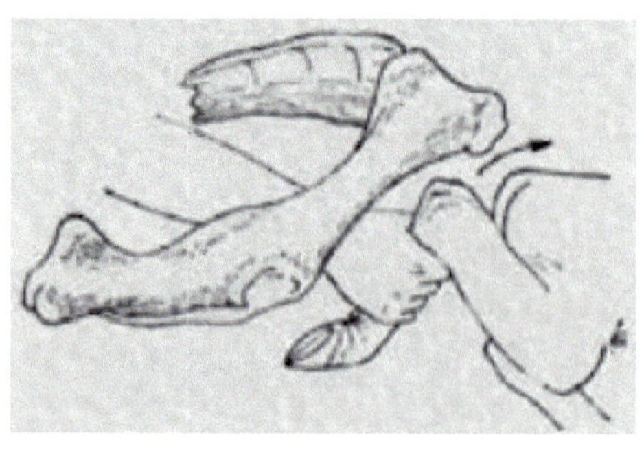

（a）

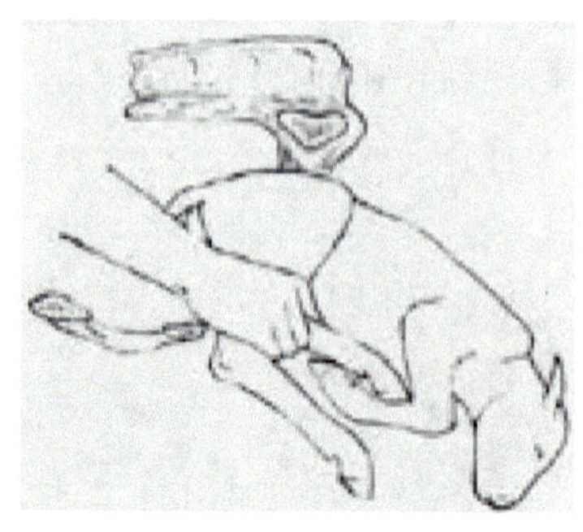

（b）

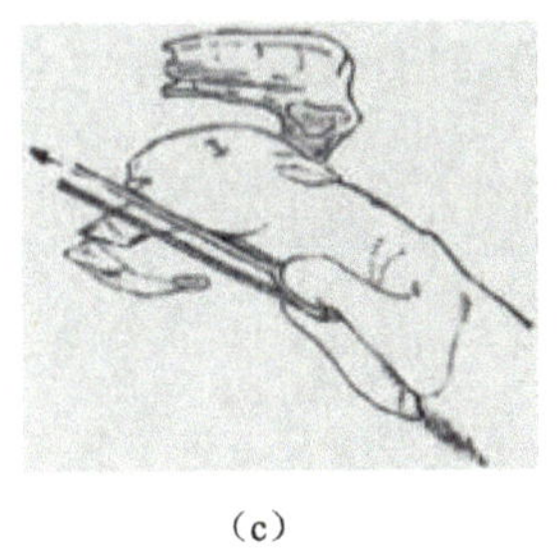
(c)

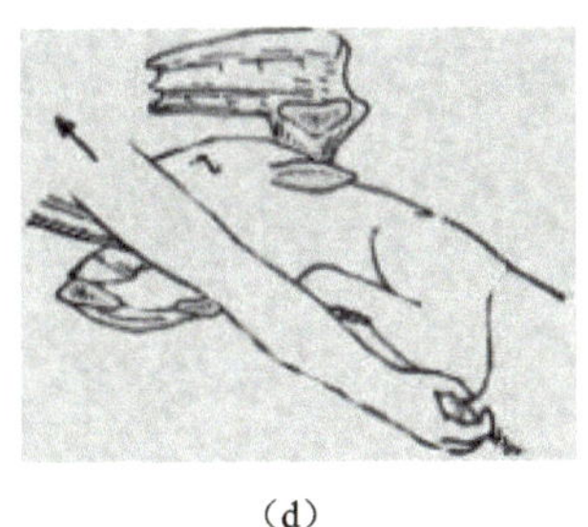
(d)

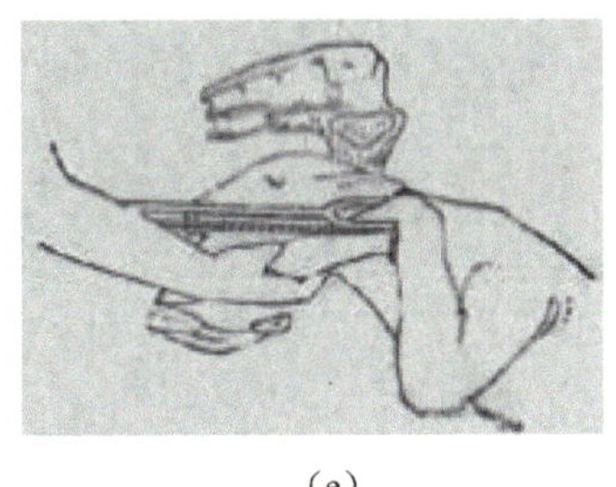
(e)

图 7-4-32　用双孔挺矫正肩关节

（7）跗关节屈曲

助产方法：跗关节屈曲的助产原则和前肢腕关节屈曲相似。母畜最好取站立姿势。这种体位在术者矫正助产时方便得力。将产科挺叉一股穿入胎儿肛门，另一股向下，顶在胎儿坐骨弓下方的凹陷内，这样推送产科挺不但有力，而且不致滑脱。与此同时用产科绳将露出阴门外的后肢缚好，稍向后拉动。当术者手摸到屈曲侧的跗关节后，沿着跖骨向下滑动握住蹄尖，使手心向上，手背向下，在助手推送胎儿入子宫腔的同时，术者用力向上抬举屈曲后肢的跗关节，以减少旋转空间。同时将后肢拉直并强行拉出胎儿。如为二后肢跗关节屈曲，在矫正一肢后再矫正另一后肢（图 7-4-33）。

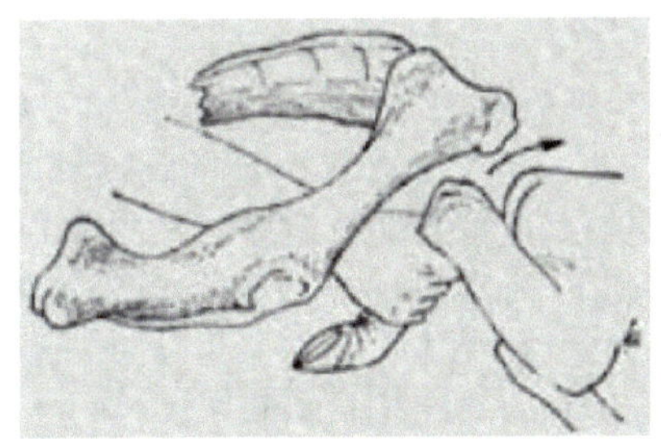

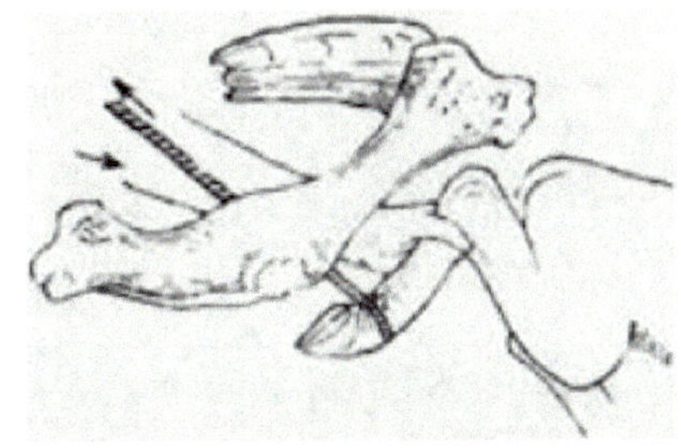

图 7-4-33　矫正跗关节

当胎儿臀部和屈曲后肢楔入骨盆腔深部，可先握住跗部，在助手推送胎儿的同时，术者向上向前推动跗部，再向下握住蹄尖，即可将后肢拉直。徒手矫正力量不够，借助产科绳缚住系凹部，在术者握住跗部向上向前推送的同时，助手牵拉产科绳而将后肢拉直，最后强行拉出胎儿。

用双孔挺矫正屈曲的跗关节亦很有效，具体方法同前肢腕关节屈曲矫正法。当胎儿楔入骨盆腔较深，且是一侧性跗关节屈曲，胎儿体积小，母畜骨盆腔宽大，可将跗关节屈曲变为髋关节屈曲，强行拉出胎儿。

（8）髋关节屈曲

助产方法：与前肢肩关节屈曲助产术相似。首先将髋关节屈曲变为跗关节屈曲，然后按跗关节屈曲的矫正方法矫正。术者手入产道握住胫骨下部，在助手推送胎儿的同时，向上向后用力拉动，变髋关节屈曲为跗关节屈曲。

用双孔挺使髋关节屈曲变为跗关节屈曲，其效果更好。操作时将双孔挺安放于跟腱处并拉紧绳索。在推送胎儿的同时，拉动双孔挺变髋关节屈曲为跗关节屈曲。由于母畜体躯过大，术者手不能触及胎儿胫骨部或向后拉动力量不足时，可利用导绳器引绳缚住胫部，将产科挺顶在坐骨弓处，令助手推挺拉绳，使成跗关节屈曲（图 7-4-34）。

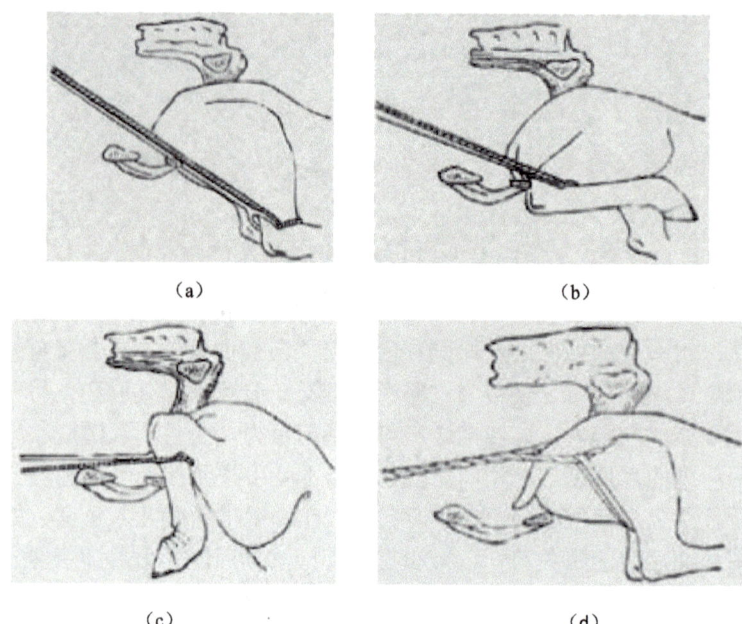

图 7-4-34 矫正髋关节

图 7-4-35 强行拉出

胎儿甚小母畜骨盆较大时，无论是一肢或双肢髋关节屈曲，均可在不加矫正的情况下强行拉出胎儿。如拉活的胎儿时，左右二后肢均各用一根绳子绕越腿和腹之间，然后在产道外将绳头拧在一起将胎儿强行拉出（图 7-4-35）。矫正难度很大的死胎，可施行碎胎术或剖腹取胎术。

2. 胎位异常的矫正

（1）胎儿下位

胎儿下位分正生下位和倒生下位两种类型（图 7-4-36 和图 7-4-37）。正生下位阴门处可见二蹄底身上的前肢，沿着前肢触摸到腕关节、唇、颈腹侧、气管与前胸等。倒生下位时可见二蹄底向下的后肢，产道内可摸到跗关节、臀端与肛门等。

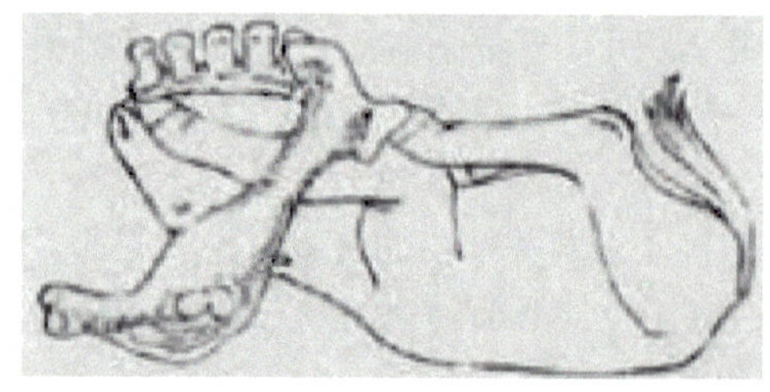
图 7-4-36 正生下位

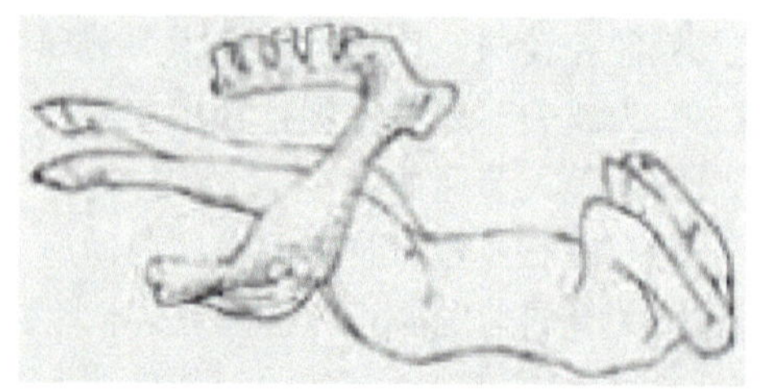
图 7-4-37 倒生下位

助产方法：不论哪种下位，首先应将胎儿变成上位或侧位，然后再按正生姿势不正难产或倒生姿势不正难产矫正方法矫正。倒生下位难产如两后肢伸出阴门外较

多，可在两后肢之间，用木棍与绳作“8”字缠绕固定，向子宫腔内注入润滑剂，术者握住木棍，根据胎儿情况扭转木棍，将下位胎儿扭成上位。正生下位变成上位的基本方法和倒生下位相同，唯在操作时较复杂。因为正生除二前肢外，尚有胎头需要矫正（图 7-4-38）。

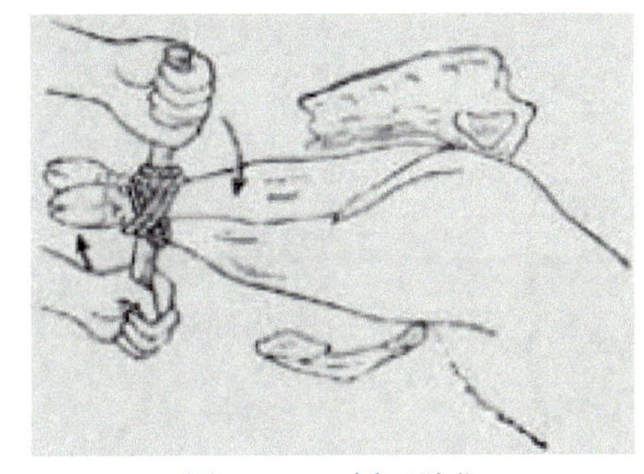
图 7-8-38　矫正胎位

（2）胎儿侧位

助产方法：倒生侧位，胎儿两髋结节之间的距离较母畜骨盆入口的垂直直径短，胎儿的骨盆围进入母畜骨盆腔并无困难，难产时稍加扭动胎儿后肢即可变为上位。但在正生上位（尤其是牛），往往因胎头妨碍，难以通过骨盆腔。矫正这种难产的关键操作是矫正胎头。通常以推退胎儿，擒住眼眶，将胎头扭正。活胎有时可用力捏其眼球，借胎儿自身反射即能矫正。死胎则需使用产科钩、产科绳协助矫正。用产科绳牵引两前肢的同时，术者手握侧位肘突，向上抬托胎儿即可矫正拉出（图 7-4-39 和图 7-4-40）。

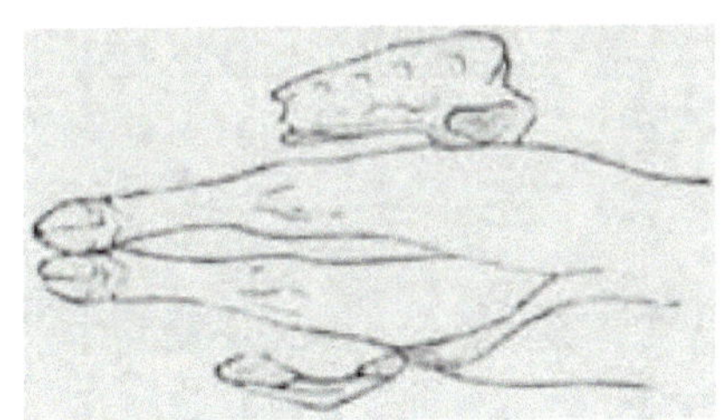
图 7-4-39　倒生侧位

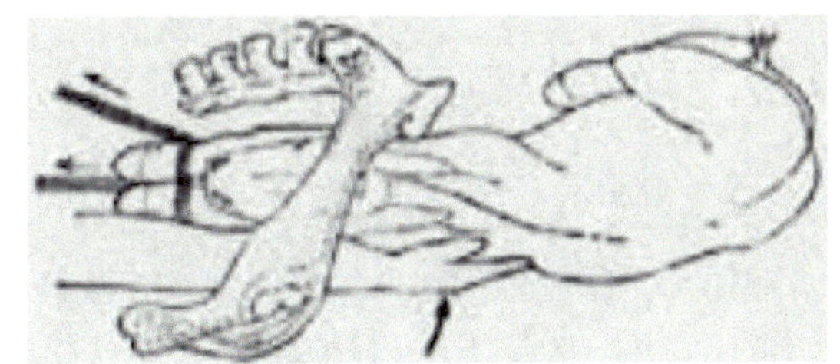
图 7-4-40　矫正胎位

3. 胎向异常的矫正

当胎儿腹部前置竖向，可推送两前肢，同时令助手牵引两后肢变胎儿为倒生下位，然后再按下位矫正方法矫正。出现背部前置竖向，首先把胎儿变成倒生上位。方法是用复钩钩住项脊外拉，同时用双孔挺向后推胎儿后躯。然后再按髋关节屈曲矫正方法矫正。亦可把胎儿变为正生下位，再按下位矫正方法矫正竖向难产胎儿（图 7-4-41）。

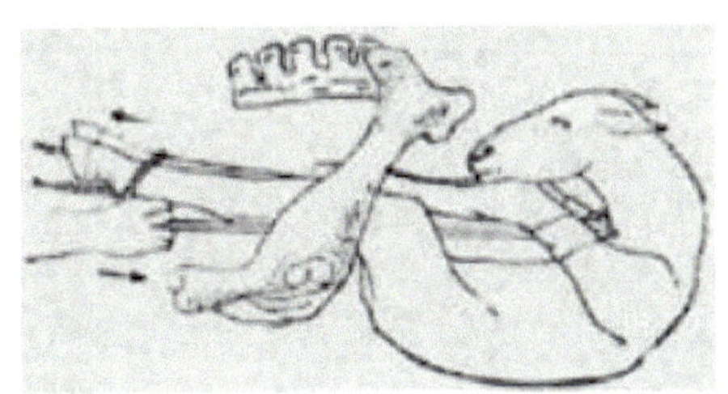
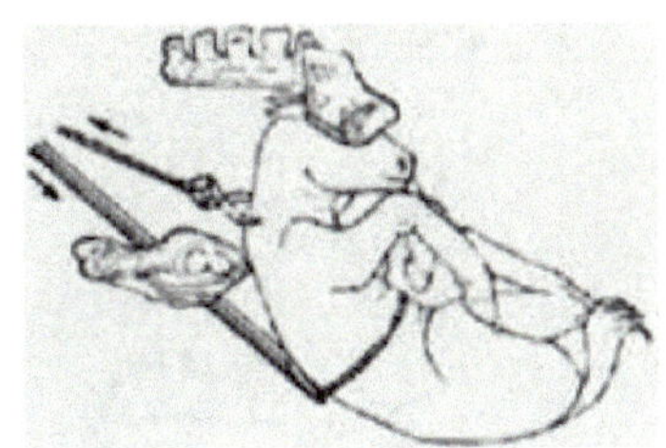
图 7-4-41　矫正胎向

当胎儿身体的纵轴与母体的纵轴呈水平垂直状态即为胎儿横向难产，它又分腹部前置横向和背部前置横向（图 7-4-42 和图 7-4-43）。这种难产在临床中少见，主要发生于马。助产方法：本难产的矫正原则和竖向难产类似。

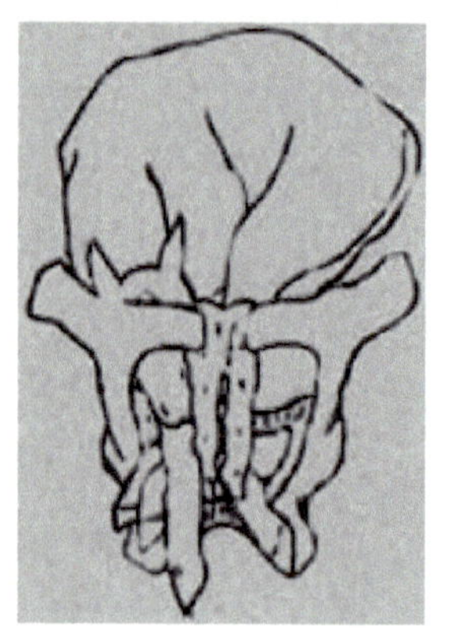
图 7-4-42　腹部前置横向

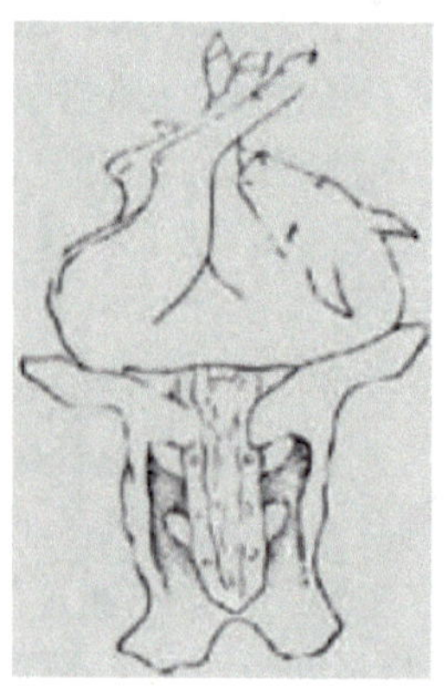
图 7-4-43　背部前置横向

4. 注意事项

矫正术必须在子宫内进行，而且在子宫松弛的情况下进行。为了防止努责，可使用静松灵，以便于操作。在胎水流失的情况下，向子宫内灌注大量润滑剂，有利于矫正术的操作。使用锐利器械时，应注意保护母体，避免损伤。

（三）截胎术

截胎术是指利用产科器械对胎儿进行肢解或除去身体某一部分，以缩小胎儿体积，便于取出，可分为皮下法和开放法。皮下法指截除胎儿某一部分前，先将皮肤剥开，截除后，皮肤盖住断端，或避免损伤母体；开放法就是直接截除胎儿某一部分，不留皮肤。

1. 适应症

胎儿死亡且过大，畸形、怪胎，无法拉出。胎势、胎向、胎位严重异常，无法矫正拉出。

2. 操作方法

（1）头颈部截除术

用线锯套头颈部，截断颈部。用产科钩拉出胎儿头部，再取出胎儿（图 7-4-44）。

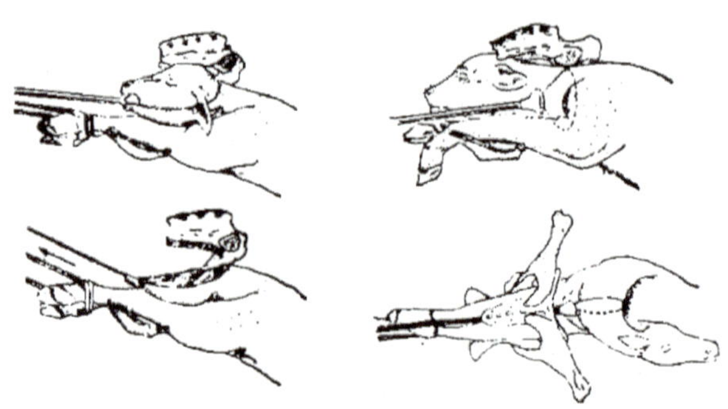
图 7-4-44　头颈部截除术

（2）前肢腕关节或肩关节截除术

截除时，用绳导将线锯绕过腕关节或肩关节，锯断腕关节或肩关节（图 7-4-45）。

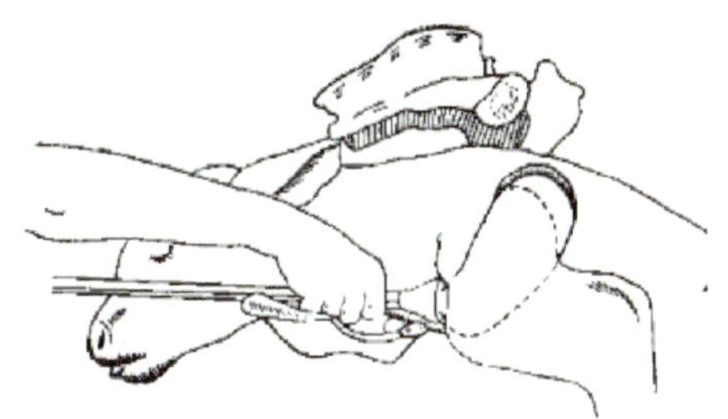

图 7-4-45　肩关节截除术

3. 注意事项

在矫正遇到很大困难，而且胎儿已死亡，应及早采取截胎术，以免继续矫正刺激阴道水肿和子宫进一步缩小，影响以后的操作。既消耗术者体力，又加重产道炎症。另外，尽可能在母畜保持站立的情况下进行，以便操作。如母畜不能站立，可将其后躯垫高，便于操作。截出胎儿时，对骨骼断端用其皮肤或纱布包住，也可用手保护。严防产道受到损伤。

（四）剖宫产术

1. 适应症

1）胎儿的姿势、位置或方向严重异常、矫正无望同时因器械不全或不能截胎时。

2）母畜骨盆发育不全（过早配种）、骨盆变形（骨软症、骨折）而盆腔过小，长时期助产无效引起阴道剧烈水肿，子宫颈与阴道外伤瘢痕收缩导致产道狭窄。

3）子宫疝气，子宫破裂。

4）胎儿过大，双胎难产，胎儿气肿，脑积水，胎儿各种畸形以及大的干尸化胎儿。

5）子宫捻转，矫正无效。

2. 术部

（1）牛剖宫产术部

① 腹侧切口：腹侧切口又可以分左侧壁切口和右侧壁切口两种。左子宫角怀孕以左侧壁切口较宜，右子宫角怀孕以右侧壁切口较好。可以采用左侧壁切口的尽可能采用左侧切口，因为右侧常受空肠干扰，给手术的实施带来一定难度；而左侧由于膨大的子宫体积，在临产前常常将瘤胃前移，不会影响子宫的暴露与手术。腹侧切口亦有上下位之分，上位是在腹壁的上 1/3 部髋结节下角 5cm 的下方起始；下位是在腹壁的中 1/3 与下 1/3 交界处起始，作斜行或垂直切口。

② 腹下切口：其优点是子宫角和胎儿是沉于腹底的，在侧卧保定的情况下，很容易把子宫壁的一部分拖出腹壁切口之外，子宫内容物不易流入腹腔，此外，较之腹侧切口，它破坏的肌肉很少，出血也很少。缺点是如果缝合不好，可能发生疝气或豁口，亦容易发生感染。腹下切口可供选择的部位有五处，即乳房前方腹白线、腹白线与右乳静脉之间的平行线上、乳房和右乳静脉的左侧 5～8cm 的平行线上，腹白线与左乳静脉之间的平行线上以及乳房和左乳静脉的左侧 5～8cm 处的平行线上。

（2）猪剖宫产术部

由于猪的乳房位于腹下，切口部位可选择腹侧的两个地方（左右侧均可）。一是距腰椎横突 5～8cm 的下方，髋结节与最后肋骨中点连线上作垂直切口；二是在髋结节之

下 10cm 处，沿肋弓方向向前向下作斜行切口。

（3）犬、猫的剖宫产术部

可选在距离腹白线 1～2cm 的两侧，最后一个或倒数第 1～2 对乳头之间，亦可在脐孔后腹壁正中线上，切口长度一般 10～15cm，可依犬体大小灵活掌握。

3. 术式

（1）保定

左或右侧卧保定，将前后肢分别绑缚，并将头保定。

（2）消毒

术部剪毛、剃毛，进行手术常规消毒。

（3）麻醉

药物全身麻醉用于难产母畜，有时后果不良，一般多采用腰旁神经干传导麻醉，并配合局部浸润麻醉法。

（4）手术步骤

1）打开腹壁：按切口部位，切开皮肤约 30cm，然后依次分层切开各层肌肉，其切口均需与皮肤切口等长。切开腹膜时，须先用有钩镊子夹起剪开后切一个小口，然后将中指和食指伸入破口，在手的引导下剪开腹膜至适当长度。切开腹膜时助手要随时注意用大纱布堵塞切口，防止肠管、网膜涌出。

2）拉出子宫：将双手伸入子宫之下，隔着子宫壁握住胎儿的一部分（正生时为两后肢跖部，倒生时为头和前肢掌部），小心地将子宫大弯拉出于腹壁切口，切忌只拉子宫壁而不拉胎儿，否则容易撕破子宫壁。拉出部分子宫后，在子宫和切口之间塞上大块纱布，以免肠道脱出及切开子宫后其内容物流入腹腔。

3）切开子宫：沿子宫角大弯（牛羊要避开子宫阜），作一与腹壁切口等长的切口。切口不可过小，以免拉出胎儿时被撕裂，不易缝合。也不应在子宫角侧面，尤其不可在小弯上作切口，这些地方血管较多，容易引起大出血。

4）拉出胎儿：剥离一部分子宫切口附近的胎膜，拉出于切口之外，然后再切开，这样可以防止胎水流入腹腔。然后慢慢拉出胎儿。如果发生胎儿气肿或胎儿已死亡，拉出有困难时，可先将其进行截胎，分别取出。拉出胎儿后，助手要固定好子宫，不要让其缩回腹腔。

5）胎衣处理：尽可能把胎衣完全剥离，不能剥离时，则将已脱落的部分剪除，其余的待其自行脱落后排出，但切口两侧边缘附近的胎衣必须剥离完全，否则有碍缝合。

6）子宫缝合：第一层对切口全层连续缝合；第二层行浆膜肌层连续内翻缝合，两端应超出第一层 2cm。在缝合完第一层之前应向子宫内投入抗生素（青霉素 80 万 IU、链霉素 1g，或其他抗生素）。在缝合在缝合结束后用温的青霉素生理盐水洗净子宫表面，并涂抗生素软膏后，将子宫纳入腹腔原位，避免子宫变位。

7）腹壁缝合：依次分层缝合各层腹壁。

4. 术后护理

术后的护理对于母畜生产力和繁殖力的恢复至关重要，尤其是繁殖能力的恢复与术

后的护理密切相关。

1）术后应每日检查全身状况 1～2 次。按常规应用抗菌消炎药物，发现异常变化时要及时分析原因并及时处置。

2）为之提供一个温暖、宽敞、清洁的环境，要勤换草以减少创口感染机会，对犬、猫等动物要严防其舔咬创口，以免影响伤口愈合。

3）饲喂富于营养且易消化的饲料，对食欲不振的母畜可静脉注射常规剂量的葡萄糖生理盐水、20%安钠咖以及应用健胃药物。

4）为促进子宫内残留物的排出，以利子宫的恢复，可使用子宫收缩，并于术后 3～5d 内可肌注青霉素、链霉素，防止子宫感染的发生。

5）一般情况下，于术后 10～14d 拆除皮肤缝线。

主要参考文献

黑龙江省双城农业学校. 1988. 家畜内科及临床诊断学 [M]. 北京：中国农业出版社.

黑龙江省畜牧兽医学校. 1989. 家畜外科及产科病学 [M]. 北京：中国农业出版社.

胡在钜. 2009. 兽医临床诊疗技术 [M]. 北京：中国农业出版社.

李玉冰. 2001. 兽医基础 [M]. 北京：中国农业出版社.